“十四五”时期国家重点出版物出版专项规划项目　材料研究与应用丛书
黑龙江省精品图书出版工程 / “双一流”建设精品出版工程

锂离子电池正极材料合成表征及操作实例（第2版）

SYNTHESIS CHARACTERIZATION AND EXEMPLIFIED OPERATION OF CATHODE MATERIALS FOR LITHIUM ION BATTERY

朱永明　高　鹏　王　桢　编著

哈爾濱工業大學出版社
HARBIN INSTITUTE OF TECHNOLOGY PRESS

内 容 简 介

本书系统地介绍了锂离子电池正极材料的制备、表征、测试及分析手段的原理和具体实验方法，包括锂离子电池正极材料概述、锂离子电池正极材料的合成方法、正极材料化学成分表征与分析、正极材料物理性能表征与分析、正极材料的界面行为、正极材料电化学性能表征与分析、锂离子电池设计与组装、锂离子电池生产线及设备等内容。本书尤其重视对具体操作实例的介绍，以使读者能轻松快速地掌握锂离子电池正极材料的研究方法，并能学以致用，独立自主地投入相关研究。

本书可作为高等学校电化学工程专业硕士研究生教材，也可供从事锂离子电池材料研究或生产的工程技术人员参考。

图书在版编目(CIP)数据

锂离子电池正极材料合成表征及操作实例/朱永明，高鹏，王桢编著. —2 版. —哈尔滨：哈尔滨工业大学出版社，2025. 8. —(材料研究与应用丛书). —ISBN 978-7-5767-2035-8

Ⅰ. TM912

中国版本图书馆 CIP 数据核字第 202517XY29 号

策划编辑　许雅莹
责任编辑　马　媛　张　权
封面设计　屈　佳
出版发行　哈尔滨工业大学出版社
社　　址　哈尔滨市南岗区复华四道街 10 号　邮编 150006
传　　真　0451-86414749
网　　址　http://hitpress.hit.edu.cn
印　　刷　哈尔滨午阳印刷有限公司
开　　本　787 mm×1092 mm　1/16　印张 16　字数 379 千字
版　　次　2021 年 6 月第 1 版　2025 年 8 月第 2 版
　　　　　2025 年 8 月第 1 次印刷
书　　号　ISBN 978-7-5767-2035-8
定　　价　48.00 元

第 2 版前言

电化学是一门历史悠久的学科，近年来发展非常迅速。随着电化学学科的纵深发展，尤其是电化学新能源技术的发展，电化学学科出现了新一轮的研究热潮。在此研究热潮的带动下，我国很多高校的化学、材料学科开始大力开展锂离子电池方向的研究，并开设相关课程进行研究生培养。

目前关于锂离子电池材料，虽然有各类著作，但在培养研究生的过程中，很难找到一本适合研究生使用的教材。鉴于此，作者根据在该方向多年来积累的教学和科研工作经验撰写了本书。本书主旨在于结合具体锂离子电池正极材料实例，分析各种合成与表征方法，使读者能尽快熟悉本方向的研究手段。本书尤其重视对具体操作实例的介绍，以使读者能轻松快速地掌握锂离子电池正极材料的研究方法，并能学以致用，独立自主地投入相关研究。

本书自第 1 版出版以来，受到了读者的欢迎，也提出了一些建议，同时我们也发现一些需要补充完善的地方，因此结合近几年的使用情况进行了修订。书中部分彩图以二维码的形式随文编排，如有需要可扫码阅读。

本书系统地介绍了锂离子电池正极材料的制备、表征、测试及分析手段的原理和具体实验方法。第 1 章锂离子电池正极材料概述，介绍常见的正极材料，使读者了解基本概念与最新进展；第 2 章锂离子电池正极材料的合成方法，介绍各类合成制备方法，以及相关仪器设备、操作方法，并给出典型案例；第 3 章正极材料化学成分表征与分析，介绍如何确定所制备材料的元素含量比例、化学价态、元素分布等，并给出典型案例；第 4 章正极材料物理性能表征与分析，介绍正极材料中常用的物理表征手段，并给出典型案例；第 5 章正极材料的界面行为，分析正极材料的固液界面行为，具体涉及电化学原理及模型，以及研究界面的方法与手段；第 6 章正极材料电化学性能表征与分析，主要从充放电测试、电化学工作站出发介绍电化学行为的检测，并给出典型案例；第 7 章锂离子电池设计与组装，从几种不同电池设计及制造出发，涉及具体流程和计算，比如容量匹配问题、卷绕工艺等；第 8 章锂离子电池生产线及设备，主要从实验室级别和中小试级别介绍锂离子电池生产线所用仪器及操作。

本书由朱永明、高鹏、王桢共同撰写,三位作者在锂离子电池正极材料领域有着多年的合作研究经验。

本书在撰写过程中,研究生姜云鹏、张永政、刘姝敏做了部分资料收集与文字录入工作,在此表示感谢。本书得到了中国科学院物理研究所、中信微合金化技术中心、常州九朝新能源科技股份有限公司、松山湖材料实验室等单位的支持与帮助,特此致谢。

本书可作为高等学校电化学工程专业硕士研究生教材,也可供从事锂离子电池材料研究或生产的工程技术人员参考。

虽然我们有良好的愿望,但限于作者水平有限,书中难免有疏漏与不足之处,敬请广大读者批评指正。

作 者

2025 年 2 月

目　录

第1章　锂离子电池正极材料概述

1.1　锂离子电池

1.1.1　锂离子电池的发展历程

锂电池的研究可以追溯到20世纪50年代。在所有已知金属中，锂具有最轻的原子质量及最负的标准氢电极电位（-3.045 V），金属锂的理论比容量达到3 860 mAh/g。所以，以锂做负极的电池具有高电压和高能量密度的优点。

锂电池的发展经历了锂一次电池、锂二次电池和锂离子电池三个发展阶段。其中，锂一次电池以金属锂为负极。由于锂会与水发生反应，因此直到出现了非水溶剂电解质并对其电化学性质进行了深入研究后，才有了以碳酸丙烯酯（PC）等为溶剂的有机环状酯类电解液，人们才对锂一次电池做进一步研究。20世纪70年代初期，锂一次电池实现了商业化，并使用至今，如军民两用的锂-亚硫酰氯电池（$Li-SOCl_2$）、锂-二氧化锰电池（$Li-MnO_2$）、锂-氟化碳电池（$Li-CF_x$）及心脏起搏器用的锂-碘电池（$Li-I_2$）等。

锂二次电池仍然使用金属锂做负极材料。最初的正极材料是金属卤化物（如AgCl），后来逐渐发展出过渡金属硫化物或氧化物。在锂二次电池中，锂可逆地插入正极材料的晶格中而不导致主体材料发生较大的结构变化。其最典型的是Whittingham提出的于20世纪70年代末期由美国Exxon公司开发的$Li-TiS_2$体系。加拿大Moli公司最先将$Li-MoS_2$电池引入市场，但随后由于电池发生安全事故，$Li-MoS_2$电池商业化宣告失败。

锂二次电池商业化失败的主要原因是，当锂二次电池充电时，金属锂在负极表面极易发生不均匀沉积，形成锂枝晶。当枝晶化发展到一定程度时，枝晶便可能会刺穿隔膜导致整个电池短路，引起电池着火甚至爆炸等事故。

锂离子电池的出现既得益于锂二次电池正极材料及插层化合物方面的一些研究成果，也受到“摇椅式电池（rocking chair battery）”概念的启发。1973年，固溶体电极（solid solution electrodes）的概念被提出。1980年，Armand提出了摇椅式锂二次电池的新设想。在这种电池中，正负极材料均采用可以交换和存储锂离子的层状化合物。在电池充放电过程中，锂离子在正负极材料内反复脱出或嵌入。1989年，Sony公司申请了以石油焦为负极、以$LiCoO_2$为正极、以溶于碳酸乙烯酯（EC）+碳酸丙烯酯（PC）混合溶剂中的$LiPF_6$为电解液的二次电池体系的专利，并在1990年将其商品化，命名为锂离子电池。

1.1.2　锂离子电池的工作原理

锂离子电池是通过Li^+在正负极间的嵌入和脱出反应来实现电能的存储和释放的。

这种充放电时锂离子往返嵌入和脱出的过程如同摇椅一样摇来摇去,因此锂离子电池也被形象地称为“摇椅式”电池。

锂离子电池工作原理示意图如图1.1所示,电池正负极由两种不同的锂离子嵌入化合物组成。正极以 $LiMO_2$、负极以石墨为例,其电化学反应如下:

正极反应

$$LiMO_2 - xe^- \longrightarrow xLi^+ + Li_{1-x}MO_2 \tag{1.1}$$

负极反应

$$xLi^+ + 6C + xe^- \longrightarrow Li_xC_6 \tag{1.2}$$

电池总反应

$$LiMO_2 + 6C \longrightarrow Li_{1-x}MO_2 + Li_xC_6 \tag{1.3}$$

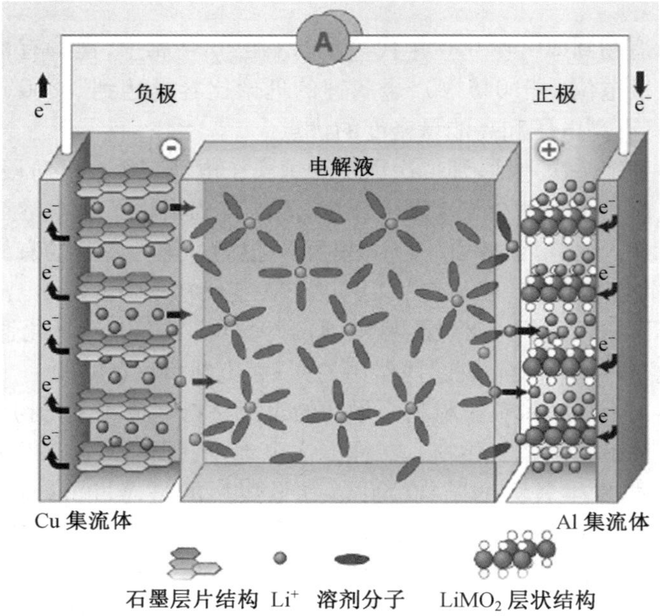

图1.1 锂离子电池工作原理示意图

充电时,Li^+从正极脱出,经过电解质嵌入负极,负极处于富锂态,正极处于贫锂态,同时电子通过外电路从正极流向负极进行电荷补偿。放电时相反,Li^+从负极脱出,经过电解质嵌入正极,正极处于富锂态,负极处于贫锂态,同时电子通过外电路从负极流向正极进行电荷补偿。锂离子电池的工作电压与构成电极的锂离子嵌入化合物及其中的锂离子浓度有关,锂离子电池实际上是一种锂离子浓差电池。

1.2 一元正极材料

本节主要介绍锂离子电池正极材料中的一元正极材料,包括钴酸锂、镍酸锂和锰酸锂。着重介绍这三种材料的结构、性能和改性方法,其中改性对一元正极材料未来更好地发展应用有着极其重要的作用。

1.2.1 钴酸锂

自从锂离子电池商业化以来，钴酸锂一直是正极材料的主流，其理论比容量为 274 mAh/g，实际比容量为 140～155 mAh/g。钴酸锂具有三种物相，分别是高温相 HT-$LiCoO_2$、低温相 LT-$LiCoO_2$ 和岩盐相 $LiCoO_2$。高温相 HT-$LiCoO_2$ 是目前最常用的钴酸锂形式，具有 α-$NaFeO_2$ 型的层状结构，氧原子采取畸变的立方密堆积，钴层和锂层交替分布于氧层两侧，占据八面体空隙。低温相 LT-$LiCoO_2$ 合成温度较低，晶体结构特征介于层状结构和尖晶石结构之间，锂层中钴原子的原子数分数约为 25%，钴层中锂原子的原子数分数约为 25%。由于低温相 LT-$LiCoO_2$ 电化学性能较差，因此其很少作为商业化正极材料使用。而岩盐相 $LiCoO_2$ 的结构高度紊乱，Li 和 Co 在晶体内部随机排列，没有明显规律，岩盐相 $LiCoO_2$ 的电化学性能也不理想，在实际中较少使用。理想层状结构 HT-$LiCoO_2$ 与理想尖晶石结构 LT-$LiCoO_2$ 如图 1.2 所示。

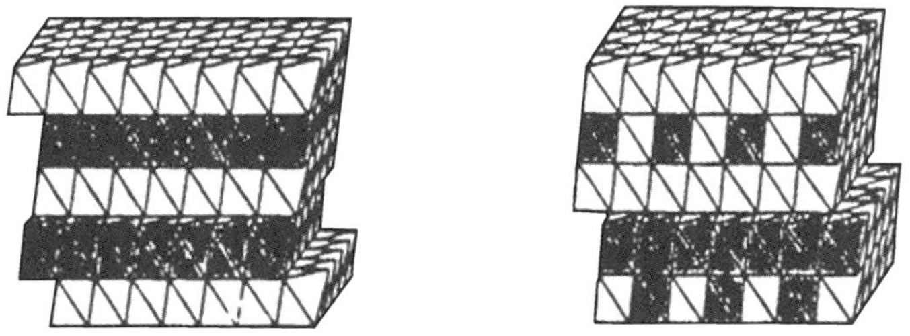

(a) **理想层状结构** HT-$LiCoO_2$　　(b) **理想尖晶石结构** HT-$LiCoO_2$

图 1.2　理想层状结构 HT-$LiCoO_2$ 与理想尖晶石结构 LT-$LiCoO_2$

理想层状结构 HT-$LiCoO_2$ 的原子结构如图 1.3 所示。在理想层状结构 HT-$LiCoO_2$ 中，Li^+ 和 Co^{3+} 各自位于立方密堆积氧层中交替的八面体位（灰色小球为处于 $3b$ 位置的 Co^{3+}，黑色小球为处于 $3a$ 位置的 Li^+，白色圆圈为处于 $6c$ 位置的 O^{2-}），$a=0.281\ 6$ nm，$c=1.405\ 6$ nm，c/a 一般为 4.99。但是由于 Li^+ 和 Co^{3+} 与氧原子层的作用力不一样，氧原子的分布并不是理想的密堆积结构，而是有所偏离，呈现三方对称性（空间群为 R-3m）。

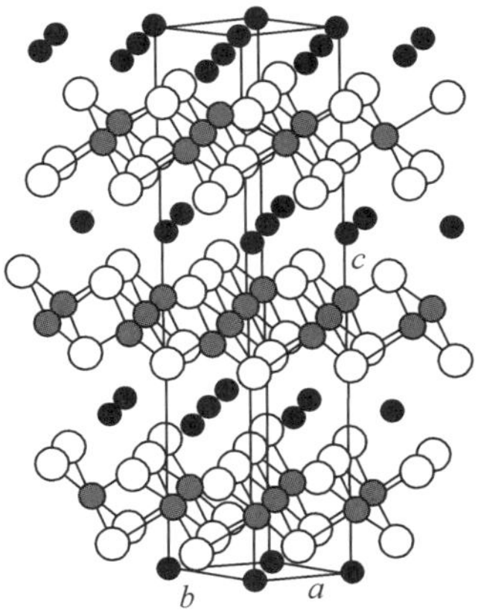

图 1.3　理想层状结构 HT-$LiCoO_2$ 的原子结构

电池充放电时，锂离子可以从所在的平面发生可逆脱出/嵌入反应，活性材料中 Li^+ 的迁移过程可用下式表示：

充电时

$$LiCoO_2 - xe^- \longrightarrow xLi^+ + Li_{1-x}CoO_2 \tag{1.4}$$

放电时

$$Li_{1-x}CoO_2 + yLi^+ + ye^- \longrightarrow Li_{1-x+y}CoO_2 \quad (0<x\leqslant 1, 0<y\leqslant x) \tag{1.5}$$

钴酸锂的实际比容量低，且在反复充放电过程中，晶胞体积在多次收缩和膨胀后发生改变，导致 $LiCoO_2$ 发生松动和脱落，造成内阻增大，容量减小。其根本原因在于 $LiCoO_2$ 是锂离子的嵌入式化合物，充电时如果过多的锂离子（一半以上）从 $LiCoO_2$ 中脱出，$LiCoO_2$ 会发生晶型改变而不再具有嵌入和脱出锂离子的功能。

就锂离子电池的安全性来说，热稳定性是一个基本问题。其适宜的使用温度是 -20 ~ 55 ℃，但是考虑电路发生故障（如短路）产生高热，电池正极的 $LiCoO_2$ 有可能分解产生电池爆裂等问题，需要研究提高 $LiCoO_2$ 的热稳定性。众多的研究者对 Li_xCoO_2 的热分解提出了不同的机理，普遍认为影响 Li_xCoO_2 热稳定性的因素主要有充/放电状态、脱锂程度、电解质性质等。研究 850 ~ 1 100 ℃时 $LiCoO_2$ 的质量变化就会发现：850 ℃时 $LiCoO_2$ 没有质量损失，X 射线衍射（XRD）分析表明形成了单一的 $LiCoO_2$ 相，温度超过 850 ℃时质量有损失，而且随温度升高而增加。这是由氧化锂和氧气的蒸发从而形成非化学计量的 $Li_yCo_{2-y}O_2(y<1)$ 造成的，反应机理如下：

$$LiCoO_2 \longrightarrow 1/(2-y)Li_yCo_{2-y}O_2+\varphi Li_2O+\varphi/2O_2 \tag{1.6}$$

式中 φ——蒸发的 Li_2O 和 $LiCoO_2$ 的物质的量比，$\varphi=(1-y)/(2-y)$。

$Li_yCo_{2-y}O_2$ 在热力学上是不稳定的，冷却时从中分离出 CoO 相，CoO 再转变成 Co_3O_4：

$$Li_yCo_{2-y}O_2 \longrightarrow yLiCoO_2+2(1-y)CoO \tag{1.7}$$

因此，高于 850 ℃时，由于氧化锂、氧气的蒸发和氧化钴的形成，$LiCoO_2$ 发生分解；高于 1 000 ℃时，则形成 $Li_{2-x}Co_{2-x}O_2$。

在锂离子电池充电时，锂离子发生脱出，此时的 Li_xCoO_2 是亚稳的，在 200 ℃左右可观测到氧气的释放。如 $Li_{0.5}CoO_2$ 在温度高于 200 ℃时，按照下列反应释放出氧气：

$$Li_{0.5}CoO_2 \longrightarrow 1/2LiCoO_2+1/6Co_3O_4+1/6O_2 \tag{1.8}$$

而且 $Li_{0.5}CoO_2$ 和溶剂开始反应的温度只有 130 ℃，远远低于 $LiCoO_2$ 自身的分解温度。反应按以下机理进行（假设 EC 完全氧化）：

$$Li_{0.5}CoO_2+0.1C_3H_4O_3(EC) \longrightarrow 0.5LiCoO_2+0.5CoO+0.3CO_2+0.2H_2O \tag{1.9}$$

化学脱锂的 $Li_{0.49}CoO_2$ 在 220 ℃开始有一个放热反应（图 1.4(a)），此时还没有发生失氧。高温 XRD 曲线（图 1.4(b)）表明：220 ℃的放热峰是由层状 R-3m 向尖晶石型 Fd-3m转变时结构的变化引起的。$Li_{0.49}CoO_2$ 与电解质的反应主要显示两个放热峰，220 ℃开始的峰可能是由活性正极表面引起的溶剂分解的，而 320 ℃开始的峰是由 $Li_{0.49}CoO_2$放出的氧造成电解质氧化引起的，从而有力地支持了反应方程式(1.9)。

理论上，提高钴酸锂容量最好的方法是提高电池的工作窗口，即提高充放电电压。如图 1.5(a)所示，钴酸锂在 4.6 V(vs. Li^+/Li)下的比容量比 4.3 V 下提高了 46%。但是受制于材料结构，$Li_{1-x}CoO_2$ 只有在 $0<x<0.5$ 的范围内才具有结构稳定性。当超过 0.5 个锂离子脱出时（对应充电截止电压为 4.20 V），由于 c 轴方向的形变，其晶格常数发生剧烈变化，晶格失去氧，因此 $LiCoO_2$ 的结构从六方晶系变成不具有电化学活性的单斜晶系，如图 1.5(b)所示。并且，高价态的 Co 具有强氧化性，导致电解液被氧化，引起材料的结构稳定性能和循环性能都下降，因此通常把 $LiCoO_2$ 的充电截止电压限制在 4.2 V。

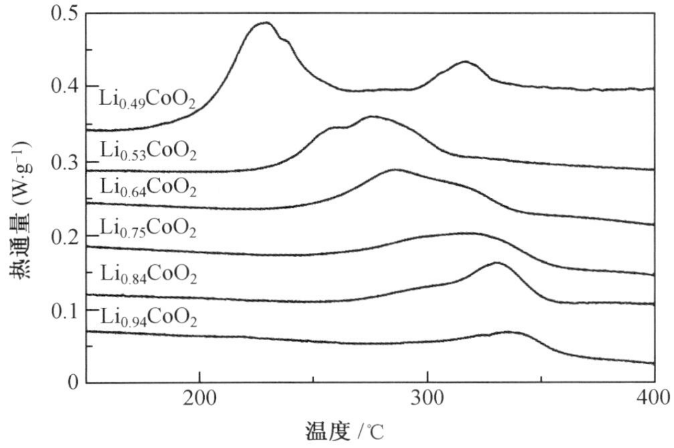

(a) 化学脱锂的 Li_xCoO_2 的差热曲线

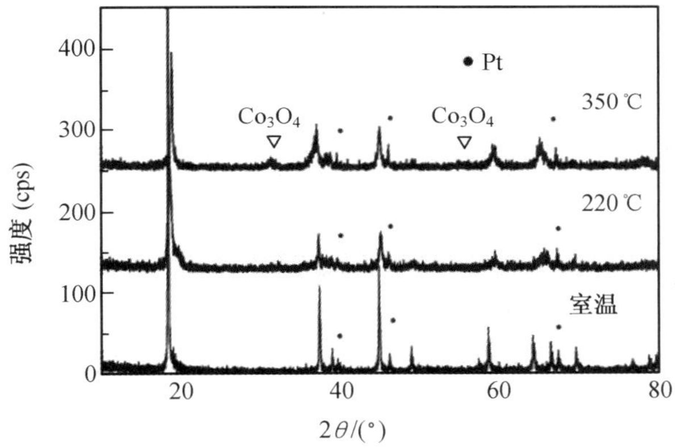

(b) 化学脱锂的 $Li_{0.49}CoO_2$ 的高温 XRD 曲线

图 1.4 化学脱锂的 Li_xCoO_2 的差热曲线和化学脱锂的 $Li_{0.49}CoO_2$ 的高温 XRD 曲线

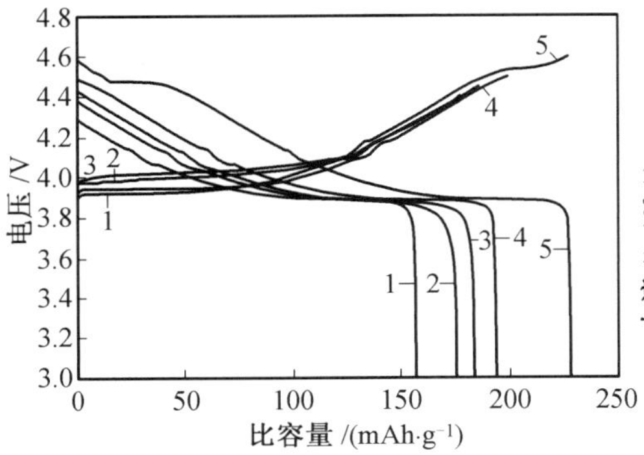

1—4.3 V, 156 mAh/g；2—4.4 V, 175 mAh/g；
3—4.45 V, 183 mAh/g；4—4.5 V, 193 mAh/g；
5—4.6 V, 227 mAh/g。

(a) 钴酸锂在不同电压下的充放电曲线

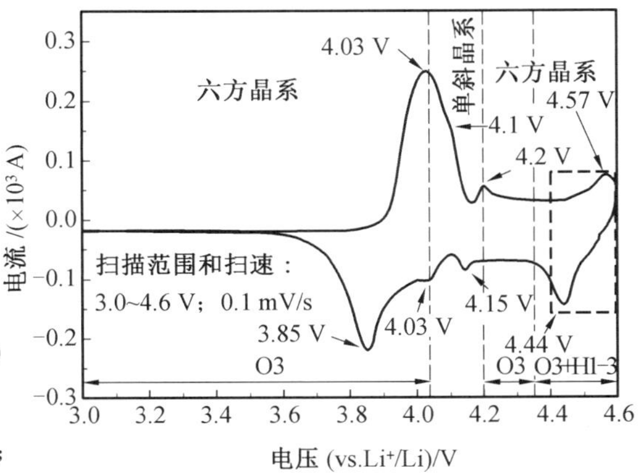

(b) 钴酸锂的循环伏安曲线

图 1.5 钴酸锂在不同电压下的充放电曲线和循环伏安曲线

目前,商用 $LiCoO_2$ 的电压已经由 4.2 V 逐步提升到 4.48 V,研究人员正在开发 4.50 V、4.53 V、4.55 V、4.60 V 等更高电压的 $LiCoO_2$ 正极材料,随着电压进一步提升至 4.5~4.6 V,$LiCoO_2$ 正极的比容量和相应电芯的能量密度也会继续提高。但是,高电压下脱锂会造成 H3→M2 相变,并且随着 Li^+ 脱出,Co^{3+} 不断被氧化成 Co^{4+},且高度脱 Li^+ 时 Co^{4+} 溶解在电解液中,产生 Co 的溶出;另外,高度脱 Li^+ 时电子从 O_2-2p 带逃逸形成高氧化性的氧,造成 $LiCoO_2$ 表面析氧,引起安全性问题,同时导致结构不稳定并伴随着较大不可逆容量损失。现有的改性手段希望把 H3→M2 相变对应的电压平台提高,并利用体相和晶界掺杂及表面包覆来减少 Co 溶出和表面析氧。

1.2.2 镍酸锂

$LiNiO_2$ 属于 α-$NaFeO_2$ 结构,也是层状结构。它成本较低,理论比容量为276 mAh/g,实际比容量可达 190~210 mAh/g,它的体积能量密度比 $LiCoO_2$ 高约 15%,质量能量密度比 $LiCoO_2$ 高约 20%。但是该材料阳离子混排严重,充电过程中会发生镍离子向锂离子层迁移的现象,阻碍 Li^+ 的嵌入和脱出,故首次容量损失较大,循环容量衰退较快。世界上已探明镍的可采储量约为 Co 的 14.5 倍,而且层状 $LiNiO_2$ 中的大部分锂可在中等正电势下提取,如在 4.3 V 下提取。另外,镍酸锂对环境影响更小,同时在价格和资源上也比 $LiCoO_2$ 更有优势,成为锂离子电池中比较有吸引力的正极材料。

在理想的化学计量 $LiNiO_2$ 中,Li^+ 和 Ni^{3+} 应该沿岩盐立方晶格的(111)方向有序排列,形成 2D 层状结构,与 α-$NaFeO_2$ 结构相同。因此,$LiNiO_2$ 具有菱形结构,具有三方对称性(空间群:R-3m),包括两个互穿密堆积的 FCC 亚晶格:一个由氧离子组成,另一个由交替(111)面上的 Li 和 Ni 离子组成。各个协调的八面体位置是边缘共享。Ni 离子位于八面体 3*b* 位点,氧离子位于立方密堆积中,占据 6*c* 位点。在图 1.6 所示的菱形晶体结构中,三角对称的 NiO_6 八面体共享它们的边缘以形成三角形 Ni 晶格,Ni 间距(4.73 Å①)比片内 Ni-Ni 距离(2.88 Å)长得多。

理想的插层化合物要求嵌入脱出前后其结构变化不大且可逆。对于 $LiNiO_2$ 来说,在 Li^+ 的嵌入脱出过程中发生了一系列结构相变。$Li_{1-x}NiO_2$ 的充放电过程主要经历以下几个相变过程(图 1.7):六方相 H1↔单斜相↔六方相 H2+H3↔六方相 H3。在单相区,O-Ni-O层间距缓慢连续增加,电极的可逆性比较好,但在相变过程中,进一步的氧化使得 O-Ni-O 层间距突然减少,导致结构变化较大,局部会有塌陷,造成容量损失。$LiNiO_2$ 在反复充放电过程中的多次相变,会导致材料结构的不可逆变化,降低电极循环稳定性,导致容量衰减和寿命缩短。

---

① 1 Å=0.1 nm。

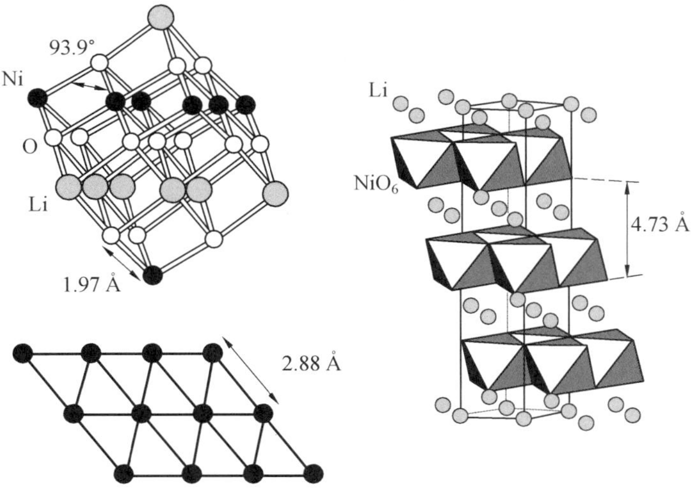

图 1.6 NiO_6 层状结构与 $LiNiO_2$ 晶胞结构(右),构成六方晶格的 Ni—O键和 Li—O 键(左上)及三角形 Ni 晶格(左下)

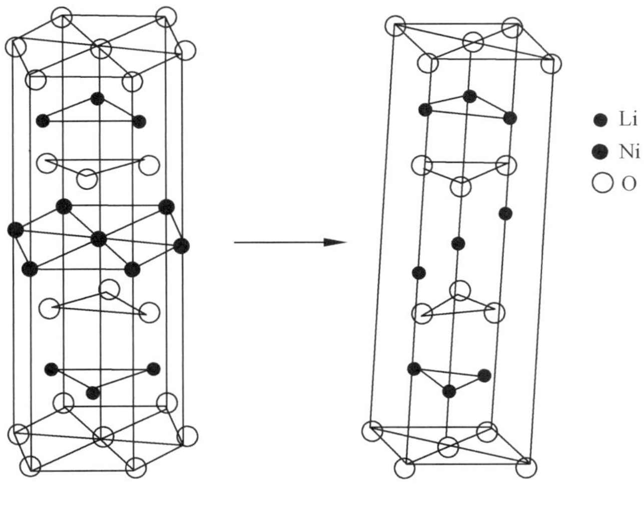

图 1.7 $Li_{1-x}NiO_2$ 中六方和单斜结构之间的可逆相变($0.45 \leqslant x \leqslant 0.55$)

镍酸锂正极材料的缺点可作如下总结:Ni^{2+} 的半径比 Li^{+} 的半径略小,会发生混排形成非电化学活性的立方结构[$Li_{1-x}Ni_x$]NiO_2,从而大大降低材料的电化学性能,也正是因此很难得到纯的镍酸锂;材料中的 Ni^{3+}($3d^7$)会发生 Jahn-Teller(J-T)效应,很容易导致层状结构塌陷及 Ni^{2+} 的产生,从而使离子混乱度增加,结构稳定性降低;处于氧化态的镍离子热稳定性差,在某些非正常条件下(高温或过充)可能会发生起火甚至爆炸,这些都限制了镍酸锂材料的产业化应用。针对以上情况,研究者尝试对镍酸锂进行改性,其中以掺杂为主。

在对镍酸锂进行掺杂改性时,掺杂离子的选择尤为重要,主要有以下几点:

(1)掺杂离子所形成的 M—O 键增大 O-Ni-O 层的极化能。荷电多、离子半径较小、自身极化力较强的阳离子(如含较多d电子的过渡金属离子等)对部分 Ni^{3+} 进行取代,可以增强 M—O 键强度,稳定层状结构。阳离子掺杂易于实施,是改善材料循环性能、提高材料容量保持率的有效手段。

(2)若掺杂离子不参与电化学反应,则该离子能对结构起到支撑作用。根据分子轨道理论,掺杂离子的引入必然会影响体系中电荷的分布,提高夹层的共价性。$LiNiO_2$ 在充电末期残存的 Li^+ 和掺杂离子有利于保持晶胞结构的稳定性,同时掺杂离子能阻止 Li^+/空位有序重排,抑制结构相变发生,提高循环可逆性。

(3)元素的掺杂直接影响 $LiNiO_2$ 化合物的比容量。从理论上讲,掺杂元素对 $LiNiO_2$ 比容量的影响主要与元素的价态有关。价态不变元素的掺杂将限制 Li^+ 的脱出,降低比容量。为了保持电荷平衡,低价元素的掺杂使部分 Ni^{3+} 提前氧化到 Ni^{4+},减少电子转移数;而高价态元素的掺杂要求部分 Ni^{3+} 还原到 Ni^{2+},增大电子转移数。

因此,选取掺杂元素时还应尽量选取价态可变、质量轻的高价态元素离子。目前对镍酸锂材料的元素掺杂研究主要集中在元素的种类、掺杂量、掺杂方法等方面。

掺杂元素进入 $LiNiO_2$ 晶格中后,其性能有明显的改善。通过将一些掺杂 $LiNi_{1-y}M_yO_2$(M=Co、Al、Fe、Mg 等)化合物的充放电曲线与 $LiNiO_2$ 相比,可以看到掺杂后的结构相变几乎消失。图1.8所示为四价 Ti 掺杂结构变化示意图,掺杂后的 $LiNi_{1-x}Ti_xO_2$ 表现出高的比能量和良好的循环性能,当 $x=0.025$ 时其首次放电容量达 235 mAh/g。通过循环伏安试验表明,随着 Ti 含量的增加,Li^+ 嵌入和脱出过程中的相变的反应峰逐渐加宽(图1.9,扫描速率为 0.1 mV/s),相变次数减少。

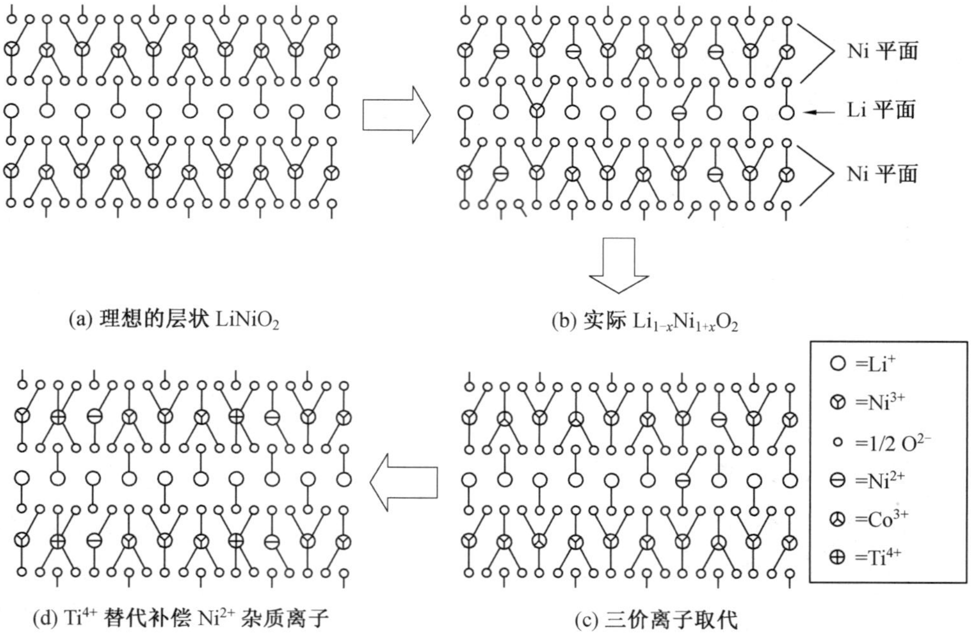

图1.8 四价 Ti 掺杂结构变化示意图

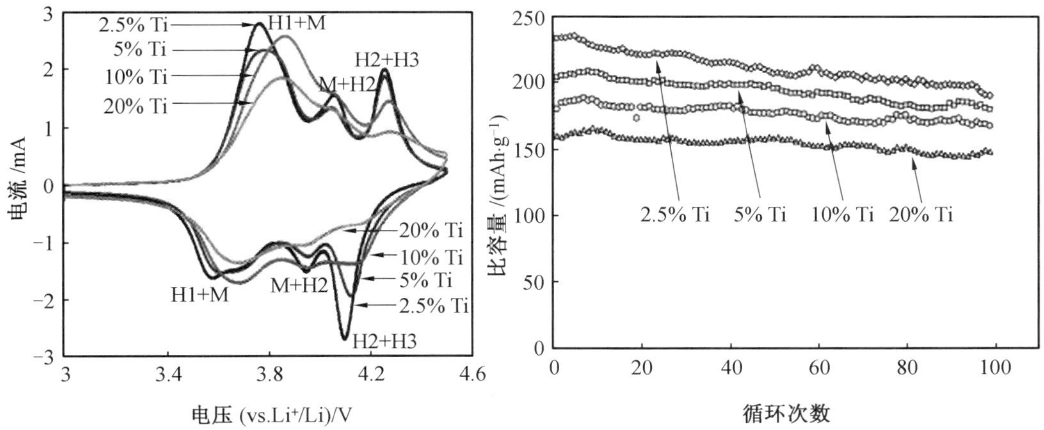

(a) $LiNi_{1-x}Ti_xO_2$($0.025 \leqslant x \leqslant 0.2$) 的电化学循环特性

(b) $LiNi_{1-x}Ti_xO_2$($0.025 \leqslant x \leqslant 0.2$) 的循环伏安曲线

图 1.9 $LiNi_{1-x}Ti_xO_2$($0.025 \leqslant x \leqslant 0.2$)的电化学循环特性和循环伏安曲线

1.2.3 锰酸锂

锰酸锂具有资源丰富、价格低廉、稳定安全性能好等优点，因此，人们正在努力开发锰酸锂正极材料用于电动汽车的动力电池中。锰酸锂包括尖晶石型 $LiMn_2O_4$ 和层状结构 $LiMnO_2$。其中，层状结构的研究成果还不够成熟，不适合做动力电池的正极材料；而尖晶石型锰酸锂结构稳定，容易进行工业化生产，还由于其具有资源丰富、价格低廉、稳定安全性能好等优点，目前被认为是最具研究价值的锂离子动力电池的正极材料。

如图 1.10 所示，尖晶石型锰酸锂 $LiMn_2O_4$ 是具有 Fd-3m 对称性的立方晶系，晶格常数 a=0.824 5 nm，晶胞体积 V=0.560 9 nm^3。单体晶格中含有 56 个原子：8 个锂原子，16 个锰原子，32 个氧原子，其中 Mn^{3+} 与 Mn^{4+} 各占 50%。氧为面心立方密堆积（cubic close packing，CCP）序列，锂离子处于四面体的间隙位置（8a）上，锰离子处于八面体的间隙位置（16d）上，而氧离子处于八面体的 32e 晶格位置上。其中四面体晶格 8a、48f 和八面体晶格 16e 在一个平面上，构成相互连通的三维离子通道，锂离子能够在其中自由方便地嵌入和脱出，尖晶石型 $LiMn_2O_4$ 电池的理论比容量达到 148 mAh/g，但目前市场上及研究中的容量最高也只能达到 120 mAh/g 左右。

图 1.11 所示为尖晶石型锰酸锂 $LiMn_2O_4$ 材料的扫描电子显微镜（scanning electron microscope，SEM）图，锰酸锂外观为黑色粉末，粒径为 2 ~ 7 μm，呈颗粒状。晶型发育比较完善，颗粒细小，颗粒表面光滑圆润，粒度均匀。

层状结构的 $LiMnO_2$ 有锯齿层状结构和堆垛错层结构，二者结构差别较大（图 1.12）。低温合成的 $LiMnO_2$ 是堆垛错层型，用其作电极材料与其他材料相比的优点有电池电压高、自放电少、保存性好，但是反复充电时，电池容量显著下降，这是由 MnO_2 结晶结构破坏所决定的。

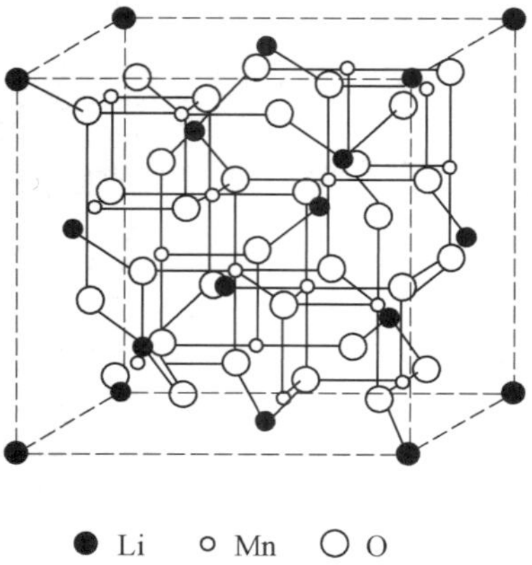

图 1.10 尖晶石型锰酸锂 $LiMn_2O_4$ 晶体结构示意图

图 1.11 尖晶石型锰酸锂 $LiMn_2O_4$ 材料的 SEM 图

(a) 锯齿层状结构示意图　　(b) 堆垛错层结构示意图

图 1.12 $LiMnO_2$ 的锯齿层状结构和堆垛错层结构示意图

锰酸锂电池在循环过程中会出现 Jahn-Teller 效应、Mn 的溶解与电解液分解等现象，导致锰酸锂电池容量衰减较快，高温性能较差，严重影响锰酸锂正极材料的应用。

Jahn-Teller 效应指的是锰酸锂正极材料在电池的充放电过程中晶体结构的变化，如图 1.13 所示。锂离子的不断脱出，其晶体结构由原本的立方锰氧八面体结构转变成四方锰氧八面体结构，这种结构畸变导致锰酸锂晶体结构的对称性下降，影响锂离子的正常脱出，严重降低锂离子扩散速率，降低材料的电导率，造成锰酸锂电池容量的不可逆损失。目前可通过表面包覆的方法来抑制 Jahn-Teller 效应，包覆材料主要有磷酸盐、碳材料、固体电解质材料等。

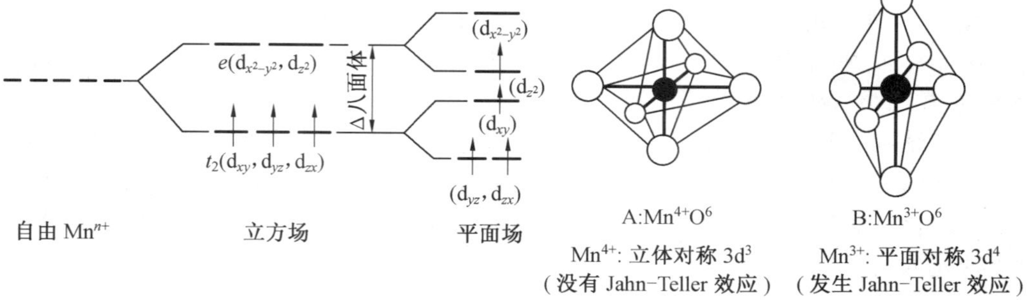

图 1.13 锰酸锂的 Jahn-Teller 效应图

Mn 的溶解是指由于电池电解液及电池充放电时的高电压条件,电池材料中的活性反应物质 Mn 直接参与充放电反应时会出现溶解的现象。此时,Mn^{3+}发生歧化,生成 Mn^{2+} 和 Mn^{4+},而 Mn^{2+}会溶解于电解液,导致电池反应活性物质的不可逆损失,从而表现出锰酸锂电池容量的衰减。锰酸锂 Mn 溶解效应图如图 1.14 所示。通过抑制 Mn 的溶解来改善锰酸锂性能的包覆材料主要有氧化物和聚合物等,它们都能很好地抑制 Mn 的溶解,提高锰酸锂的循环性能。

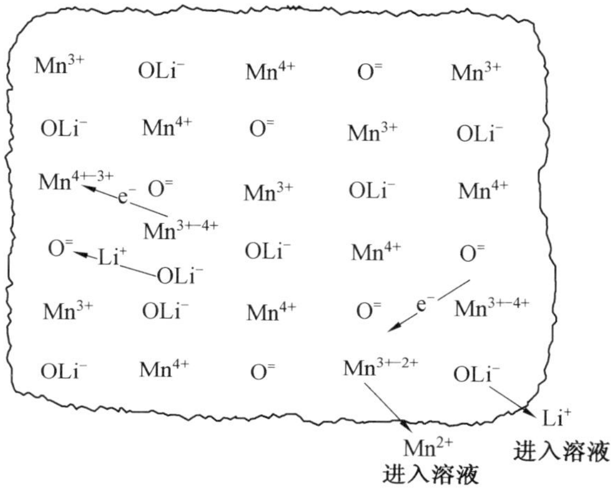

图 1.14 锰酸锂 Mn 溶解效应图

1.3 二元正极材料

1.2 节主要介绍了一元正极材料的基本信息,包括这些材料的主要缺陷。很明显,向其中加入其他元素是有效改善缺陷的方法,在这种大背景下,二元正极材料逐渐发展起来。本节主要以 $LiNi_{0.5}Mn_{1.5}O_4$ 和 $LiCo_xNi_{1-x}O_2$ 为例对其进行简要阐述。

1.3.1 $LiNi_{0.5}Mn_{1.5}O_4$

尖晶石型镍锰酸锂($LiNi_{0.5}Mn_{1.5}O_4$)是研究者为了解决尖晶石 $LiMn_2O_4$ 中由于 Mn^{3+} 的溶解和 Jahn-Teller 畸变效应所引起的容量衰减问题,通过对尖晶石 $LiMn_2O_4$ 进行体相掺杂 Ni 元素形成的。尖晶石型 $LiNi_{0.5}Mn_{1.5}O_4$ 不仅降低了材料中 Mn^{3+}的含量,从而减弱了锰的溶解,改善其循环性能;而且,该材料具有 4.7 V 的高电压平台,以及 146.7 mAh/g 的理论比容量。

依据原子排列的有序性,尖晶石型 $LiNi_{0.5}Mn_{1.5}O_4$ 具有面心立方结构 Fd-3m 和简单立方结构 $P4_332$ 两种空间群,其结构示意图如图 1.15 所示。其中,与 $LiMn_2O_4$ 具有相同 Fd-3m 空间群的 $LiNi_{0.5}Mn_{1.5}O_4$,Li 原子处于四面体间隙 8*a* 位置,Ni 原子和 Mn 原子则随机分布在八面体间隙 16*d* 位置,O 原子处于八面体 32*e* 位置,如图 1.15(a)所示;另外,有序的简单立方结构 $P4_332$ 空间群中,Li 原子处于 8*c* 位置,Ni 原子处于 4*a* 位置,Mn 原子处于 12*d* 位置,O 原子处于 8*c* 和 24*e* 位置,如图 1.15(b)所示。

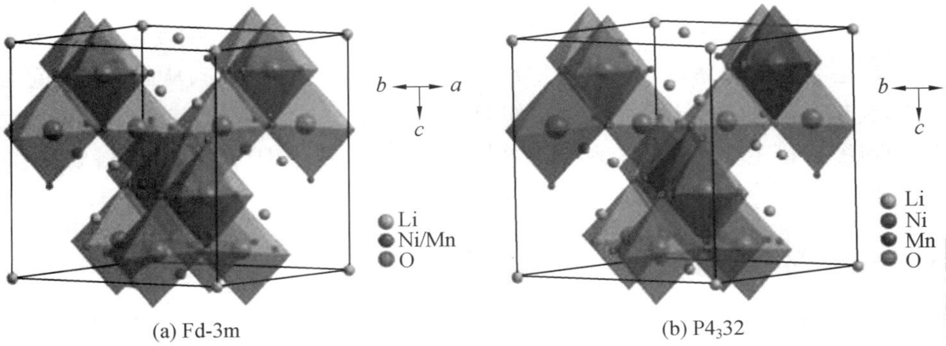

图 1.15 $LiNi_{0.5}Mn_{1.5}O_4$ 两种空间群的结构示意图

$LiNi_{0.5}Mn_{1.5}O_4$ 两种不同的空间群结构主要受合成条件尤其是后续热处理过程中焙烧温度和焙烧气氛等影响。纯相 $LiNi_{0.5}Mn_{1.5}O_4$ 很难合成，在 650 ℃以上会发生如下反应：

$$LiNi_{0.5}Mn_{1.5}O_4 \longrightarrow aLi_xNi_{1-x}O+bLiMn_{1.5+y}Ni_{0.5-y}O_4+cO_2 \qquad (1.10)$$

Kim 通过熔盐法合成具有两种不同结构的非化学计量的$LiNi_{0.5}Mn_{1.5}O_{4-\delta}$(空间群 Fd-3m)和化学计量的 $LiNi_{0.5}Mn_{1.5}O_4$(空间群 $P4_332$)阴极。选区电子衍射(selected area electron diffraction, SAED)图和 TEM 亮场图(图 1.16)研究证实，面心立方结构(Fd-3m)在 700 ℃下进一步加热时会转变为简单立方结构($P4_332$)。

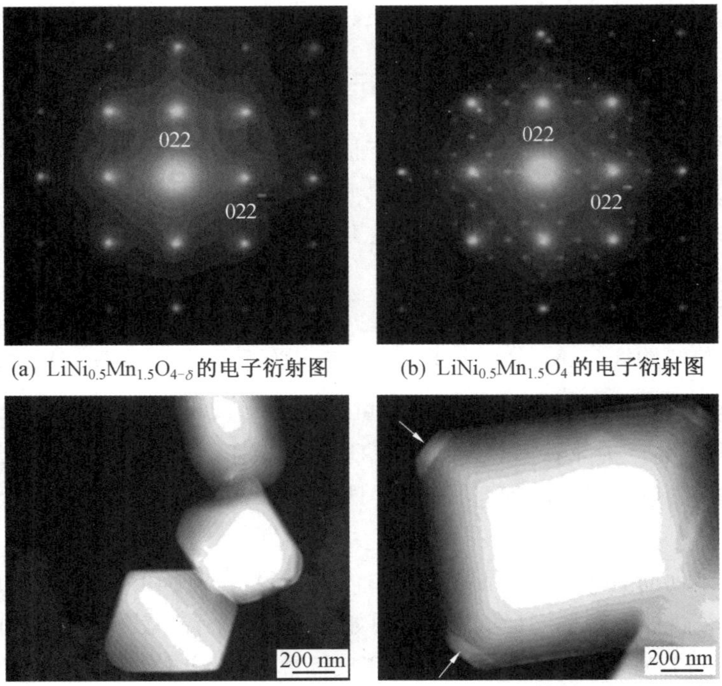

(a) $LiNi_{0.5}Mn_{1.5}O_{4-\delta}$的电子衍射图 (b) $LiNi_{0.5}Mn_{1.5}O_4$的电子衍射图

(c) $LiNi_{0.5}Mn_{1.5}O_{4-\delta}$的 TEM 亮场图 (d) $LiNi_{0.5}Mn_{1.5}O_4$的 TEM 亮场图

图 1.16 $LiNi_{0.5}Mn_{1.5}O_{4-\delta}$和 $LiNi_{0.5}Mn_{1.5}O_4$ 的电子衍射图及 TEM 亮场图

$LiNi_{0.5}Mn_{1.5}O_4$ 具有 4.7 V 的高电压平台，以及 650 Wh/kg 的高能量密度，相对于 $LiCoO_2$（540 Wh/kg）、$LiMn_2O_4$（500 Wh/kg）及 $LiFePO_4$（540 Wh/kg）有较大优势。

Yidong Shen 等通过共沉淀和随后的梯度温度煅烧构造多级球形 $LiNi_{0.5}Mn_{1.5}O_4$ 材料，表现出优异的电化学性能，1 C 下放电比容量达 141 mAh/g，200 个循环后容量保持率达 94.2%。即使在 10 C 高倍率下，比容量仍可达到 114 mAh/g。

1.3.2 $LiCo_xNi_{1-x}O_2$

由于钴和镍是位于同一周期的相邻元素，具有相似的核外电子排布，二者可形成 $LiCo_xNi_{1-x}O_2$。$LiCo_xNi_{1-x}O_2$（$0 \leqslant x \leqslant 1$）具有 α-$NaFeO_2$ 型层状结构，为六方晶系的 R-3m 空间群，是 $LiCoO_2$ 和 $LiNiO_2$ 的固溶体，其中 Ni^{3+} 和 Co^{3+} 随机占据八面体 $3b$ 的位置，Li^+ 占据 $3a$ 的位置，O^{2-} 占据 $6c$ 的位置。$LiCo_xNi_{1-x}O_2$ 的晶格参数值在 $LiCoO_2$ 和 $LiNiO_2$ 之间，随着 $LiCo_xNi_{1-x}O_2$ 中 x 值的减小，晶格参数增大，逐渐接近 $LiNiO_2$ 的晶格参数。

Co 的存在影响镍离子的分布，使 Ni 位的配位场增强，导致（Ni、Co）O_2 层中 Ni^{2+} 的稳定性降低，且 Co^{3+} 在充电过程中不存在 Jahn-Teller 变形，从而稳定 $LiNiO_2$ 的层状结构，导致各方面性质都得到不同程度的改善，主要表现在以下几个方面。

（1）减小容量损失和改善循环可逆性。

C. Delma 小组认为，非计量 $Li_{1-x}Ni_{1+x}O_2$ 层间 Li 位上的 Ni^{2+} 在脱锂后期被氧化成离子半径更小的 Ni^{3+}，造成该离子附近结构的塌陷。在随后的嵌锂过程中，Li^+ 将难以嵌入已塌陷的位置上而造成容量损失。另外，高脱锂时 Ni-O 层结构将由数量占大多数而半径较小的 Ni^{4+} 决定，同时具有 Jahn-Teller 效应的少量 Ni^{3+} 将通过四面体空隙转移到 Li^+ 空位起到稳定整个结构的作用，从而造成更大的容量损失。而通过磁性研究证明掺杂钴离子位于 Ni-O 层，将减少锂位 Ni^{2+} 含量，且使晶胞参数 c、a 趋于理想值，有稳定结构抑制相变发生的作用，从而提高循环可逆性，甚至高温（≥40 ℃）下具有较好的可逆性。$LiCoO_2$ 和 $LiNiO_2$ 在电极反应时收缩和膨胀情况正好相反，制成 $LiCo_xNi_{1-x}O_2$ 复合氧化物电极可达到性能互补的目的，提高电极的可逆性。

（2）提高脱锂状态下的热稳定性及安全性。

Cho Jaephil 等对 $LiCo_xNi_{1-x}O_2$（$0.1 \leqslant x \leqslant 0.3$）进行了详细研究和比较，差示扫描量热法（differential scanning calorimetry，DSC）曲线表明充电电压越高，放热峰越向低温偏移；随着 Co 含量的增加吸热峰位置由 190 ℃移至 220 ℃左右，且峰值明显降低，表明热稳定性得到明显提高；并认为 $LiNi_{0.7}Co_{0.3}O_2$ 具有最高的热稳定性，分解温度约为 222 ℃，放热最少。

M. D. Levi 等比较了在 10 mV/s 扫描速率下 $Li_xCo_{0.2}Ni_{0.8}O_2$ 和 Li_xNiO_2 的循环伏安曲线（图 1.17），并且通过原位 XRD 研究获得了 $Li_xCo_{0.2}Ni_{0.8}O_2$ 和 Li_xNiO_2 的相图。发现未掺杂的 Li_xNiO_2 相变至六方相阶段先后经历晶格参数各异的 3 种六方相形态（H1、H2、H3），而掺钴的 $Li_xNi_{0.8}Co_{0.2}O_2$ 结构相变受到抑制，试验表明 $Li_xNi_{0.8}Co_{0.2}O_2$ 只有单相变化。

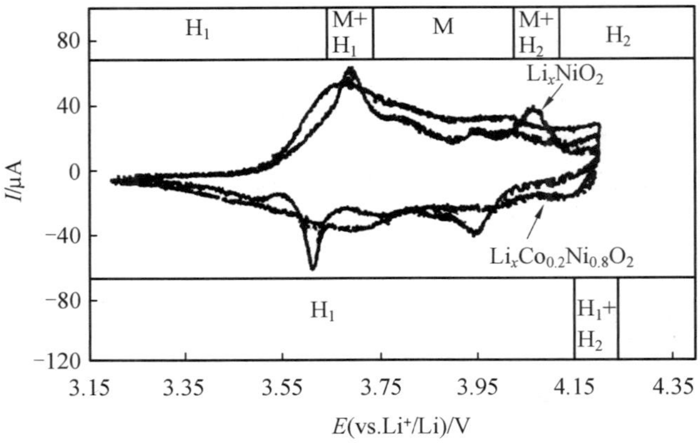

图 1.17　Li_xNiO_2 和 $Li_xCo_{0.2}Ni_{0.8}O_2$ 的循环伏安曲线

(3)提高充放电电压。

A. Ueda 等认为工作电压与 3d 轨道电子的费米能级有关,由于 $CoO_2(3d^5/3d^6)$ 的费米能级高于 $NiO_2(3d^6/3d^7)$,因此钴的掺杂参与氧化还原反应会提高平均充放电电压。

(4)增加倍率充放电能力。

锂镍氧化物的大倍率充放电能力部分取决于材料中锂离子的化学扩散系数和电子的电导率,钴的掺杂能稳定 2D 结构,有利于 Li^+ 的扩散,提高了 Li^+ 的扩散系数。Cho Jaephil 等认为有部分 Co^{3+} 被氧化为 Co^{4+} 时,没有孤对电子的 Co^{4+} 进一步提高其导电性,且钴掺杂影响缺陷的分布促进电子传导性能。

对于不同的 x 值,正极材料 $LiCo_xNi_{1-x}O_2$ 的电化学性能也有所不同。K. B. Richard Gover 的研究认为,随 x 增加,放电容量逐渐增加。当 $x=0.25$、0.2、0.15 时,$LiCo_xNi_{1-x}O_2$ 具有优良的电化学性能,首次充电容量分别达 191.5 mAh/g、202.2 mAh/g、211.7 mAh/g。

1.4　三元正极材料

在三元正极材料出现之前,已经有了钴酸锂、镍酸锂、锰酸锂等正极材料,但这些材料存在一些不足,为了改善这些材料的性能,研究者们尝试向其中加入其他元素,三元正极材料应运而生。本节以 $LiNi_xCo_yMn_{1-x-y}O_2$(NCM)、$LiNi_xCo_yAl_{1-x-y}O_2$(NCA)及富锂三元正极材料为例进行相关介绍。

1.4.1　NCM 三元正极材料

由于 $LiNiO_2$ 材料的稳定性不好,学者们提出用 Co 和 Mn 元素来替代部分 Ni 元素,合成了 $LiNi_xCo_yMn_{1-x-y}O_2$ 材料。该类材料属于六方晶系 $\alpha-NaFeO_2$ 的层状结构,R-3m 空间点群。锂离子、钴离子分别排布在氧离子的上下侧,即锂离子、过渡金属离子、氧离子分别占据 3*a* 位、3*b* 位、6*c* 位,如图 1.18 所示。$LiNi_xCo_yMn_{1-x-y}O_2$ 材料兼有 $LiCoO_2$、$LiNiO_2$、$LiMnO_2$ 3 种材料的优势,理论比容量达到 270 mAh/g,实际比容量跟截止电压有关,电压大于4.3 V时出现 Co^{3+}/Co^{4+} 氧化还原电对,比容量会提升,但是相对应的电解液也必须与之匹配,否则易发生分解。

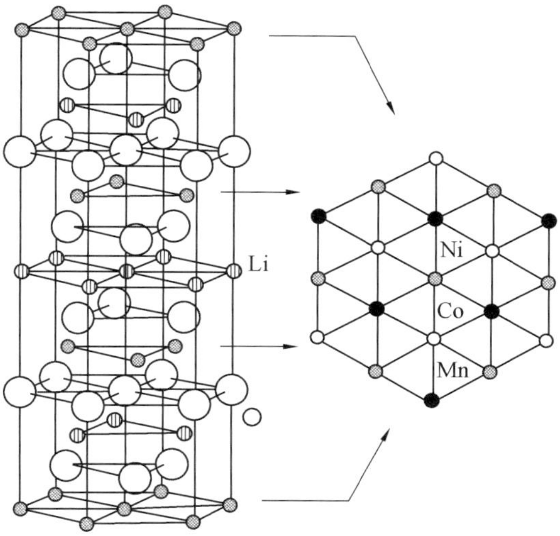

图 1.18 层状 $LiNi_xCo_yMn_{1-x-y}O_2$ 结构图

3 种金属元素的平均化合价是+3 价,呈现协同效应(图 1.19)。镍是主要的活性元素,化合价位于+2 和+4 之间,大部分为+2 价,钴离子多数以+3 价存在,锰离子始终为+4 价,所以不会发生 Jahn-Teller 效应。试验证明:与 $LiNiO_2$ 相比,钴的掺杂有利于提高材料结构的稳定性,Mn^{4+}不发生化合价的变化,可以改善三元材料的安全性和热稳定性。其中,镍和钴是主要的活性材料,锰在充放电过程中维持材料的稳定性,一般不参与电化学反应。考虑钴的价格及锰的非活性或弱活性,钴、锰含量应逐渐降低,镍含量应不断提高。由于 Ni^{2+}的半径(0.069 nm)和 Li^+的半径(0.076 nm)接近,因此一部分 Ni^{2+}和 Li^+会占据对方所在的位置,Co^{3+}和 Mn^{4+}也会占据少量的 3*a* 位置。阳离子混排现象在高温时更加明显,可通过在煅烧结束时减慢降温的速率并且继续通氧来抑制这种现象。

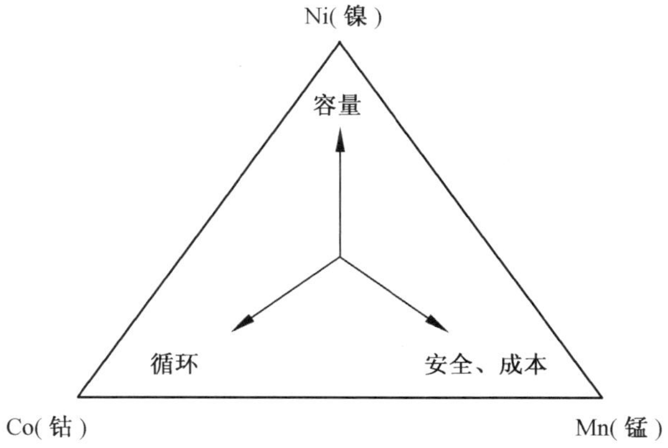

图 1.19 Ni、Co、Mn 协同效应示意图

在三元材料的 XRD 图谱(图 1.20)中,一般峰形尖锐,无明显杂峰出现,说明材料结晶度较好,I_{003}/I_{104}的强度比值大于 1.2,说明阳离子混排程度小,(006)/(102)和(108)/

(110)衍射峰出现明显的分裂,说明材料有良好的层状结构。一般认为,如果三元材料的 c/a 在4.97~4.99范围内,则具有较好的六方R心晶胞结构。

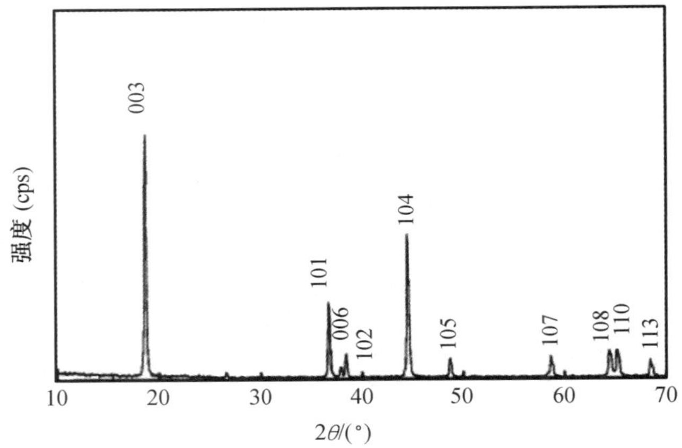

图1.20 层状 $LiNi_xCo_yMn_{1-x-y}O_2$ 的XRD图谱

实验和计算研究表明,六方层状三元正极材料 $LiCo_{1/3}Ni_{1/3}Mn_{1/3}O_2$(NCM 111)是一种高比容量、高循环稳定性的锂离子电池材料,但是该材料比容量一般只有160 mAh/g左右,还没有达到高能量密度电池的要求。因此,研究者不断提高Ni含量以提高比容量,目前商品化的主要NCM材料为 $LiNi_{0.6}Co_{0.2}Mn_{0.2}O_2$(NCM 622)。在2.5~4.3 V充放电区间内,NCM 622的比容量可以达到180 mAh/g。然而,新能源汽车市场未来的发展需要进一步提高容量,并降低电池组的价格,因此,新的研究集中在开发Ni原子数分数超过80%、比容量大于200 mAh/g的高镍NCM材料上,如 $LiNi_{0.8}Co_{0.1}Mn_{0.1}O_2$、$LiNi_{0.9}Co_{0.05}Mn_{0.05}O_2$ 及Ni原子数分数超过90%的超高镍NCM材料,但镍比例的增加导致阳离子混排、界面反应和微裂纹,进而引起较严重的容量衰减,这导致高镍三元正极材料的循环寿命、热稳定性和储存性能较差,因此需要通过掺杂和包覆等改性手段提高NCM的综合性能。

1. 体相掺杂

体相掺杂引入掺杂原子来提高结构的稳定性和电导率,进一步提升材料的电性能。所掺杂元素的原子半径应与所要替换的元素半径相近。常用的金属阳离子掺杂元素主要有Mg、Al、Fe、Ti、Nb、W、Zr、La等。阴离子掺杂会代替正极材料的氧原子,故一般选择元素周期表中与氧位置靠近的元素进行掺杂,例如F掺杂。

Mg^{2+} 半径接近 Li^+,比较容易进入锂空位,掺杂适量的Mg能够降低材料阳离子的混排度,而且具有电化学惰性的Mg能稳定层状结构,改善材料的循环性能。

Nb^{5+} 比较容易在过渡金属位点掺杂,它引入Nb—O键,可以稳定晶格结构,并抑制锂镍混排的发生,从而改善材料的循环性能。Nb元素掺杂还可降低材料一次颗粒晶粒尺寸,缓解高镍材料在循环过程中由于一次颗粒各向异性形变引起的开裂。

Doeff发现电化学性能的改变取决于掺杂原子的性质和对晶体结构的影响(图1.21),少量的 Ti^{4+} 掺杂可获得高容量大倍率的电极材料,Fe的掺杂反而增加了材料的反位缺陷,导致容量降低,倍率性能下降,掺杂Al使材料的容量降低,但是倍率性能和循环稳定性提高。

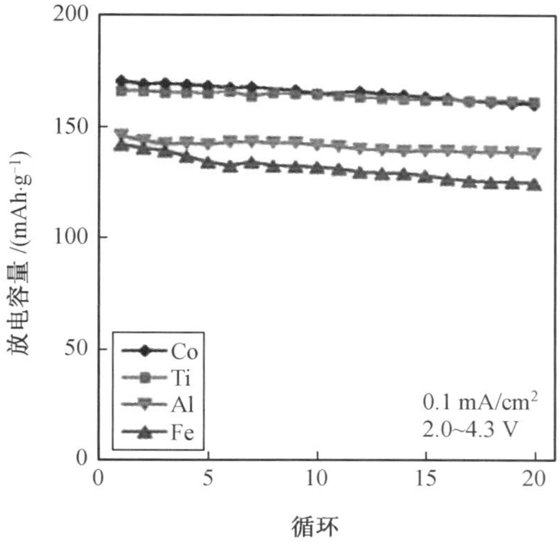

(a) 电池的放电容量

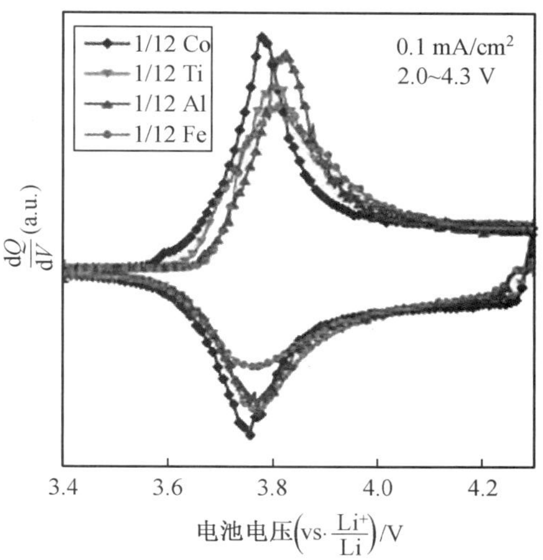

(b) 第一次循环的容量 - 电压微分曲线

图 1.21 $Li/LiNi_{1/3}Co_{1/4}M_{1/12}Mn_{1/3}O_2$(M = Ti、Fe、Al 和 Co)电池的放电容量和第一次循环的容量-电压微分曲线

Li 等通过简单的共沉淀法成功制备了 $LiNi_{0.5}Co_{0.2}Mn_{0.3}O_{1.99}F_{0.01}$。能量色散 X 射线光谱(energy dispersive spectrometer, EDS)图像表明 F 的掺杂是均匀的(图 1.22)。F 的掺杂进一步稳定了材料结构并增加了层间距,因此具有更好的长期循环稳定性和改进的倍率性能(120 ℃时初始放电容量为120.98 mAh/g,500 次循环后容量保持率为79.04%)。F 的掺杂可以抑制电极和电解质之间在高电压下发生副反应,从而有效地减少循环期间阻抗的增加,极大地改善了电化学性能。

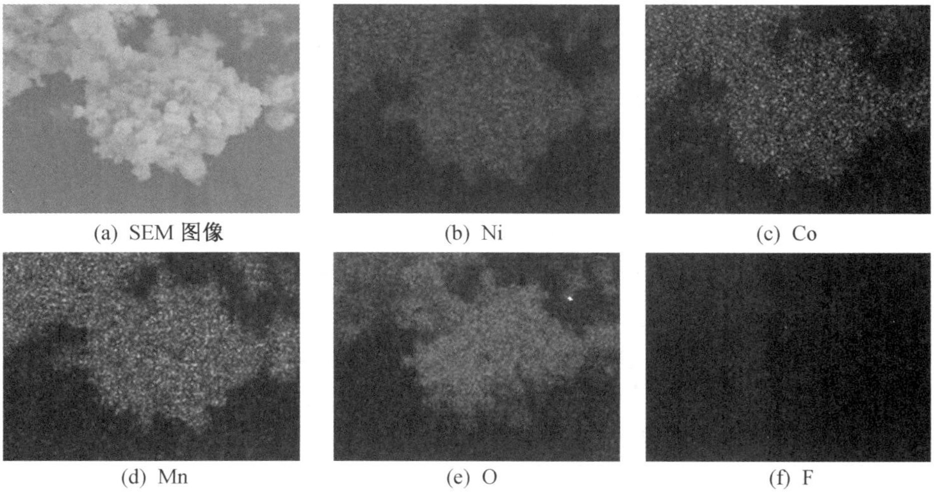

(a) SEM 图像　(b) Ni　(c) Co

(d) Mn　(e) O　(f) F

图 1.22 $LiNi_{0.5}Co_{0.2}Mn_{0.3}O_{1.99}F_{0.01}$ SEM 图像和 EDS 面扫图像

Sun 证实 Mg 和 F 共掺杂的 $Li[Ni_{1/3}Co_{1/3}Mn_{(1/3-0.04)}Mg_{0.04}]O_{1.96}F_{0.04}$ 可以提高材料的结晶度、形貌及振实密度,进而提升容量、循环稳定性和热稳定性。其中,Mg 不参与电化学反应,在 Li^+ 脱出过程中可以维持材料的晶体结构,提高稳定性。F 的引入可能会形成共价 Li—F 键,起到稳定材料结构的作用。

Do 等使用共沉淀法合成了 $Li[Ni_{0.8}Co_{0.1}Mn_{0.1}]O_2$(裸 NCM 811)和 $Li[Ni_{0.78}Co_{0.1}Mn_{0.1}Al_{0.02}]O_2$(Al 掺杂的 NCM 811),研究了二者的电化学性能、形态和结构特征,并进行比较。在 20 ℃下第 100 次循环后,裸 NCM 811 和 Al 掺杂的 NCM 811 的放电容量保持 73.59% 和 96.15%,第 50 次循环后在 60 ℃下其放电容量保持 87.32% 和 94.38%(图 1.23)。

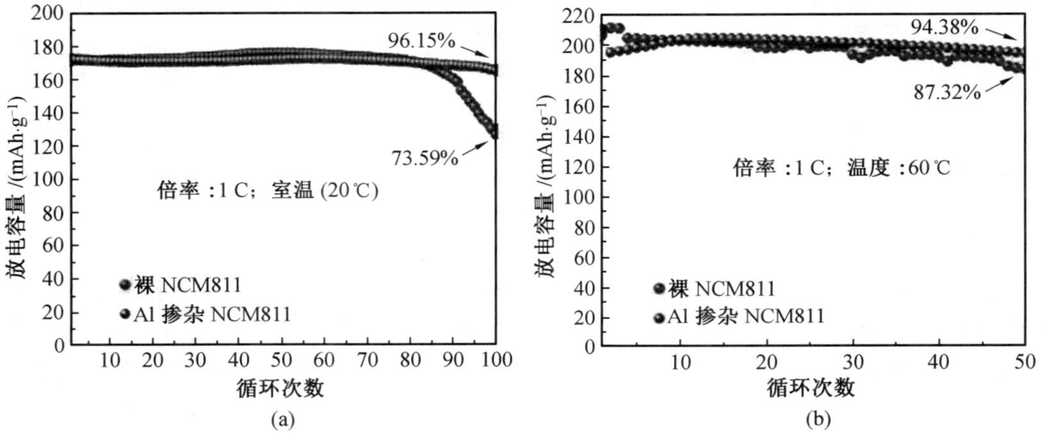

图 1.23 裸 NCM 811 和 Al 掺杂的 NCM 811 在 20 ℃和 60 ℃下的循环性能曲线

2. 表面包覆

目前应用于三元材料的表面包覆物质主要有氧化物、氟化物及磷酸盐、单质(如 C、Ag)等,其中氧化物的包覆研究比较多。大多数氧化物材料成本相对较低,稳定性较好。氧化物包覆层可抑制电荷转移阻抗的增加,从而提高高电压下正极材料的循环性能,但多数氧化物电化学性能不是很好,故选择适当的氧化物和适当的浓度进行包覆很关键。常见的氧化包覆物有 Al_2O_3、MgO、ZrO_2、TiO_2、SiO_2 等。

刘浩涵等采用溶胶-凝胶法在 $LiNi_{0.4}Co_{0.2}Mn_{0.4}O_2$ 表面包覆了质量分数为 0.5% 的 Al_2O_3。透射电子显微镜(transmission electron microscope, TEM)表明在 NCM 表面形成了均匀的 Al_2O_3 包覆层。采用 X 射线吸收近边结构谱(X-ray absorption near edge structure, XANES)研究了包覆前后 O 的电子结构。结果表明,包覆后的 NCM 析氧量更少;Al_2O_3 包覆使得 NCM 表面层中与金属 3d 轨道杂化的 O 比例减少,而更稳定的、与金属 4sp 轨道杂化的 O 比例增加,从而使 Al_2O_3 包覆后的 NCM 更加稳定、安全性更高。

Liu 等在 $LiNi_{0.6}Co_{0.2}Mn_{0.2}O_2$ 上设计了一种用于锂离子电池的超薄锂铝氧化物($LiAlO_2$)涂层。与 Al_2O_3 相比,$LiAlO_2$ 的使用显著提高了高截止电压下 NCM 的性能。研究表明,$LiAlO_2$ 涂层的 NCM 在 350 次循环后可以保持超过 149 mAh/g 的可逆容量,每个循环衰减 0.078%。此外,$LiAlO_2$ 涂层的 NCM 表现出更高的倍率。

Dong 等通过湿化学方法将 CeO_2 纳米颗粒(CeONPs)层涂覆在层状 $LiNi_{0.7}Co_{0.2}Mn_{0.1}O_2$ 正极材料表面,可有效提高电极的结构稳定性。电化学测试表明,摩尔分数为 0.3% 的 CeO_2 涂层 $LiNi_{0.7}Co_{0.2}Mn_{0.1}O_2$ 表现出优异的循环性能和倍率性能。0.5 C的倍率下,放电比容量为 161.7 mAh/g,电流 100 次循环后容量保持率为 86.42%;裸露的 $LiNi_{0.7}Co_{0.2}Mn_{0.1}O_2$ 分别为 135.7 mAh/g 和 70.64%。即使在 5 ℃时,放电比容量仍然高达137.1 mAh/g,容量保持率为 69.0%,而 NCM 仅为 95.5 mAh/g,容量保持率为 46.6%。他们认为其优异的电化学性能归功于 CeO_2 的优异氧化能力,可以将 Ni^{2+} 和 Mn^{3+} 分别氧化成 Ni^{3+} 和 Mn^{4+},从而抑制 Li^+/Ni^{2+} 混合和相传输的发生。此外,CeO_2 涂层可以保护结构,避免副反应的发生。

氟化物包覆层以其热力学稳定性可以在电解液与活性物质间充当缓冲层,阻碍材料被电解液腐蚀。例如,LiF 包覆层可以推动电解液中 $LiPF_6$ 的分解平衡($LiPF_6 \rightleftharpoons LiF + PF_5$)向左进行,减缓电池体系中 LiF 化合物的生成,从而减缓材料在充放电过程中的容量衰减。

磷酸盐包覆可以改善正极材料的离子传输性能,而且由于磷酸盐中磷酸根离子与金属离子之间的化学键具有很强的共价性,它会阻碍电极与电解质之间的反应,从而提高材料的稳定性。Li_3PO_4 是常见的包覆物质,如 Xiong 等使用 $(NH_4)_2HPO_4$ 处理 NCM 811 的表面,使 $(NH_4)_2HPO_4$ 与材料表面残留的 LiOH 反应并形成了 Li_3PO_4 包覆层。电化学性能测试证明该包覆层可以有效防止材料与电解液发生表面副反应,抑制了 Li^+ 在脱嵌过程中引起的形变。然而表面 Li_3PO_4 包覆层对材料电子电导率影响较大。

1.4.2 NCA 三元材料

层状镍钴铝酸锂($LiNi_xCo_yAl_{1-x-y}O_2$)是具有较高商用价值的正极材料之一,目前主要的研究对象为高镍的 $LiNi_{0.8}Co_{0.15}Al_{0.05}O_2$,这种正极材料的比容量在 180 mAh/g 以上,比同样工作电压范围的钴酸锂($LiCoO_2$)提高了 24%。

$LiNi_{0.8}Co_{0.15}Al_{0.05}O_2$ 与 $LiNi_xCo_yMn_{1-x-y}O_2$(NCM)结构相似,类似于 α-$NaFeO_2$ 型层状结构,氧离子在三维空间呈密堆积,占据晶格的 $6c$ 位,Li^+ 与镍、钴、铝离子填充于由氧离子围成的八面体孔隙中,二者相互交替隔层排列,Li^+ 占据岩盐结构 $3a$ 位,镍、钴及铝离子占据 $3b$ 位。在层状结构的三元正极 NCA 材料中,镍、钴、铝元素的化合价均为+3 价。

高镍系正极材料 $LiNi_{0.8}Co_{0.15}Al_{0.05}O_2$(NCA)是由多元过渡金属固溶体演化出来的,兼具 $LiNiO_2$ 与 $LiCoO_2$ 两者的优点,同时掺入少量的 Al 元素来稳定结构,因此 NCA 具有较高的能量密度和结构稳定性且成本低,理论比容量可以达到 265 mAh/g,被认为是高能量密度长续航锂离子电池材料最有前景的材料。

当前,NCA 发展面临的挑战包括指数化的结构退化、乏味的循环性能、表面有害的副反应等,其中 NCA 正极性能的衰减主要发生在正极和电解液的界面上,主要是界面处正极材料表面结构的改变及正极与电解液接触反应生成电化学惰性产物,主要包括 SEI 膜的形成、类 NiO 相及显微裂纹的出现。

材料在充放电过程中,锂离子从过渡金属层间迁移,由于材料中会存在+2 价的镍离子,而 Ni^{2+} 的半径与 Li^+ 的半径基本相近,因此会有部分 Ni^{2+} 占据 Li^+ 的位置,造成 Ni^{2+} 与

Li^+发生混排,部分镍离子阻碍了锂离子的迁移,从而使该材料的容量降低,电化学性能变差。W. Shoichiro 等发现在聚集形成二次粒子的一次粒子之间的表面间产生了许多微裂纹,并形成了具有 Fd-3m 岩盐结构的 NiO 状电阻层。他们认为初级颗粒与微裂纹产生之间缺乏接触及新电阻层的形成是导致容量衰减和阻抗增加的主要因素。

通过试验测试可知,NCA 正极材料在完全脱锂后,随着温度的升高,会导致该材料中有氧气从晶格中释放,结构遭到破坏,从而使该材料的热稳定性变差(图 1.24)。NCA 正极材料显碱性,而且表面比较粗糙、易吸潮,会导致其电化学性能较差,其对存储条件要求比较严苛,因此存储性较差。

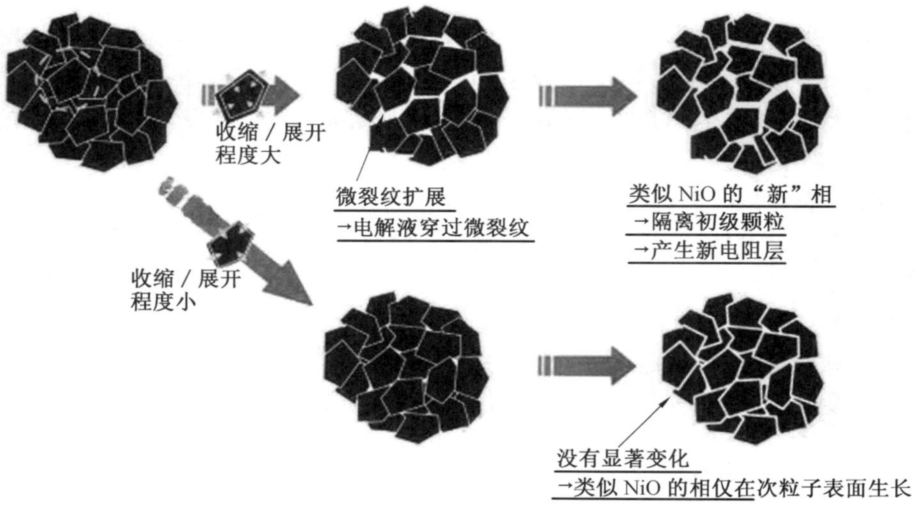

图 1.24　循环试验中 NCA 颗粒劣化的示意模型

1.5　富锂锰基正极材料

富锂锰基正极材料以其高比容量(大于 250 mAh/g)成为人们研究的热点,也是下一代锂离子电池正极材料的热门候选之一。富锂材料的晶体结构一般是层状 α-$NaFeO_2$ 类结构(R-3m 对称性),Li 占据 Na 的位置,富余的锂和过渡金属离子占据 Fe 的位置,锂离子层与过渡金属离子及富余的锂离子层之间被密堆积的氧离子层分开,形成一个总体的层状结构。

对过渡金属锂氧化物 $LiMO_2$(其中 M=Cr、Co)的研究发现,材料形成的固溶体层状结构可以容纳过量的锂。因此也有人认为富锂材料是层状三元材料 $LiMO_2$(其中 M 为过渡金属)和富锂相 Li_2MnO_3 形成的固溶体,化学式可写为 $xLi_2MnO_3 \cdot (1-x)LiMO_2$。$Li_2MnO_3$ 属于单斜晶系,可以写成 $Li[Li_{1/3}Mn_{2/3}]O_2$ 的形式,空间群为 C2/m。Li_2MnO_3(图 1.25)中的 M 层包含 Li^+ 和 Mn^{4+},6 个 Mn^{4+}包住一个 Li^+,Li_2MnO_3 中的 Mn 层与 O 层中的 Li 和 Mn 构成了八面体结构,而锂层中的结构为四面体结构,Li_2MnO_3 电化学活性比较高。

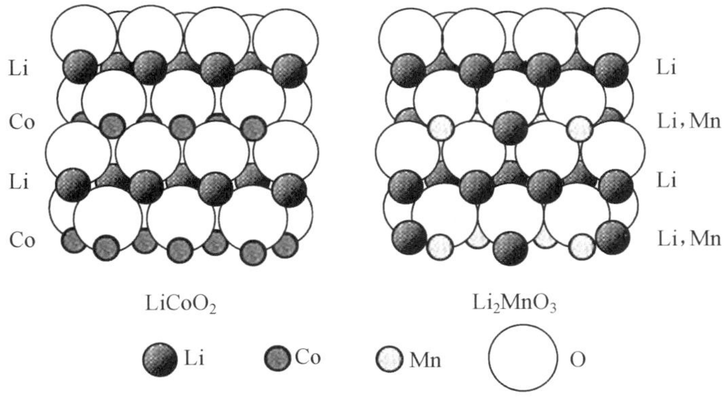

图 1.25 $LiCoO_2$ 和 Li_2MnO_3 的晶体结构模型显示氧层之间的阳离子层的交替堆叠

富锂层状正极材料结构中还存在类超晶格结构，晶胞参数会随锂富余量而发生改变，锂的富余量还会影响阳离子在过渡金属层的分布，掺杂其他元素后，晶格中的元素将更加复杂。当 $xLi_2MnO_3 \cdot (1-x)LiMO_2$ 中的 M 同时包含 Mn、Ni、Co 三种过渡金属时，甚至再掺杂更多的元素后，晶胞参数变化幅度和范围更大。因此，目前富锂正极材料的准确结构模型和参数并没有确定，其结构仍有进一步研究探索的空间。

Thackeray 等对系列富锂材料 $xLi_2MnO_3 \cdot (1-x)LiMO_2$（其中 M＝Mn、Ni、Co）进行了研究，发现 Li_2MnO_3 对电化学活性高的 $LiMO_2$（M 为过渡金属）能起到稳定作用。当 x 的值大于 0.3 时，其衍射光谱出现 Li_2MnO_3 的特征峰（图 1.26），证实两种相结构的共存。当 $xLi_2MnO_3 \cdot (1-x)LiMO_2$ 中的 M 同时包含 Mn、Ni、Co 三种过渡金属时，甚至再掺杂更多

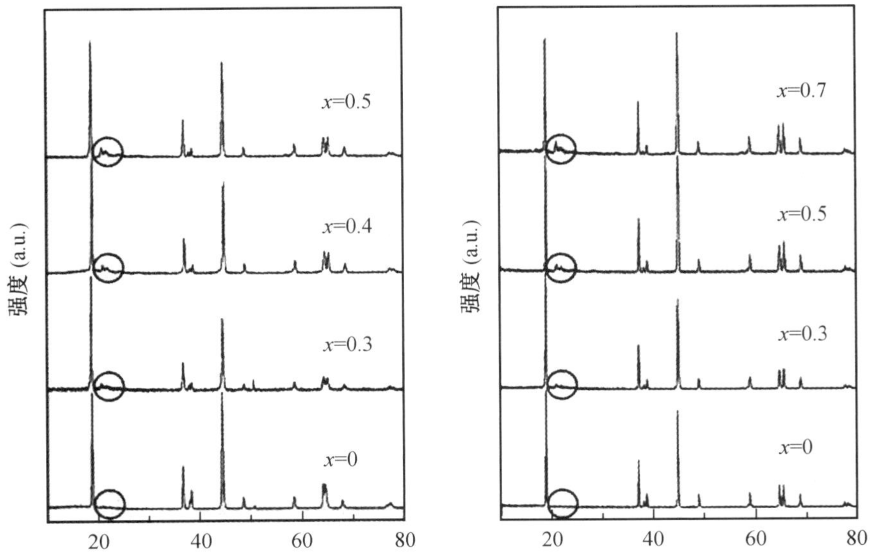

(a) $xLi_2MnO_3 \cdot (1-x)LiMn_{0.5}Ni_{0.5}O_2$　　(b) $xLi_2MnO_3 \cdot (1-x)LiMn_{0.333}Ni_{0.333}Co_{0.333}O_2$

图 1.26 $xLi_2MnO_3 \cdot (1-x)LiMn_{0.5}Ni_{0.5}O_2$（$x$＝0,0.3,0.4,0.5）和 $xLi_2MnO_3 \cdot (1-x)LiMn_{0.333}Ni_{0.333}Co_{0.333}O_2$（$x$＝0,0.3,0.5,0.7）的 XRD 图

的元素后,晶胞参数变化幅度和范围更大。他们认为,复合结构中的任何未活化的 Li_2MnO_3 可充当过量锂的储存器,在充电期间从过渡金属层扩散到相邻的贫锂层以稳定电极结构,从而能够获得高实用容量。而且 Li_2MnO_3 还可用作固体电解质成分以促进 Li^+ 通过该结构传输。

富锂正极材料的充放电过程同其他材料相比,首次充放电比较特殊,一般材料首次充电曲线和后续充电曲线基本一致,但是富锂材料首次充电曲线一般有两个充电平台,后续一般只有一个充电平台(图1.27)。首次充电过程中的第二个充电平台的产生过程较为复杂,人们对其进行了大量的研究,主要集中在第二个充电平台产生及其放电比容量高两个方面。第二个充电平台普遍认为与4.5 V左右 LiO_2 的脱出有关。

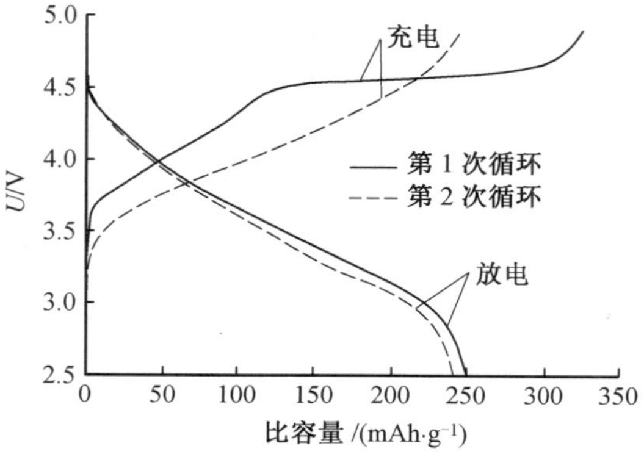

图1.27 富锂材料典型充放电曲线

目前发现的典型的富锂锰基正极材料为 $Li_{1.2}Ni_{0.133}Co_{0.133}Mn_{0.533}O_2$ 和 $Li_{1.2}Ni_{0.2}Mn_{0.6}O_2$,通常在室温下可提供超过250 mAh/g 的初始放电容量,在高温(超过50 ℃)下提供超过350 mAh/g的异常高容量。

关于富锂材料的高放电比容量的原因,目前普遍认可三个原因,一是富锂材料本身锂含量比较高,二是氧参与了充放电过程,三是协同效应。富锂材料本身含锂的量比较高,使得理论充电比容量提高,并且放电比容量的提高也成为可能。氧参与充放电过程,使得充放电过程中有了类似于氧化还原反应,这样就有过渡金属等离子变价,一般认为Ni参与了氧化还原反应,使得容量提高。协同效应主要是富锂材料中的过渡金属间各种材料的优势互补,富锂材料中的Co能够降低阳离子混排程度,提高材料结构的有序度;Ni电化学活性高,能提高材料的比容量;Mn价格便宜,可以使材料更为低廉,还可以提高材料的安全性。

富锂材料虽有较高的充放电比容量,但该材料还存在以下问题:①富锂正极材料需要充电到4.8 V活化之后才可以获得高比容量,首次充电过程中的脱锂脱氧是一个不可逆过程,加上高电位下电解液与电极之间发生的副反应,导致其首次不可逆容量损失达40~100 mAh/g;②首次电化学脱锂脱氧过程破坏了电极材料表面晶格结构的稳定性,高充电电位对电解液的氧化及电解液对电极材料的侵蚀会破坏电极/电解液界面的稳定性,导致材料在长期充放电过程中电化学性能不断衰退,材料的循环性不佳;③由于 Li_2MnO_3 组分电子导电性较差,因此富锂材料放电倍率性能较差;④部分材料在循环过程中会出现相变,导致性能下降。这些问题是富锂材料投入实际应用前需要迫切解决的问题。

目前,富锂材料的研究重心集中于结构设计、制备方法和电化学改性(体相掺杂和表面包覆)等,降低富锂材料/电解质界面电阻和抑制富锂材料结构坍塌等都是待解决的重点问题,只有改善富锂材料的倍率特性和循环寿命,并着手考察与提高该类材料的安全性,才能推动其实用化进程。

1.6 聚阴离子正极材料

1.6.1 $LiFePO_4$

1997 年,Padhi 等报道了具有橄榄石结构的磷酸铁锂($LiFePO_4$)能够可逆地嵌脱锂,且具有比容量高、循环性能好、电化学性能稳定、价格低廉等特点,是首选的新一代绿色正极材料。近几年,随着锂电池越来越广的应用,对 $LiFePO_4$ 的研究越来越多。

$LiFePO_4$ 具有橄榄石结构,为稍微扭曲的六方密堆积,其空间群是 Pmnb 型。Fe 和 Li 各自处于氧原子八面体的 4c 位和 4a 位形成 FeO_6 八面体和 LiO_6 八面体,P 处于氧原子四面体中心位置(4c 位)形成 PO_4 四面体。$LiFePO_4$ 由 FeO_6 八面体和 PO_4 四面体构成空间骨架,P 占据四面体位置,而 Fe 和 Li 则填充在八面体空隙中,其中 Fe 占据共角的八面体位置,Li 则占据共边的八面体位置。晶格中一个 FeO_6 八面体与两个 FeO_6 八面体和一个 PO_4 四面体共边,而 PO_4 四面体则与一个 FeO_6 八面体和两个 LiO_6 八面体共边。由于近乎六方堆积的氧原子的紧密排列,锂离子只能在二维平面上进行脱出,也因此具有了相对较高的理论密度(3.6 g/cm^3)。在此结构中,Fe^{2+}/Fe^{3+} 相对金属锂的电压为 3.4 V,材料的理论比容量为 170 mAh/g。在材料中形成较强的 P—O—M 共价键,极大地稳定了材料的晶体结构,从而导致材料具有很高的热稳定性。

Li^+在 4a 位形成共棱的连续直线链,并平行于 c 轴(图 1.28),从而使 Li^+具有可移动性,在充放电过程中可以脱出和嵌入,而强的 P—O 共价键形成离域的三维立体化学键,使 $LiFePO_4$ 具有很强的热力学和动力学稳定性。在常压下的空气气氛中,即使加热到 200 ℃仍然是稳定的。

$LiFePO_4$ 也存在一些明显的不足之处:①电导率较低。磷酸铁锂是一种半导体化合物,禁带宽度为 0.3 eV。纯磷酸铁锂的电导率在 10^{-10} S/m 数量级。这是因为在 $LiFePO_4$ 结构中,由于没有连续的 FeO_6 共边八面体网络,不能够形成电子导体,电子的传导只能通过 Fe—O—Fe 进行,使 $LiFePO_4$ 的电子导电率较低。低电导率曾经是制约其实际应用的关键问题。②锂离子迁移速率低。由于磷酸铁锂晶体中的氧原子按接近于六方密堆积的方式排列,这种结构只能为锂离子扩散提供有限的通道,从而限制了锂离子的迁移速率。因此,纯的磷酸铁锂晶体的电子和离子导电能力都很差。

对 $LiFePO_4$ 的改性主要有以下几种方法。

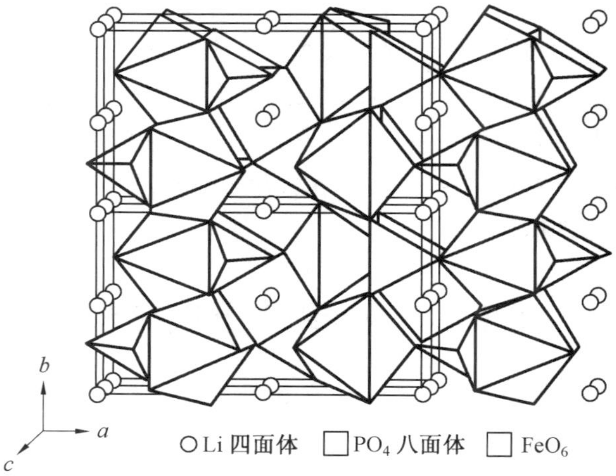

图 1.28 $LiFePO_4$ 在 c 轴方向上的结构图

1. 提高电子导电性

表面包覆导电材料是改善材料电导率的常用方法,导电材料用得较多的是碳和金属粒子。碳具有优良的导电性能和较低的质量密度,加入少量的碳,一方面可以降低材料的粒径尺度,另一方面可以改善材料的导电性能。因为碳的加入在很大程度上抑制 $LiFePO_4$ 颗粒的生长,使 Li^+扩散路径缩短;同时,碳与 $LiFePO_4$ 紧密接触,增强了晶粒之间的离子和电子传导能力。导电添加剂在 $LiFePO_4$ 中分散或包覆导电碳,可增强粒子间的导电性,减少电池的极化,也可为 $LiFePO_4$ 提供电子隧道,以补偿 Li^+脱出过程中的电荷平衡,这也是研究者首选的 $LiFePO_4$ 的改性方法。在 $LiFePO_4$ 材料表面包覆金属粒子可提高材料的导电性,减小颗粒之间的阻抗,从而提高材料的比容量。

蒋永等以苯作为碳源,采用气相沉积法得到掺碳的 $LiFePO_4$ 样品(图 1.29),常温下 0.1 C倍率下首次放电比容量达到了 151.6 mAh/g。1 C 倍率下首次放电比容量也达到了 125.8 mAh/g,体现了良好的电化学性能。

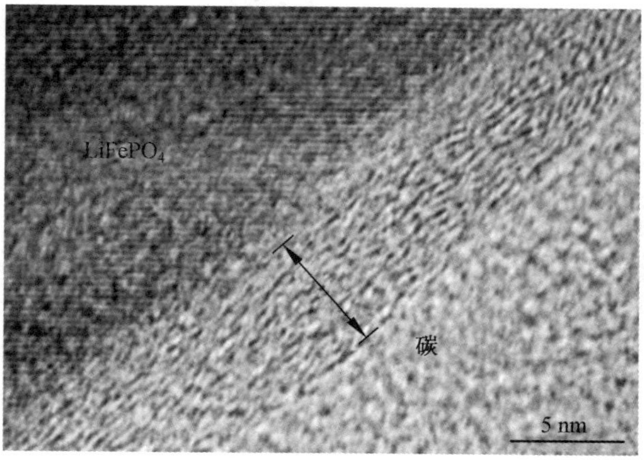

图 1.29 $LiFePO_4$/C 材料的 HRTEM 照片

F. Croce 等在 $LiFePO_4$ 中分别掺加质量分数为 1% 的 Cu 和 Ag，结果比容量提高了约 25 mAh/g 和 32 mAh/g（图 1.30）。他们认为金属分散体不会影响 $LiFePO_4$ 电极材料的结构，而且有利于低尺寸颗粒的生长并降低颗粒间电阻。这将有利于整个电极体中电化学过程的进展，最终增强其总容量，即分散在 $LiFePO_4$ 中的金属粒子给 $LiFePO_4$ 提供了导电桥的作用，增强了粒子之间的导电能力，减少了粒子之间的阻抗，从而提高 $LiFePO_4$ 的可逆嵌锂容量。

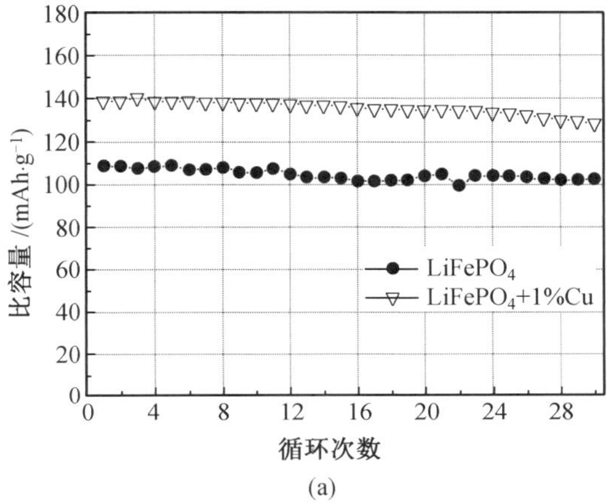

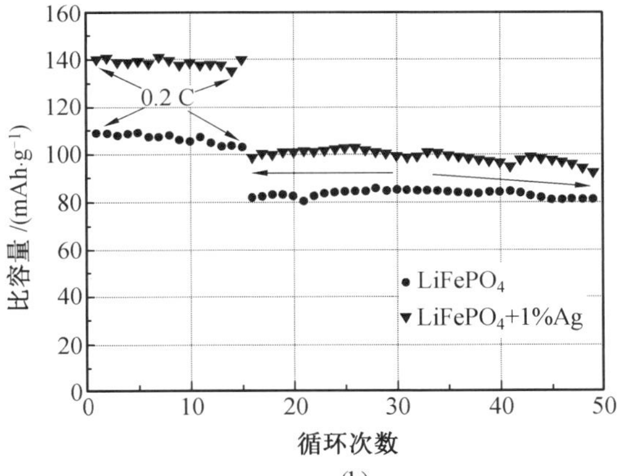

图 1.30 室温、0.2 C 速率下，标准 $LiFePO_4$ 电极与添加 Cu 和 Ag 的 $LiFePO_4$ 电极的比容量与循环次数的关系图

K. S. Park 等用共沉淀法合成 $LiFePO_4$ 微粒，并在颗粒表面包覆硝酸银溶液，用维生素 C 还原 Ag^+，从而在 $LiFePO_4$ 颗粒表面均匀地包覆上导电金属 Ag，产物的电导率得到较大提高。

2. 提高离子扩散速率

Li^+在 $LiFePO_4$ 中嵌入脱出的过程中，$LiFePO_4$ 的晶格会相应地产生膨胀和收缩，其晶格中八面体之间的 PO_4 四面体使体积变化受到限制，导致 Li^+的扩散速率很低。因此，$LiFePO_4$ 的粒子半径的大小对电极容量有很大的影响。

唐致远等用共沉淀法合成 $Fe_{0.97}Mn_{0.03}PO_4$ 前驱体，再通过碳热还原法合成多元掺杂 $Li_{0.97+\delta}Ti_{0.03}Fe_{0.97}Mn_{0.03-\delta}PO_4/C$ 复合材料，研究表明，掺杂过程中，掺杂的 Mn^{4+}、Ti^{4+} 能与 $LiFePO_4$ 形成单一的橄榄石型晶体结构，晶型完整，产物形貌规则，平均粒径在 1 μm。在 0.2 C、1 C、5 C、10 C 倍率下放电，首次放电比容量分别为 134.0 mAh/g、133.4 mAh/g、130.1 mAh/g 和 127.2 mAh/g，并表现出良好的循环性能。

郑明森等则采用固相法将 Cu^{2+} 掺杂至 $LiFePO_4$ 样品中，同时在 1 C 倍率下放电，比容量提高了 20%。

3. 改变微观形貌

第一性原理计算结果表明 $LiFePO_4$ 是一种禁带宽约为 0.3 eV 的半导体，未掺杂的 $LiFePO_4$ 是 N 型半导体，其活化能接近 500 eV，而掺杂的 $LiFePO_4$ 是 P 型半导体，其活化能降低至 60～80 eV，充放电过程中，随着 Li^+ 浓度的变化，晶体在 P 型和 N 型之间转变。

武聪等利用固相法合成了 Ce^{3+} 掺杂的 $Li_{1-x}Ce_xFePO_4$ 正极材料，结果表明：少量 Ce^{3+} 掺杂未影响到 $LiFePO_4$ 的晶体结构，但显著改变了粉体的微观形貌，降低颗粒粒径至纳米级，改善了可逆容量和循环性能，得到最佳配比的正极材料 $Li_{0.9975}Ce_{0.0025}FePO_4$，在 0.1 C 的充放电速率下，其初始可逆放电容量达到 116 mAh/g。引入稀土离子是提高磷酸铁锂正极材料电化学性能的有效方法。

1.6.2 $LiMnPO_4$

虽然磷酸铁锂电池的性能与其他类型的电池相比具有一定优势，但是仍然存在一些问题。这是由于 Fe^{3+}/Fe^{2+} 相对于 Li^+/Li 的电极电势仅为 3.4 V，这在一定程度上限制了 $LiFePO_4$ 材料的发展。而作为同为橄榄石型材料的磷酸锰锂，因 Mn^{3+}/Mn^{2+} 相对于 Li^+/Li 的电极电势为 4.1 V，正好位于现有电解液体系的稳定电化学窗口。因此，近年来，对磷酸锰锂材料的关注日益激增。

与 $LiFePO_4$ 类似，$LiMnPO_4$ 也具有橄榄石结构，空间群为 Pmna，其结构示意图如图 1.31所示。晶体骨架由 MnO_6 的八面体和 PO_4 的四面体组成，P 位于四面体位置，而金属元素 Mn 和 Li 则分别位于在八面体空隙中共角 M2(010)位置和共边M(100)位置，单胞参数为 $a=0.1045$ nm，$b=0.0611$ nm，$c=0.0475$ nm。在这种结构中，有一个 MnO_6 八面体、两个 LiO_6 八面体、一个 PO_4 四面体共边，因此没有连续的八面体 MnO_6 共边而形成的网络结构，导致结构中没有电子传输的通道；同时，占据在八面体之间的 PO_4 四面体结构非常稳定，限制了晶格体积的膨胀和收缩，导致 Li^+ 的脱出运动受到影响，造成了该材料极低的电子电导率和锂离子扩散速率。

磷酸锰锂材料相对于 Li^+/Li 的电化学放电平台是 4.1 V，该电压平台不仅比磷酸铁锂高出 20%，而且在现在通用的电解液的分解压力上限之下。理论上的质量比容量为 171 mAh/g，实测振实密度为 3.43 g/cm^3。基于能量密度的计算方式，在相同的质量比容量和相同的振实密度下，同一体积下磷酸锰锂将会比磷酸铁锂多储存 20% 的能量。

$LiMnPO_4$ 在充放电时的结构变化模型如图 1.32 所示。充电时，锂离子由 $LiMnPO_4$ 中脱出，Mn^{2+} 失去电子氧化成 Mn^{3+}，$LiMnPO_4$ 相转变为 $MnPO_4$ 相；放电时，锂离子嵌入

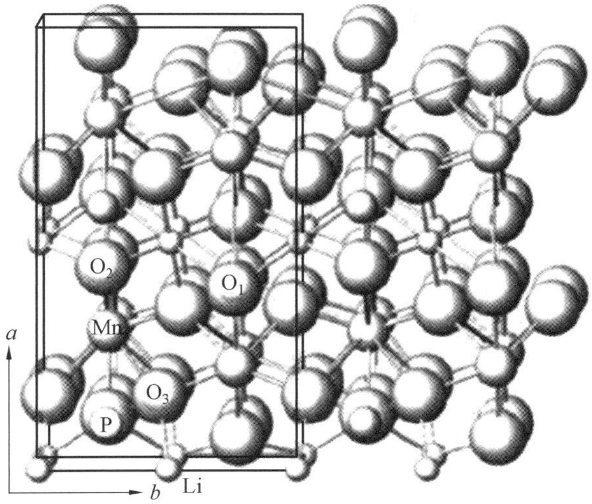

图 1.31 $LiMnPO_4$ 结构示意图

$MnPO_4$ 相,Mn^{3+}则得到电子还原成 Mn^{2+}。电池反应就在锂离子不断地嵌入脱出中进行,形成了稳定的电压平台。$LiMnPO_4$ 和 $MnPO_4$ 两相间存在一定的体积差,但数值较小,并没有对循环性能造成过大的影响。$LiMnPO_4$ 的充放电反应方程式如下:

充电

$$LiMnPO_4-xLi^+-xe^- \longrightarrow xMnPO_4+(1-x)LiMnPO_4 \tag{1.11}$$

放电

$$MnPO_4+xLi^++xe^- \longrightarrow xLiMnPO_4+(1-x)MnPO_4 \tag{1.12}$$

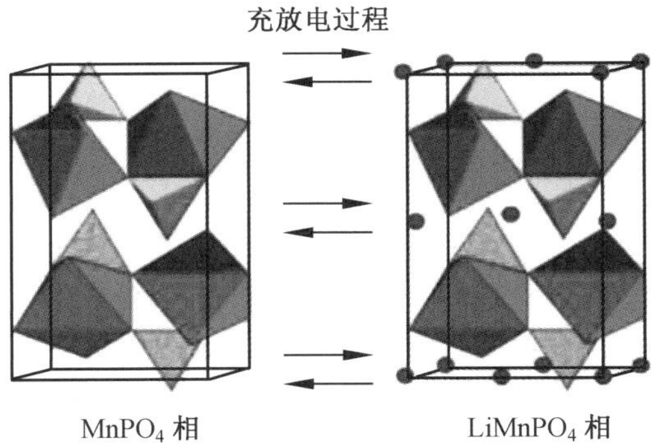

图 1.32 $LiMnPO_4$ 在充放电时的结构变化模型

$LiMnPO_4$ 和 $MnPO_4$ 两相的变换模型很形象地解释了锂离子嵌入脱出的充放电过程,但是充放电过程中相界面的转换机理还没有达成共识。最经典的模型是由 Andersson 等针对 $LiFePO_4$ 脱出锂过程提出的径向模型和马赛克模型,该模型对 $LiMnPO_4$ 同样适用。图 1.33(a)所示为径向模型,即充电过程中,锂离子是由外向内逐步脱出,相界面逐步向内部深入,当锂离子的脱出速率与充电电流无法匹配时,锂离子停止脱出,因此会在中心部位留下一部分未转变的 $LiMPO_4$(M 为 Mn 或 Fe)相,导致不可逆容量。图 1.33(b)所示为马赛克模型,即一个大颗粒中会存在多个径向模型,每个小径向模型中心存在未转变的 $LiMPO_4$ 相,同时,每个小径向模型间存在不能参与反应的孤立区域,不可逆容量来自每个径向模型及其间隙。这两种模型简洁地表述了 $LiMnPO_4$ 和 $MnPO_4$ 两相的界面转换过程,都可以解释 $LiMPO_4$ 的容量衰减问题。

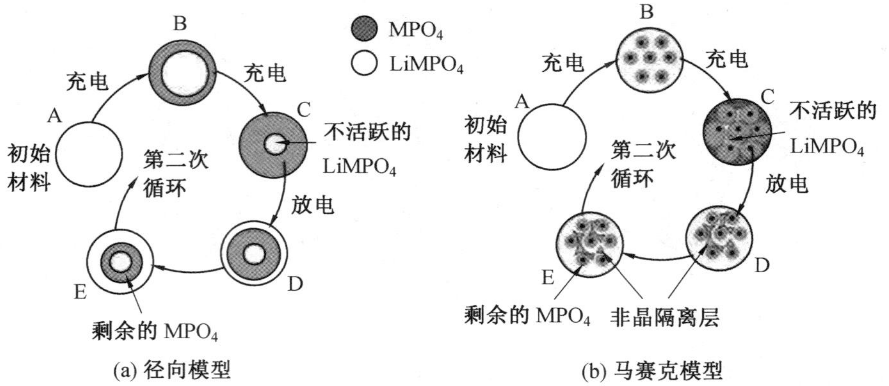

图1.33 $LiMPO_4$ 在脱锂和嵌锂过程中的径向模型和马赛克模型

Tarascon 从水溶液中直接沉积制备的 $LiMnPO_4$ 粉末比容量只有 70 mAh/g;而 W. Yourong课题组通过溶剂热法合成并优化了 $LiMnPO_4$/C 纳米复合材料,以 0.01 C 的倍率放电,可得到 126.7 mAh/g 的初始放电比容量(图1.34,1、2、3 代表0.01 C 倍率循环下的前3周,即第1周、第2周、第3周),为理论值的74%。

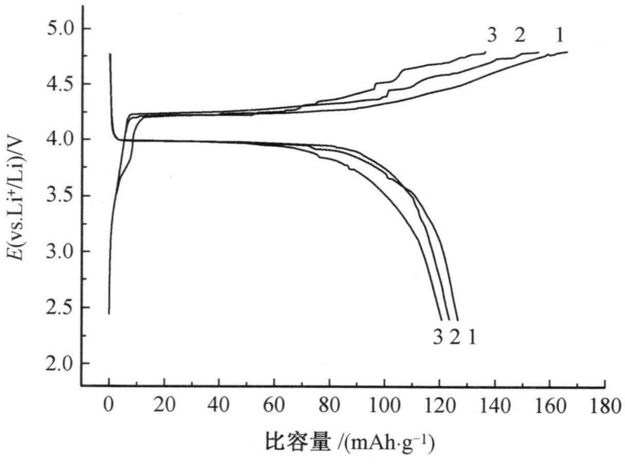

图1.34 $LiMnPO_4$ 的充放电曲线

虽然 $LiMnPO_4$ 的工作电位高达4.1V,理论能量密度相比于 $LiFePO_4$ 提升约20%,但 $LiMnPO_4$ 的电子电导率和离子电导率比 $LiFePO_4$ 更低,且 Mn^{3+} 的 Jahn-Teller 效应会引起材料晶格变形,这些缺点导致该材料的电化学性能不佳。为了改善 $LiMnPO_4$ 的电化学性能,可以使用 Fe 取代晶格中的部分 Mn,从而提高材料的电导率并抑制 Jahn-Teller 效应,最终得到具有稳定橄榄石型结构的磷酸锰铁锂($LiMn_{1-x}Fe_xPO_4$,$0<x\leqslant0.5$)固溶体材

料。$LiMn_{1-x}Fe_xPO_4$能够有效整合 $LiFePO_4$ 结构稳定性好和工作电压高的优点，其能量密度相较于 $LiFePO_4$ 可提升 15% ~20% 。目前研究较多的是 $LiMn_{0.75}Fe_{0.25}PO_4$，是一种极具产业化应用前景的正极材料。

1.6.3 $Li_3V_2(PO_4)_3$

$Li_3V_2(PO_4)_3$ 主要存在两种空间结构（图 1.35），一种是单斜的结构（monoclinic），为 $P2_1/n$ 空间群；另一种结构是菱形的结构，为 R-3m 空间群。当磷酸钒锂为菱形结构时，材料的结构不是很稳定。因为锂离子在脱出时，菱形结构容易塌陷，所以会影响这类结构材料的性能。因此下面介绍的磷酸钒锂均为单斜结构的磷酸钒锂。

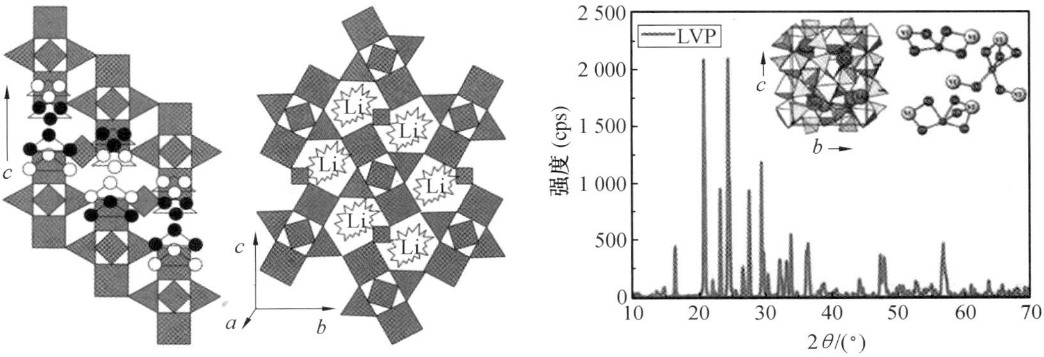

(a) 菱形结构 (b) 单斜结构 (c) XRD 示意图

图 1.35 $Li_3V_2(PO_4)_3$ 两种不同晶体结构示意图及单斜晶系 $Li_3V_2(PO_4)_3$ 结构和 XRD 示意图

$Li_3V_2(PO_4)_3$ 通过 PO_4 和 VO_6 共用顶点构成。在 VO_6 八面体四周都环绕了 6 个 PO_4 四面体，而 PO_4 四面体四周则有 4 个 VO_6 八面体环绕。锂离子在所形成框架的空隙中，是以 A_2B_3（A 是 VO_6，B 是 PO_4）为单元形成三维骨架结构，而每一个单晶由 4 个 A_2B_3 单元构成，所以一个晶胞拥有 12 个 Li^+。PO_4 四面体会把 VO_6 八面体隔开，其相互之间不能直接相连，从而影响了电子传导性，导致了较差的电子电导率。另外，锂原子的空间分布不同，导致 $Li_3V_2(PO_4)_3$ 有 3 种不同相，分别为 α、β、γ 相，低温到高温的过程中，相转变为 α→β，β→γ。

$Li_3V_2(PO_4)_3$ 的充放电反应式如下：

充电反应

$$Li_3V_2(PO_4)_3-xLi^+-xe^-\longrightarrow Li_{3-x}V_2(PO_4)_3 \tag{1.13}$$

放电反应

$$Li_{3-x}V_2(PO_4)_3+xLi^++xe^-\longrightarrow Li_3V_2(PO_4)_3 \tag{1.14}$$

$Li_3V_2(PO_4)_3$ 中的 3 个锂离子都可以可逆脱出，充放电电压高达 4.8 V，在充放电过程中，曲线有多个电压平台。锂离子脱出是分步进行的，当 3 个 Li^+ 完全脱出时，钒将以 V^{4+}/V^{5+}的价态存在。当电压为 3.0 ~4.3 V 时，每一个磷酸钒锂能可逆地嵌脱 2 个锂离子，此时材料的理论比容量为 132 mAh/g。当电压为 3.0 ~4.8 V 时，3 个锂离子将完全嵌脱,此时材料的理论比容量可达到197 mAh/g。当电压为3.0~4.3 V时,充放电曲线会有3个电压平台,如图1.36所示。

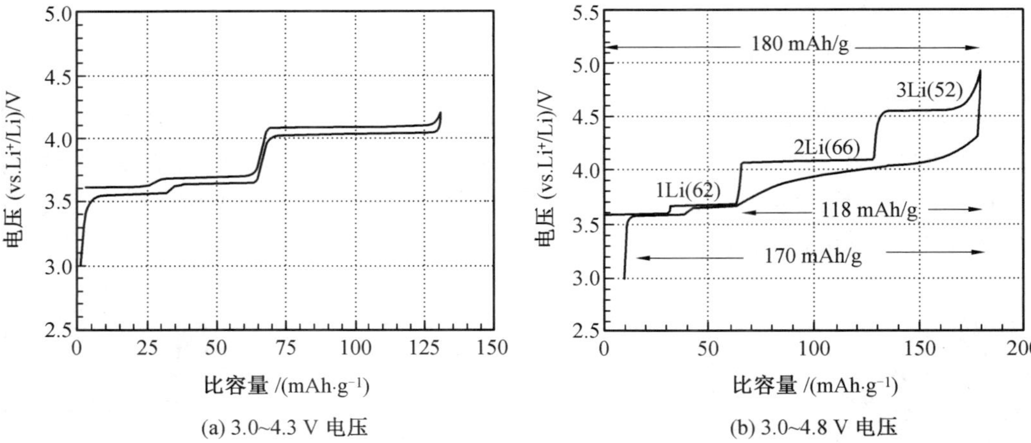

图1.36 不同充放电电压区间 $Li_3V_2(PO_4)_3$ 的电化学电位谱

第1个电压平台对应的两相转变是 $Li_3V_2(PO_4)_3 \rightarrow Li_{2.5}V_2(PO_4)_3$,此时锂离子开始脱出;第2个平台是 $Li_{2.5}V_2(PO_4)_3 \rightarrow Li_2V_2(PO_4)_3$,此时是第1个 Li^+ 完全脱出与嵌入;第3个电压平台对应的转变是 $Li_{2.5}V_2(PO_4)_3 \rightarrow LiV_2(PO_4)_3$,此时是第2个 Li^+ 脱出与嵌入。电压为3.0~4.8 V时,充电曲线前3个与充至低电压范围时的平台是相同的。但因为充至高电压会导致第3个锂离子的脱出,所以曲线上多出了一个与之对应的电压平台。放电曲线不存在与之对应的放电电压平台,是因为 $V_2(PO_4)_3$ 在嵌入1个锂离子形成 $LiV_2(PO_4)_3$ 的过程中不存在两相反应,而是固态溶液反应。

1.6.4 其他聚阴离子型正极材料

磷酸盐正极材料属于聚阴离子型正极材料的一种。聚阴离子型正极材料是指一系列含有四面体或八面体阴离子结构单元的材料,一般由 MO_6(M为过渡金属)八面体和 XO_4(X=Si、S、P、As、Mo、W等)四面体通过共角或者共边连接成开放性的三维框架结构,多为橄榄石或NASICON两种结构,电子电导率较低。继磷酸盐正极材料后,人们又提出了一种以 $[SiO_4]^{4-}$ 为聚阴离子基团的硅酸盐材料 Li_2MSiO_4(M = Fe、Mn、Co、Ni),此类材料允许两个锂离子嵌脱,故理论比容量高达330 mAh/g以上。Li_2CoSiO_4 电压平台高达4.7 V,对电解液不利,且钴资源稀少,因此研究不多。Li_2NiSiO_4 的两个锂离子脱出电势分别为4.67 V和5.12 V,会导致电解液分解,因此也很少研究。目前常见的研究集中在 Li_2FeSiO_4 和 Li_2MnSiO_4 上。在 Li_2FeSiO_4 晶体中,Fe、Si、Li都占据O原子构成的四面体位,SiO_4 四面体与 FeO_4 四面体共顶角相连,沿 *ac* 平面铺展,LiO_4 四面体在 *b* 轴上连接两相邻 *ac* 平面,所以 Li^+ 可沿 *ac* 平面扩散,具有二维的扩散通道。Li_2FeSiO_4 和 Li_2MnSiO_4 这两种材料存在电子导电率低、循环性能差等问题,因此其实用化存在较大的挑战。此外,聚阴离子型材料还有钒酸盐材料(如 $LiMnVO_4$ 和 $LiNiVO_4$)、硫酸盐正极材料(如

$Li_2Fe_2(SO_4)_3$)、钼酸盐正极材料(如 $Li_2Ni_2(MoO_4)_3$)、硼酸盐正极材料(如 $LiFeBO_3$)等。

1.7 正极材料总结与展望

自从锂离子电池商业化以来,随着材料、设计和制造方面的重大进步,使其能量密度提高了4倍左右。由于负极碳材料的实际比容量能达到350 mAh/g以上,所以最初的负极碳材料至今仍在使用,但商品化正极材料的比容量普遍位于150~200 mAh/g,它提供在充放电过程中往复嵌入/脱出所需要的锂,成为制约锂离子电池比容量的关键,因此,正极材料仍在不断地开发和研究中。表1.1给出了常见正极材料的性能对比。图1.37给出了常见商品化正极材料的成本、寿命、安全性等性能对比。

表1.1 常见正极材料的性能对比

正极材料	结构类型	工作电压/V	理论比容量/(mAh·g^{-1})	实际比容量(0.1 C)/(mAh·g^{-1})	实际比能量/(mWh·g^{-1})
$LiMn_2O_4$	尖晶石	3.9	148	110	410
$LiNi_{0.5}Mn_{1.5}O_4$	尖晶石	4.5	147	130	590
$LiFePO_4$	橄榄石	3.3	170	160	500
$LiMn_{0.75}Fe_{0.25}PO_4$	橄榄石	3.5-4.0	170	150	590
$LiCoO_2$	层状	3.8	274	155	560
$LiCo_{1/3}Ni_{1/3}Mn_{1/3}O_2$	层状	3.7	275	160	580
$LiNi_{0.8}Co_{0.15}Al_{0.05}O_2$	层状	3.7	279	200	740
$LiNi_{0.8}Co_{0.1}Mn_{0.1}O_2$	层状	3.7	275	200	760
$Li_{1.2}Ni_{0.133}Co_{0.133}Mn_{0.534}O_2$	层状	3.5	—	>250	>900

在能量密度上,三元材料优势很大,但从价格和安全性方面考虑,$LiFePO_4$(LFP)则占很大优势。DSC检测结果显示,相比钴系和镍系正极,LFP的热分解温度要高50~70 ℃,而且发热量最小,热稳定性和安全性最优(图1.38)。对LFP电池的过充和过热测试结果显示,LFP电池仅表现出烟雾释放,没有爆炸或着火。热稳定性存在差异的原因在于正极材料与氧分离的难易不同。钴、镍与氧结合力不强,容易与氧分离,而磷与氧结合力极强,不易与氧分离。这一性质导致LFP分解不会产生氧气,自身不易起火及爆炸,即使在30 C且大倍率充放电情况下热效应也不大,而其他正极材料在极高倍率下都有较强的热效应。对于LFP而言,如何补齐能量密度的短板是重要课题,因此发展能量密度相对提升的磷酸锰铁锂(LFMP)是未来趋势之一。

对于三元材料而言,提高镍含量是提高能量密度的基本途径。在追求高能量密度的同时,如何降低成本和提高安全性也是需要面对的主要问题。目前全球范围内钴矿资源紧缺,价格居高不下,且钴元素回收不及时存在污染环境的潜在风险。因此,摆脱对钴的依赖,开发高性能无钴高镍正极材料成为研究热点之一。合成无钴高镍正极材料有两种途径,一种途径是将三元材料中的 Co 元素去掉,变成二元材料;另一种途径是将三元材料中的 Co 元素替换为其他元素。例如,朱永明、高鹏等采用第一种途径合成了二元的镍锰材料($LiNi_xMn_{1-x}O_2$),采用第二种途径合成了三元的镍锰铝($LiNi_{1-x-y}Mn_xAl_yO_2$)和镍镁锰($LiNi_{1-x-y}Mg_xMn_yO_2$)材料,均取得了较好的电化学性能,这些材料的组成及性能见表 1.2。

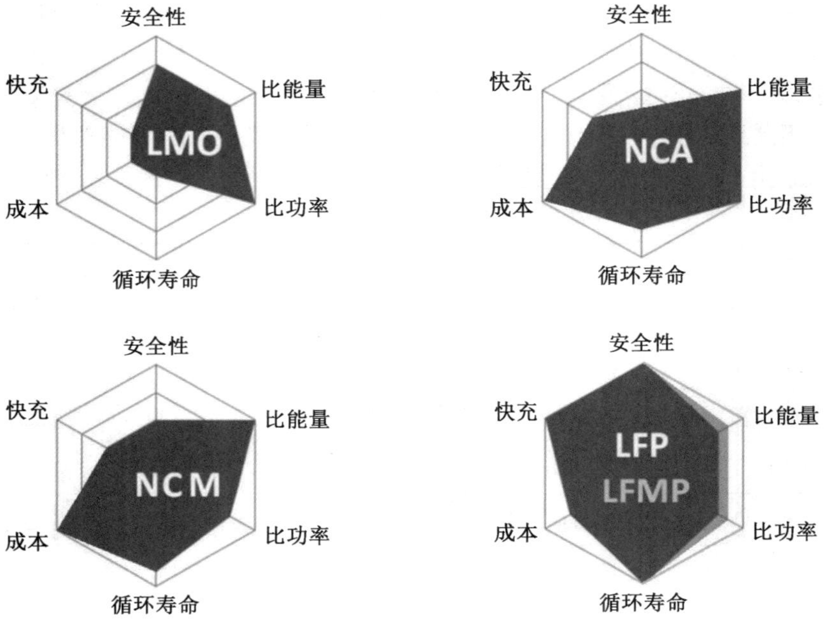

图 1.37 常见商品化正极材料的成本、寿命、安全性等性能对比
(图中 LMO 表示 $LiMn_2O_4$、LFP 表示 $LiFePO_4$、LFMP 表示磷酸锰铁锂)

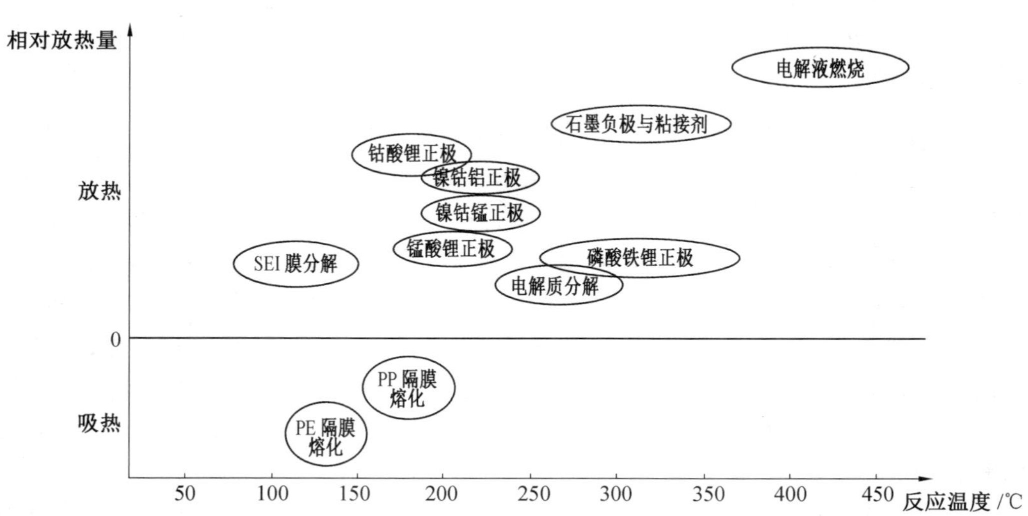

图 1.38 锂离子电池组分材料热失控温度

表 1.2　无钴高镍正极材料的组成及性能

材料组成	基本性能	参考文献
$LiNi_{0.9}Mn_{0.1}O_2$	0.1 C 倍率下初始放电容量为 200 mAh/g,1 C 倍率下初始放电容量为 177 mAh/g,200 次循环容量保持率 87.5%。5 C 倍率下放电容量为 157.8 mAh/g	62
$LiNi_{0.95}Mn_{0.05}O_2$	0.1 C 倍率下初始放电容量为 209.2 mAh/g,1 C 倍率下初始放电容量为 189.6 mAh/g,100 次循环后的容量保持率为89.93%。5 C 倍率下放电容量为 161.3 mAh/g	63
$LiNi_{0.9}Mn_{0.05}Al_{0.05}O_2$	0.1 C 倍率下初始放电容量为 201.1 mAh/g,1 C 倍率下初始放电容量为 183.2 mAh/g,100 次循环后的容量保持率为95.52%。5 C 倍率下放电容量为 172.3 mAh/g	64
$LiNi_{0.9}Mg_{0.05}Mn_{0.05}O_2$	0.1 C 倍率下初始放电容量为 194 mAh/g,1 C 倍率下初始放电容量为 168.1 mAh/g,100 次循环后的容量保持率为 97.8%。2C 倍率下放电容量为 147 mAh/g	65

1. 改性方法

虽然 NCM 材料提高镍含量能提高能量密度,但也带来很多问题,比如,锂镍混排增加、不可逆相变导致容量损失、晶格体积应变(充放电过程中沿 a 轴和 c 轴方向的不均匀收缩和膨胀引起的体积变化)产生的机械应力导致结构坍塌和微裂纹、高表面碱度引发副反应、晶格氧不稳定性(表面深度脱锂时会释放 O_2)导致安全性问题等。为了解决这些问题,需要采用各种改性方法来提高其综合性能。主要改性手段包括以下几种。

(1)元素掺杂。

掺杂是指向材料中引入微量其他元素离子(一般摩尔分数小于 3%),改变材料的晶格结构、增强 TM—O 化学键、改变电子能带结构和电子/离子输运性质,进而改善材料的性能。迄今为止,已有超过 46 种元素被用于改善镍基正极材料的电化学性能,并对其机理进行了深入研究。常见的掺杂剂是价态为+2 ~ +6 的金属元素,研究表明,低于+4 价的元素(Mg^{2+}、La^{3+}、Al^{3+}、Ti^{4+}、Zr^{4+})和高于+4 价的元素(Ta^{5+}、Nb^{5+}、Mo^{6+}、W^{6+})均能改善 NCM 材料的电化学性能,但作用机理不同。低价元素与层状晶格相兼容,并倾向于与宿主过渡金属合金化,像固溶体一样均匀分布在晶格内,通过体相掺杂减少了体积变化,稳定了晶体结构,同时稳定了晶格氧;而高价元素则倾向于表面偏析并在晶界富集,这可以抑制晶粒的粗化,并调节一次颗粒的生长方向,形成径向结构,有利于晶格应变或应力释放。

近年来,结合多种元素优势的共掺杂策略因其优越的改性效果而流行起来,如 Mg/Al、Al/Zr、Mg/B、Ti/Mo、Mg/W 和高熵共掺杂策略被引入,进一步实现了多元素的协同作用。高熵策略通常要引入三种以上的掺杂原子,它可以通过调节晶体内部的构型熵形成材料内部复杂的化学键网络,极大地增强 TM—O 之间的相互作用。如 Jiahui Zhou 等共沉淀法合成了无钴高镍层状正极材料 $LiNi_{0.915}Mn_{0.0475}Al_{0.0106}Mg_{0.0106}Nb_{0.0068}Mo_{0.0095}O_2$,通过高熵掺杂 Mg/Al/Nb/Mo 四种元素,抑制了表面不可逆相变,减少了晶胞参数 a 和 c 的膨胀和收缩,稳定了材料结构。

(2)表面包覆。

常用的包覆材料包括:①金属氧化物,其中 Al_2O_3、MgO 和 TiO_2 最为常见;②氟化物,如 LiF、MgF_2 和 AlF_3 等;③含 Li 复合氧化物,如 $LiAlO_2$、$LiNbO_3$ 和 Li_2ZrO_3 等;④磷酸盐,如 $AlPO_4$、Li_3PO_4 等;⑤碳基材料,如石墨烯和碳纳米管。这些包覆材料的具体作用机理各不相同,但主要还是起到以下作用:①在材料表面形成一层物理屏障,避免电解液分解,抑制材料与电解液发生副反应,保护电极免受电解液的侵蚀;②减轻相变应力,保持材料的结构稳定性;③提升电子导电性和离子导电性。通常,包覆层材料需要呈现良好的 Li^+ 和电子传输能力,并且不与电解液反应。

近年来,结合掺杂和包覆优势的复合改性受到了越来越多的关注。如 Li Yong-Chun 等合成了一种 La-Al 共掺杂且包覆 La_2O_3 涂层的 NCM 811 材料,10 C 倍率下循环 480 次容量保持率仍达 80%。Zhang Xin 等采用湿化学和高温烧结方法在 NCM 材料表面诱导原位化学反应,构建表面 Li_2SO_4 涂层和近表面区域 S 掺杂相。研究表明,在表面诱导原位化学反应的策略可以有效降低材料的表面碱度,将表面 LiOH 和 Li_2CO_3 转化为更稳定的 Li_2SO_4,抑制有害的界面副反应。朱永明、高鹏、李珍等将 $NbOPO_4 \cdot 3H_2O$ 和 Nb_2O_5 两种铌源结合,通过高温固相法成功合成了 Nb^{5+} 掺杂和 Li_3PO_4 包覆的 $LiNi_{0.9}Co_{0.05}Mn_{0.05}O_2$ 材料。研究表明,Nb 掺杂增强了层状结构的稳定性,同时,Li_3PO_4 涂层有效防止了表面吸水,显著增强了界面的稳定性。该材料在 0.1 C 和 1 C 倍率下首次放电比容量分别可达 203.33 mAh/g 和 196.04 mAh/g,在 1 C 倍率下循环 200 次容量保持率高达 91.38%。

(3)结构设计。

三元材料中的镍含量越高,材料的稳定性越差,安全性也越差。由于 Ni 含量增高,因此高镍三元材料的表面呈碱性,易与空气中的 CO_2 和水反应生成 $LiCO_3$ 和 LiOH,或与电解液反应生成 HF 等副反应产物,所以表面镍含量的高低直接影响材料的性能。所以,对材料进行结构设计也是引起研究者关注的改性方法,目前结构设计改性主要包括核壳结构和浓度梯度结构两种。

核壳材料即富镍材料作为核提供高容量,外壳采用低镍材料在电化学循环过程中提供结构稳定性和热稳定性。例如,Maeng S 等通过共沉淀法制备了以 $LiNi_{0.9}Mn_{0.05}Co_{0.05}O_2$ 为核心、$LiNi_{0.33}Mn_{0.33}Co_{0.33}O_2$ 为外壳的核壳结构 NMC811(标称成分为 $LiNi_{0.8}Mn_{0.1}Co_{0.1}O_2$),并研究了一次颗粒形貌和二次颗粒结构的非均质性对颗粒力学强度的影响。核壳结构 NMC811 的初始放电容量低于均质 NMC811,但与均质 NMC811(39.6% 的容量保持率)相比,经过 200 次循环后,核壳结构 NMC811 的循环稳定性(76.6% 的容量保持率)有了显著提高。DSC 结果还表明,核壳结构的 NMC811 的放热起始温度比均质 NMC811 高 23 ℃,并且发热量减少了 22.8%。

尽管核壳材料有自身的优点,但核壳结构也存在内部元素浓度梯度骤变的缺点,经过长时间的充放电循环后,由于核壳材料体积变化的差异会引起结构失配,核与壳界面处形成了较大的空洞层,核、壳很容易剥离和破裂。因此,研究人员进一步提出了渐进式浓度梯度结构(Ni 的浓度从颗粒的中心向外层逐渐降低,而 Mn 的浓度从中心向外层逐渐增加),这样可以显著缓解材料的内部应力,从而有效地提高微细颗粒在重复循环后的机械稳定性,最大限度地利用高容量富镍材料。例如,朱永明、高鹏、姜云鹏等提出一种便捷的共沉淀方法来制备具有全梯度结构的 $LiNi_{0.8}Co_{0.1}Mn_{0.1}O_2$,该方法将原始的三元材料盐溶液分成两股进料,这样可以准确地控制梯度合成比例。测试结果表明,合成的前驱体具有镍摩尔分数为 88% 的内核和镍摩尔分数为 72% 的外表面,产品具有镍摩尔分数为 84% 的内核和镍摩尔分数为 76% 的外表面,且二者之间过渡呈平滑过渡。电化学测试结果表明,全梯度材料能显著改善循环性能和高倍率性能,并且电流密度越大,改善越明显。

(4)表面预氧化。

在用共沉淀法制备镍酸锂前驱体的过程中,由于镍的稳定存在的价态是+2 价,所以合成的前驱体是 $Ni(OH)_2$,而最终合成的 $LiNiO_2$ 材料镍是+3 价,因为二价镍向三价镍的转变比较困难,所以 $LiNiO_2$ 的精确化学计量比合成是一个很难解决的问题。对于高镍正极材料,仍然存在这个问题。因此,研究者想到了提前将前驱体中的二价镍氧化为三价镍的表面预氧化改性技术。Zhang Congcong 等使用 $Na_2S_2O_8$ 对 NCM 811 共沉淀前驱体 $Ni_{0.8}Co_{0.1}Mn_{0.1}(OH)_2$ 进行预氧化,XRD 表明其中出现了 NiOOH 相,ICP-AES 和化学滴定测试表明,$Na_2S_2O_8$ 预氧化后镍的平均氧化态增强。用预氧化后前驱体煅烧得到的 NCM 811 材料具有 203.5 mAh/g 的高比容量(0.1 C),0.5 C 倍率下循环 100 次后容量保持率为 99%。朱永明、高鹏、张广相等使用 $K_2S_2O_8$ 对镍酸锂前驱体 $Ni(OH)_2$ 进行预氧化,也使镍酸锂的循环性能和倍率性能得到明显提高。

(5)晶面晶粒生长调控。

在材料合成过程中,通过精确控制晶体发展的方向性,可以有效地改善锂离子的传输通道,进而提高锂离子的扩散速率。富镍层状正极的微观结构工程对于减轻锂离子嵌入过程中各向异性应变引起的力学退化至关重要。径向排列的多晶富镍正极颗粒的径向组织不仅有效抑制微裂纹,还能在二次颗粒内部构建 Li^+ 直接扩散路径,使多晶正极具有优异的循环寿命和倍率性能。例如,Wang Shuo 等通过调节前驱体沉淀和煅烧过程中初生颗粒的优先生长和取向,制备了具有径向排列结构的高性能富镍多晶正极。在沉淀过程中,通过逐步控制氨浓度和 pH,促进了沿[001]方向适当大小的初生颗粒拉长,促进了前驱体中径向排列颗粒的形成。在一定的煅烧温度范围内合成具有特殊径向排列结构的 $LiNi_{0.94}Co_{0.02}Mn_{0.04}O_2$ 材料。在 0.05 C 和 5 C 倍率下,正极的放电容量分别为 230 mAh/g 和 186 mAh/g,在 1 C 倍率和 30 ℃下,在全电池中循环 1 000 次,容量保持率为 93.2%。

2. 调控方法

除了上述改性方法之外,研究者还从调控正极材料本身入手,发展了几种改善其性能的调控手段。主要有以下几种。

(1)单晶材料。

多晶三元正极材料通常是由一次颗粒团聚形成的二次颗粒,一次颗粒的大小一般为几百纳米。随着循环次数的增加,由于二次球中的一次颗粒有着不同的晶面取向和滑移面、晶粒间晶格膨胀和收缩的各向异性,因此其在循环后期可能会出现二次颗粒的破碎,并在一次颗粒间产生微裂纹,这将使材料与电解液的接触面积增大,加剧与电解液的副反应,发生严重的容量衰减。而单晶材料的颗粒为尺寸较大的一次颗粒,相对于存在大量晶界的多晶二次颗粒,单晶内部不存在晶界,压实后仍能保持单晶正极的结构,在反复循环过程中,这种结构不产生各向异性的应力变化,可避免裂纹的产生,保持结构的完整性,有效提高了电池循环过程中的稳定性和安全性。此外,单晶材料与电解质的接触面积较小,颗粒间完整性良好,有助于抑制不必要的界面反应和不可逆相变,从而获得更好的热稳定性和循环性能。但单晶材料也有缺点,因为单晶颗粒较大,使得 Li^+ 扩散更加困难,因此在相同的电压区间内充放电时,单晶材料的放电比容量通常较低,容量发挥不如多晶材料,倍率性能也较差。

(2)正极补锂剂。

锂离子电池在首次充电过程中,在负极表面形成固态电解质界面膜(SEI 膜)的过程会不可逆地消耗电池体系中的活性锂含量,影响电池的能量密度和循环寿命,这一现象在高比能设计的电池中表现尤为明显,通过补锂技术额外补充活性锂是解决这一问题的有效手段。从工艺角度进行区分,当前补锂技术主要分为负极补锂技术与正极补锂技术。正极补锂技术主要是指在锂离子电池的正极中添加具有高不可逆容量的含锂化合物,即正极补锂剂,补锂剂分解释放活性锂,从而实现不可逆活性锂损失的补偿。工艺过程简单,可以直接在正极浆料的制浆过程中加入补锂剂。当前主流的正极补锂剂主要包含二元含锂化合物(如 Li_3N、Li_2O、Li_2S 等)、三元含锂化合物(如 Li_5FeO_4、Li_2NiO_2 等)和有机含锂化合物(如草酸锂、方酸锂等)。

(3)高电压充电。

$LiCoO_2$ 材料以其高压实密度、优异的 Li^+ 导电性和高耐用性是锂离子电池的主要正极材料。如何提高 $LiCoO_2$ 的容量是研究者一直在探索的问题。研究表明,扩大 $LiCoO_2$ 电压窗口是获得更高容量最直接和最有效的方法,通过将充电截止电压从 4.2 V 提高到 4.6 V,$LiCoO_2$ 比容量可从 140 mAh/g 增加到 210 mAh/g,增加约 50%,成为实现高能量密度 $LiCoO_2$ 正极的途径之一。然而,提高 $LiCoO_2$ 的充电电压是一把双刃剑,高容量总是伴随着有害的体相结构退化和快速容量衰减问题。因此,要想实现高电压充电,必须对材料进行改性以稳定材料结构。例如,Yawen Yan 等利用高价元素(Nb^{5+})通过一步煅烧法实现多功能改性效果的策略,以稳定钴酸锂由表及里的高压不稳定性问题,在 4.6 V 截止电压下,200 次循环后容量保持率仍有 90.9%。Wei Zheng 等通过将聚阴离子 PO_4^{3-} 锚定在 $LiCoO_2$ 材料的表面,在高压下有效抑制了表面 O 氧化和 Co 迁移,以及有害的 O3 和 H1-3 相变,实现了优异的高压性能。

3. 新形态正极材料

除了传统正极材料以外,研究者们也一直在探索新形态正极材料,目前主要包括以下几类材料。

(1)高熵材料。

高熵材料是近年来提出的一类含有 5 种及以上元素,并以等摩尔或近摩尔比相互固溶而得到的具有单一相的材料,具有独特的构型和功能可调控特性。不同元素具有不同的特性,元素之间相互耦合作用使高熵材料在性能上呈现出一种协同效应。而协同作用的产生机制复杂,可归因于组元成分、微观结构、电子结构等特性。因此,在高熵材料组分设计时应重点关注组元特性。2019 年,Wang Qingsong 等将高熵概念引入锂离子电池正极材料中，合成出多阳离子/阴离子高熵正极材料 $Li_x(Co_{0.2}Cu_{0.2}Mg_{0.2}Ni_{0.2}Zn_{0.2})OF_x$，该材料由高熵氧化物 $(Co_{0.2}Cu_{0.2}Mg_{0.2}Ni_{0.2}Zn_{0.2})O$ 和 LiF 通过机械化学方法获得，工作电位为 3.4 V(vs. Li^+/Li)。该材料在 0.1 C 倍率下放电比容量在 90～120 mAh/g 范围内，循环过程中容量先下降后上升，300 次循环后仍能保持在 115 mAh/g 左右。

(2)有机材料。

有机材料作为无机电池材料的候选替代品，氧化还原活性有机化合物具有环境友好性和结构多样性等潜在优势。此外，有机材料通常由轻元素和结构可调节的氧化还原活性基团组成，因此可以调整其化学结构以获得高容量的电池材料。有机电极材料种类非常多，常见的有机电极材料包括有机二硫化物、共轭羰基化合物、偶氮化合物、吡嗪化合物、导电聚合物、自由基聚合物、芳杂环聚合物及一些共轭有机小分子等。然而，与传统无机电极材料相比，由于有机电极材料在有机电解液中的溶解问题和导电率低等问题，其性能仍然未能满足实际应用的要求。

(3)铁基氟化物。

金属氟化物具有理论比容量大、工作电压高和原子量小等特点。CuF_2 具有最高的理论电压(相对于 Li^+/Li 为 3.55 V)和较大的理论容量(528 mAh/g)，但 CuF_2 有一个缺乏可逆性的巨大缺陷，即铜离子的高扩散率。最近，由于三氟化铁(FeF_3)具有较高的输出电压(2.7 V (vs Li^+/Li))、丰富的储量和较高的理论容量(712 mAh/g，其中包含插层反应 237 mAh/g 和转换反应 475 mAh/g)，在正极材料方面引起了广泛关注。然而铁基氟化物正极材料存在导电性差、反应动力学缓慢及活性物质溶解等科学难题，导致电压滞后、倍率性能和循环性能差等问题，目前还难以满足实际应用的要求。

本章参考文献

[1] WHITTINGHAM M S. Electrical energy storage and intercalation chemistry[J]. Science, 1976, 192: 1126-1127.

[2] 闫时建，田文怀，其鲁. 锂离子电池正极材料钴酸锂近期研制进展[J]. 兵器材料科学与工程，2005(28):56-61.

[3] YASUNORI B, SHIGETO O, JUN-ICHI Y. Thermal stability of Li_xCoO_2 cathode forlithium ion battery[J]. Solid State Ionics, 2002(148):311-316.

[4] 雷雨. 高电压钴酸锂正极材料包覆改性的研究进展[J]. 化学工业，2016(34):31-36.

[5] 常照荣，齐霞，吴锋，等. 一种合成 $LiNiO_2$ 正极材料新工艺的研究[J]. 电源技术，2006(30):480-483.

[6] PKALYANI P, KALAISELVI N. Various aspects of $LiNiO_2$ chemistry: A review[J]. Science and Technology of Advanced Materials, 2005(6):689-703.

[7] 陈英豪. 镍、钴掺杂锰酸锂/还原氧化石墨烯复合材料及其锂电性能研究[D]. 郑州：郑州大学，2017.

[8] CHO J, KIM G, LIM H S. Effect of preparation methods of $LiNi_{1-x}Co_xO_2$ cathodes materials on their chemical structure and electrode performance[J]. Journal of Electrochemical

Society,1999(146):3571-3576.

[9] 姜锐. 锰酸锂电池的研究[D]. 成都:电子科技大学,2012.

[10] 万传云,吴峋,罗彦飞. 用于锂离子电池球形锰酸锂的工业化制备研究[J]. 硅酸盐通报,2011(30):1064-1067.

[11] 张胜利,朱玉法,冯绍彬,等. 尖晶石 $LiMn_2O_4$ 的晶体结构及其合成方法[J]. 郑州轻工业学院学报(自然科学版),2004(19):1-4.

[12] 陈姿,江奇,李欢,等. 尖晶石锰酸锂表面包覆改性材料作用机理研究进展[J]. 功能材料,2017(48):11060-11065.

[13] YANG J, HAN X, ZHANG X, et al. Spinel $LiNi_{0.5}Mn_{1.5}O_4$ cathode for rechargeable lithiumion batteries: Nano VS micro, ordered phase VS disordered phase [J]. Nano Research,2013(6):679-687.

[14] 刘树林. 锂离子电池正极材料镍锰酸锂的制备及电化学性能研究[D]. 合肥:合肥工业大学,2016.

[15] KIM J, MYUNG S, YOON C, et al. Comparative study of $LiNi_{0.5}Mn_{1.5}O_{4-\delta}$ and $LiNi_{0.5}Mn_{1.5}O_4$ cathodes having two crystallographic structures: Fd−3m and $P4_332$[J]. Chemistry of Materials,2004(16):906-914.

[16] 王静,吴比赫,林伟庆,等. 锂离子电池高电压正极材料 $LiNi_{0.5}Mn_{1.5}O_4$ 研究进展[J]. 厦门大学学报(自然科学版),2015(54):630-642.

[17] 张爱波. 锂离子电池正极材料 $LiCo_xNi_{1-x}O_2$ 的研究[D]. 西安:西北工业大学,2006.

[18] DELMAS C, PREAS J, ROUGIER A, et al. On the behavior of the Li_xNiO_2 system: An electrochemical and structural overview [J]. Journal of Power Sources, 1997 (68): 121-125.

[19] CHO J, JUNG H, PARK Y, et al. Electrochemical properties and thermal stability of $LiNi_{1-x}Co_xO_2$ cathode materials[J]. Journal of the Electrochemical Society,2000(147): 15-20.

[20] LEVI M, GAMOLSKY K, AURBACH D, et al. On electrochemical impedance measurements of $Li_xCo_{0.2}Ni_{0.8}O_2$ and Li_xNiO_2 intercalation electrodes[J]. Electrochimica Acta,2000(45):1781-1789.

[21] UEDA A, OHZUKU T. Solid-state redox reactions of $LiCo_{0.5}Ni_{0.5}O_2$(R-3m) for 4 volt secondary lithium cells[J]. Journal of Electrochemical Society,1994(141):2010-2015.

[22] RICHARD K, KANNO R, BRIAN J, et al. The role of nickel content on the structure and electrochemical properties of $Li_xNi_yCo_{1-y}O_2$ [J]. Journal of Power Sources, 2001 (97): 316-320.

[23] 邢云. 高镍三元锂离子电池正极材料的合成与性能研究[D]. 天津:河北工业大学,2015.

[24] WILCOX J, PATOUX S, DOEFF M. Structure and electrochemistry of $LiNi_{1/3}Co_{1/3-y}M_yMn_{1/3}O_2$ (M=Ti, Al, Fe) positive electrode materials[J]. Journal of the Electrochemical Society, 2009(156): A192-A198.

[25] LI L,ZHANG Z,FU S,et al. F127-assisted synthesis of $LiNi_{0.5}Co_{0.2}Mn_{0.3}O_{1.99}F_{0.01}$ as a high rate and long lifespan cathode material for lithiumion batteries[J]. Applied Surface Science,2019(476):1061-1071.

[26] KIM G, MYUNG S, BANG H, et al. Synthesis and electrochemical properties of $Li[Ni_{1/3}Co_{1/3}Mn_{(1/3-x)}Mg_x]O_{2-y}F_y$ via coprecipitation [J]. Electrochemical and Solid State Letters,2004(7): A477-A480.

[27] DO J,SANTHOSHKUMAR P,KANG S,et al. Al-doped $Li[Ni_{0.78}Co_{0.1}Mn_{0.1}Al_{0.02}]O_2$ for high performance of lithium ion[J]. Ceramics International,2019(45):6972-6977.

[28] 刘浩涵,张建,娄豫皖,等. XANES 研究 Al_2O_3 包覆 $LiNi_{0.4}Co_{0.2}Mn_{0.4}O_2$ 材料的稳定性[J]. 化学学报,2012(20):1055-1058.

[29] LIU W,LI X,XIONG D,et al. Significantly improving cycling performance of cathodes in lithium ion batteries: The effect of Al_2O_3 and $LiAlO_2$ coatings on $LiNi_{0.6}Co_{0.2}Mn_{0.2}O_2$ [J]. Nano Energy,2018(44):111-120.

[30] DONG S,ZHOU Y,HAI C,et al. Ultrathin CeO_2 coating for improved cycling and rate performance of Ni-rich layered $LiNi_{0.7}Co_{0.2}Mn_{0.1}O_2$ cathode materials[J]. Ceramics International,2019(45):144-152.

[31] XIONG X H, DING D, BU Y F, et al. Enhanced electrochemical properties of a $LiNiO_2^-$ based cathode material by removing lithium residues with $(NH_4)_2HPO_4$[J]. Journal of Materials Chemistry A, 2014, 2(30): 11691-11696.

[32] 王义飞,武行兵,王双双,等. 三元正极材料 $LiNi_{1-x-y}Co_xAl_yO_2$ 的研究进展[J]. 电池,2017(47):112-114.

[33] XIA Y,ZHENG J,WANG C,et al. Designing principle for Ni-rich cathode materials with high energy density for practical applications[J]. Nano Energy,2018(49):434-452.

[34] HE S,WEI A,LI W,et al. An in-depth analysis detailing the structural and electrochemical properties within Br modified $LiNi_{0.815}Co_{0.15}A_{0.035}O_2$(NCA) cathodematerial[J]. Electrochimica Acta,2019(318): 362-373.

[35] 王明志. 锂离子电池正极材料 $LiNi_{0.8}Co_{0.15}A1_{0.05}O_2$ 的制备及性能研究[D]. 大连:大连海事大学,2017.

[36] 齐然. 锂离子电池高比容量 NCA 正极材料研究[D]. 天津:天津工业大学,2017.

[37] WATANABE S, KINOSHITA M, NAKURA K. Capacity fade of $LiNi_{(1-x-y)}Co_xAl_yO_2$ cathode for lithium-ion batteries during accelerated calendar and cycle life test. Ⅰ. Comparison analysis between $LiNi_{(1-x-y)}Co_xAl_yO_2$ and $LiCoO_2$ cathodes in cylindrical lithium-ion cells during long term storage test[J]. Journal of Power Sources,2014(247): 412-422.

[38] 杜江勇. 锂离子电池富锂三元正极材料的研究[D]. 天津:天津大学,2015.

[39] NUMATA K, SAKAKI C, YAMANAKA S. Synthesis and characterization of layer structured solid solutions in the system of $LiCoO_2$-Li_2MnO_3[J]. Solid State Ionics,1999(117): 257-263.

[40] THACKERAY M,KANG S,JOHNSON C,et al. Li_2MnO_3-stabilized $LiMO_2$(M= Mn,Ni,Co) electrodes for lithium-ion batteries[J]. Journal of Materials Chemistry,2007(17):3112-3125.

[41] 赵新兵,谢健. 新型锂离子电池正极材料 $LiFePO_4$ 的研究进展[J]. 机械工程学报,2007(43):69-76.

[42] 周文彩,李金洪,姜晓谦. 磷酸铁锂制备工艺及研究进展[J]. 硅酸盐通报,2010(29):133-137,146.

[43] 胡成林,代建清,戴永年,等. 锂离子电池正极材料磷酸铁锂研究进展[J]. 无机盐工业,2007(39):8-11.

[44] 蒋永,赵兵,万小娟,等. 气相沉积碳包覆磷酸铁锂的制备及性能[J]. 硅酸盐学报,2008(9):1295-1299.

[45] CROCE E,EPIFANIO A,HASSOUN J,et al. A novel concept for the synthesis of all improved $LiFePO_4$ lithium battery cathode[J]. Electrochemical and Solid Letters,2002(5):47-50.

[46] PARK K, SON J, CHUNG H, et al. Synthesis of $LiFePO_4$ by co-precipitation and microwave heating[J]. Electrochemistry Communications,2003(5):839-842.

[47] 唐致远,高飞,薛建军. $Li_{0.97+\delta}Ti_{0.03}Fe_{0.97}Mn_{0.03-\delta}PO_4/C$ 复合材料的制备及其电化学性能的研究[J]. 无机材料学报,2008(23):295-300.

[48] 郑明森,刘善科,孙世刚,等. Cu^{2+}掺杂 $LiFePO_4$ 的制备及其电化学性能[J]. 电化学,2008(14):1-5.

[49] 武聪,罗绍华,田勇,等. 稀土铈掺杂 $LiFePO_4$ 正极材料的电化学性能研究[J]. 硅酸盐通报,2009(28):153-156.

[50] 邹清青. 锂离子电池正极材料磷酸锰锂的合成及性能研究[D]. 上海:复旦大学,2013.

[51] 朱建楠. 锂离子电池正极材料磷酸锰锂的制备与改性[D]. 大连:大连理工大学,2016.

[52] 程蕊. 固相法磷酸锰锂制备及性能研究[D]. 天津:河北工业大学,2015.

[53] MA J, QIN Q. Electrochemical performance of nano crystalline $LiMPO_4$ thin films prepared by electrostatic spray deposition [J]. Journal of Power Sources,2005(148):66-71.

[54] WANG Y R,YANG Y F,YANG Y B,et al. Enhanced electrochemical performance of unique morphological $LiMnPO_4/C$ cathode material prepared by solvothermal method [J]. Solid State Communication,2010(150):81-85.

[55] 詹皓博, 刘世琦, 王勤, 等. 锂离子电池磷酸锰铁锂正极材料研究进展[J]. 稀有金属, 2023, 47(12): 1669-1688.

[56] MORGAN D, CEDER G, SAI M, et al. Experimental and computational study of the structure and electrochemical properties of $Li_xM_2(PO_4)_3$ compounds with the monoclinic and rhombohedral Structure[J]. Chemical Material,2002(14):4684-4693.

[57] 陈核章. $LiFePO_4$ 与 $Li_3V_3(PO_4)_3$ 的合成与改性研究[D]. 长沙:中南大学,2012.

[58] 刘素琴. $Li_3V_2(PO_4)_3$ 的改性及其电极过程动力学研究[D]. 长沙:中南大学,2009.

[59] HUANG X J, MENG Q B, CHEN H, et al. Renewable energy conversion, storage, and efficient utilization[J]. Science, 2018,360(6389): 47-51.

[60] 姚代兵, 高哲, 常海涛, 等. 过热下磷酸铁锂锂离子电池的过充电耐受性[J]. 电池, 2024, 54(5): 660-663.

[61] WANG J F, LI Y H, LIU F, et al. A comparative study of overcharge thermal runaway force-electrical-thermal characteristics and safety assessment of lithium batteries with different cathode materials[J]. Applied Thermal Engineering, 2024, 256: 124092.

[62] ZHANG S, GAO P, WANG Y S, et al. Cobalt-free concentration-gradient Li [$Ni_{0.9}Mn_{0.1}$] O_2 cathode material for lithium-ion batteries [J]. Journal of Alloys and Compounds, 2021, 885: 161005.

[63] WANG Y S, ZHU Y M, GAO P. Synthesis and characterization of Nickel-rich layered $LiNi_{1-x}Mn_xO_2$(x = 0.02, 0.05) cathodes for lithium-ion batteries[J]. Electrochimica acta, 2022, 427: 140891.

[64] WANG Q, WANG Z, LI X D, et al. Synthesis and characterization of co-free NMA cathodes for fast charging lithium-ion batteries[J]. Journal of Alloys and Compounds, 2023, 955: 170226.

[65] RAO T, GAO P, ZHU Z M, et al. Structural, electrochemical, and Li-ion diffusion properties of Mg&Mn dual doped $LiNiO_2$ cathode materials for Li-ion batteries[J]. Solid State Ionics, 2022, 376: 115860.

[66] HUANG Q R, HU Z Q, DAI Z S, et al. Targeted doping enables multi-scale stress regulation for high reliable Ni-rich layered cathodes [J]. Energy Storage Materials, 2024, 72: 103695.

[67] ZHOU J H, HU J H, ZHOU X, et al. High-entropy doping for high-performance zero-cobalt high-nickel layered cathode materials [J]. Energy & Environmental Science, 2025, 18(1): 347-353.

[68] LI Y C, XIANG W, XIAO Y, et al. Synergy of doping and coating induced heterogeneous structure and concentration gradient in Ni-rich cathode for enhanced electrochemical performance[J]. Journal of Power Sources, 2019, 423: 144-151.

[69] ZHANG X, WU T, JIAN J Y, et al. Dual modification strategy for enhanced cycling and rate performance of Ni-rich cathode materials in lithium-ion batteries[J]. Small, 2024, 20(45): e2404488.

[70] LI Z, YI H, LI X D, et al. Enhancing the cycling and rate performance of Ni-rich cathodes for lithium-ion batteries by bulk-phase engineering and surface reconstruction [J]. ACS Applied Materials & Interfaces, 2024, 16(22): 28537-28549.

[71] MAENG S, CHUNG Y, MIN S, et al. Enhanced mechanical strength and electrochemical performance of core - shell structured high - nickel cathode

material[J]. Journal of Power Sources, 2020, 448: 227395.

[72] JIANG Y P, LIU Z H, ZHANG Y Z, et al. Full-gradient structured $LiNi_{0.8}Co_{0.1}Mn_{0.1}O_2$ cathode material with improved rate and cycle performance for lithium ion batteries[J]. Electrochimica Acta, 2019, 309: 74-85.

[73] ZHANG C C, LIU M M, PAN G J, et al. Enhanced electrochemical performance of $LiNi_{0.8}Co_{0.1}Mn_{0.1}O_2$ cathode for lithium-ion batteries by precursor preoxidation[J]. ACS Applied Energy Materials, 2018, 1(8): 4374-4384.

[74] ZHANG G X, ZHU Y M, LV S Z, et al. Enhanced electrochemical performance of $LiNiO_2$ cathode material by precursor preoxidation for lithium-ion batteries[J]. Journal of Alloys and Compounds, 2023, 953: 170134.

[75] WANG S, ZHOU X, ZHAO T, et al. Precise regulation of particle orientation for Ni-rich cathodes with ultra-long cycle life[J]. Nano Energy, 2024, 129: 110008.

[76] 张珊, 王珊, 陈卫晓, 等. 浓度梯度型锂离子电池富镍氧化物正极材料[J]. 化工进展, 2021, 40(3): 1506-1516.

[77] 梅悦旎, 屈雯洁, 程广玉, 等. 锂离子电池正极补锂技术研究进展[J]. 储能科学与技术, 2025, 14(1): 77-89.

[78] YAN Y W, FANG Q, KUAI X X, et al. One-step surface-to-bulk modification of high-voltage and long-life $LiCoO_2$ cathode with concentration gradient architecture [J]. Advanced Materials, 2024, 36(1): 2308656.

[79] ZHENG W, LIANG G M, GUO H, et al. Enhancing the reaction kinetics and structural stability of high-voltage $LiCoO_2$ via polyanionic species anchoring [J]. Energy & Environmental Science, 2024, 17(12): 4147-4156.

[80] WANG Q S, SARKAR A, WANG D, et al. Multi-anionic and-cationic compounds: New high entropy materials for advanced Li-ion batteries [J]. Energy & Environmental Science, 2019, 12(8): 2433-2442.

[81] 姜子昂, 王宇杰, 陈轩锋, 等. 铁基氟化物锂电池正极材料研究进展[J]. 稀有金属, 2022, 46(6): 724-735.

第2章 锂离子电池正极材料的合成方法

正极材料种类繁多，合成方法更是层出不穷，材料的合成与制备过程对材料的性能起决定性作用，只有对各种材料制备方法进行系统的总结，找到各种方法的规律，了解各种方法的特点，才能在实际材料制备过程中做到有的放矢，并对材料的创新发展起到理论指导作用。

2.1 材料合成方法总述

正极材料合成方法都是从材料学中合成粉末材料的各种方法得来的。因此，本节先对正极材料已有的制备方法从材料学角度进行系统的梳理，从固相法(solid-state chemistry method)、液相法(solution chemistry method)及气相法(gas phase method)3个方面进行阐述，以便于读者总览全貌。

2.1.1 固相法

固相法是一类从固体原料经物理或化学反应过程从固相中形成材料粉体的方法，它具有低成本的特点，但存在如何纯化从而提高品质的问题。

1. 固相化学反应法

固相化学反应法(solid-state reaction)是制备正极粉体最常用的一种方法，即通过两种或两种以上的固相物质(多为金属氧化物、金属氢氧化物或金属盐类)混合，在一定气氛中经焙烧发生化学反应后得到新的固相物质。固相反应主要依靠固体颗粒表面的相互接触和扩散来实现，因此几种固体原料均需要预粉碎并充分地混合均匀，通常使用研钵、球磨罐或V形混合机，并加上水、乙醇等介质参与混合。介质要选择对固体材料润湿性好、无毒的液体。当一次反应不完全时，可以进行再次混合研磨，但非不得已，最好不要重复多次，以免混入杂质。

固相反应法关键在于选择合适的煅烧温度、时间及气氛等条件。通常认为，进行固相反应的温度若高于600 ℃，则属于高温固相化学反应法；若低于600 ℃，则属于低温固相化学反应法；若反应温度降至室温或近室温，则属于低热固相反应法。

高温固相化学反应法是最常用的方法，对于$LiCoO_2$、$LiNiO_2$、$LiMnO_2$、$LiMn_2O_4$及其混合材料如$LiCo_{1/3}Ni_{1/3}Mn_{1/3}O_2$等的制备，可以用含锂、钴、镍、锰的碳酸盐、硝酸盐、醋酸盐、氧化物、氢氧化物、有机酸络合物等作为锂源和钴源、镍源、锰源，将反应物按计量比混合研磨，压片或造粒后在高温600～1 100 ℃空气或其他气氛中进行热处理即可。制备$LiFePO_4$、Li_2FeSiO_4、$Li_3V_2(PO_4)_3$等材料也类似，如A. Nytén等将Li_2SiO_3和$FeC_2O_4 \cdot 2H_2O$

在丙酮介质中混合,在 CO/CO_2 气氛下 750 ℃焙烧 24 h 可制得 Li_2FeSiO_4 样品。

高温固相法具有操作简便、易于工业化生产的优点。但是该方法合成温度高,反应时间长,能耗大,生产效率低,产物的粒径分布不易控制,均匀性、一致性和重现性较差,导致材料的电化学性能不易控制。

为了克服高温固相法能耗大的缺点,发展了低温固相化学反应法。如在 400 ℃下通过 Li_2CO_3、$CoCO_3$ 和 $Ni(NO_3)_2 \cdot 6H_2O$ 可得到氧化镍钴锂;在 200 ~ 300 ℃下通过 $LiOH \cdot H_2O$ 和 $Co(OH)_2$ 制备 $LiCoO_2$ 也取得成功。S. Franger 等以 FeC_2O_4、Li_2CO_3、$(NH_4)_2HPO_4$ 为原料,先在 250 ℃下反应 3 h 以放出气体,然后在氩气气氛中 550 ℃下焙烧 12 h,合成具有良好电化学性能的 $LiFePO_4$ 材料。

低热固相反应法是使两种或两种以上的固相物质在室温或低热温度条件下发生固相化学反应,制备粉体材料或材料前驱体的方法。相比于高温固相法和低温固相法,低热固相反应法最大的特点在于反应温度降至室温或近室温,因此具有节省能源、便于操控的优点,还有不使用溶剂、污染少、高选择性、高产率等特点。

目前制备正极材料多用前驱体法,即首先通过低热固相反应法制备出不同于目标产物的前驱体,然后再通过煅烧等手段使前驱体分解,从而得到目标产物。如唐新村等将氢氧化锂和草酸充分混合、研磨,然后加入醋酸钴和醋酸镍混合研磨,得到粉红色中间体;中间体在 180 ℃下真空干燥 24 h 得前驱体;将该前驱体在空气气氛下 700 ℃焙烧 12 h,随炉冷却,研磨后得 $LiCo_{0.8}Ni_{0.2}O_2$,初始容量达 145 mAh/g,循环 50 次后容量衰减 11% 左右。Liu 等研究了低热固相反应法合成 $LiCo_{1/3}Ni_{1/3}Mn_{1/3}O_2$ 时的反应机理。

2. 机械化学合成法

机械化学合成法(mechanochemical synthesis)又称为机械合金化法、机械力-化学法、机械驱动合成法或高能球磨法,是将粉末混合料与研磨介质在高能球磨机中进行机械研磨,经过反复形变、破裂和冷焊,最终形成表面粗糙、内部结构精细的超细粉末。其特点是在机械研磨过程中引入大量的应变、缺陷,从而获得其他技术难以获得的特殊组织、结构,扩大材料的性能范围且材料的组织、结构可控。

在机械化学合成法中,单纯依靠球磨过程一般难以得到所需正极材料,必须辅以额外的煅烧过程。如 W. T. Jeong 等以 $LiOH \cdot H_2O$ 和 $Co(OH)_2$ 为原料,球磨 6 h,然后在 600 ℃空气气氛下焙烧 2 h,合成具有良好电化学性能的 $LiCoO_2$ 材料;若球磨后先在 600 ℃焙烧 8 h,再在 850 ℃焙烧 24 h,则性能更加优异。S. Soiron 等以 Li_2CO_3、$LiOH \cdot H_2O$ 和电解 MnO_2 为原料,首先在空气气氛下 800 ℃焙烧 10 h,然后在氩气气氛中球磨 8 h,合成性能良好的 Li-Mn-O 材料。利用机械化学合成法合成的 $LiFePO_4$ 粒径小、比表面积大,可以有效地改善 $LiFePO_4$ 电导率低的缺点。

机械化学合成法中球磨和煅烧时间可以有各种选择:有的球磨时间长,煅烧时间短;有的煅烧时间长,球磨时间短;有的两者时间接近。

3. 微波法

微波法(microwave synthesis)是通过材料内部耗散来直接加热材料的独特方式。微波技术能够在整个物料内部产生快速、均匀的热量,能耗低、效率高,还能有效防止高温固相法所引起的烧结现象，因此在锂离子电池材料制备中得到了迅速发展。

如 H. Yan 等以 $CH_3COOLi \cdot 2H_2O$ 和 $Co(CH_3COO)_2 \cdot 4H_2O$ 为原料，通过研磨、烘干后，用频率 2.45 GHz、功率 1 kW 的微波辐照 10 min，制得 $LiCoO_2$，40 次循环后比容量仍为 130 mAh/g。M. Higuchi 等以 Li_2CO_3、$NH_4H_2PO_4$ 和 $Fe(CH_3COO)_2$ 为原料，在氩气气氛下，用功率 500 W 的微波辐照 5～20 min 获得了 $LiFePO_4$，其中铁源起到了吸收微波的作用。Wang 等采用活性炭作为微波吸收剂和还原剂制备 $LiFePO_4$ 取得了很好的效果，C 可以迅速产生热量且产生的 CO_2 可维持还原气氛，因此可在空气气氛中合成。一些研究者认为用 Li_3PO_4、$Fe_3(PO_4)_2 \cdot 8H_2O$、C、葡萄糖作为原料，采用微波辅助进行 $LiFePO_4$ 的合成是一种低成本、适合大规模生产的合成方法。

4. 碳热还原法

碳热还原法（carbothermal reduction synthesis）是将高价金属化合物与 C 在高温下反应，将其还原为低价金属化合物，并与其他相应原料反应生成所需粉体材料的方法。此法广泛用于陶瓷材料的工业生产，Barker 等最先将其用于锂离子电池正极材料的合成。此法的优势在于可以选择低价的金属化合物作为原料，降低了生产成本；而且在制备过程中过量的碳还可以作为导电物质保留在活性物质中，提高了活性物质的导电性。也可以用一些有机物取代 C 作为碳源，利用在高温下有机物热分解产生的 C 作为还原剂实现碳热还原过程。

$LiFePO_4$ 的合成用碳热还原法很有优势，因为传统的 $LiFePO_4$ 制备中所用铁源通常为二价铁化合物 $FeC_2O_4 \cdot 2H_2O$ 或 $(CH_3COO)_2Fe$，它们的价格昂贵且有一定毒性，而碳热还原法可以使用廉价的 Fe_2O_3 或 $FePO_4$ 为铁源合成 $LiFePO_4$。Barker 等以 Fe_2O_3、LiH_2PO_4 和 C 为主要原材料，将其混合均匀并进行球磨，在氩气气氛下 750 ℃煅烧 8 h，合成了 $LiFePO_4$，放电比容量达 156 mAh/g。Fey 等以工业级 Fe_2O_3、$NH_4H_2PO_4$、Li_2CO_3 和聚乙二醇 6000 为原料（其中聚乙二醇为碳源），在丙酮介质中混合均匀并球磨 2 h，80 ℃干燥后重新研磨，在氮气气氛下 300 ℃煅烧 2 h，然后 700 ℃煅烧 8 h，合成了 $LiFePO_4$/C 材料，0.2 C初始放电比容量达 150 mAh/g，50 次循环后容量几乎不变。

Chen 等以用量为中试规模的 $LiOH \cdot H_2O$、V_2O_5、$NH_4H_2PO_4$ 为原料，蔗糖为碳源，球磨后在 300～350 ℃氩气气氛下干燥，然后在氩气气氛下 800～850 ℃煅烧 16～24 h，合成了 $Li_3V_2(PO_4)_3$/C 材料，其高倍率放电性能十分优异：以 10 C 和 20 C 倍率放电，在 100 次循环后比容量仍分别为 105 mAh/g 和 96 mAh/g；低温放电性能也十分优异。

5. 自蔓延高温燃烧合成法

自蔓延高温燃烧合成法（self-propagating high temperature synthesis）是将原料粉末均匀混合后，在保护气体下点燃，使其发生快速的化学反应并放出大量的热，使得邻近的粉料温度骤升至 2 000～3 000 ℃，瞬间引起新的化学反应并生成化合物。这种方法无须外加能源，反应速度极快，一般在 10 s 左右完成，对环境不产生污染，成本低，得到的粉体粒度细而均匀。

范未峰等采用硝酸锂、硝酸镍、乙酸锰为原料，加乙醇搅拌并使温度保持在 70 ℃蒸发至透明胶状，将胶体转移至蒸发皿中在电炉上加热至 300 ℃以上，待胶体被引燃后切断电源使其自行完成自蔓延燃烧过程,得到蓬松状的灰烬,该灰烬经800 ℃热处理6 h后继续在600 ℃退火6 h得到5V级正极材料 $LiNi_{0.5}Mn_{1.5}O_4$ 样品。文衍宣等以 Li_2CO_3、Co_3O_4 为原料,以尿素为燃料,将其置于预制炉温为800 ℃的高温炉中进行自蔓延燃烧反应,燃烧完成后,在同一温度下热处理2 h,然后随炉冷到室温,得到层状 $LiCoO_2$ 正极材料。

6. 低温燃烧法

低温燃烧法(low-temperature combustion synthesis)是以金属硝酸盐和有机物(如尿素、羧酸、羧酸盐等)的饱和水溶液为原料,直接加热到300~500 ℃发生化学燃烧反应,反应结束后获得样品。低温燃烧法制备纳米微粒时的燃烧火焰温度为1 000~1 400 ℃,与燃烧温度通常高于2 000 ℃的自蔓延高温燃烧合成法相比,可称为低温燃烧合成。

赵巧丽等以尿素为燃料,以 $LiNO_3$、$Mn(NO_3)_2$ 和 $Ni(NO_3)_2 \cdot 6H_2O$ 为原料,在500 ℃点火,采用低温燃烧法成功地合成了尖晶石结构的正极材料 $LiNi_{0.5}Mn_{1.5}O_4$。将原料移入预先加热到500 ℃并恒温的马弗炉中,在5 min内,物料开始冒烟、着火、燃烧,在30 min内反应完毕,得泡沫状疏松产物。将泡沫状产物收集、研磨后,重新装入刚玉坩埚,置于马弗炉中在空气环境下850 ℃回火处理12 h,再将温度降到600 ℃退火8 h,随炉冷却后研磨并过300目筛,即得到合成样品。

2.1.2 液相法

液相法是指溶质通过物理或化学过程从液相中析出或聚集成纳米尺度或微米尺度材料的过程。与固相法比较,液相制备粉体可以使液体中的各离子或基团得到在原子和分子水平上的混合,容易在制备过程中加入添加剂并较易控制液相成核的组分和均匀性,因此能够得到高纯的微细粉末,但是液相法制备的粉体也较易发生团聚现象。另外,鉴于超声波在液相中的空化效应,在液相法中引入超声波可以有效抑制团聚,提高分散均匀性,促进化学反应进行完全,因此超声波成为液相法制备过程中的一种常用辅助手段。

1. 溶胶-凝胶法

溶胶-凝胶法(Sol-Gel method)是一种采用胶体化学原理制备超微粉体的方法,制备时采用适当的无机盐或金属有机盐在水或有机溶剂中配制成溶液,然后加入能使之成核、凝胶化的试剂,经水解、缩聚反应形成透明溶胶,通过调节pH并加热控制其凝胶化过程即可制得接近球形颗粒的凝胶粉体,再经一定温度干燥、煅烧处理后,得到所需的粉体材料。此法制备的产物具有化学成分均匀、纯度高、颗粒小、化学计量比可以精确控制等优点,但是工艺复杂、合成周期长,工业化成本较高。

Zhu等用 $LiNO_3$、$Co(NO_3)_2 \cdot 6H_2O$ 作为金属盐,柠檬酸作为胶凝络合剂,将它们在60 ℃溶于去离子水,再加入微量的羟丙基纤维素作为分散剂形成溶胶,然后在120 ℃干燥箱内蒸发水分后形成凝胶,最后在700 ℃空气气氛下煅烧4 h,制得纯度高、粒度小的层状 $LiCoO_2$ 材料,25次循环后放电容量达154 mAh/g。Xu等将 H_3PO_4、$Fe(NO_3)_3$、CH_3COOLi、柠檬酸溶于去离子水,再加入一定量的聚乙烯后用氨水调节pH,缓慢搅拌并蒸发水分后形成凝胶,再在氮气气氛下600 ℃煅烧24 h,制得球形的 $LiFePO_4/C$ 材料,平均粒径为100 nm。

在凝胶化过程中,柠檬酸是较常用的一种络合剂,除此之外,学者又提出了多种络合剂,如草酸、丙烯酸、氨基乙酸、乙醇酸、抗坏血酸等。

2. Pechini 法

Pechini 法(pechini method)是一种改进的溶胶-凝胶法,由 Pechini 在 1967 年发明。主要包括以下步骤:①将金属盐与有机酸络合剂(一般为柠檬酸)和多元醇(一般为乙二醇)配成溶液,使金属离子与有机酸络合剂在溶液中形成螯合物;②加热溶液形成凝胶,在此过程中螯合物与多元醇进行酯化反应,生成多聚物树脂,从而使金属离子均匀分散于其上;③对凝胶进行热处理,发生热分解反应生成所需材料。该法可得到化学计量比好、分子级均匀混合的纳米级粉体。由于金属离子分散非常均匀,因此第 3 步热处理时间可以相对缩短,从而减少了热处理造成的锂的损失。

Xia 等将 $LiNO_3$、$Mn(NO_3)_2$、$Ni(NO_3)_2 \cdot 6H_2O$、$Co(NO_3)_2 \cdot 6H_2O$ 溶解于去离子水中,然后逐滴加入用柠檬酸和乙二醇配制的溶液,加热溶液形成凝胶,研磨压片后在 400 ℃下焙烧 4 h,最后在 900 ℃或 1 000 ℃下煅烧 12 h 制得的 $LiCo_{1/3}Ni_{1/3}Mn_{1/3}O_2$ 粒径小、比容量高、循环性能好。Kim 等在 Pechini 法中加入了超声波处理过程:将 CH_3COOLi 和 $Co(CH_3COO)_2$ 溶于水中配成溶液,缓慢倒入柠檬酸和乙二醇的混合液,在 80 ℃下搅拌至黏稠态,在 140 ℃下加热进行酯化反应,然后在 170 ℃下真空干燥除去残余水分和乙二醇形成聚合物前驱体,将此前驱体分散于水中,用 25 kHz 超声波振荡10 min,干燥后在 800 ℃下煅烧 10 h 制得纳米级 $LiCoO_2$ 粉末。制得的纳米级 $LiCoO_2$ 粉末具有结晶度高、颗粒形态均匀、不团聚等特点。

3. 沉淀法

沉淀法(precipitation method)是几种化合物在液相中进行化学反应并生成沉淀物,将沉淀物经过滤、洗涤、干燥、煅烧等工序后得到所需粉体的方法。液相中进行的化学反应可以直接生成正极材料,也可以先生成中间产物或前驱体,再通过后续的热处理过程制备出所需正极材料。沉淀法可得到纯度高、颗粒细小均匀、比表面积大的粉末。

沉淀法的溶剂多采用水,有时为了达到不同金属离子充分混合的效果,也可采用合适的有机溶剂。Delobel 等使用乙醇作为溶剂,将溶解在乙醇中的 $LiNO_3$ 和 $Ni(NO_3)_2 \cdot 6H_2O$ 溶液逐滴加入 KOH 的乙醇溶液,同时匀速搅拌,所得沉淀物包括 $LiCoO_2$、KNO_3 和痕量 Li_2CO_3,过滤后在 LiOH 溶液中洗涤 2 天以除去 KNO_3 和 Li_2CO_3,然后用丙酮清洗并在 80 ℃下干燥过夜后制得纳米级 $LiCoO_2$ 正极材料。

根据沉淀方式的不同,沉淀法可分为直接沉淀法、共沉淀法、均匀沉淀法和水解沉淀法等。

(1)直接沉淀法。

直接沉淀法是指使溶液中的某一种金属阳离子发生化学反应而形成沉淀物,该法主要用来制备单一组分沉淀物,如可以通过 $NiSO_4$ 与 NaOH 和 $NH_3 \cdot H_2O$ 反应制备 $Ni(OH)_2$沉淀,然后将 $Ni(OH)_2$ 与 LiOH 混合煅烧得到 $LiNiO_2$。

(2)共沉淀法。

共沉淀法是指在溶液中含有两种或多种阳离子,它们以均相存在于溶液中,加入沉淀剂发生沉淀反应后,可得到各种成分的均一沉淀,它是制备含有两种或两种以上金属元素的复合氧化物粉体的重要方法。共沉淀过程需十分注意选用沉淀剂的种类、沉淀剂的引入方式及加入顺序、不同沉淀物的溶度积大小、溶液中各离子的浓度、络合剂的浓度、溶液

pH 的调节、溶液温度及搅拌速度等诸多因素,以避免分步沉淀或其中某种沉淀不完全。Deng 等将溶有 $NiSO_4$、$CoSO_4$、$MnSO_4$ 三种物质的水溶液在氮气气氛下连续输入搅拌釜反应器,同时将沉淀剂 NaOH 和络合剂 $NH_3 \cdot H_2O$ 溶液也输入反应器中,将此溶液在 50 ℃下连续搅拌 24 h,并仔细控制 pH 为 12,将所得沉淀过滤、洗涤,在 80 ℃下真空干燥 12 h 得到 $(Ni_{1/3}Co_{1/3}Mn_{1/3})(OH)_2$ 前驱体,将前驱体与 LiOH 混合、球磨、压片,在 500 ℃下热处理 5 h,重新粉碎、球磨、压片,再在 800 ℃下热处理 12 h,制得 $LiCo_{1/3}Ni_{1/3}Mn_{1/3}O_2$,初次放电容量超过 160 mAh/g。

(3)均匀沉淀法。

一般的沉淀过程是不平衡的,但如果控制溶液中的沉淀剂浓度,使其缓慢地增加,则使溶液中的沉淀处于平衡状态,且沉淀能在整个溶液中均匀地出现,这种方法称为均匀沉淀法。通常是通过溶液中的化学反应使沉淀剂慢慢地生成,从而克服了由外部向溶液中加沉淀剂而造成沉淀剂局部不均匀性的缺点。均匀沉淀法不是把沉淀剂直接加入待沉淀溶液中,也不是加沉淀剂后立即产生沉淀,而是首先使待沉淀金属盐溶液与沉淀剂母体充分混合,预先造成一种十分均匀的体系,然后调节温度和时间,逐渐提高 pH,或者在体系中逐渐生成沉淀剂等方式,创造形成沉淀的条件,使沉淀缓慢进行,以制得颗粒十分均匀而且比较纯净的沉淀物。

(4)水解沉淀法。

物质被水分解的化学反应称为水解,水解沉淀法是通过使某些容易水解的盐类发生水解反应生成氢氧化物沉淀的方法。比如通过长时间地沸腾盐溶液,使之水解生成的挥发性酸不断蒸发除去,从而得到氢氧化物沉淀;另外也可以通过调节 pH 使盐类水解得到氢氧化物沉淀。

不少研究者在沉淀法中引入一些辅助手段。Katakura 等采用三电极体系,Pt 片为研究电极,$Mn(NO_3)_2$ 溶液为电解液,通过恒电流法在 Pt 片上生成 $Mn(OH)_2$ 沉淀,然后将 Pt 片在 LiOH 溶液中浸泡数小时以使 Li^+ 进入 $Mn(OH)_2$ 沉淀物,反复洗涤后在 750 ℃下煅烧 24 h,制得尖晶石型 $LiMn_2O_4$。Jugović 等、Liu 等采用超声波辅助的共沉积法都制得了性能良好的 $LiFePO_4/C$ 材料。

4. 水热法

水热法(hydrothermal method)是由地质学家模拟自然界的成矿作用而开始研究的。它是指在特制的密闭反应器中,采用水溶液作为反应体系,通过对反应体系加热、加压(或自生蒸气压),创造一个相对高温、高压的反应环境,从而进行材料合成的一种有效方法。在高温高压条件下,水的性质将发生下列变化:蒸气压变高、密度降低、黏度降低、表面张力减小、离子积变大、热扩散系数变大等,因此即使对于常温常压下不溶于水的物质,也能诱发或促成反应。影响水热反应的主要因素有温度、压力、pH、水热处理时间、加料方式等。

Liu 等将 Li_2CO_3、V_2O_5、草酸和磷酸在去离子水中配成溶液,将此混合液在高压釜中 180 ℃下保温 24~36 h,生成物经抽滤、水洗后,在 80 ℃下干燥 24 h,制得 $Li_3V_2(PO_4)_3$ 纳米棒,直径约为 60 nm,长约为 1 μm,具有优异的高倍率放电特性。Lee 等将 γ-MnO_2 在匀速搅拌状态下加入 LiOH 水溶液中,在所得浆液中加入体积分数为 1.4% 的乙醇作为共溶剂,然后置入高压釜中在 200 ℃下保温 4 天,生成物经水洗、过滤、70 ℃干燥后,制得高度结晶、形态均一的亚微米级尖晶石型锂锰氧化物,比容量大、高倍率放电特性好。

不少研究者将其他方法与水热法结合起来。将微波技术应用到水热法中，既具有微波加热速率快、反应快等优点，又兼具水热法的长处，弥补了水热反应时间长的缺陷。Ji等采用微波水热法制备了 $LiMnO_2$，只需在 160 ℃下微波水热处理 30 min 即可，5 次循环后比容量达 194 mAh/g。将溶胶-凝胶技术应用到水热法中，先制备出溶胶或凝胶，然后水热处理得到所需要的粉体，这种方法在得到均匀粉体的同时又不用煅烧，避免了颗粒的长大和杂质的引入。Cui 等采用溶胶-凝胶-水热法制备了锂钒氧化物材料，具有多层纳米管形态，比容量高、循环性能好。

水热法制备的正极粉体材料具有晶粒完整、粒度小且分布均匀、颗粒团聚少、易得到合适的化学剂量等优点，且不需要高温煅烧处理，成本相对较低，是具有工业化应用前景的一种方法。

5. 微乳液法

微乳液与乳浊液完全不同，微乳液是由水、油、表面活性剂和助表面活性剂组成的澄清透明的、各向同性的热力学稳定体系，微乳颗粒尺寸为 5 ~ 100 nm。油滴在水中为 O/W 型（水包油型）微乳液，水滴在油中为 W/O 型（油包水型）微乳液。在此体系中，两种互不相溶的连续介质被表面活性剂双亲分子分割成微小空间形成微型反应器，其大小可控制在纳米级范围，反应物在体系中反应生成固相粒子。由于微乳液能对纳米材料的粒径和稳定性进行精确控制，限制了纳米粒子的成核、生长、聚结、团聚等过程，因此制备的粒子不易聚结，大小可控，分散性好。

微乳液法（microemulsion synthesis）制备正极材料一般采用油包水型微乳液。配制两种分别含有不同反应物的微乳液，然后将其混合，在混合时，由于胶团颗粒间的碰撞、融合、分离、重组等过程，发生了水核内物质的相互交换或物质传递，因此所含物质进行反应。因为水核的形状和大小是固定的，所以晶核增长局限在微乳液的水核内部，因此通过选择微乳液的组成即可控制产物颗粒的尺寸，是制备单分散纳米粒子的理想手段。

Xu 等采用正辛烷-CTAB-正丁醇-H_2O 体系制备了 $LiFePO_4/C$ 材料。首先配制微乳液 A：正辛烷作为油、十六烷基三甲基溴化铵（CTAB）作为表面活性剂、正丁醇作为助表面活性剂配成油相；在水中溶解聚乙二醇 4000、$(NH_4)_2Fe(SO_4)_2$ 和 H_3PO_4 配成水相；将水相与油相混合得到微乳液 A。然后配制微乳液 B：油相组成同微孔液 A，在水中溶解聚乙二醇 4000 和 LiOH 配成水相，混合得到微乳液 B。A 和 B 均为油包水型微乳液。将微乳液 B 逐滴加入微孔液 A 中，并通入氮气搅拌，将所得溶液在 60 ℃下加热几个小时，然后离心分离得到沉淀，将此沉淀与事先配好的蔗糖溶液混合研磨，所得物质在 600 ℃氮气气氛下煅烧 24 h，制得纳米级 $LiFePO_4/C$ 材料，初始放电容量达 163 mAh/g，40 次循环后仅衰减4.8%，且高倍率放电特性良好。Lu 等采用微乳液法合成了纳米级 $LiMnO_2$ 材料，平均粒径为 90 nm。

6. 乳液干燥法

乳液干燥法（emulsion-drying method）是将含有金属盐的水溶液与油相混合得到乳液，然后逐滴加入热煤油中，再通过蒸馏将溶剂除去，最后通过热处理制成粉末。例如，Myung 领导的小组已经用此法合成了 $LiCoO_2$、$LiMnO_2$、$LiMn_2O_4$、$LiNi_{0.5}Mn_{1.5}O_4$ 及 $LiFePO_4/C$ 等。

7. 熔盐法

熔盐法(molten salt method)采用一种或数种低熔点的盐类作为反应介质,将盐与反应物按照一定的比例配制成反应混合物,混合均匀后,加热使盐熔化,合成反应在高温熔融盐中完成,反应结束后,冷却至室温,用去离子水清洗数次除去其中的可溶盐从而得到粉体产物。

根据熔融盐的作用可将熔盐法分为3种。①助熔剂法。熔融盐不参加反应,其作用主要是提供反应介质。②半熔盐法。合成反应中至少有一种熔融盐参与反应,同时作为反应介质。③全熔盐法。参与反应的反应物均为盐类。

Ni等采用Li_2CO_3、$FeC_2O_4 \cdot 2H_2O$、$NH_4H_2PO_4$作为反应物,球磨后在450 ℃下预烧5 h,冷却后与助熔剂KCl混合,重新球磨后在755 ℃下加热3 h,冷却后清洗、过滤、烘干,制得电化学性能良好的$LiFePO_4$材料。杜柯等也采用KCl作为助熔剂制得了放电倍率特性良好的$LiMn_2O_4$。

Reddy等采用$LiNO_3-LiCl$作为熔融盐,用半熔盐法合成了$LiCo_{1/3}Ni_{1/3}Mn_{1/3}O_2$。Chang等则采用$LiOH-Li_2CO_3$作为熔融盐,用半熔盐法合成了$LiCo_{1/3}Ni_{1/3}Mn_{1/3}O_2$。

熔盐法能使合成反应在较短的时间内和较低的温度下完成,且合成产物各组分配比准确、成分均匀、无偏析,几乎没有团聚现象存在,所以采用熔盐法可以制备出理想的粉体材料。

8. 溶液蒸发法

溶液蒸发法(solution evaporation method)是使金属盐溶液分离成小液滴迅速蒸发从而得到粉末材料的方法。此法不必使用沉淀剂,因而可以避免杂质的引入。根据喷雾方式和处理温度的不同,溶液蒸发法可分为多种不同的方法,正极材料制备中已研究的有喷雾干燥法、喷雾热分解法、冷冻干燥法等。

喷雾干燥法是用雾化器将金属盐水溶液分散成小液滴,喷入热风中,使其迅速干燥从而析出金属盐的超微粉末,然后通过热分解制成所需材料。喷雾热分解法则是将金属盐水溶液喷入高温气氛中,使金属盐的干燥和热分解同时完成,从而直接制得所需材料。冷冻干燥法是将金属盐水溶液喷入低温有机液体中,使液滴瞬时冷冻成冰盐共存的小固体颗粒,然后在低温低压下真空干燥,使固体颗粒中的溶剂升华、脱水,最后通过热分解制成粉末。

应用这些方法可以合成复杂的多成分正极材料,并可以得到均匀的、表面积大的球形粉体。喷雾干燥法和喷雾热分解法可连续进行,操作也比较简单,因而制备能力大,适于大规模生产;冷冻干燥法则比较复杂,工业化生产有一定的困难。

2.1.3 气相法

气相法是指从气相中凝聚析出固态超微材料的方法,包括物理气相沉积法(physical vapor deposition,PVD)和化学气相沉积法(chemical vapor deposition,CVD)。气相法主要适用于薄膜锂离子电池材料的制备。

气相法的主要缺点是成本较高,所以研究发展重点是低成本可稳定化制备的新工艺及其集成技术。

1. 物理气相沉积法

物理气相沉积法是在真空条件下,将材料源-固体或是液体表面汽化成气态原子、分子或部分电离成离子，并通过低压气体（或等离子体）过程，在基体表面沉积具有某些特殊功能的薄膜的技术，这种过程并没有参与化学反应。物理气相沉积法的主要方法有真空蒸发镀膜、溅射蒸渡、电弧离子蒸镀、离子镀膜及分子束外延等。如 Lee 等用射频磁控溅射法制备了正极为 $LiCoO_2$ 的薄膜电池，具有很好的循环性能。

物理气相沉积法基本原理可分 3 个工艺步骤：①镀料的汽化。即使镀料蒸发、升华或被溅射，也就是通过镀料的汽化源。②镀料原子、分子或离子的迁移。由汽化源供出原子、分子或离子经过碰撞后，产生多种反应。③镀料原子、分子或离子在基体上沉积。

物理气相沉积法最直接的例子就是真空蒸发镀膜法。这种方法比较简单，但是在适当的条件下，可以提供非常纯净而且在一定程度上是既定结构的薄膜。真空蒸发镀膜法是把装有基片的真空室抽成真空，使气体压强达到 10^{-2} Pa 以下，然后加热镀料，使其原子或分子从表面汽化逸出，形成蒸气流，入射到基片表面，凝结形成固态薄膜。

2. 化学气相沉积法

化学气相沉积法是通过化学反应方式，利用加热、等离子激励或光辐射等各种能源，在反应器内使气态或蒸气状态的化学物质在气相或气固界面上经化学反应形成固态沉积物的技术。简单来说就是：两种或两种以上的气态原材料被导入一个反应室内，然后相互之间发生化学反应，形成一种新的材料，沉积到基片表面上。从气相中析出的固体的形态主要有下列几种：在固体表面上生成薄膜、晶须和晶粒，在气体中生成粒子。

化学气相沉积法的主要特征有：①在中温和高温下，通过气态的初始反应物之间的气相化学反应而沉积固体；②可以在大气压（常压）或者低于大气压（低压）下进行沉积，一般来说低压效果要好些；③采用等离子和激光辅助技术可以显著促进化学反应，可在较低的温度下进行沉积；④镀层的化学成分可以改变，从而获得梯度沉积物或者得到混合镀层；⑤镀层的密度和纯度是可以控制的；⑥绕镀性好，可以在复杂形状的基体上镀制；⑦气流条件通常是层流的，在基体表面形成厚的边界层；⑧沉积层通常具有柱状晶结构，不耐弯曲，但通过各种技术对化学反应进行气相扰动，可以得到细晶粒的等轴沉积层；⑨可以形成多种金属、合金、陶瓷和化合物镀层。

化学气相沉积通过气相化学反应生成超细粒子，反应物在气态条件下发生化学反应，生成固态物质沉积在基体表面，它本质上属于原子范畴的气态传质过程。在此方法中，反应物在热源作用下变为气态，将此气体传输到反应区，在基片上通过化学反应形成新的化合物。根据反应机理的不同，化学气相沉积法又可分成以下几种方法：热分解法、氧化还原反应沉积、化学合成反应沉积、化学输运反应沉积、等离子体增强的反应沉积。根据能量提供方式的不同，可分为热丝 CVD、微波 CVD、等离子增强 CVD、激光诱导 CVD 等方法。如 Liu 等用等离子体增强 CVD 法制备了 $LiCoO_2$、$LiMn_2O_4$ 薄膜，具有较高的容量和很低的容量衰减率。Kuwata 等用脉冲激光 CVD 法制备了正极为 $LiCoO_2$ 的薄膜电池，该电池有良好的循环性能。

2.1.4 其他方法

材料的合成与制备、组成与结构及材料的性能 3 个方面之间存在强烈的相互依赖的关系。其中，材料的组成与结构是材料的基本表征，它是决定材料性能的内在因素，但另一方面它又是特定的合成与制备条件的产物，所以材料的合成与制备过程对材料的性能起着决定性作用。

以上介绍的十几种制备方法只是大致的分类,其中不少方法是交叉和综合的。而且,随着化学学科和材料学科交叉的不断深入,还会不断出现新的制备方法,如模板法已经广泛用于锂离子电池电极材料的合成研究。

模板法是一种源于化学仿生学的合成纳米材料的方法,即以有机分子或其自组装的体系为模板剂,通过离子键、氢键和范德瓦耳斯力等作用力,在溶剂存在的条件下使模板剂对游离状态下的无机或有机前驱体进行引导,从而生成具有纳米有序结构的粒子或薄膜。一般可分为硬模板法和软模板法两大类。硬模板法包括多孔氧化铝、二氧化硅、碳纳米管、分子筛及经过特殊处理的多孔高分子薄膜等。软模板法是指借助不同浓度的表面活性剂、聚合物、生物分子或离子液体在溶液中以不同形态的聚集体存在的特征,通过其官能团与金属离子的相互作用对产物的结构进行诱导的方法。除了硬、软模板法,还有一种是牺牲模板法,这是制备核壳材料或者中空材料的一种简单、有效的方法,即作为模板的粒子在整个反应过程中既作为制备壳材料的模板,又作为一种反应物参加生成壳材料的反应。这样,在壳材料围绕模板生长的同时,其模板自身将不断消耗,最后就可以通过控制反应的程度得到所需要的产物。

在众多的模板剂中使用最广泛、研究最深入的是以表面活性剂为代表的两亲分子的自组装体系,它们不但种类多样、结构易于调节,而且仅通过改变有限的反应条件就能有效控制前驱体不同的聚集状态。尽管模板法具有许多优点,但是这种方法也存在明显的缺点:首先是产品的纯度问题,模板的加入常常会给产品带来新的杂质;其次是每一次合成的产物产量有限,进行批量生产受到一定的限制。

另外,现在有一些研究开始涉及无定形态正极材料,如 Motoshi 等将 LiOH、FeO、P_2O_5、B_2O_3 等原料混合均匀后在 1 000 ~ 1 200 ℃加热几分钟,然后迅速倒在 5 000 r/min 的铜辊上淬火冷却(氩气保护),最后研磨到 19 μm 左右(先球磨 3 h,再和乙炔黑混合球磨 3 h,速度为 300 r/min),制备出了完全无定形态的 Li-Fe-P-B-O 正极材料,最高比容量达到 119 mAh/g,证明了无定形正极材料也能充放电。但是目前无定形态正极材料研究很少,仅有的研究结果获得的容量有限,循环性能也不佳。

在锂离子电池正极材料的实际研究和生产中,只有综合考虑对粉体和反应物料的基本性能要求、制备成本、环保等因素,才能优化出实用性较强的合成方法。

2.2 高温固相法操作实例

2.2.1 基本原理

1. 高温固相法反应过程

高温固相法是锂离子电池材料合成最基础的方法,其他方法很多情况下都要结合高温固相法来进行材料的合成。单纯的高温固相法可以用锂、钴、镍、锰的碳酸盐、硝酸盐、醋酸盐、氧化物、氢氧化物、有机酸络合物等作为锂源、钴源、镍源和锰源,将反应物按计量比混合研磨或球磨,压片或造粒后在空气或其他气氛中高温 600 ~ 1 100 ℃进行煅烧,最后将焙烧后的原料粉碎。高温固相反应的主要影响因素是温度、压强、气氛及原料颗粒的尺寸、分布和接触情况。

基于固相反应是发生在两相界面上的非均相反应,因此固相反应包括界面上的化学反应和物质的扩散迁移两个过程。其中,参与固相反应的固相颗粒必须相互接触,这也是固相反应的反应物之间发生化学反应作用和进行物质输运的前提条件。图 2.1 所示为固态物质 A 和 B 进行固相反应生成 C 的反应历程,反应一开始是反应物颗粒 A 和 B 之间的混合接触,并在表面发生化学反应形成细薄且含大量结构缺陷的新相 C,随后发生产物新相的结构调整和晶体生长。当在两反应颗粒间所形成的产物层 C 达到一定厚度后,进一步的反应将依赖一种或几种反应物穿过产物层 C 的扩散而得以进行,这种物质的运输过程可能通过晶体晶格内部、表面、晶界、位错或晶体裂缝进行,直到体系达到平衡状态。由于开始阶段形成的晶体还存在结构上的缺陷,固相反应的最后阶段将具有使缺陷校正而达到热力学上稳定状态的趋势,因此缺陷消除,晶体逐渐长大,形成正常的晶体结构。

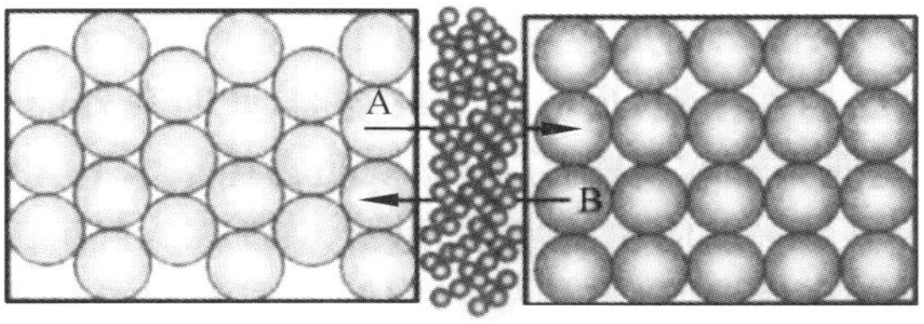

图 2.1 固态物质 A 和 B 发生固相反应过程的模型

2. 烧结与颗粒生长

固相反应一般都包括以下 3 个最基本的反应阶段:①反应物之间的混合接触并产生表面效应;②进行化学反应和生成新物相;③晶体生长和晶格结构缺陷校正。

原料粉体间的固相反应相当复杂,反应从固体颗粒间的接触部分通过离子扩散来进行,但接触状态和各种原料颗粒的分布情况显著地受各颗粒的性质(粒径、颗粒形状和表面状态等)和粉体处理方法(团聚状态和填充状态等)的影响。

此外,当加热原料粉体时,烧结和颗粒生长这两种固相反应以外的现象,也都会在同种原料间和反应生成物间出现。首先,烧结是粉体在低于其熔点的温度以下颗粒间产生结合,从而烧结成牢固结合体的现象,颗粒间由粒界区分,不考虑颗粒的大小问题;其次,颗粒生长是着眼于各个颗粒通过粒界与其他颗粒的结合,在这里仅仅考虑颗粒的大小如何变化。烧结是颗粒的接触,所以颗粒边缘的粒界就决定了颗粒的大小,粒界移动即为颗粒生长(颗粒数量减少)。

通常烧结进行时,颗粒也同时生长,但是,颗粒生长除了与气相有关外,假设是由于粒界移动而引起的,则烧结在低温就进行了,而颗粒生长则在高温下才开始明显。实际上,烧结体的相对密度超过 90% 以后,颗粒生长比烧结更显著。

对于由固相反应合成的化合物,原料的烧结和颗粒生长均使原料的反应性降低,并且导致扩散距离增加和接触点密度的减少,所以使组分原料间紧密接触对进行反应有利,少数大颗粒反应物的存在使反应难以进行彻底,因此应注意降低原料颗粒粒径并充分混合。但原料颗粒粒径太小又会出现颗粒团聚的问题是,由于团聚,即使一次颗粒的粒径很小也变得不均匀,对此在球磨过程中可以采用恰当的溶剂使之分散。

3. 高温固相反应容器

用于研究高温反应的电炉主要有马弗炉、管式炉和坩埚炉,如图2.2所示。马弗炉是一种简单的高温炉,有温度控制器和热电偶高温计,主要用于不需要控制气氛的高温反应。管式炉和坩埚炉通常用于控制气氛下加热物质,往往没有温度控制器,通过耦压变压器来控制输入电压,从而控制它的温度。

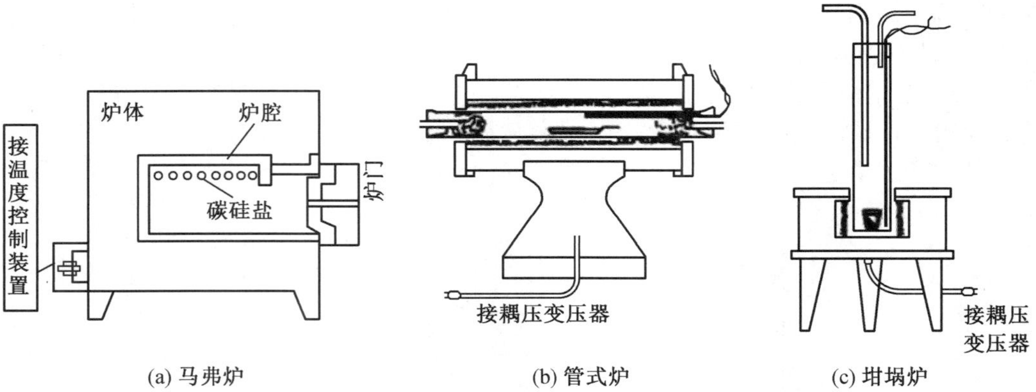

图2.2 马弗炉、管式炉和坩埚炉的结构

适用于高温反应容器的材料主要有硬质玻璃、瓷器、石英、金属、刚玉、石墨、聚四氟乙烯塑料等,电池材料实验室常用的是瓷坩埚和刚玉坩埚。瓷器皿实际上是上釉的陶瓷,因此,瓷器的许多性质主要由釉的性质所决定。它的熔点较高(1 410 ℃),可耐高温灼烧,如瓷坩埚可以加热至1 200 ℃,灼烧后质量变化很小,厚壁瓷器皿在蒸发和高温灼烧操作中,应避免温度的骤然变化和加热不均匀现象,以防破裂。瓷器皿对酸碱等化学试剂的稳定性较玻璃器皿为好,然而同样不能和氢氟酸接触,过氧化钠及其他碱性溶剂也不能在瓷皿或瓷坩埚中熔融。瓷器的机械性能较玻璃强,而且价廉易得,故应用也较广,可制成坩埚、燃烧管、瓷舟、蒸发皿等。天然的刚玉几乎是纯的三氧化二铝。人造刚玉由纯的三氧化二铝经高温烧结制成,它耐高温(熔点为2 045 ℃),硬度大,对酸碱的抗腐蚀能力强。刚玉坩埚可用于某些碱性溶剂的熔融和烧结,但温度不应过高,时间要尽量短。

高温固相法具有操作简便,易于工业化生产的优点。该方法合成温度高,反应时间长,能耗大,生产效率低,产物的粒径分布不易控制,均匀性、一致性和重现性较差,导致材料的电化学性能不易控制。

2.2.2 操作实例

吴孟涛等在专利《氧化钴锂材料的制备方法》中给出了一种高温固相法制备 $LiCoO_2$ 材料的方法,它包括下列步骤:将碳酸锂、氢氧化锂中的任一种或其混合物及四氧化三钴、三氧化二钴、碳酸钴中任一种或其混合物相混合;将上述混合后的原料松装堆积,其厚度小于或等于30 mm,在压机上进行压片造粒,压机的压强为0.5～30 MPa;经压片造粒处理后的原料再进行高温固相反应;冷却后粉碎成 $D_{50}=5.0～20.0$ μm 的氧化钴锂粉末,即可得到锂离子电池所用的正极材料。比如将碳酸锂377.5 g(平均粒度为11.2 μm)和四氧化三钴 820.1 g(平均粒度为 4.8 μm)相混合;将上述混合后的原料松装堆积,其厚度为 6 mm,在压机上进行压片造粒,压机的压强为 10 MPa;经压片造粒处理后的原料在 900 ℃下煅烧 8 h(升温速度 12 ℃/min,通入空气量 2 m^3/h);然后以 5 ℃/min 的速度逐渐降温,至室温时,将产品粉碎,粉末粒度 $D_{50}=10\sim15$ μm。所得 $LiCoO_2$ 粉末振实密度为 2.56 g/cm^3,比表面积为 0.3 m^2/g。

郭瑞、史鹏飞等采用球磨法辅助高温固相法合成了 $LiNi_{1/3}Mn_{1/3}Co_{1/3}O_2$。在高温煅烧前对初始反应物进行球磨活化,可使反应物混合更加均匀,合成后产物的颗粒粒径分布窄,而且具有成本相对较低的优点。将化学计量比的碳酸锂(分析纯)、碱式碳酸镍(分析纯)、碱式碳酸钴(分析纯)和碳酸锰(分析纯)(其中 $n(Li):n(Ni_{1/3}Co_{1/3}Mn_{1/3})=1.07:1$)预混合后置于球磨罐中,按球料比为 10∶1 的比例加入不同尺寸的钢球,并加入一定量的分散剂正己烷,于行星式球磨机上以 200 r/min 的转速球磨 24 h。取出干燥后,在马弗炉中于空气气氛下 500 ℃预烧 5 h,再于 900 ℃焙烧 12 h,缓慢冷却至室温。最后将产物研磨、过筛,得到正极材料 $LiNi_{1/3}Mn_{1/3}Co_{1/3}O_2$。图 2.3 所示为所获产物的 XRD 图。由图可见,该材料为 α-$NaFeO_2$ 型结构,属六方晶系,R-3m 空间群。在此结构中,Li^+ 占据 3*a* 位,过渡金属离子占据 3*b* 位,氧离子占据 6*c* 位。图中各衍射峰强度高且尖锐,没有杂质峰出现,(006)/(012)和(018)/(110)两组峰分裂明显,说明结晶良好,具有典型的层状结构特征。根据 XRD 衍射数据计算得到的晶格参数值 $a=b=0.2863$ nm,$c=1.4253$ nm,$c/a=4.978$,晶胞体积 $V=0.1012$ nm^3。(003)峰与(104)峰的强度比值 $R=I_{003}/I_{104}$ 通常被用来衡量材料中阳离子混排的程度。本试验所得正极产物衍射峰强度比 $R=1.21>1.2$,说明其结构中阳离子混排效应较低,合成的材料结构比较理想。

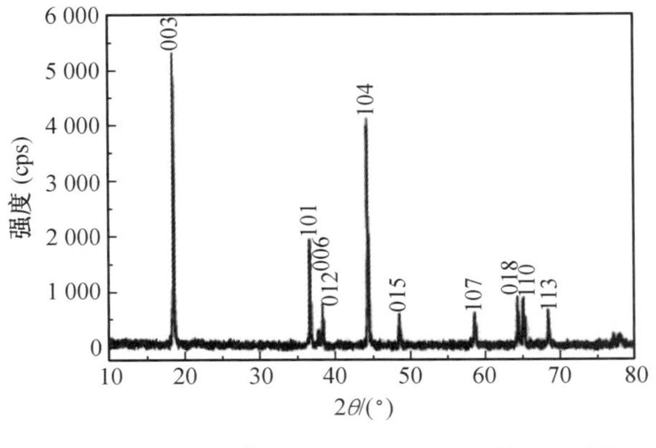

图 2.3　正极材料 $LiNi_{1/3}Mn_{1/3}Co_{1/3}O_2$ 的 XRD 图

X. Jiang 等采用高温固相法合成了 $LiNi_{1/3}Mn_{1/3}Co_{1/3}O_2$。按化学计量比精确称量 CH_3COOLi、$Ni(CH_3COO)_2\cdot4H_2O$、$Co(CH_3COO)_2\cdot4H_2O$、$Mn(CH_3COO)_2\cdot4H_2O$ ($n(Li):n(Ni):n(Co):n(Mn)=3.3:1:1:1$),加入适量的柠檬酸置于高速球磨机中混合球磨 2 h。将所得前驱体在 350 ℃空气中预烧结 4 h,然后继续升温至 900 ℃空气中煅烧12 h,冷却后得到正极材料。如果在球磨过程中加入质量分数为 10% 的聚乙烯吡咯烷酮(Polyvinyl Pyrrolidone,PVP),得到的材料性能更优异。图 2.4 给出了通过 SEM 图像观察这两种材料从 700 ℃到 900 ℃的煅烧过程中材料结晶过程的变化。

(a) 700 ℃, 不加 PVP

(b) 700 ℃, 加 PVP

(c) 800 ℃, 不加 PVP

(d) 800 ℃, 加 PVP

(e) 850 ℃, 不加 PVP

(f) 850 ℃, 加 PVP

(g) 900 ℃, 不加 PVP

(h) 900 ℃, 加 PVP

图2.4　两种材料在700 ℃、800 ℃、850 ℃、900 ℃的煅烧过程中的结晶过程

莫名月、陈红雨等采用明胶辅助高温固相法合成高电压正极材料 $LiNi_{0.5}Mn_{1.5}O_4$，通过添加适量的明胶，得到结晶度高、相纯度大、结构规整和粒径分布均匀的材料。按化学计量比精确称量 $CH_3COOLi \cdot 2H_2O$、$Ni(CH_3COO)_2 \cdot 4H_2O$、$Mn(CH_3COO)_2 \cdot 4H_2O$ 放入玛瑙罐，加入过量的草酸置于高速球磨机中混合球磨 2 h，将 25% 的明胶水溶液加入玛瑙罐中与草酸盐混合，球磨 1 h，100 ℃烘箱干燥 12 h 得到前驱体。550 ℃空气中预烧结 4 h，取出研磨后，在 900 ℃空气中煅烧 4 h，冷却后得到正极材料 $LiNi_{0.5}Mn_{1.5}O_4$。

郭永兴等以廉价的淀粉作为碳源，采用真空高温固相-气相法合成了 $LiFePO_4/C$ 纳米复合材料。第一步是制备前驱体，原料有 $LiOH \cdot H_2O$（分析纯，98%）、$Fe(NO_3)_3 \cdot 9H_2O$（分析纯，98.5%）、L-抗坏血酸、H_3PO_4（$w>85\%$）和淀粉（按化学计量比），用质量分数为 60% 的水将所有原料混合，在室温下电磁搅拌 3 h。然后在 90 ℃下旋转蒸发器干燥 4 h，干燥后过筛得到黄色固体粉末，得到前驱体。第二步是前驱体煅烧，将制备的黄色固体粉末前驱体放入一个具有二层结构的不锈钢容器中，再将该不锈钢容器置于真空烧结炉中。然后以 2 ℃/min 的升温速率加热到 700 ℃，并在此温度下保持 12 h，自然冷却后，同时得到两种 $LiFePO_4/C$ 复合材料。由气相挥发沉积过程得到附着在外层容器内壁的黑色粉末产品为样品 A，由直接固相合成于内层容器中的黑色粉末状产品为样品 B。其示意图如图 2.5 所示。分别收集两种产品进行性能测试，元素分析结果表明，样品 A 的碳质量分数为 3.0%，样品 B 的碳质量分数为 2.7%。样品 A 和 B 的 SEM 图像如图 2.6所示。由图可看出，样品 A 的颗粒为椭圆形，分布相对均匀，颗粒粒径为 50～200 nm，表面比较光滑。样品 B 的颗粒为几十纳米到几微米不等，并且出现部分团聚现象。电化学性能测试表明，来源于气相沉积的样品 A 具有良好的结构和电化学性能。

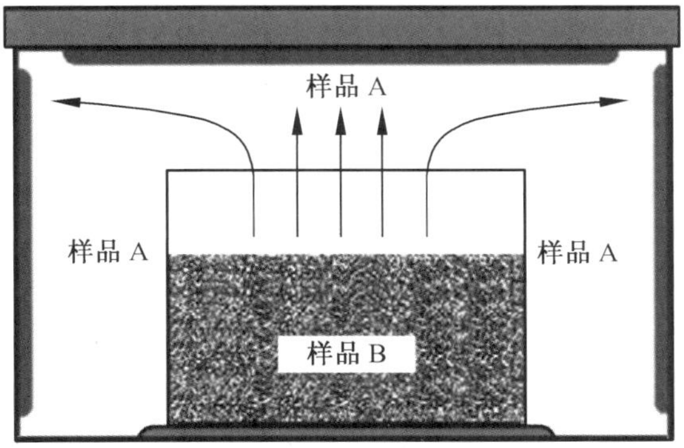

图 2.5　真空高温固相-气相法合成 $LiFePO_4/C$ 纳米复合材料示意图

伍丽萍等采用高温固相碳热还原法，将自制的超细（纳米）$FePO_4$ 与 Li_2CO_3 以物质的量比为 2∶1 进行配比，加入一定量的葡萄糖（碳源），再加入适量无水乙醇作为分散剂，经球磨均匀 3 h 后，干燥，将原料置于 99.99% 的高纯氮气保护气氛下的程序控温管式炉，于 180 min 升温至 450 ℃，保温 300 min，再于 180 min 升温至 800 ℃，再保温 900 min，随炉冷却至室温，得到灰色或黑色 $LiFePO_4/C$ 复合材料。

J. Y. Xiang 等采用高温固相碳热还原法，将化学计量比的 Li_2CO_3、$NH_4H_2PO_4$、$FePO_4 \cdot 4H_2O$、NH_4VO_3 和超细石油焦（还原剂和碳源）用乙醇分散，放入玛瑙罐，使用玛瑙球(球和粉末的质量比为10∶1),在行星球磨机中混合球磨15 h,转速为350 r/min。然后干燥使乙醇蒸发,所得前驱体在氩气气氛下650 ℃煅烧8 h,最终得到 $9LiFePO_4 \cdot Li_3V_2(PO_4)_3/C$ 复合材料。

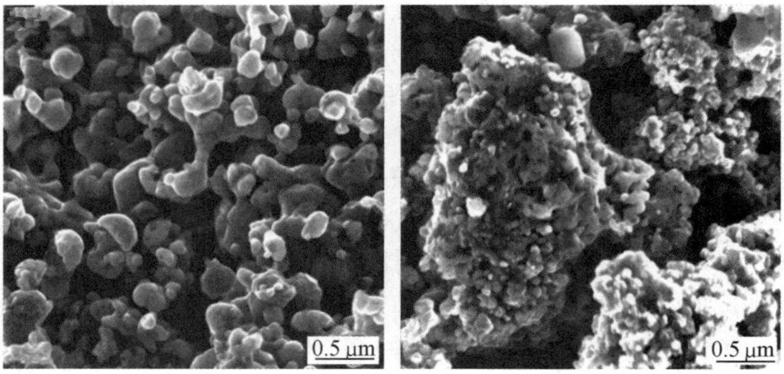

(a) 样品 A　　(b) 样品 B

图2.6 两种 $LiFePO_4/C$ 复合材料的 SEM 图像

2.3 共沉淀法操作实例

2.3.1 基本原理

化学共沉淀法是把化学原料以溶液状态混合,在溶液中含有两种或多种阳离子,它们以均相存在于溶液中,向溶液中加入适当的沉淀剂和络合剂,使溶液中已经混合均匀的各个组分按化学计量比形成难溶性氢氧化物、碳酸盐或草酸盐而共同沉淀出来。由于反应在液相中可以均匀进行,获得在微观按化学计量比混合的产物。共沉淀前驱体是一种中间产物,再把它和锂源混合煅烧制备出含有两种或两种以上金属元素的复合氧化物正极粉料产品。

共沉淀法的关键步骤是配制溶液、中和沉淀、过滤洗涤和干燥焙烧。一般而言,共沉淀法的生产流程包括溶解、沉淀、过滤、洗涤、干燥、焙烧等多个步骤。共沉淀过程需注意选用沉淀剂的种类、络合剂的种类及浓度、沉淀剂的引入方式及加入顺序、不同沉淀物的溶度积大小、溶液中各离子的浓度、溶液 pH 的调节、溶液浓度、溶液温度及搅拌速度等诸多因素,以避免分步沉淀或其中某种沉淀不完全。影响因素复杂常使沉淀法的制备重复性欠佳,这是沉淀法存在的一个问题。因此,控制好沉淀条件是保证沉淀物质量的关键。

下面以合成最常见的 NCM 三元材料来详细分析共沉淀法的原理。

在用共沉淀法制备 $LiMO_2$ 时,$LiMO_2$ 中的 M 经常选择 Ni、Co、Mn 中的两种或三种。研究发现,Li^+ 的半径为0.076 nm,Ni^{2+} 的半径为0.069 nm,两者很接近,形成晶体时易发生两种离子混排,导致层状结构较差,电化学性能下降。而部分 Co^{3+} 取代 Ni^{2+} 和 Mn^{4+} 可以有效地抑制 Li^+ 与 Ni^{2+} 混排,并且提高固溶体材料的电导率,降低电化学阻抗,可以得到层状结构更好的固溶体材料。所以总体来看,$LiMO_2$ 选用三元材料要比二元材料性能更好。对三元材料的研究表明,Ni 含量增加会使材料的放电比容量增加,但电池的容量保持率和安全性能会下降。

在用共沉淀法合成前驱体制备锂离子电池 NCM 三元正极材料的研究中，常用的沉淀物体系有氢氧化物体系（沉淀剂 NaOH、LiOH 等）、碳酸盐体系（沉淀剂 Na_2CO_3、$NaHCO_3$ 等）和草酸盐体系（沉淀剂 $H_2C_2O_4$）。表 2.1 给出了 Ni、Co、Mn 的氢氧化物、碳酸盐和草酸盐的溶度积常数 K_{sp}。

表 2.1　难溶物的溶度积常数(18～25 ℃)

物质	K_{sp}	物质	K_{sp}	物质	K_{sp}
NiC_2O_4	4.0×10^{-10}	$NiCO_3$	1.42×10^{-7}	$Ni(OH)_2$	5.48×10^{-16}
CoC_2O_4	6.3×10^{-8}	$CoCO_3$	1.4×10^{-13}	$Co(OH)_2$	5.92×10^{-15}
MnC_2O_4	1.7×10^{-7}	$MnCO_3$	2.34×10^{-11}	$Mn(OH)_2$	1.9×10^{-13}

由表 2.1 可见，草酸盐的溶解度较大，所以当用草酸做沉淀剂时，不利于提高产能，而且母液中的草酸根离子对环境污染严重。氢氧化物的溶度积常数最小，沉淀反应比较完全，但是该体系的 pH 一般需控制在 11～12，易发生 $Mn(OH)_2$ 的氧化。在酸性条件下，Mn^{2+}可稳定存在，但是在碱性条件下，Mn^{2+}易被氧化为高价离子，pH 过高时，即使是水中的微量溶解氧，也能将 $Mn(OH)_2$ 氧化为 MnOOH。为了防止沉淀物的氧化，氢氧化物体系需要采用密闭且通有氮气或惰性气体的反应器来防止材料的氧化，因此对设备的要求较高，成本较高。对于碳酸盐体系，其溶度积常数比较小，沉淀时虽然也要求碱性环境，但 pH 比氢氧化物体系低很多，且 $MnCO_3$ 也不易被氧化，原料成本较低、制备条件的要求较低。

以碳酸钠共沉淀法为例，前驱体的碳酸盐共沉淀反应是 Ni、Co、Mn 的金属离子和碳酸钠生成碳酸盐沉淀的过程，如果没有络合剂存在，加入反应体系中的 Ni^{2+}、Co^{2+}和 Mn^{2+}会与 CO_3^{2-} 直接反应生成沉淀，反应如下：

$$Ni^{2+}+CO_3^{2-} \longrightarrow NiCO_3\downarrow$$

$$Co^{2+}+CO_3^{2-} \longrightarrow CoCO_3\downarrow$$

$$Mn^{2+}+CO_3^{2-} \longrightarrow MnCO_3\downarrow$$

由表 2.1 可见，$NiCO_3$、$CoCO_3$ 和 $MnCO_3$ 的溶度积常数不在同一数量级，均匀共沉积相对较难，因此需加入络合剂将简单金属离子变为络离子，从而改变其溶度积常数，对沉淀反应的速率进行控制，尽量达到均匀共沉积以生成形状规则的前驱体。

在共沉淀法制备工艺中，一般用氨水（$NH_3\cdot H_2O$）作为络合剂与过渡金属离子配位，从而降低瞬时沉淀（$Ni_xCo_yMn_z$）CO_3 的过饱和度，降低晶核形成速率，使晶核有足够时间长大并在晶格内进行定向排列，最终使生成的共沉淀颗粒结晶致密，晶体化程度高。另外，由于奥斯特瓦尔德（Ostwald）熟化作用（较小颗粒消溶而较大颗粒继续长大的机制），在陈化过程中小晶粒消溶而大晶粒继续长大使得颗粒平均尺寸增大。并且 $NH_3\cdot H_2O$ 易与处在晶体边角的共沉积颗粒作用，从而使得晶体颗粒在长大的同时其形貌逐渐趋于圆整、光滑。因此，$NH_3\cdot H_2O$ 在共沉淀反应体系中对颗粒的形貌、粒径、晶体结构具有较大的影响，并最终决定材料的电化学性能。

在共沉淀合成过程中，通过氨水与 Ni^{2+}、Co^{2+}和 Mn^{2+}的络合作用调控反应体系的金属离子浓度，控制反应速率。$Ni^{2+}-NH_3\cdot H_2O$ 体系中存在的络离子反应如下：

$$Ni^{2+}+NH_3 \longrightarrow Ni(NH_3)^{2+} \qquad K_1$$

$$Ni^{2+}+2NH_3 \longrightarrow Ni(NH_3)_2^{2+} \quad K_2$$
$$Ni^{2+}+3NH_3 \longrightarrow Ni(NH_3)_3^{2+} \quad K_3$$
$$Ni^{2+}+4NH_3 \longrightarrow Ni(NH_3)_4^{2+} \quad K_4$$
$$Ni^{2+}+5NH_3 \longrightarrow Ni(NH_3)_5^{2+} \quad K_5$$
$$Ni^{2+}+6NH_3 \longrightarrow Ni(NH_3)_6^{2+} \quad K_6$$

$Co^{2+}-NH_3 \cdot H_2O$ 体系中存在的络离子反应如下:

$$Co^{2+}+NH_3 \longrightarrow Co(NH_3)^{2+} \quad K_1$$
$$Co^{2+}+2NH_3 \longrightarrow Co(NH_3)_2^{2+} \quad K_2$$
$$Co^{2+}+3NH_3 \longrightarrow Co(NH_3)_3^{2+} \quad K_3$$
$$Co^{2+}+4NH_3 \longrightarrow Co(NH_3)_4^{2+} \quad K_4$$
$$Co^{2+}+5NH_3 \longrightarrow Co(NH_3)_5^{2+} \quad K_5$$
$$Co^{2+}+6NH_3 \longrightarrow Co(NH_3)_6^{2+} \quad K_6$$

$Mn^{2+}-NH_3 \cdot H_2O$ 体系中存在的络离子反应如下:

$$Mn^{2+}+NH_3 \longrightarrow Mn(NH_3)^{2+} \quad K_1$$
$$Mn^{2+}+2NH_3 \longrightarrow Mn(NH_3)_2^{2+} \quad K_2$$

上述各反应的平衡常数见表2.2。

表2.2 $Ni^{2+}/Co^{2+}/Mn^{2+}-NH_3 \cdot H_2O$ 体系中的平衡常数(25 ℃)

与氨水络合的离子	lg K_1	lg K_2	lg K_3	lg K_4	lg K_5	lg K_6
Ni^{2+}	2.80	5.04	6.77	7.96	8.71	8.74
Co^{2+}	2.11	3.74	4.79	5.55	5.73	5.11
Mn^{2+}	0.8	1.3	—	—	—	—

热力学计算表明,pH大于8时,溶液中的3种金属离子的主要存在形式都是络离子而不是简单金属离子,因此,沉淀过程变成了络离子与碳酸根离子反应形成沉淀的过程,反应如下:

$$Ni(NH_3)_n^{2+}+CO_3^{2-} \longrightarrow NiCO_3\downarrow+nNH_3$$
$$Co(NH_3)_n^{2+}+CO_3^{2-} \longrightarrow CoCO_3\downarrow+nNH_3$$
$$Mn(NH_3)_n^{2+}+CO_3^{2-} \longrightarrow MnCO_3\downarrow+nNH_3$$

上述反应过程伴随着络离子的解配位过程,这个过程很缓慢,因此可以控制成核速率,获得呈球形形貌、颗粒尺寸均匀、元素分布均匀的沉淀物。

在共沉淀法的沉淀反应过程中,随着首批初级成核的晶核在溶液中形成,接下来的晶体析出就会以初级晶核为母体而在其上生长,而搅拌形成的液体与正在成长的晶体之间的相对运动会在晶体表面产生剪切力,将附着于晶体上的微小粒子扫落,从而形成新的晶核。由于是Ni、Co、Mn 3种离子同时滴入溶液,因此3种碳酸盐沉淀会随机在初级晶核上进行二次成核。在共沉淀过程中,当几种物质的晶型相同,离子大小相差不超过5%时,常常会生成混晶,混晶是固溶体的一种,可称为置换固溶体,即结晶点位上的原子或离子被相似的另一原子或离子所取代。$NiCO_3$、$CoCO_3$ 和 $MnCO_3$ 都属于R心六方晶系、R-3c

空间群，Ni^{2+}的 Pauling 离子半径为 72 pm，Co^{2+}为 74 pm，Mn^{2+}为 80 pm，相差不大，尤其是 Ni^{2+}和 Co^{2+}的半径几乎相等，具备形成混晶固溶体的条件。共沉淀的原始颗粒称为一次颗粒。由于一次颗粒表面能很大，处于能量不稳定状态，随着时间的延长，一次颗粒会团聚成二次颗粒。反应结束后继续搅拌，随着搅拌的进行，二次颗粒逐渐长大，大小趋于均一，而且已经长大的颗粒会被液体的剪切力磨掉边角，成为球形。

在沉淀形成以后往往有陈化（或熟化、老化）的工序，晶形沉淀尤其如此。沉淀在其形成之后发生的一切不可逆变化称为沉淀的陈化。最简单的陈化操作是沉淀形成后并不立即过滤，而是将沉淀物与其母液一起放置一段时间。从形成沉淀直到干燥除去水分为止这段时间（包括沉淀物的洗涤与过滤）都可看作陈化阶段。这阶段主要发生颗粒长大、晶型完善和凝胶脱水收缩等变化。在沉淀过程中，会有部分杂质离子包夹在其中，在陈化过程中，这些杂质离子会由于晶体内部的排斥作用而游离出来，提高沉淀的纯度。另外，把刚生成的沉淀与母液共同放置时，由于小颗粒的溶解度比大颗粒的大，因此在陈化过程中，小颗粒会溶解并在大颗粒上重结晶长大；与此同时，那些刚析出的不完整的晶粒有较大的表面积和表面能，在与母液接触时，会趋于缩小表面积和减小表面能，经过内部和外部的离子扩散和交换，使结晶进一步长大、黏结和完整化，属于再结晶过程。

整个共沉淀过程中，在反应体系所控制的温度、pH、氨水浓度、离子浓度、搅拌强度和流体力学条件下，形成（Ni、Co、Mn）CO_3 混晶固溶体，晶体经成核、长大、聚集和融合过程逐渐生长成具有一定粒度分布的球形颗粒前驱体。锂离子电池 NCM 正极材料共沉淀前驱体制备装置图如图 2.7 所示。

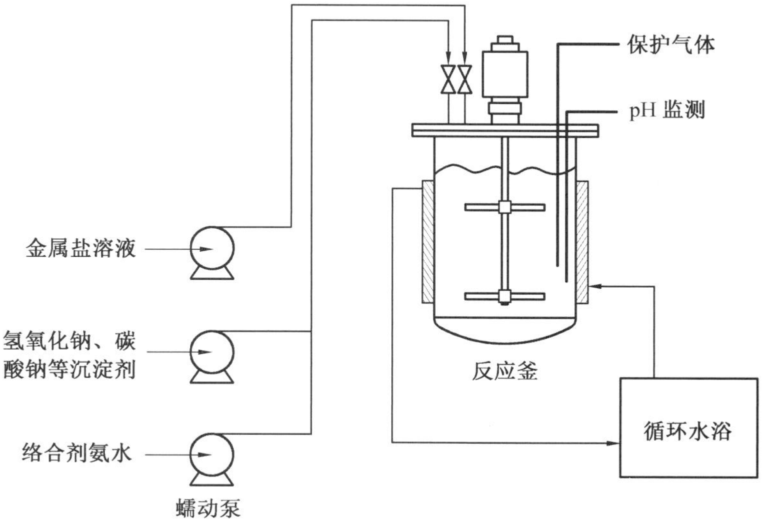

图 2.7 锂离子电池 NCM 正极材料共沉淀前驱体制备装置图

2.3.2 操作实例

丁倩倩在专利《一种锂离子电池多元正极材料球形前驱体的制备方法》中，提出一种共沉淀法合成锂离子电池 NCM 前驱体的方法。以合成 $Ni_{0.5}Mn_{0.3}Co_{0.2}(OH)_2$ 为例，按n(Ni)：

n(Mn) : n(Co) = 5 : 3 : 2 的比例称取 $NiSO_4 \cdot 6H_2O$、$MnSO_4 \cdot H_2O$、$CoSO_4 \cdot 7H_2O$,用去离子水配制成 2 mol/L 的盐溶液。再用去离子水将 NaOH 配制为 4 mol/L 的碱溶液,并按 V(氨水) : V(碱溶液) = 1 : 10 加入氨水。将反应釜的搅拌速度设定为 300 r/min,通 N_2 保护,反应温度设定为 50 ℃,将盐、碱溶液匀速滴加到反应釜中,反应 pH 控制在 10.5。反应稳定后,抽去一定量的上清液,将反应浆料固含量(质量分数)提高到 30%,并在此固含量下反应直至反应结束。反应完成后,将沉淀物过滤、清洗、干燥,制得 $Ni_{0.5}Mn_{0.3}Co_{0.2}(OH)_2$。

林云青等在专利《锂离子电池正极材料及其制备方法》中,提出一种共沉淀法合成锂离子电池正极材料的方法。以合成 $LiNi_{0.75}Co_{0.10}Al_{0.15}O_2$ 为例,在 40 L 的反应釜中加入 5 L浓度为 0.4 mol/L 的氨水,待釜温达到 60 ℃的预定温度后,启动叶轮搅拌器令其转速为 400 r/min,反应釜内置的 pH 计给出氨水的 pH。然后由第一高位槽经转子流量计通入摩尔浓度为 2.0 mol/L 的混合盐液,此盐液由定比的硫酸镍、硫酸钴和硫酸铝的水溶液构成,其中各金属元素盐的原子比 n(Ni) : n(Co) : n(Al) = 0.75 : 0.1 : 0.15,与此同时,以并流的方式自第二高位槽经另一转子流量计通入内含 4.0 mol/L 和 0.8 mol/L 的 NaOH 和氨水的碱液,使釜中混合液的 pH 始终保持在 11.00±0.10。待料加毕,继续搅拌 2 h。然后将所得绿色氢氧化物沉淀滤出,以纯净水漂洗之,再过滤,重复这样的操作数次,直到滤液显示 pH=7.0 为止。滤物烘干后,将它研磨、筛分,最终得到水分质量分数在 8% ~10% 的过 400 目的前驱体混合氢氧化物。接着将前驱体氢氧化物和单水氢氧化锂按 1 : 1 的物质的量比称料,然后混匀,将它置于智能温度控制器调控的烧结炉里煅烧,烧结温度为800 ℃,保温时间 20 h,得到 $LiNi_{0.75}Co_{0.10}Al_{0.15}O_2$ 黑色粉末。

郑卓、郭孝东等采用碳酸盐共沉淀法合成了 $LiNi_{1/3}Mn_{1/3}Co_{1/3}O_2$ 正极材料。将 $CoSO_4 \cdot 7H_2O$、$NiSO_4 \cdot 6H_2O$、$MnSO_4 \cdot H_2O$ 溶于去离子水中,配成 1.5 mol/L 的混合溶液,以 Na_2CO_3(3 mol/L)为沉淀剂,$NH_3 \cdot H_2O$(4.5 mol/L)为配位剂,在高速搅拌下(1 000 r/min)分别滴加到反应釜中,反应温度设定在 50 ℃,反应 pH=8.0,待反应沉淀完全之后,在 60 ℃下陈化 10 h,抽滤洗涤,在 100 ℃下干燥 12 h 得到 $Ni_{1/3}Mn_{1/3}Co_{1/3}CO_3$ 前驱体粉末。前驱体粉体与化学计量比的 Li_2CO_3 固相混合(Li_2CO_3 过量 5%),在空气气氛中以 2.5 ℃/min 的升温速率将温度升至 550 ℃预烧 6 h,再以 2 ℃/min 的升温速率将温度升至 850 ℃煅烧 12 h 得到 $LiNi_{1/3}Mn_{1/3}Co_{1/3}O_2$ 正极材料。

Cheralathan 等采用氢氧化物共沉淀法合成了 $LiNi_{0.80}Co_{0.15}Mn_{0.05}O_2$ 正极材料。在 1 000 mL处有溢流孔的反应釜中,装入 800 mL 的去离子水,用 40 mL、质量分数为 29% 的氨水和几滴质量分数为 25% 的 NaOH 调节 pH。反应釜保持 45 ℃水浴,通 N_2 保护,500 r/min搅拌的条件。将 $NiSO_4 \cdot 6H_2O$、$CoSO_4 \cdot 7H_2O$、$MnSO_4 \cdot H_2O$ 以 80 : 15 : 5 的物质的量比溶于去离子水中,配成 1.5 mol/L 的混合溶液,用蠕动泵向反应釜里进料,同时用蠕动泵将 29% 的氨水以规定的流速进料以维持 NH_3 和金属离子的物质的量比是 1 : 1,同时用蠕动泵将 25% 的 NaOH 进料以调节 pH=11.5 ~11.6。反应过程中定时分析反应釜溢流孔流出的产物,直到沉淀颗粒粒径和形貌基本稳定。将产物用去离子水清洗后 110 ℃下干燥 12 h 得到前驱体 $Ni_{0.80}Co_{0.15}Mn_{0.05}(OH)_2$ 粉末。图 2.8 所示为共沉淀 $Ni_{0.80}Co_{0.15}Mn_{0.05}(OH)_2$ 前驱体粉体的 XRD 图谱。前驱体粉体与化学计量比的 $LiOH \cdot H_2O$(过量 2%)混合,在空气气氛中以 750 ~800 ℃煅烧 12 h 得到 $LiNi_{0.80}Co_{0.15}Mn_{0.05}O_2$ 正极材料。

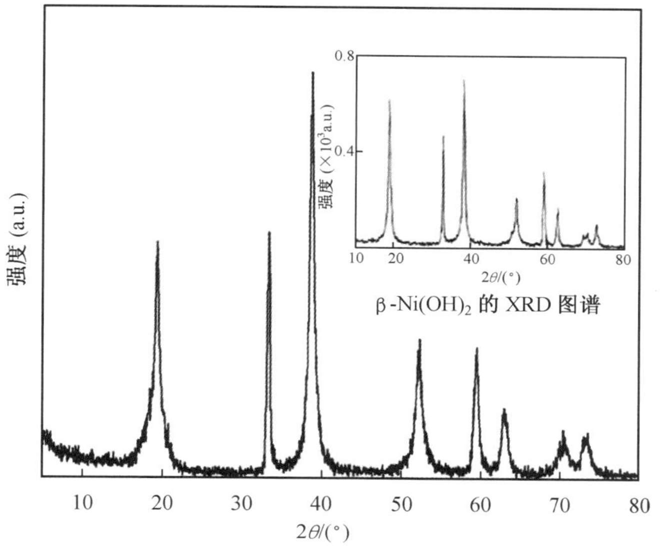

图 2.8 共沉淀 $Ni_{0.80}Co_{0.15}Mn_{0.05}(OH)_2$ 前驱体粉体的 XRD 图谱

Yabuuchi 等采用共沉淀法,将硝酸钴、硝酸镍和硝酸锰按化学计量比配成 2.0 mol/L 的混合液,在通氮气保护下,用 $LiOH \cdot H_2O$ 作为沉淀剂,配制 2.0 mol/L 的 LiOH 水溶液(含有一定量氨水),将两种溶液缓慢混合,由氨水调节溶液 pH 为 11 ~ 12,反应生成氢氧化物沉淀,经过滤、洗涤、真空干燥,得到氢氧化物沉淀前驱体(Co、Ni、Mn)$(OH)_2$。将该前驱体与 $LiOH \cdot H_2O$ 按 1∶1.05 的物质的量比混合研磨,压成小球,900 ℃煅烧 10 h,冷却至室温得到富锂材料 $Li[Li_{0.2}Mn_{0.54}Ni_{0.13}Co_{0.13}]O_2$。

Song 等用 $LiOH \cdot H_2O$ 作为沉淀剂,乙酸盐作为原料,将乙酸镍、乙酸钴和乙酸锰按化学计量比 0.54∶0.13∶0.13 配成混合溶液,滴入搅拌状态的 LiOH 溶液中制得沉淀 $Mn_{0.54}Ni_{0.13}Co_{0.13}(OH)_{1.6}$,离心分离,去离子水洗涤,干燥,又与 $LiOH \cdot H_2O$ 混合 900 ℃煅烧 24 h 得富锂材料 $Li_{1.2}Mn_{0.54}Ni_{0.13}Co_{0.13}O_2$。他们用 TEM 和 EDS 对长时间循环后的粉末颗粒进行了表征。图 2.9 所示为循环后材料颗粒的 TEM 图像。在标记为 1 ~ 4 的不同位置进行元素分析,光斑大小约为 20 nm。在粒子的表面 1、4 处,Ni 的含量低于设计的化学组成,而 Ni 在内部区域 2、3 处的含量与设计比例近似相似。表面较低的 Ni 含量可能意味着在长时间的循环后,其表面会发生溶解,热力学不稳定导致局部晶格中阳离子的进一步重排,从而导致容量衰减。

韩恩山等在常温常压下按化学计量比将 $LiOH \cdot H_2O$(AR)、$(NH_4)_2Fe(SO_4)_2 \cdot 6H_2O$(AR)和 $NH_4H_2PO_4$(AR)分别配成一定浓度的溶液,再将 LiOH 溶液缓慢滴加到 $(NH_4)_2Fe(SO_4)_2 \cdot 6H_2O$ 和 $NH_4H_2PO_4$ 的混合溶液中进行反应。过滤得到浅绿色沉淀,并用去离子水反复清洗直到 pH 呈中性。将沉淀置于管式炉中,N_2 气氛下 150 ℃干燥 5 h,350 ℃保温 8 h,600 ℃焙烧 16 h,随炉冷却后即得锂离子电池正极材料 $LiFePO_4$。按上述步骤,在 350 ℃保温冷却之后,向样品中加入生成 $LiFePO_4$ 理论质量 5% 的碳素材料,充分研磨,然后按上述步骤焙烧得到 $LiFePO_4/C$ 复合材料。

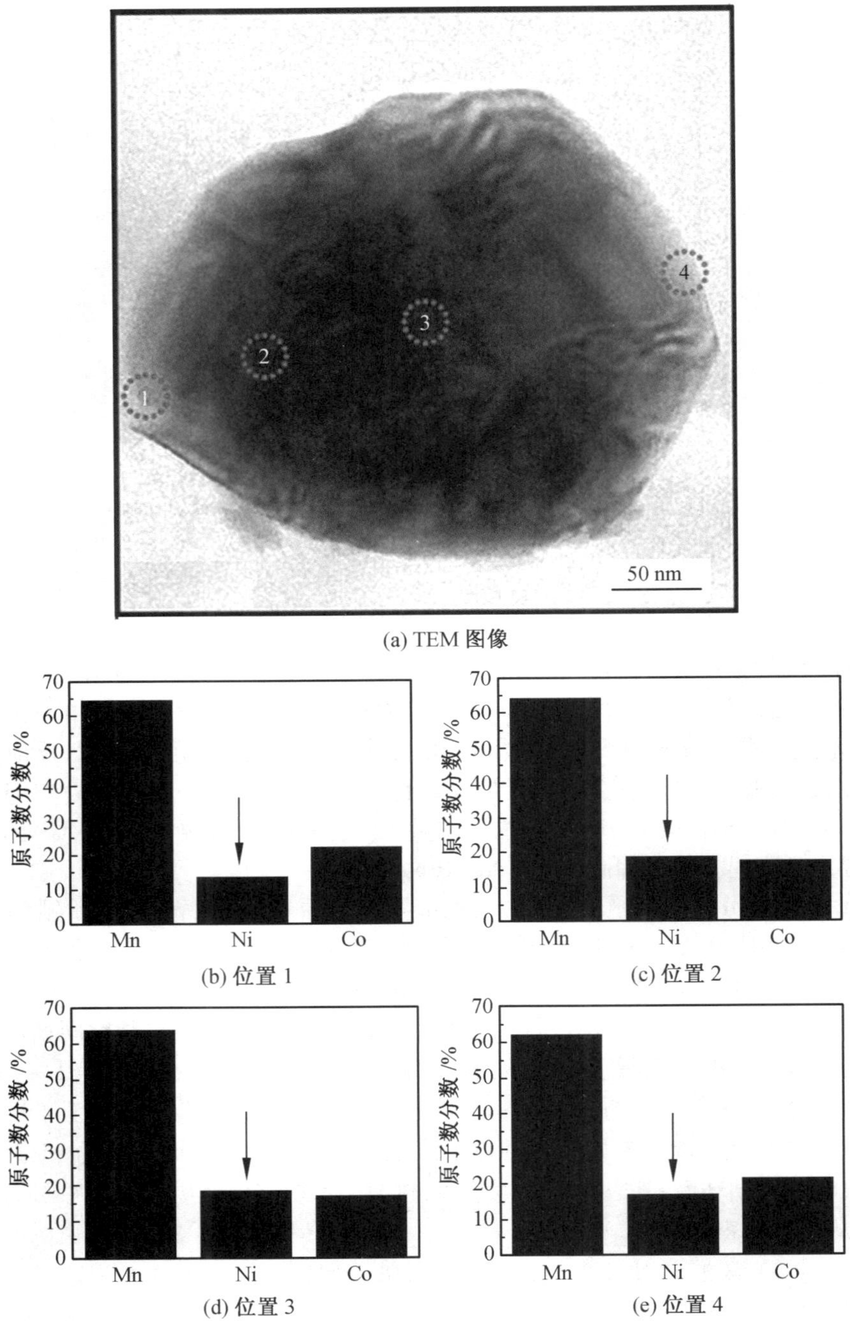

图 2.9 循环后 $Li_{1.2}Mn_{0.54}Ni_{0.13}Co_{0.13}O_2$ 颗粒的 TEM 图像与位置 1 ~4 的 EDS 元素分析

朱永明、高鹏、姜云鹏等设计了一种全新、便捷的共沉淀方法来准确地制备具有全梯度结构的 $LiNi_{0.8}Co_{0.1}Mn_{0.1}O_2$ 材料前驱体，该方法将原始的三元材料盐溶液分成两股进行进料，这样可以准确地控制梯度合成。图 2.10 所示为前驱体合成流程图。根据 8 : 1 : 1

的化学计量比称取镍、钴和锰的硫酸盐，将 $NiSO_4 \cdot 6H_2O$ 和 $CoSO_4 \cdot 7H_2O$ 溶解在去离子水中以制备盐溶液 A(2 mol/L)，将 $MnSO_4 \cdot H_2O$ 溶解在去离子水中以制备盐溶液 B(2 mol/L)。同时，分别制备氢氧化钠水溶液(4 mol/L)和氨水水溶液作为沉淀剂和络合剂。在引入惰性气体的同时将 A 溶液、氢氧化钠溶液和氨水通过蠕动泵加入到反应釜中，并将 B 溶液通过蠕动泵加入到 A 溶液中。通过调节氢氧化钠溶液的流速精确控制 pH 处于11.50，整个反应时间为 36 h。同时，将搅拌速度保持在 800 r/min。在该过程中，控制 B 溶液的流速(2.7 mL/h)在约 35 h 内滴出，A 溶液和氨水溶液的流速分别为 30 mL/h和6 mL/h。同时，随着 pH 的波动调节氢氧化钠溶液的流速。随着共沉淀反应的进行，进料中盐溶液中 Mn^{2+} 的相对浓度逐渐增加，Ni^{2+} 和 Co^{2+} 的相对浓度逐渐降低，合成了具有梯度结构的前驱体。在镍和钴的盐溶液中加入锰盐溶液可以更方便、准确地调节缓和的梯度变化，使共沉淀更稳定。通过 EDX 分析可以清楚地观察到，应用本方法制备的 NCM 811 前驱体具有缓慢且平滑的梯度变化趋势。然后将前驱体与氢氧化锂(混合物的质量比为 1∶1.05)混合，在 500 ℃时先烧 4 h，然后在 800 ℃(通氧气)烧 12 h，氧气的流速为 2.5 L/h，合成最终产物 $LiNi_{0.8}Co_{0.1}Mn_{0.1}O_2$。对于前驱体，从球形颗粒的宏观形态来看，GNCMO 和 NCMO 之间没有显著差异，两者都是光滑的球形二级颗粒。进一步放大球形二级颗粒后发现 GNCMO 的表面比 NCMO 更致密、光滑。根据振实密度测量结果可知，NCMO 的振实密度为 1.85 g/mL，GNCMO 的振实密度为 1.92 g/mL。非梯度本征材料终产品(LNCMO)和全梯度材料终产品(LGNCMO)的 SEM 图像如图 2.11 所示。可以看出，通过煅烧制备的最终产物仍然保持与前体相同的规则球形。从最终产品表面的放大图像可以看出，表面上的单晶颗粒比前驱体更粗糙，并且每个晶粒的分布是明显的。两种材料之间的宏观形态没有大体差异，并且表面上的单晶颗粒密集地堆积。根据振实密度测量，LNCMO 的振实密度为 2.26 g/mL，LGNCMO 的振实密度为 2.38 g/mL。室温下的电化学测试表明，在 1 C 和 5 C 电流密度下循环 100 次后，全梯度材料的放电容量保留率分

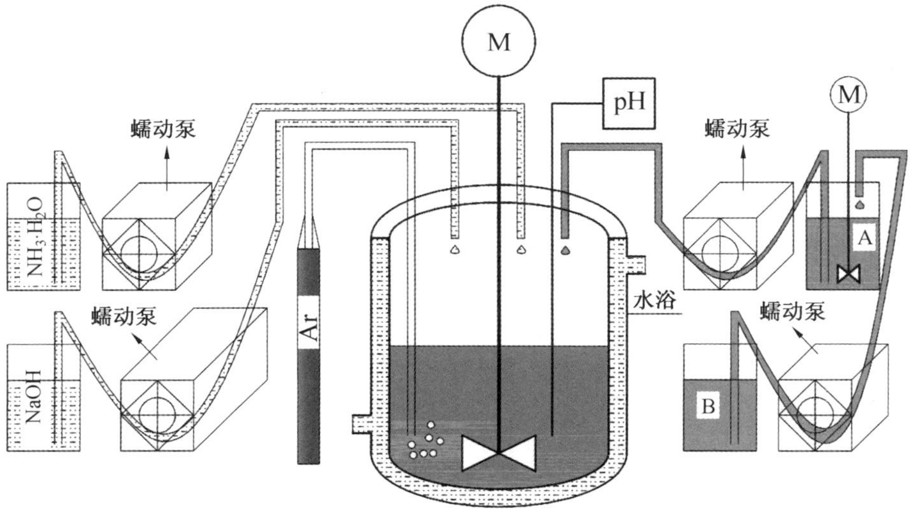

图 2.10　浓度梯度 NCM 811 前驱体合成流程图

别为98.8%和93.7%,与非梯度材料相比明显提高。全梯度材料的中值电压和比能量也有所提升。此外,全梯度材料在高温下也有着良好的循环性能,在5 C下充放电100个循环后,其容量保持率高达90%,明显高于非梯度材料的71.8%。

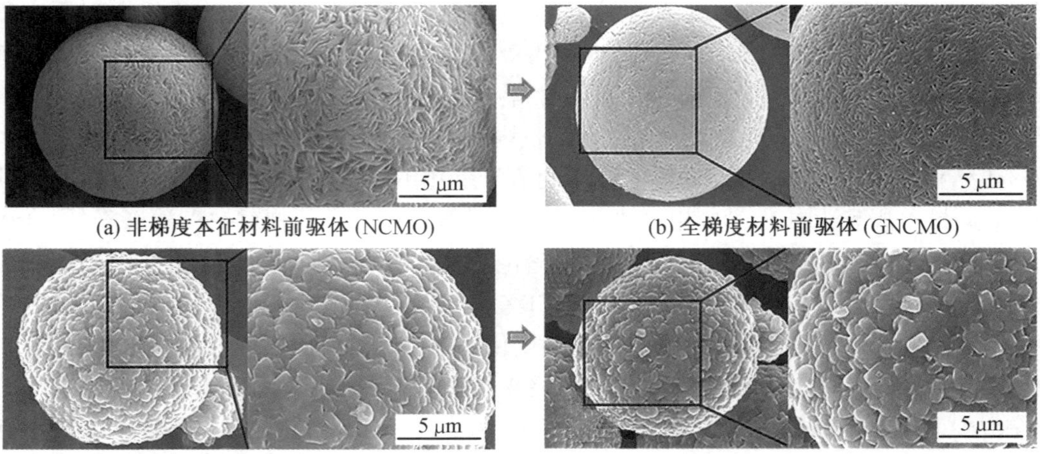

(a) 非梯度本征材料前驱体 (NCMO)　(b) 全梯度材料前驱体 (GNCMO)

(c) 非梯度本征材料终产品 (LNCMO)　(d) 全梯度材料终产品 (LGNCMO)

图2.11　SEM图像

2.4　溶胶-凝胶法操作实例

2.4.1　基本原理

溶胶-凝胶法是采用胶体化学原理制备超微粉体的方法,能从分子水平上设计和控制材料的均匀性和粒度。制备时采用适当的金属盐或金属醇盐在溶剂中配制成溶液,然后加入能使之成核、凝胶化的试剂,经水解、缩聚反应形成稳定的透明溶胶体系,溶胶经蒸发陈化后,胶粒间缓慢聚合,形成三维空间网络结构的湿凝胶,湿凝胶网络间充满了失去流动性的溶剂,经过干燥将溶剂除去可变为干凝胶,然后经过烧结固化制备出粉体材料。此法制备的产物具有化学成分均匀、纯度高、颗粒小、化学计量比可以精确控制等优点,但是工艺复杂、合成周期长、工业化成本较高。

溶胶是指有胶体颗粒分散悬浮其中的液体,因为胶体颗粒的粒径通常非常小,所以溶胶有透明性;而凝胶是指内部呈网络结构,网络间隙中含有液体的固体。按所选取原料的不同,溶胶-凝胶工艺可分为胶体工艺和聚合工艺。

胶体工艺的前体是金属盐,利用金属盐溶液的水解,通过化学反应产生胶体沉淀,利用胶溶作用使沉淀转化为溶胶,并通过控制溶液的温度、pH可以控制胶粒的大小。通过使溶胶中的电解质脱水或改变溶胶的浓度,溶胶凝结转变成三维网络状凝胶。

聚合工艺的前体是金属醇盐,将醇盐溶解在有机溶剂中,加入适量的水,醇盐水解,通过脱水、脱醇反应缩聚合,形成三维网络。反应总体上是经过反应物分子(或离子)在水(醇)溶液中进行水解(醇解)和聚合,由分子态经聚合体、溶胶、凝胶、晶态(或非晶态)的全部过程。制备过程如图 2.12 所示。

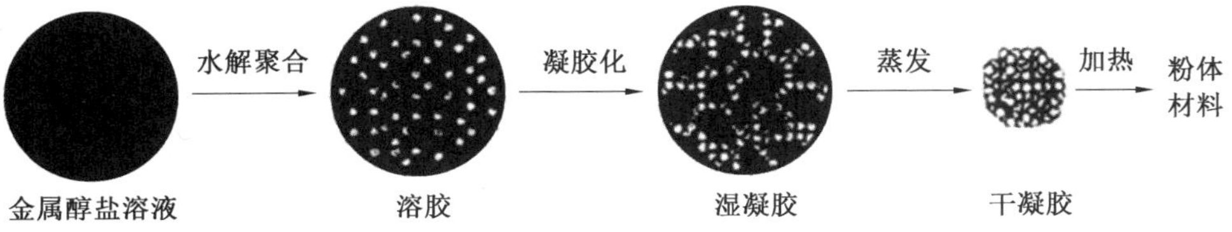

图 2.12 金属醇盐水解法制备过程

在凝胶化过程中,柠檬酸是较常用的一种络合剂。除此之外,又提出了多种络合剂,如草酸、丙烯酸、氨基乙酸、乙醇酸(羟基乙酸)、酒石酸、抗坏血酸等。

制备凝胶时,取决于诸多因素,如 pH、浓度、加料方式、控制的成胶速度、温度等。溶液的 pH 对产物的形貌有明显影响,这是由于在凝胶的形成过程中,溶液的酸碱性影响凝胶网状结构的形成,因此,可以根据需要,通过调节溶液的 pH 来催化金属醇盐水解,从而对所形成的凝胶的网状结构进行剪裁,形成富有交联键或分枝的聚合物链,或者形成具有最少连接键的不连续的球状颗粒。

凝胶实质上是无机高分子,只有经加热后,才能转化为无机物。在热处理过程中,低温时脱去表面吸附的水和有机物,200 ~ 300 ℃发生 OR 基的氧化,在更高温度脱去结构中的 OH 基团。由于热处理过程中伴随着气体的挥发,因此加热速度要缓慢,否则可能导致开裂。缓慢加热的另一个理由是在烧结发生前,要彻底除去材料中所含的有机基体。从凝胶到形成干凝胶阶段,凝胶的结构都发生了明显的变化,凝胶的表面张力所产生的压力使胶粒包围的粒子数增加,诱使胶体网状结构的塌陷,然而,随着胶粒周围粒子数的进一步增加,反而会产生额外的连接键,从而增强了网状结构的稳定性以抵抗进一步的塌陷,最终形成刚性的多孔结构。

随着网状结构的塌陷及有机物的挥发,凝胶的烧结过程是决定溶胶-凝胶反应产物尺寸和形貌的关键阶段。若要合成超细粉末,则煅烧的温度要严格控制,在保证有机物去除及化学反应充分进行的前提下,尽量降低煅烧温度,因为随着煅烧温度的提高,粉末间会发生烧结,产生严重的团聚,因此无法达到合成超细粉末的目的。

2.4.2 操作实例

乔智等在专利《一种锂离子电池正极材料 $LiNi_{0.5}Mn_{1.5}O_4$ 的制备方法》中,提出一种用溶胶-凝胶法合成 $LiNi_{0.5}Mn_{1.5}O_4$ 合成工艺。先分别称取 0.010 5 mol 的乙酸锂、0.005 mol的乙酸镍、0.015 mol 的乙酸锰,加入到 250 mL 去离子水中搅拌混合均匀,配制成混合溶液Ⅰ;再称取 0.030 5 mol 的柠檬酸,加入去离子水中搅拌配制成 100 mL 螯合剂;将螯合剂缓慢滴入不断搅拌中的混合溶液Ⅰ中,用氨水调节溶液 pH 为 7,配制得到混合溶液Ⅱ。称取 0.030 5 mol 的十六烷基三甲基溴化铵(CTAB)加入去离子水中,配制成 250 mL 溶液Ⅲ,待混合溶液Ⅱ快速搅拌 4 h 后,将溶液Ⅲ缓慢滴入混合溶液Ⅱ中,再次利用氨水调节溶液 pH 为 7;配制得到混合溶液Ⅳ;将混合溶液Ⅳ在室温下搅拌 4 h,得到溶胶。将溶胶置于 80 ℃水浴中,并不断搅拌蒸发,直至形成凝胶。将所得凝胶置于 120 ℃

真空干燥箱中干燥 12 h,得到干凝胶,并充分研磨;然后置于 450 ℃马弗炉中烧结 6 h,冷却后充分研磨得到预烧产物;将预烧产物在马弗炉中,于 800 ℃焙烧 12 h,之后继续在 650 ℃下退火 10 h,待自然冷却研磨后即得所述 $LiNi_{0.5}Mn_{1.5}O_4$ 正极材料。

欧彦楠等在专利《一种动力型镍钴锰酸锂材料及其制备方法和应用》中,提出一种溶胶-凝胶-静电纺丝技术,制备得到纳米纤维结构的镍钴锰酸锂材料。以制备 $LiNi_{1/3}Mn_{1/3}Co_{1/3}O_2$ 为例,按浓度为醋酸锂 3 mol/L、醋酸镍 1 mol/L、醋酸钴 1 mol/L、醋酸锰 1 mol/L 配制 100 mL 混合水溶液,加入柠檬酸,使体系中柠檬酸的浓度为 3 mol/L,在 60 ℃下陈化 10 h 至黏稠透明,在室温下继续陈化至黏度为 2 Pa·s,得到溶胶。将溶胶装入喷头孔径为 500 μm 的注射器中,供料速度为 5 mL/h,电压为 20 kV,喷头与收集器之间的固化距离为 10 cm,充入 N_2 至压强为 0.3 MPa,在以上条件下进行纺丝,得到凝胶纤维,在 70 ℃下干燥 1 h。将所得的干凝胶纤维置于煅烧炉中,在空气中,从室温以 0.5 ℃/min 升温至 300 ℃,保持 1 h,再以 2 ℃/min 升温至 600 ℃,保持 8 h,得到纳米纤维结构的 $LiNi_{1/3}Mn_{1/3}Co_{1/3}O_2$ 材料。

F. Zheng 等采用复合螯合剂的方式,用溶胶-凝胶法制备了 $Li_{1.2}Mn_{0.54}Ni_{0.13}Co_{0.13}O_2$ 正极材料。将化学计量比的 $CH_3COOLi·2H_2O$、$Ni(CH_3COO)_2·4H_2O$、$Co(CH_3COO)_2·4H_2O$、$Mn(CH_3COO)_2·4H_2O$($n(Li):n(Ni):n(Co):n(Mn)=1.2:0.13:0.13:0.54$)溶于去离子水中,然后加入适量的柠檬酸,再加入适量的酒石酸(复合酸和总金属离子的物质的量比是 1:1.3),持续搅拌,然后用氨水调节溶液 pH 为 7~8,继续搅拌形成溶胶。将溶胶置于 80 ℃水浴中,不断搅拌蒸发,直至形成黏稠的紫红色凝胶。120 ℃干燥 12 h 后,550 ℃预烧 5 h,最后 750~950 ℃焙烧 15 h。结构分析表明,螯合剂使用"柠檬酸+酒石酸"与单独使用柠檬酸或酒石酸相比,有助于纳米粒子的生长,其作用示意图如图 2.13 所示。

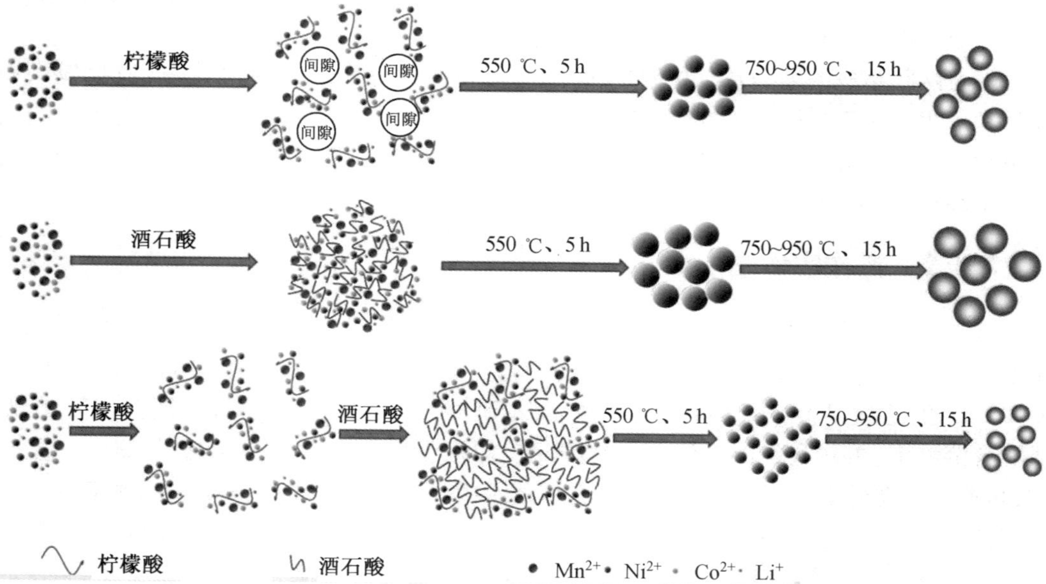

图 2.13 柠檬酸、酒石酸、柠檬酸+酒石酸 3 种螯合剂的溶胶-凝胶过程示意图

J. M. Zheng 等比较了共沉淀法、溶胶-凝胶法和低温燃烧法合成的 $Li_{1.2}Mn_{0.54}Ni_{0.13}Co_{0.13}O_2$ 材料,其 XRD 图谱比较如图 2.14 所示。3 种材料的 XRD 图谱区别不大,但是振实密度不同,共沉淀法振实密度为 1.81 g/cm^3、溶胶-凝胶法为 1.78 g/cm^3、低温燃烧法为 1.65 g/cm^3。电化学测试结果表明,共沉淀法和溶胶-凝胶法制备的材料适合循环稳定性好的锂离子电池,而蔗糖低温燃烧法制备的材料适合高倍率容量的锂离子电池。

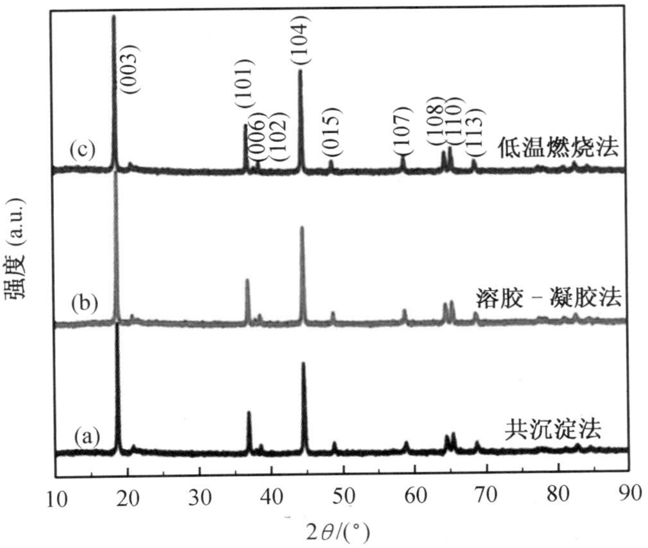

图 2.14 共沉淀法、溶胶-凝胶法和低温燃烧法合成的 $Li_{1.2}Mn_{0.54}Ni_{0.13}Co_{0.13}O_2$ 材料的 XRD 图谱比较

溶胶-凝胶法合成 $LiFePO_4$ 的铁源有 $Fe(CH_3COO)_2$、$FeC_2O_4 \cdot 2H_2O$、$Fe(NO_3)_3 \cdot 9H_2O$ 等,磷源有 H_3PO_4、$NH_4H_2PO_4$ 等,锂源有 $Li(CH_3COO) \cdot 2H_2O$、$LiOH \cdot H_2O$ 等。如 Sanchez 等将一定量的 $LiOH \cdot H_2O$ 和 H_3PO_4 溶解到乙醇/去离子水(1∶1)溶剂中,在 70 ℃下磁力搅拌形成 LiH_2PO_4 前体,然后将三乙酰丙酮铁 $Fe(AcAc)_3$ 的乙醇溶液加入到前体溶液中,使溶液中 Li 和 Fe 的物质的量相等,继续加热搅拌 1 h,离心分离,然后用丁醇进行洗涤,重复几次后得到淡蓝色溶胶,将溶胶在 70 ℃烘干,氮气气氛下 600 ℃煅烧 2.5 h,就得到了 $LiFePO_4$ 粉末。

雍厚辉将等物质的量的草酸亚铁、氢氧化锂和磷酸二氢铵加入到蒸馏水中,再加入适量的甘氨酸作为碳源,保证碳源与总离子的物质的量为一定比例,升温搅拌至凝胶形成,在真空干燥箱中 100 ℃烘干 24 h,研磨成粉末,即得前驱体。将前驱体在高纯 Ar 气保护下 350 ℃预烧 5 h,随炉冷却至室温,研磨成粉末,最后 700 ℃焙烧 10 h,制得 $LiFePO_4/C$ 复合材料。

2.5 水热与溶剂热法操作实例

2.5.1 基本原理

水热与溶剂热法是指在一定的温度(100～1 000 ℃)和压强(1～100 MPa)条件下,利用溶液中的物质化学反应所进行的合成。水热合成反应是在水溶液中进行,溶剂热合成是在有机溶剂中进行。在特制的密闭反应容器(高压釜)中,采用水溶液或有机溶剂作为反应介质,通过对反应体系加热加压(或自生蒸气压),利用水或有机溶剂在其压力和温度都达到超/亚临界状态后,固体的溶解能力增强和反应加速,从而进行材料合成。

在高温高压条件下,水或其他溶剂处于临界或超临界状态,反应活性提高。物质在溶剂中的物性和化学反应性能均有很大改变,因此溶剂热化学反应大多异于常态。高温加压下水热反应具有3个特征:第一是使重要离子间的反应加速;第二是使水解反应加剧;第三是使其氧化还原电势发生明显变化。在高温高压水热体系中,水的性质将产生下列变化:蒸气压变高、密度变低、表面张力变低、黏度变低、离子积变高。

压力的作用是通过增加分子间碰撞的机会而加快反应的速度。正如气、固相高压反应一样,高压在热力学状态关系中起改变反应平衡方向的作用。如高压对原子外层电子具有解离作用,因此固相高压合成促进体系的氧化。在水热反应中,压力在晶相转变中的作用是众所周知的,但是,压力怎样影响一个具体产物晶核的形成,目前仍有待研究。

水热、溶剂热合成与固相合成的差别在于"反应性"不同。这种不同主要反映在反应机理上,固相反应的机理主要以界面扩散为特点,而水热与溶剂热反应主要以液相反应为特点。不同的反应机理首先可能导致不同结构的生成;其次,即使生成相同的结构,也有可能由于最初的生成机理的差异而不同,如液相条件生成完美晶体等。

水热结晶的机理主要是溶解-再结晶机理。首先,原料在水热介质里溶解,以离子、分子团的形式进入溶液。其次,利用强烈对流(由于釜内上、下部分的温度差而在釜内溶液产生)将这些离子、分子或离子团输运到放有籽晶的生长区(即低温区)形成过饱和溶液,继而结晶。

水热法合成锂离子电池正极材料通常温度在130～250 ℃,相应的水蒸气压是0.3～4 MPa,属于亚临界反应(更高的温度和压强属于超临界反应)。获得的最终产物各反应组分混合比较均匀,而且其形态多样(球、管、线、棒、柱、片等),可以在几纳米到几微米的范围内调控。水热法的特点是粒子纯度高、分散性好、晶形好且可控制,生产成本低。用水热法制备的粉体一般无须烧结,可避免在烧结过程中晶粒长大及杂质易混入等缺点。影响水热合成的因素有温度、升温速度、搅拌速度及反应时间等。

高压容器是进行高温高压水热合成的最基本设备,在合成中,反应物混合物占密闭反应釜空间的体积分数称为装满度,它与反应的安全性有关,在试验中要保持反应物处于液相传质的反应状态,同时又要防止装满度过高而使反应系统的压力超出安全范围,一般装满度在60%～80%。80%以上的装满度,在240 ℃下压力有突变。

一般的水热或溶剂热合成工艺有:①选择反应物料;②确定合成物料的配方;③配料序摸

索,混料搅拌;④装釜,封釜;⑤确定反应温度、时间、状态(静止与动态晶化);⑥取釜,冷却(空气冷、水冷);⑦开釜取样;⑧过滤,干燥。水热法和溶剂热法的工艺流程图如图2.15所示。

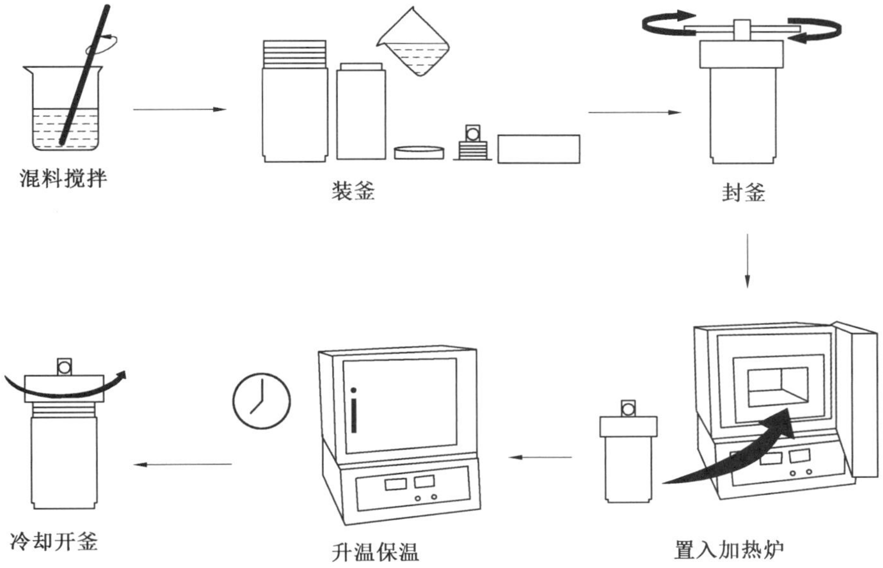

图2.15 水热法和溶剂热法的工艺流程图

2.5.2 操作实例

L. Zhang 等采用水热法合成 $Li_{1.2}Mn_{0.54}Ni_{0.13}Co_{0.13}O_2$ 材料。将 $CH_3COOLi \cdot 2H_2O$、$Ni(CH_3COO)_2 \cdot 4H_2O$、$Mn(CH_3COO)_2 \cdot 4H_2O$ 溶于去离子水中,将 $LiCH_3COO \cdot 2H_2O$(过量5%)和 $H_2C_2O_4 \cdot 2H_2O$ 加入处于高速搅拌状态的上述溶液,几分钟后,上述溶液被转移到100 mL容积的聚四氟乙烯衬里不锈钢高压釜中。高压釜密封在180 ℃加热8 h,通过抽滤收集沉淀并在空气气氛中450 ℃下煅烧5 h,500 ℃下煅烧2~5 h,750 ℃下煅烧2~5 h,最后在900 ℃下煅烧12 h,得到 $Li_{1.2}Mn_{0.54}Ni_{0.13}Co_{0.13}O_2$ 材料。SEM图像显示,这种材料呈枝条状,如图2.16所示。

(a) (b)

图2.16 水热法合成 $Li_{1.2}Mn_{0.54}Ni_{0.13}Co_{0.13}O_2$ 材料的SEM图像

在水热法制备 $LiFePO_4$ 的研究中，一般是以 $FeSO_4$、H_3PO_4、LiOH 为主要反应物，将它们的混合溶液放到高温反应釜中，所发生的反应为：$FeSO_4+H_3PO_4+3LiOH = LiFePO_4+Li_2SO_4+3H_2O$。M. S. Whittingham 等采用水热法合成了 $LiFePO_4$ 材料。以 $FeSO_4 \cdot 7H_2O$、H_3PO_4、LiOH 为原料，$n(Li):n(Fe):n(P)=3:1:1$，$FeSO_4$ 的典型质量浓度为 22 g/L。1.3 g/L 的 L-抗坏血酸作为原料加入，以抗坏血酸作为原位还原剂以尽量减少二价铁被氧化为三价铁。0.8 g/L 的多壁碳纳米管也被作为原料加入。将所得的灰蓝色凝胶转移到 125 mL 容积的聚四氟乙烯衬里不锈钢高压釜中。高压釜密封在 200 ℃加热 5 h，通过抽滤收集沉淀并在 60 ℃下真空干燥 3 h，得到所需 $LiFePO_4$ 材料。N. Sofyan 等以 LiOH、$NH_4H_2PO_4$、$FeSO_4.7H_2O$ 和 $MnSO_4.7H_2O$ 为原料，以碳纳米管和椰子壳热解的活性炭为碳源，将水热法和球磨法相结合制备了 $LiMn_{0.7}Fe_{0.3}PO_4$/CNT/C 复合材料。结果显示该复合材料具有均匀的颗粒分布，同时由于碳纳米管与活性炭的协同作用，因此材料的电导率得到了明显提升。

水热法合成 $LiFePO_4$ 的形貌可以通过加入表面活性剂来控制，目前水热法中用于控制 $LiFePO_4$ 形貌的表面活性剂主要包括小分子的离子表面活性剂（柠檬酸、CTAB）和大分子的非离子表面活性剂（PEG、P123），这些表面活性剂一般都具有双重作用：水热过程中起到调控 $LiFePO_4$ 形貌的作用，后续的煅烧过程中又可以转变为导电的碳材料，在水热中加入柠檬酸，既起到还原剂的作用，同时柠檬酸的酸性和络合效应也能够控制 $LiFePO_4$ 生长。

宫尚敏等采用水热法，以 $FeSO_4 \cdot 7H_2O$ 和 $MnSO_4 \cdot H_2O$ 分别作为铁源和锰源，$LiOH \cdot H_2O$ 作为锂源，聚丙烯酰胺（PAM）为表面活性剂，抗坏血酸为抗氧化剂（防止二价铁离子被氧化为三价铁离子），成功合成了 $LiFe_{0.3}Mn_{0.7}PO_4$/C 正极材料。具体流程如下：将 LiOH 溶于去离子水，在另一烧杯中将 $FeSO_4$、$MnSO_4$ 和抗坏血酸溶于去离子水形成澄清溶液；在持续搅拌的前提下，将 PAM、H_3PO_4、铁锰混合溶液依次滴加到 LiOH 溶液中，得到浅绿色的悬浊液；然后将溶液完全转移到 100 mL 的不锈钢反应釜中，在 200 ℃下水热反应 12 h；反应后将沉淀收集并用蒸馏水洗涤 3 次，将洗涤后的沉淀物置于鼓风干燥箱中在 80 ℃的条件下干燥 12 h，将收集的样品与定量的葡萄糖置于无水乙醇中，超声混合均匀后研磨至粉末状态；最后，将粉末置于管式炉内 600 ℃烧结 5 h，得到 $LiFe_{0.3}Mn_{0.7}PO_4$/C 材料。XRD 图谱表明该材料无杂质相，同时 SEM 图像显示材料颗粒形貌规则且无明显团聚。该材料在 4.0 V 和 3.5 V 有两个明显的放电平台，0.1 C 倍率下放电比容量达到 153.4 mAh/g，2C 倍率下循环 100 次后容量保持率为 85.97%，表现出较好的倍率性能和循环稳定性。

Liu 等采用由尿素辅助水热合成了球形具有浓度梯度的 $(Ni_{0.25}Mn_{0.75})CO_3$，与 LiOH 混合后经高温处理得到核-壳结构的锂离子电池正极材料 $LiNi_{0.5}Mn_{1.5}O_4$。试验采用 12.5 mmol的 $NiSO_4 \cdot 6H_2O$、37.5 mmol 的 $MnSO_4 \cdot H_2O$ 和 0.1mol 尿素被分散在 250 mL 去离子水中，上述溶液被转移到 100 mL 容积的聚四氟乙烯衬里不锈钢高压釜中。高压釜密封在 180 ℃反应 12 h，自然冷却至室温。水热合成的碳酸盐前驱体清洗数次除去杂质，在 500 ℃煅烧 3h 后转变成氧化物，氧化物与 $LiOH \cdot H_2O$ 混合 850 ℃煅烧 12 h 合成出 $LiNi_{0.5}Mn_{1.5}O_4$。水热过程处理中，产生具有浓度梯度的碳酸盐前驱体，在单个球形粒子中，Ni 在表面上的含量比在中心高，而 Mn 表面含量偏低。$LiNi_{0.5}Mn_{1.5}O_4$ 正极材料及其横截面的 SEM 形貌如图 2.17 所示。

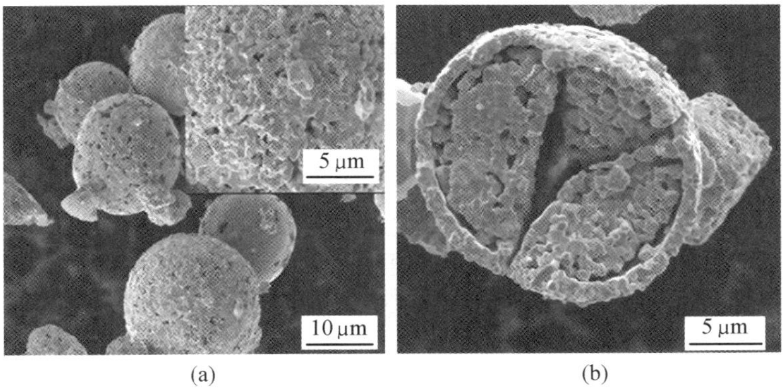

图 2.17 $LiNi_{0.5}Mn_{1.5}O_4$ 正极材料及其横截面的 SEM 形貌

杨尘等在专利《超临界溶剂热法制备锰系固溶体正极材料的方法》中，提出一种超临界溶剂热法制备锰系固溶体正极材料的方法。以制备 $0.3Li_2MnO_3-0.7LiMn_{0.5}Ni_{0.5}O_2$ 为例，按通式中的 Li、Ni、Mn 的计量比称取乙酸锂 36.3 g、乙酸镍 43.55 g、乙酸锰 67.4 g，将金属盐溶于无水乙醇中，形成金属离子总摩尔浓度为 0.5 mol/L 的金属盐溶液。通过高压泵将2 L原料液及 1 mol/L 过氧化氢溶液 200 mL 连续打入高温高压反应器中，使原料液与过氧化氢溶液混合，控制反应器温度为 350 ℃，压力为 30 MPa，反应时间为 10 min，使得原料液热晶化得到产物液，然后将产物液通过反应器出口喷入与之相连的低温闪蒸室，闪蒸室温度控制在 80 ℃，压力为 0.2 MPa，在闪蒸室内产物液的水分汽化，通过旋风分离器顶部排出，固体颗粒沉降在底部，最后收集粉末产品，将收集的粉末产品用去离子水洗涤 3 ~4 遍，于 80 ℃真空干燥 8 h 获得正极材料粉体。

2.6 低温燃烧法操作实例

2.6.1 基本原理

低温燃烧法（low-temperature combustion synthesis，LCS）制备纳米微粒时的燃烧火焰温度为 1 000 ~1 400 ℃，与燃烧温度通常高于 2 000 ℃的自蔓延高温燃烧合成法相比，可称为低温燃烧合成。低温燃烧法可分为以下两种。

（1）低温溶液燃烧法。

低温溶液燃烧法以金属盐类作为氧化剂，以有机燃料作为还原剂，将金属盐类与有机燃料制成混合溶液后，放入炉子中，在较低温度下（小于 500 ℃）点燃，引发反应物间的氧化还原反应，发生化学燃烧反应，从而在数分钟内快速合成粉体材料。一般采用待制备氧化物的金属硝酸盐和有机物（如尿素、羧酸、羧酸盐等）的饱和水溶液为原料，直接加热到 300 ~500 ℃发生化学燃烧反应，溶液快速着火而迅速燃烧，燃烧时释放出大量热量，可自我维持，燃烧产物即为所需氧化物材料，反应结束后获得样品。因为燃烧时产生大量气体，其产物为质地疏松、不结块、易粉碎的超细粉体，所以利用这种方法可获得高比表面积的粉体。

(2)低温凝胶燃烧法。

低温凝胶燃烧法是利用柠檬酸、甘氨酸或乙二胺四乙酸等作为络合剂与金属盐类在水中络合,将混合溶液置于 50 ~ 80 ℃保温一段时间形成透明溶胶,继续升温至 100 ~ 120 ℃得到湿凝胶,将湿凝胶置于 200 ~ 300 ℃加热使其自燃获得前驱体粉末,最后在适当温度焙烧即可得到纳米晶粉末。

低温燃烧法是目前开展的一门新兴的合成技术。低温燃烧法的原理是燃烧时释放出大量热量,使反应快速自发地连续进行;燃烧时产生大量气体产物,利用气流猛烈冲击使反应液分散成小液滴,并处于高度均匀的分散状态,有效地防止了产物的聚集和烧结,最终获得粒度小、成分均匀的纳米粉末。在高温下蒸发水分的同时,液滴中的非挥发性成分团聚生长成晶粒。燃烧温度越高,气流越猛烈,液滴分散得越小,液滴干燥后剩下的非挥发性成分越少,产物的颗粒越小;但温度越高,晶粒的团聚生长速度也加快。因此,最终产物粒子的大小是上述两种相反因素共同作用的结果。对不同物质,两种因素所起作用的大小是不同的。

氧化剂(金属硝酸盐)与燃料的配比可根据推进剂化学中的热化学理论来确定。目前,该计算方法得到了 LCS 合成领域研究人员的普遍认可和广泛采纳。该算法主要是计算原料的总还原价和总氧化价,以这两个数据作为氧化剂和燃料化学计量配比系数的依据。化学计量平衡比为整数时,燃烧反应释放的能量最大。根据推进剂化学理论,燃烧产物(按完全燃烧)一般是 CO_2、H_2O 和 N_2,因此元素 C、H 的化合价是+4 价和+1 价,为还原剂(通常采用尿素作为还原剂);元素 O 的化合价是-2 价,为氧化剂,而 N 是零价的中性元素。当把这一概念推广到燃烧产物为氧化物的情况时(如燃烧产物 CaO、Al_2O_3、ZrO_2 等),则 Ca^{2+}、Al^{3+}、Zr^{4+} 等就可以认为是+2、+3 和+4 价的还原剂。

LCS 法的点火温度低,一般在硝酸盐和燃料的分解温度附近。LCS 法中燃料的类型和组成强烈影响燃烧反应的程度与成相情况,如果前驱体溶液只用硝酸盐而不加燃料,则加热过程中不会发生燃烧。燃烧过程受控于加热速率、燃料类型、燃料用量、燃料与硝酸盐比例以及容器容积等诸多因素。富燃料体系产物中会有夹杂碳。质量/体积比是燃烧合成中气相化学反应放热的重要影响因素,一定质量的溶液在不同体积的容器中点燃情况会有区别。

LCS 工艺中,燃烧火焰温度也是影响粉末合成的重要因素,火焰温度影响燃烧产物的化合形态和粒度等,燃烧火焰温度高则合成的粉末粒度较粗。一般来说 LCS 技术中燃烧反应最高温度取决于燃料特性,如硝酸盐与尿素的燃烧火焰温度在 1 600 ℃左右。另外,燃烧反应最高温度还与混合物的化学计量比有关,富燃料体系温度要高些,贫燃料体系温度较低,甚至发生燃烧不完全或硝酸盐分解不完全的现象。此外,点火温度也影响燃烧火焰温度,点火温度高时,燃烧温度也高,从而使粉末粒度变粗。因此可通过控制原材料种类、燃料加入量以及点火温度等参数来控制燃烧合成温度,进而控制粉体的粒度等特性。由于 LCS 工艺过程中燃烧释放大量的气体,如每摩尔尿素可释放 4 mol 气体。气体的排出使燃烧产物呈蓬松的泡沫状并带走体系中大量的热,因而保证了体系能够获得晶粒细小的粉末。因此控制反应释放的气体量也是调节粉体性能的方法之一。

低温燃烧法工艺简单，合成的产品纯度高、粒度小，具有形态可控及活性高等优点，同时节省时间和能源，并可提高产物的反应能力。

2.6.2 操作实例

叶乃清等在专利《掺杂镍酸锂的低温燃烧合成方法》中提出一种低温燃烧合成方法，以锂、镍和掺杂元素的硝酸盐为主要原料，以尿素或肼类有机燃料为辅助原料。将原料按一定比例混合均匀，置于电炉中进行燃烧合成反应；将反应产物回火处理一段时间，得到锂离子电池正极活性材料。以合成锰镍酸锂 $LiNi_{0.7}Mn_{0.3}O_2$ 为例，首先根据目标产物的化学式 $LiNi_{0.7}Mn_{0.3}O_2$ 计算各种硝酸盐的用量：合成 1 mol $LiNi_{0.7}Mn_{0.3}O_2$ 需要 1.1 mol $LiNO_3$（考虑到燃烧合成和回火过程中锂会挥发损失，需要增加 10% 的硝酸锂）、0.7 mol $Ni(NO_3)_2 \cdot 6H_2O$ 和 0.3 mL $Mn(NO_3)_2$。然后根据氧化-还原反应的平衡原理计算尿素的用量：上述硝酸盐中 N 元素为+5 价，N 的总化合价为 $(1.1+0.7\times2+0.3\times2)\times5=15.5$；要使尿素 $CO(NH_2)_2$ 中 N 的总化合价等于所用硝酸盐中 N 的化合价，因为尿素中 N 元素为-3 价，所以尿素的用量应为 $15.5/(2\times3)=2.583$ mol。将上述原料准确称量，装入氧化铝陶瓷坩埚，加少量蒸馏水制成溶液；将溶制好的溶液置于加热到 400 ℃并恒温的电炉中，使溶液在电炉中发生脱水、冒烟、着火、燃烧等一系列反应，15 min 内反应完毕。将反应产物收集、碾细，过 50 目筛；将过筛后的反应产物装入氧化铝陶瓷坩埚，置于电炉中，在 900 ℃恒温回火 20 h，然后随炉冷却；冷却后，将合成产物碾细，过 300 目筛，得到具有良好层状结构和电化学性能的锰镍酸锂 $LiNi_{0.7}Mn_{0.3}O_2$。

赵巧丽等用尿素做燃料，以 $LiNO_3$、$Mn(NO_3)_2$ 和 $Ni(NO_3)_2 \cdot 6H_2O$ 为原料，在 500 ℃点火，采用低温燃烧法成功合成了尖晶石结构的正极材料 $LiNi_{0.5}Mn_{1.5}O_4$。根据目标产物的化学式和氧化还原反应平衡原理，将分析纯的 $LiNO_3$、$Mn(NO_3)_2$ 和 $Ni(NO_3)_2 \cdot 6H_2O$ 与尿素按 $n(Ni):n(Mn):n(Li)=0.5:1.5:1.15$（锂过量是为了补偿高温煅烧时锂的挥发损失）准确计量后装入一个刚玉坩埚，加入少量去离子水并充分搅拌制成澄清透明的均一溶液。然后将溶液移入预先加热到 500 ℃并恒温的马弗炉中，大约在 5 min 内，物料开始冒烟、着火、燃烧，在 30 min 内反应完毕，得泡沫状疏松产物。将泡沫状产物收集、研磨后，重新装入刚玉坩埚，置于马弗炉中在空气环境下 850 ℃回火处理 12 h，再将温度降到 600 ℃退火 8 h，随炉冷却后研磨并过 300 目筛，即得到合成样品 $LiNi_{0.5}Mn_{1.5}O_4$。

吴保明等通过低温燃烧法合成富锂层状正极材料 $0.7Li_2MnO_3-0.3LiNi_{0.7}Co_{0.3}O_2$。以 $LiNO_3$、$Co(NO_3)_2 \cdot 6H_2O$、$Ni(NO_3)_2 \cdot 6H_2O$、质量分数为 50% 的 $Mn(NO_3)_2$ 溶液和尿素为原料，首先按目标产物和氧化还原反应平衡原理计算并准确称取各种原料。将原料装在刚玉坩埚中，加入少量去离子水并加以搅拌制成透明均匀的溶液。然后将盛有此溶液的坩埚放入预先加热到 500 ℃的马弗炉中，使之发生燃烧反应，大约 30 min 反应结束。随后将燃烧产物收集、研磨并过 100 目筛，在马弗炉中 650～950 ℃回火 16～24 h。最后将回火产物研磨并过 300 目筛，得到合成产物。

Z. Zhong 等通过低温燃烧法合成富锂层状正极材料 $0.5Li_2MnO_3-LiNi_{0.5}Mn_{0.5}O_2$。以 $LiNO_3$、$Ni(NO_3)_2 \cdot 6H_2O$、质量分数为 50% 的 $Mn(NO_3)_2$ 溶液和尿素为原料（$n(Li):n(Mn):n(Ni):n(H_2NCONH_2)=2:1:0.5:4.35$），将原料装在刚玉坩埚中，加以搅拌

并加入少量去离子水制成透明均匀的溶液。然后将盛有此溶液的坩埚放入预先加热到500 ℃的马弗炉中,溶液瞬间沸腾并且水分快速蒸发,然后发生燃烧反应并在10 min内反应结束。随后将燃烧产物(图2.18(a)、(b))收集,在马弗炉中850 ℃回火20 h,得到合成产物$0.5Li_2MnO_3-LiNi_{0.5}Mn_{0.5}O_2$终产品(图2.18(c)、(d))。

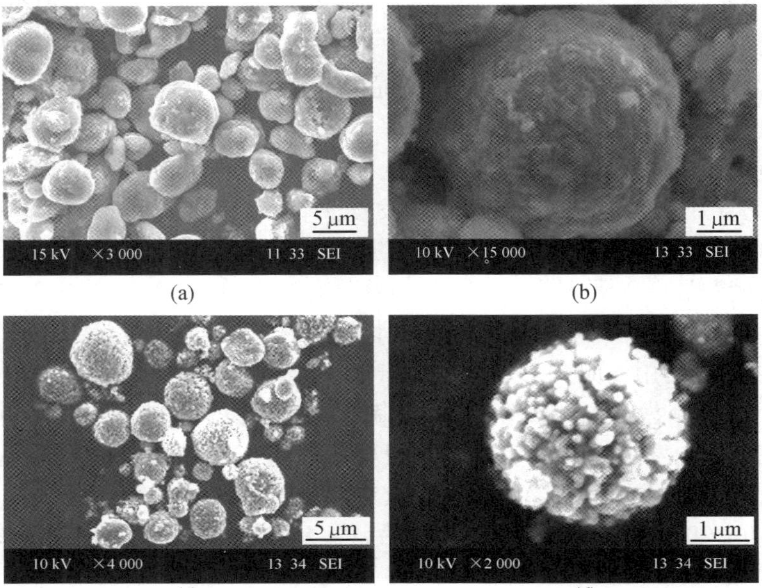

(a) (b) (c) (d)

图2.18 燃烧产物与合成产物的SEM图像

P. Suresh等通过低温燃烧法合成了正极材料$LiCo_{1-x}Ni_xO_2(0<x<0.4)$。以$Li_2CO_3$、$Ni(NO_3)_2·6H_2O$、$Co(NO_3)_2·6H_2O$为原料($Li_2CO_3$按化学计量比过量25%),加入少量去离子水将原料溶解制成均匀的溶液;按20%质量比加入助燃剂二甲酰肼(Diformyl hydrazine);然后将盛有此溶液的坩埚放入预先加热到350 ℃的马弗炉中,发生燃烧反应并在几分钟内反应结束;随后将燃烧产物收集并冷却至室温,用甲醇清洗后在马弗炉中850 ℃回火6 h,得到合成产物。产物$LiCo_{0.8}Ni_{0.2}O_2$形貌如图2.19所示。

M. W. Raja等通过低温凝胶燃烧法合成了纳米晶$LiMn_2O_4$材料。首先,在120 ℃的电加热板上配制$LiNO_3$和$Mn(CH_3COO)_2·4H_2O$($n(Li):n(Mn)=1:2$)的饱和溶液;然后,饱和L-丙氨酸溶液(V(丙氨酸):V(硝酸盐)=1:1)被加入其中,再把稀硝酸(体积分数为70%)缓慢加入其中,充分搅拌后,溶液变成黏性凝胶;此后,随着加热板温度升高,会发生瞬间烧成反应生成黑色灰烬(反应中要加排烟罩),分析表明在达到150 ℃左右凝胶就开始燃烧,然后再把收集的灰烬在马弗炉中700 ℃回火,即得到纳米晶$LiMn_2O_4$材料。

低温燃烧法也是合成掺杂型富锂锰基正极材料的有效办法。王桢采用低温燃烧法,按照化学计量比称取硝酸锂、硝酸镍、硝酸钴、硝酸锰、硝酸稀土(硝酸镧、硝酸铈、硝酸钕、硝酸铕、硝酸铥、硝酸镱、硝酸镥),用去离子水溶解混合,配置成3 mol/L溶液,加入1.5倍计量比的尿素,搅拌成均一的澄清溶液,倒入石英坩埚,再送入到预热为600 ℃的马弗炉中,发生低温燃烧反应。燃烧结束后,取出材料进行研磨过筛,再经过二次热处理,

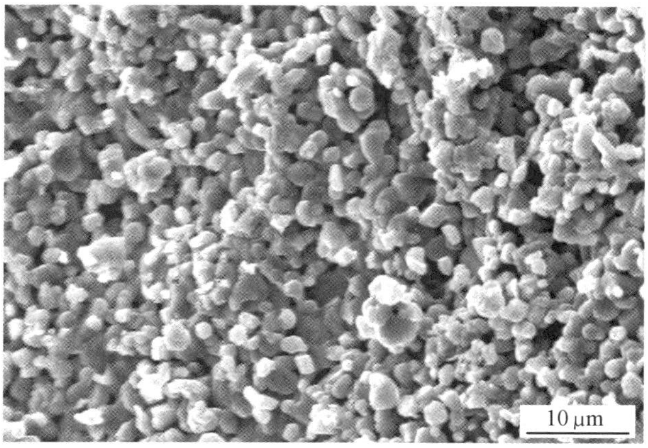

图 2.19 低温燃烧并经回火处理后合成的 $LiCo_{0.8}Ni_{0.2}O_2$ 形貌

在箱式电阻炉中以 5 ℃/min 升温至 900 ℃,煅烧 12 h,随炉冷却,研磨过筛后即得到稀土掺杂的富锂锰正极材料 $Li_{1.2}Ni_{0.133}Co_{0.123}Mn_{0.533}Re_{0.01}O_2$(Re 为稀土元素)。该工作结合第一性原理,充分阐述了稀土元素的占位倾向及作用机制规律。稀土元素更倾向于占据 $LiMO_2$(M 代表金属元素)相中的 Co 位,其中 Yb 掺杂的体系的晶格参数变化最小,掺杂后材料的费米能级处在较强的电子峰,显示出金属特性,导电性大大提高(未掺杂材料为半导体特性)。同时,Yb 掺杂显著增强了 Mn-O 和 Ni-O 之间的杂化作用,增加了邻近的 O 元素的有效电荷,晶格中的 O 将难以转为 O_2,从而降低高电压状态下氧气的持续逸出,稳定材料结构。Yb、Lu、Tm、La 等掺杂能降低材料活化能,Ce、Nd、Eu 掺杂则提高材料的活化能。

2.7 熔盐法操作实例

2.7.1 基本原理

通常说的熔融盐是指无机盐的熔融体。形成熔融态的无机盐固态大部分为离子晶体,在高温下熔化后形成离子熔体,最常见的熔融盐是由碱金属或碱土金属与卤化物、硅酸盐、碳酸盐、硝酸盐及磷酸盐组成的。熔融盐高温下具有一定的稳定性,能够在较宽温度范围内保持低的蒸气压、低的黏度、较高的离子迁移和扩散速度,同时具有高的热容量和导电率,这些性质使熔融盐在工业中有着广泛的用途。

在粉体合成技术中,熔盐法就是采用一种或数种低熔点的熔盐类作为反应介质,将这些介质和原始反应物混合后,在一定温度下煅烧,使合成反应在液态的熔融盐的介质中完成,反应结束后,采用合适的溶剂将盐类溶解,经过滤、洗涤后可得到合成最终产物。

熔盐法的典型特点是作为反应介质的低熔点盐在合成过程中以液相出现,同时反应物在其中有一定的溶解度,因此,与固相合成法比较,反应过程中的扩散在液态媒质中实现,而不是固-固扩散,因此可以大大加快反应速率。另外,由于存在反应原料在熔盐中的溶解,反应物在液相中可以实现原子级别混合,使反应由固-固反应转化为固-液反应,从而实现合成粉体的粒度减少、形貌改变和良好分散度。图 2.20 所示为典型的熔盐合成机理。

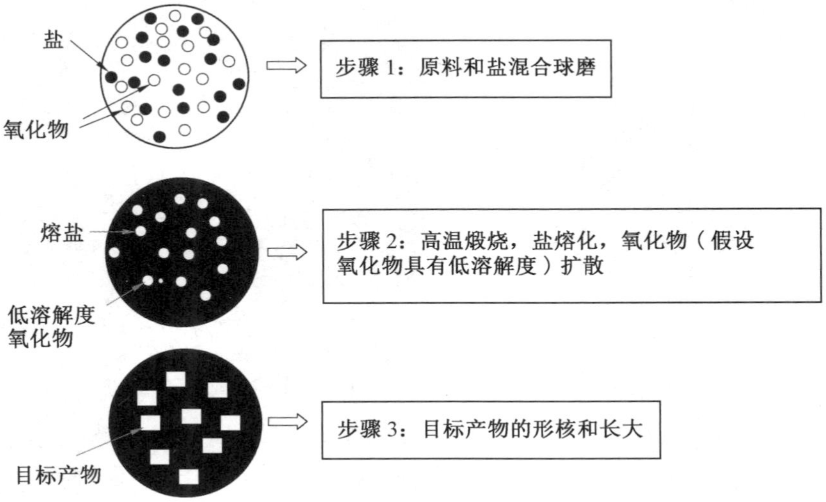

图2.20 典型的熔盐合成机理

熔盐反应合成过程中通常存在典型的成核和生长两部分。形核的过程主要依赖于参与反应的氧化物在盐中溶解度的差异。一般来说,多组分氧化物在熔盐中的形核有两类:沉淀析出成核和模板成核。如果参与反应的氧化物原料在熔盐中都能有一定的溶解度,此时,需要合成的目标产物的形核通常在需要氧化物原料从熔盐中析出的基础上才能完成新相形核过程,即沉淀析出成核。如果参与反应的氧化物原料中有明显不溶于熔盐的或溶解度与其他原料相比明显很低的情况,这些不溶或溶解度低的氧化物在随后的形核反应过程中就会被作为模板,目标产物在其上成核,即模板成核。模板成核中所形成的目标产物的初期形貌与不溶或溶解度低的氧化物形貌有关,一般情况下二者相似。

熔盐法合成粉体的过程中,根据不同的工艺阶段,存在很多影响因素会对目标产物的形貌和反应动力学产生明显的影响。这些影响因素包括煅烧温度、保温时间、熔盐用量、熔盐种类、使用的原料种类等。表2.3给出了熔盐合成反应的工艺参数对反应速率和粉体形貌的影响。

表2.3 熔盐合成反应的工艺参数对反应速率和粉体形貌的影响

工艺参数		反应速率	粉体颗粒尺寸	粒体颗粒形状
温度		显著	显著	显著
时间		不显著	显著	显著
熔盐用量		不显著	显著	不显著
熔盐类型	阴离子大小	不显著	显著	显著
	溶解度	显著	显著	显著
	熔点	显著	显著	显著
	盐比例(多种熔盐混合使用)	显著	显著	显著

2.7.2 操作实例

在熔盐合成法中,引入熔融盐作为助熔剂,可以在较低温的环境中去除质子并促进 Li^+ 在 NCM 层间扩散,促进层状相的快速形成,减少材料缺陷和颗粒团聚,因而熔盐法成为合成单晶材料的一个广泛使用的方法,如 NaCl、KCl、Na_2SO_4、Li_2SO_4、$LiNO_3$ 等被广泛应用。熔盐辅助法制备单晶材料遵循溶解-再结晶的机理,即多晶二次颗粒在高温条件下发生二次颗粒崩解,一次颗粒暴露出来,随着温度的升高和保温时间的增长,一次颗粒慢慢长大出现结晶面,形成单晶。通过合成过程调控,可以实现单晶材料的合成。一般来说较高的温度与过量的锂源有利于锂离子迁移和单晶颗粒的生长。提高煅烧温度、增加煅烧时间可以有效促进单晶颗粒的生长,但过大的晶粒会降低锂离子的扩散动力学,同时过高的温度也将加剧锂镍混排程度。

Qian G 等利用少量 Li_2SO_4 通过熔盐法合成了微米尺寸的单晶 $LiNi_{0.6}Mn_{0.2}Co_{0.2}O_2$ 材料。将 $Ni_{0.6}Mn_{0.2}Co_{0.2}(OH)_2$ 前驱体混锂,与一定量的助熔剂 Li_2SO_4 混合,以 2.5 ℃/min 的速率升温到 900 ℃。原位 XRD 表明,与 $Ni_{0.6}Mn_{0.2}Co_{0.2}(OH)_2$、LiOH 和 Li_2SO_4 相关的衍射峰分别在 200 ℃、300 ℃时消失,随后(003)、(101)、(006)/(012)、(104)等晶面出现,NCM 层状结构形成。随着温度的升高和保持时间的延长,层状结构的 XRD 峰的强度持续增加。通过平行实验的探究可得出合成过程中单晶 NCM 622 颗粒的形态演变(图 2.21):在 500 ℃时,颗粒类似于前驱体 $Ni_{0.6}Mn_{0.2}Co_{0.2}(OH)_2$,即由纳米晶粒组成的球形多晶颗粒;当温度达到 900 ℃时,球形多晶颗粒破裂,晶粒尺寸变大,单晶开始形成;随着保温时间的增加,原始颗粒的聚集体继续崩解,单晶颗粒的尺寸继续增大并形成结晶面。900 ℃保持 10 h 并在 2 ℃/min 下缓慢冷却后,得到单晶 NCM 622 颗粒。结果表明,该材料通过消除内部晶界和晶间断裂,可以显著改善循环性能。该单晶材料在 1 C 倍率下循环时表现出良好的循环稳定性,在 300 次循环后仍保留了 94% 的初始容量。另外,单晶 $LiNi_{0.6}Mn_{0.2}Co_{0.2}O_2$ 颗粒在正常工作条件下可以保持晶粒结构的稳定,但如果过度充电则会破裂。

图 2.21 NMC 622 颗粒在烧结过程中的 SEM 图像

Ye-Wan Yoo 等采用 LiCl-NaCl 基熔盐法成功合成了富镍单晶材料 $LiNi_{0.92}Co_{0.04}Mn_{0.04}O_2$。LiCl-NaCl 二元体系的共晶组成促进了富镍单晶 NCM 的快速生长。首先用共沉淀法合成 $Ni_{0.92}Co_{0.04}Mn_{0.04}(OH)_2$ 前驱体,将前驱体和 $LiOH \cdot H_2O$ 以三种物质的量比($n(Li):n(TM)=1.05:1$、$1.10:1$、$1.15:1$)混合均匀。为了在比使用单一助熔剂更低的烧结温度下获得单晶 NCM 颗粒,选择 LiCl-NaCl 的二元体系的共晶(质量分数为 65.58%:质量分数为34.42%)作为助熔剂。之后,在750 ℃、825 ℃和900 ℃下烧结上述混合物。烧结产物在磁力搅拌器的连续搅拌下,用去离子水洗涤30 min,以去除残留的助熔剂。然后将材料在750 ℃下重新烧结6 h,以制备高结晶度的单晶材料。图2.22给出了不同煅烧温度下合成的单晶形貌。通过颗粒团聚、粒径和形貌、结构稳定性和电化学性能等方面的对比,最终发现825 ℃下 n(Li):n(TM)= 1.10:1的单晶材料性能最优。

(a) 750 ℃, n(Li):n(TM):0:05:1 (b) 750 ℃, n(Li):n(TM):1.10:1 (c) 750 ℃, n(Li):n(TM):1.15:1

(d) 825 ℃, n(Li):n(TM):0:05:1 (e) 825 ℃, n(Li):n(TM):1.10:1 (f) 825 ℃, n(Li):n(TM):1.15:1

(g) 900 ℃, n(Li):n(TM):0:05:1 (h) 900 ℃, n(Li):n(TM):1.10:1 (i) 900 ℃, n(Li):n(TM):1.15:1

图2.22 n(Li):n(TM)在不同煅烧温度下合成的单晶形貌SEM图像

2.8 Nb元素改性及操作实例

材料的改性通常是和合成过程一起完成的,本节介绍改性的基本操作实例。Nb在大量的研究中表现出其作为 Nb^{5+} 掺杂的优势,几种铌化合物($LiNbO_3$、Li_3NbO_4 等)作为包覆层也表现出很好的改性效果,因此本节以Nb元素改性为例进行讲解。

2.8.1 基本原理

1. Nb元素掺杂的作用机理

(1)提升电子导电性。

锂离子正极材料一般是半导体材料,其电子导电性较差,内阻也会随着温度的变化而变化。电子导电性较差会严重影响电池的大电流充放性能,而在正极材料中加入Nb元素以后,Nb^{5+} 掺杂除了增加跳跃载流子外,还可以提供额外的电子跳跃路径,从而改善电导率。DFT计算也证明,Nb的引入可以调节NCM的带隙并提高电子电导率。

(2)提升 Li^+ 导电性。

Nb 掺杂可以改变晶格参数，扩大层间距，锂氧化物材料在 Nb 掺杂后可使 Li—O 键得到延长，从而减小 Li—O 键的结合能。由于能垒的减小，Li^+ 更加容易迁移，Nb 的高导电性和大半径也可以促进 Li^+ 的快速迁移，从而提高倍率性能。

(3)降低锂镍阳离子混排。

在含 Ni 的正极材料中，Li^+ 和 Ni^{2+} 的半径相近，部分 Ni^{2+} 会从过渡金属层(3b 位置)迁移到锂层(3a 位置)，从而导致 Li^+ 和 Ni^{2+} 混排。在 NCM 三元材料中，Ni 为+2/+3 价，Co 为+3 价，Mn 为+4 价，各离子半径指 Ni^{2+} 为 0.069 nm、Ni^{3+} 为 0.056 nm、Co^{3+} 为 0.054 5 nm、Mn^{4+} 为 0.053 nm。在高 Ni 体系中，由于化合价平衡的限制，材料中有一部分 Ni 以+3 价的形式存在，掺杂 Nb 元素后，Nb 为+5 价，可以限制 Ni 由+2 价变为+3 价。另外，Nb^{5+} 的半径为 0.064 nm，接近于 Ni^{2+} 的半径，可以占据 Ni^{2+} 的晶格位置，从而降低锂镍混排。位于 Ni^{2+} 所在位置的 Nb^{5+} 越多，阳离子混排程度降低越多。

(4)稳定晶格氧。

Nb^{5+} 掺杂 NCM 正极后，Nb—O 键的键能(727 kJ/mol)显著强于 Ni—O(366 kJ/mol)、Co—O(397 kJ/mol)、Mn—O(362 kJ/mol)键的键能，Nb—O 键的强结合力有助于晶格氧的稳定，提高材料的热稳定性。与其他掺杂元素相比，Nb—O 键的键能也是最强的，如 Al—O 键的键能为 502 kJ/mol、Ti—O 键的键能为 667 kJ/mol，V—O 键的键能为 637 kJ/mol，W—O 键的键能为 720 kJ/mol。

(5)增强结构稳定性

Nb^{5+} 掺杂倾向于表面偏析并在晶界富集，这可以抑制晶粒的粗化，细化一次晶粒；并调节一次颗粒的生长方向，形成径向结构，有利于晶格应变或应力释放，从而提高层状结构的稳定性。

2. 含 Nb 元素的包覆层

$LiNbO_3$ 被认为是典型的铌基涂层，铌基氧化物都表现出对侵蚀性酸的稳定性。铌基涂层可以起到以下作用。

(1)可以起到物理屏障的作用，防止过渡金属离子迁移到电解质中。

(2)降低了表面 Li_2CO_3 的含量，使材料颗粒机械稳定性增强，并减少新鲜(反应性)表面的暴露，保护电极免受电解液的侵蚀。

(3)提高热稳定性。研究表明铌基涂层包覆可将材料热稳定性提高 4% ~5% 。

(4)提高表面离子导电性。$LiNbO_3$ 作为一种晶体材料，它显示出非常低的离子电导率(10^{18} S/cm)，但如果 $LiNbO_3$ 是非晶态，其电导率会增加几个数量级。非晶态 $LiNbO_3$ 离子电导率达到 8.4×10^7 S/cm。与之相比，正极材料表面的 SEI 膜离子电导率只有 10^{14} ~ 10^{17} S/cm。其他常用包覆层电导率为：Li_3PO_4 约为 10^8 S/cm，Li_2ZrO_3 为 8×10^5 S/cm。因此，非晶态 $LiNbO_3$ 包覆层可以显著提升表面离子导电性。

由于缺乏报道，另一种铌基涂层 Li_3NbO_4 可以被视为一种“非标准”涂层。这是一种在更高温度下形成的化合物，但没有表现出比 $LiNbO_3$ 更高的性能。此外，Nb_2O_5 也是较少报道的铌基涂层。综合比较，$LiNbO_3$ 因其相对容易合成和良好的性能而成为铌基涂层的最佳选择。

2.8.2 操作实例

F. Xin 等将 NMC 811 粉末与乙醇铌在烧瓶中混合,并向混合物中加入乙醇。将它们搅拌过夜,然后在 80 ℃下蒸发乙醇。将 0.7% 和 1.4%(摩尔比)的 Nb 改性 NMC 811 于纯氧气氛中在不同温度下(400、500、600、700、800 ℃)煅烧 3 h,并以 5.0 ℃/min 的冷却速率冷却。通过同步辐射 XRD 射线表征技术,发现铌在 NCM 811 表面的包覆或掺杂取决于热处理温度。较低温度(400 ℃和 500 ℃)下 NCM 811 表面会包覆 $LiNbO_3$ 涂层,而它在较高温度(600 ~ 800 ℃)下开始转变成 Li_3NbO_4,形成 $LiNbO_3/Li_3NbO_4$ 复合涂层,700 ~ 800 ℃主要以 Li_3NbO_4 涂层存在。进一步研究表明,400 ℃和 500 ℃下,NCM 811 晶格参数未发生变化;然而,随着温度的升高,晶胞参数(a 和 c)逐渐增加。因此,Nb 从 600 ℃开始掺杂到 NMC 811 中,并且随着温度的提高,掺杂量逐渐增多。在这种情况下,铌以两种不同的形式存在,即包覆层和掺杂物,提供了双重改性作用。铌基涂层提供表面稳定性,降低首次不可逆容量损失,并提高倍率能力;同时,铌掺杂通过稳定晶格提高了循环稳定性。700 ℃下改性样品(双重改性)在 0.33 C 下 250 次循环后容量保持率为 93.2%,高于 500 ℃下改性样品(只有包覆层)的 88.2% 和未改性样品的 83.4%。XPS 研究表明,从 400 ℃到 800 ℃的铌改性样品表面 Li_2CO_3 显著减少,这可归因于铌化合物和 Li_2CO_3 之间的反应,前驱体在较低温度下容易与 Li_2CO_3 反应形成 $LiNbO_3$,在较高温度下容易形成 Li_3NbO_4,这与 XRD 结果非常吻合,表面 Li_2CO_3 的减少也提高了材料的热稳定性。

黄学杰、朱永明等对 NCM 811 材料进行了摩尔分数为 1% 的 Nb 掺杂。将共沉淀法得到的 $Ni_{0.8}Co_{0.1}Mn_{0.1}(OH)_2$ 前驱体、1% 的铌源 Nb_2O_5 及 108% 的锂源 $LiOH \cdot H_2O$ 充分研磨,混合均匀,随后在管式电阻炉内纯氧气气氛下 500 ℃预烧 4 h,然后 800 ℃煅烧 15 h,得到掺杂后的材料 $Li(Ni_{0.8}Co_{0.1}Mn_{0.1})_{0.99}Nb_{0.01}O_2$。SEM 图片显示(图 2.23),掺杂后材料一次颗粒变小,NCM 811 的一次颗粒 300 nm 左右,而掺 Nb 后缩小到 200 nm 左右。

图 2.23 NCM 811 掺 Nb 前后的 SEM 照片对比

XRD 精修表明，掺 Nb 后晶胞参数 a 和 c 均有所增加，利于锂离子迁移。XPS 对表面价态进行分析，发现 Nb 掺杂后镍元素中 Ni^{2+} 所占比例减小，这对减少锂镍混排程度非常有利。原位 XRD 分析表明，掺 Nb 后在充放电过程中晶格变化更小，更加能够在长循环中维持结构稳定，提高循环保持率。掺 Nb 的 NCM 811 在 1 C 下 300 次循环后的容量保持率为 96.9%，相比之下，在相同条件下，原始 NCM 811 的容量保持率仅为 79.8%。

Nam-Yung Park 等采用共沉淀法合成了 $Ni(OH)_2$ 前驱体。将氢氧化物前驱体与 $LiOH \cdot H_2O$ 混合，并在混合步骤中加入摩尔分数为 0.5% 的不同掺杂剂（亚微米级 Al_2O_3 和 Nb_2O_5），在目标温度（650～800 ℃）下煅烧制备 LNO 正极和掺杂 LNO 正极。煅烧过程为：首先在流动的氧气气氛中在 450 ℃煅烧 5 h，然后在目标温度（650 ℃、700 ℃、750 ℃、800 ℃）下煅烧 10 h。在 650～800 ℃的温度下煅烧后，研究了原始和掺杂 LNO 正极初级颗粒的形貌和微观结构的演变（图 2.24）。随着煅烧温度的升高，LNO 正极的初级颗粒变得更粗，并转变成较大的等轴形状，在 800 ℃时甚至超过 2 μm。此外，在 700 ℃以上的温度中，粒子的径向排列变得越来越任意。掺杂 Al 的正极表现出与 LNO 相似的粗化行为，颗粒形状没有明显变化。然而，掺杂 Nb 的初级颗粒形貌有很大差异，各温度下初级颗粒均小于 LNO，且无论煅烧温度如何，初级颗粒均保持径向排列。因此，在较宽的温度范围内，掺杂 Nb 能够有效抑制粗化和保持颗粒形态和排列。细颗粒和长颗粒的径向排列可以有效防止微裂纹的产生，而微裂纹是富镍正极降解的主要原因。因此，从微观结构的角度来看，Nb 掺杂比 Al 更具优势。

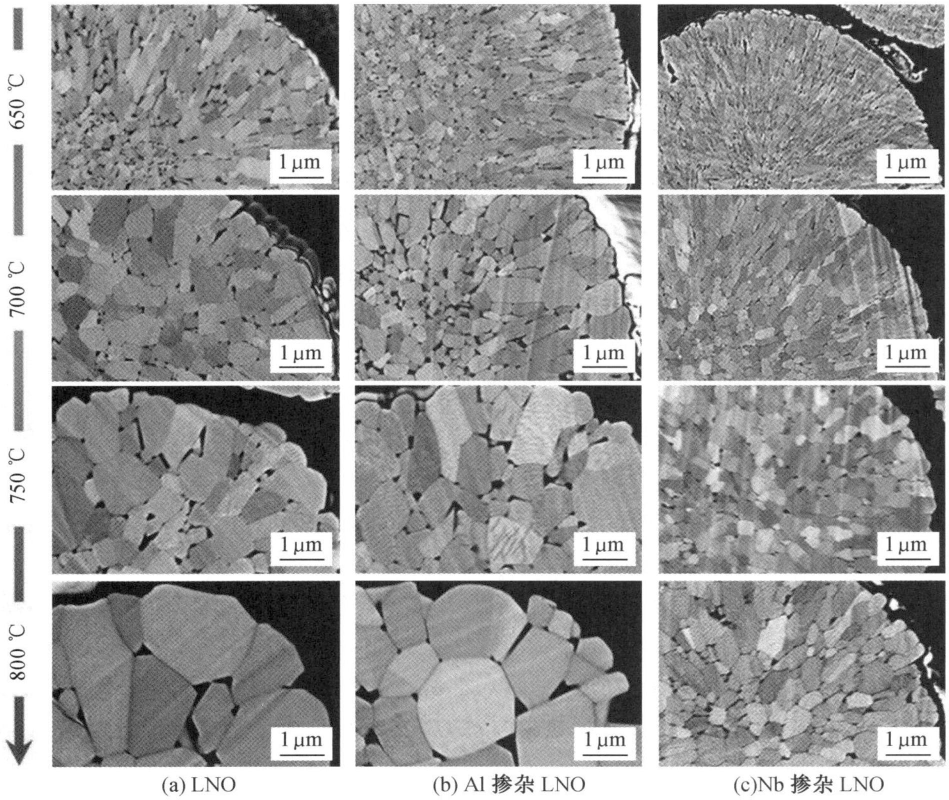

(a) LNO　　(b) Al 掺杂 LNO　　(c)Nb 掺杂 LNO

图 2.24　不同正极材料在 650～800 ℃煅烧后的 SEM 横截面图

朱永明、高鹏、李珍等通过高温固相法成功合成了 Nb^{5+} 掺杂和 Li_3PO_4 包覆的 $LiNi_{0.9}Co_{0.05}Mn_{0.05}O_2$ 材料。将 $Ni_{0.9}Co_{0.05}Mn_{0.05}(OH)_2$ 前驱体与过量锂源 $LiOH \cdot H_2O$ ($n(Li)$: $n(TM)$ = 1.08 : 1)研磨混合均匀,在氧气氛围下先 500 ℃预烧 4 h,然后在 800 ℃煅烧 15 h得到原始 $LiNi_{0.09}Co_{0.05}Mn_{0.05}O_2$。将前驱体、锂源、摩尔分数为1%的 $NbOPO_4 \cdot 3H_2O$ 和摩尔分数为0.25%的 Nb_2O_5(Nb 摩尔分数为0.5%)研磨混合均匀,以上述煅烧程序来制备 Nb^{5+}掺杂和 Li_3PO_4 包覆的 $LiNi_{0.9}Co_{0.05}Mn_{0.05}O_2$ 材料。通过电感耦合等离子体发射光谱仪(ICP-OES)测定制备化学组成,结果说明成功合成了 $Li(Ni_{0.09}Co_{0.05}Mn_{0.05})_{0.985}Nb_{0.015}O_2$。通过 X 射线光电子能谱(XPS)和傅里叶红外光谱(FT-IR)分析确认了表面 Li_3PO_4 包覆层的存在,高分辨透射电镜(HR-TEM)图像也证实了表面涂层的存在。扫描电镜观察显示,改性后一次颗粒的粒径变得细小,材料表面也更加致密,这归因于在锂化过程中引入的 Nb^{5+},部分在颗粒边界处偏析,改变了其表面能,从而抑制了一次颗粒的粗化。研究表明,Nb 掺杂增强了层状结构的稳定性,同时,Li_3PO_4 涂层有效地防止了表面吸水,显著增强了界面的稳定性。该材料在 0.1 C 和 1 C 下首次放电比容量分别可达 203.33 mAh/g 和 196.04 mAh/g,在 1 C 电流密度下循环 200 次容量保持率高达 91.38%,远高于初始 NCM 9055 的49.96%。此外,在 5 C 大倍率下,放电比容量可达 175.63 mAh/g。

Panawan Vanaphuti 等通过共沉淀反应、喷雾干燥和煅烧制备了 $LiMn_{0.5}Fe_{0.5}PO_4$ 材料(LMFP)及 Nb 和 Mg 共掺杂的 $LiMn_{0.48}Fe_{0.48}Mg_{0.03}Nb_{0.01}PO_4$ 材料。首先采用常规共沉淀法合成$(Mn,Fe)_5(PO_4)_2(HPO_4)_2 \cdot 4H_2O$ 前驱体。以恒定进料速率将过渡金属溶液(硫酸锰、硫酸亚铁、磷酸)滴加到由磷酸(0.02 mol)和 NaOH(0.02 mol)组成的底液中。过渡金属溶液中含有少量的抗坏血酸以防止 Fe^{2+} 氧化为 Fe^{3+}。使用由 0.5 mol NaOH 在 100 mL水溶液中组成的碱性溶液来控制 pH,并以恒定进料速率逐滴加入。反应在 75 ℃的温度、pH≈5 和450 r/min 的搅拌速度下进行。过滤所得沉淀物,用去离子水彻底洗涤,并在 100 ℃的烘箱中干燥过夜。将前体与碳源均匀混合,总碳摩尔分数为 4.0%。此外,加入过量摩尔分数为5%的 Li 源(碳酸锂)和化学计量的 P 和 Li 源(Li_3PO_4)。在掺杂的情况下,将摩尔分数为1%的 Nb(草酸铌铵)和摩尔分数为3%的 Mg(草酸镁)掺入到前体源的混合物中。将上述混合物加入去离子水中(加入摩尔分数为1.5%的 CMC 用作分散剂)制成浆料并球磨 3 h。球磨后,将浆料喷雾干燥,其中入口温度、出口温度、空气流量、喷嘴压力和喷嘴尺寸分别控制为 130 ℃、102 ℃、480 L/min、0.16 MPa 和0.7 mm。将获得的粉末分两步煅烧;在氩气气氛下,350 ℃煅烧 1 h,650 ℃煅烧 2 h,升温速率为 10 ℃/min。随后,在室温下将 LMFP 粉末于10%空气中钝化30 min,以在最外层碳上产生薄而均匀的氧化产物。研究表明,尽管在 650 ℃的煅烧温度下 Nb 有轻微扩散到表面层内,但 Nb 主要存在于颗粒表面而不是体相中,并主要以 $LiNbO_3$ 相存在于表面;而 Mg^{2+} 掺杂则分布在整个体相中。与未掺杂相比,共掺杂 LMFP 正极和石墨负极组装的全电池表现出优越的循环稳定性和比容量,在 0.5 C 倍率下,共掺杂样品在 300 次循环内的容量保持率为 99%(图 2.25)。优异的性能可归因于 Nb 涂层增强的离子/电子传递和 Mg 掺杂增强的 $Mn^{2+/3+}$ 氧化还原动力学。

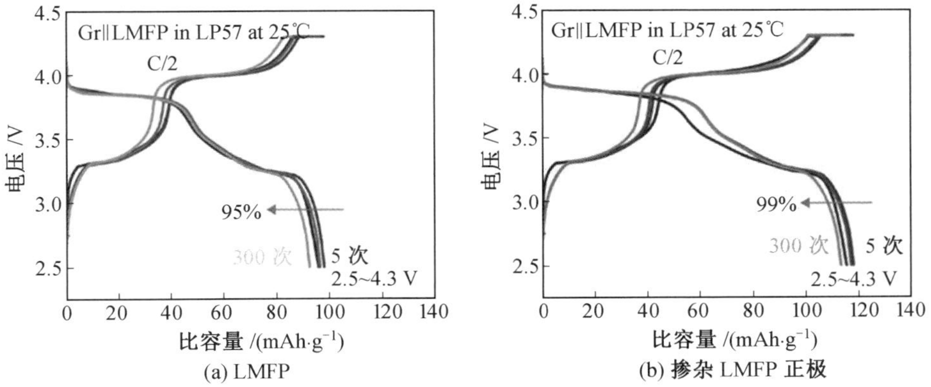

图 2.25　使用 LMFP 正极和掺杂 LMFP 正极的全电池 300 次充放电曲线（电压窗口 2.5 ~4.3 V,负极容量和正极容量的比值≈1.15）

本章参考文献

[1] NYTÉN A, ABOUIMRANE A, ARMAND M, et al. Electrochemical performance of Li_2FeSiO_4 as a new Li-battery cathode material[J]. Electrochemistry Communications, 2005,7(2): 156-160.

[2] FRANGER S, CRAS F, BOURBON C, et al. Comparison between different $LiFePO_4$ synthesis routes and their influence on its physico-chemical properties[J]. Journal of Power Sources,2003,119-121: 252-257.

[3] 唐新村,何莉萍,陈宗璋,等. 低热固相反应法在多元金属复合氧化物合成中的应用[J]. 无机化学学报,2002,18(6):591-596.

[4] LIU J, QIU W, YU L, et al. Studies on the low-heating solid-state reaction method to synthesize $LiNi_{1/3}Co_{1/3}Mn_{1/3}O_2$ cathode materials[J]. Journal of Power Sources, 2007, 174: 701-704.

[5] JEONG W T, LEE K S. Electrochemical cycling behavior of $LiCoO_2$ cathode prepared by mechanical alloying of hydroxides[J]. Journal of Power Sources,2002,104: 195-200.

[6] SOIRON S, ROUGIER A, AYMARD L, et al. Mechanochemical synthesis of Li-Mn-O spinels: positive electrode for lithium batteries[J]. Journal of Power Sources, 2001, 97/98: 402-405.

[7] YAN H, HUANG X, LU Z, et al. Microwave synthesis of $LiCoO_2$ cathode materials[J]. Journal of Power Sources,1997,68: 530-532.

[8] HIGUCHI M, KATAYAMA K, AZUMA Y, et al. Synthesis of $LiFePO_4$ cathode material by microwave processing[J]. Journal of Power Sources,2003,119-121: 258-261.

[9] WANG L, HUANG Y, JIANG R, et al. Preparation and characterization of nano-sized $LiFePO_4$ by low heating solid-state coordination method and microwave heating[J]. Electrochimica Acta,2007,52: 6778-6783.

[10] BENINATI S, DAMEN L, MASTRAGOSTINO M. MW-assisted synthesis of $LiFePO_4$ for high power applications[J]. Journal of Power Sources, 2008, 180: 875-879.
[11] BARKER J, SAIDI M Y, SWOYER J L. J. Lithium iron(Ⅱ) phospho-olivines prepared by a novel carbothermal reduction method[J]. Electrochemical and Solid State Letters, 2003, 6: A53-A55.
[12] RAVET N, GAUTHIER M, ZAGHIB K. Mechanism of the Fe^{3+} reduction at low temperature for $LiFePO_4$ synthesis from a polymeric additive[J]. Chemistry of Materials, 2007, 19: 2595-2602.
[13] FEY G T, HUANG K P, KAO H M, et al. A polyethylene glycol-assisted carbothermal reduction method to synthesize $LiFePO_4$ using industrial raw materials[J]. Journal of Power Sources, 2011, 196: 2810-2818.
[14] CHEN Z, DAI C, WU G, et al. High performance $Li_3V_2(PO_4)_3/C$ composite cathode material for lithium ion batteries studied in pilot scale test[J]. Electrochimica Acta, 2010, 55: 8595-8599.
[15] 范未峰,瞿美臻,彭工厂,等. 5V 正极材料 $LiNi_{0.5}Mn_{1.5}O_4$ 的自蔓延燃烧合成及性能[J]. 无机化学学报,2009,25(1):124-128.
[16] 文衍宣,肖卉,甘永乐,等. 自蔓延高温合成锂离子电池正极材料 $LiCoO_2$[J]. 无机材料学报,2008,23(2):286-290.
[17] 赵巧丽,叶乃清,喜全芳,等. 5V 锂离子电池正极材料 $LiNi_{0.5}Mn_{1.5}O_4$ 的低温燃烧法合成及性能研究[J]. 化学通报,2009,72(11):1045-1048.
[18] ZHU C, YANG C, YANG W D, et al. High performances of ultrafine and layered $LiCoO_2$ powders for lithium batteries by a novel sol-gel process[J]. Journal of Alloys and Compounds, 2010, 496: 703-709.
[19] XU Z, XU L, LAI Q, et al. A PEC assisted solgel synthesis of $LiFePO_4$ as cathodic material for lithium ion cells[J]. Materials Research Bulletin, 2007, 42: 883-891.
[20] PECHINI M P. Method of preparing lead and alkaline earth titanates and niobates and coating method using the same to form a capaeitor[J]. US Patent, 3330697, 1967-7-11.
[21] XIA H, WANG H, XIAO W, et al. Properties of $LiNi_{1/3}Co_{1/3}Mn_{1/3}O_2$ cathode material synthesized by a modified Pechini method for high-power lithium-ion batteries[J]. Journal of Alloys and Compounds, 2009, 480: 696-701.
[22] KIM D S, LEE C K, KIM H. Preparation of nano-sized $LiCoO_2$ powder by the combination of sonication and modified Pechini process[J]. Solid State Sciences, 2010, 12: 45-49.
[23] DELOBEL B, LARCHER D, BLACH J F, et al. One-step precipitation of nanometric $LiMO_2$ powders (M = Co, Fe) in alcoholic media[J]. Solid State Ionics, 2010, 181: 623-630.
[24] DENG C, LIU L, ZHOU W, et al. Effect of synthesis condition on the structure and electrochemical properties of $Li[Ni_{1/3}Mn_{1/3}Co_{1/3}]O_2$ prepared by hydroxide co-precipitation method[J]. Electrochimica Acta, 2008, 53: 2441-2447.

[25] KATAKURA K, WADA K, KAJIKI Y, et al. Preparation of the electrochemically formed spinel-lithium manganese oxides[J]. Journal of Power Sources, 2009, 189: 240-247.

[26] JUGOVIĆ D, MITRIĆ M, CVJETIĆANIN N, et al. Ultrasound-assisted synthesis of nano-structured $LiFePO_4$/C composite[J]. Solid State Ionics, 2008, 179: 415-419.

[27] LIU Y, CAO C. Enhanced electrochemical performance of nano-sized $LiFePO_4$/C synthesized by an ultrasonic-assisted co-precipitation method[J]. Electrochimica Acta, 2010, 55(16): 4694-4699.

[28] LIU H W, CHENG C X, HUANG X T, et al. Hydrothermal synthesis and rate capacity studies of $Li_3V_2(PO_4)_3$ nanorods as cathode material for lithium-ion batteries[J]. Electrochimica Acta, 2010, 55(28): 8461-8465.

[29] LEE J W, KIM J I, MIN S H. Highly crystalline lithium-manganese spinel prepared by a hydrothermal process with co-solvent[J]. Journal of Power Sources, 2011, 196(3): 1488-1493.

[30] HONGMEI J I, GANG Y, MIAO X, et al. Efficient microwave hydrothermal synthesis of nanocrystalline orthorhombic $LiMnO_2$ cathodes for lithium batteries[J]. Electrochimica Acta, 2010, 55(9): 3392-3397.

[31] CUI C J, WU G M, SHEN J, et al. Synthesis and electrochemical performance of lithium vanadium oxide nanotubes as cathodes for rechargeable lithium-ion batteries[J]. Electrochimica Acta, 2010, 55(7): 2536-2541.

[32] XU Z, LIANG X, LAI Q, et al. Microemulsion synthesis of $LiFePO_4$/C and its electrochemical properties as cathode materials for lithium-ion cells[J]. Materials Chemistry and Physics, 2007, 105(1): 80-85.

[33] LU C H, WANG H C. Reverse-microemulsion preparation and characterization of ultrafine orthorhombic $LiMnO_2$ powders for lithium-ion secondary batteries[J]. Journal of the European Ceramic Society, 2004, 24(5): 717-723.

[34] MYUNG S T, KOMABA S, KUMAGAI N, et al. Nano-crystalline $LiNi_{0.5}Mn_{1.5}O_4$ synthesized by emulsion drying method[J]. Electrochimica Acta, 2002, 47(15): 2543-2549.

[35] MYUNG S T, KOMABA S, KUMAGAI N. Effect of excess lithium on $LiNi_{0.5}Mn_{0.5}O_{2+\delta}$ and its electrochemistry as lithium insertion material[J]. Solid State Ionics, 2004, 170(1-2): 139-144.

[36] NI J F, ZHOU H H. Molten salt synthesis and electrochemical properties of spherical $LiFePO_4$ particles[J]. Materials Letters, 2007, 61(4): 1260-1264.

[37] 杜柯，其鲁，胡国荣，等. KCl 熔盐法制备 $LiMn_2O_4$[J]. 无机化学学报，2006，22(5)：867-871.

[38] REDDY M V, RAO G V S, CHOWDARI B V R. Synthesis by molten salt and cathodic properties of $LiCo_{1/3}Ni_{1/3}Mn_{1/3}O_2$[J]. Journal of Power Sources, 2006, 159(1): 263-267.

[39] CHANG Z, CHEN Z, FENG W, et al. Synthesis and properties of high tap-density cathode

material for lithium ion battery by the eutectic molten-salt method[J]. Solid State Ionics, 2008,179(39): 2274-2277.

[40] LEE S J, BAIK H K, LEE S M. An all-solid-state thin film battery using LISIPON electrolyte and Si-V negative electrode films [J]. Electrochemistry Communications, 2003,5(1): 32-35.

[41] MARTIN-LITAS I, VINATIER P, LEVASSEUR A, et al. Electrochemical properties of tungsten oxysulphide thin films as positive electrodes for lithium microbatteries [J]. Bulletin of Materials Science, 2003,26(7): 673-681.

[42] KUWATA N, KAWAMURA J, TORIBAMI K, et al. Thin-film lithium-ion battery with amorphous solid electrolyte fabricated by pulsed laser deposition [J]. Electrochemistry Communications, 2004,6(4): 417-421.

[43] ISONO M, OKADA S, YAMAKI J I. Synthesis and electrochemical characterization of amorphous Li-Fe-P-B-O cathode materials for lithium batteries [J]. Journal of Power Sources, 2010,195(2): 593-598.

[44] 信息产业部电子第十八研究所. 氧化钴锂材料的制备方法:CN00136974.1[P]. 2002-07-31.

[45] 郭瑞,史鹏飞,程新群,等. 高温固相法合成 $LiCo_{1/3}Ni_{1/3}Mn_{1/3}O_2$ 及其性能研究[J]. 无机化学学报,2007(08):1387-1392.

[46] JIANG X, SHA Y, CAI R, et al. The solid-state chelation synthesis of $LiNi_{1/3}Co_{1/3}Mn_{1/3}O_2$ as a cathode material for lithium-ion batteries[J]. Journal of Materials Chemistry A, 2015,3(19): 10536-10544.

[47] 莫名月,郭均盛,叶成聪,等. 明胶辅助-高温固相法合成 $LiNi_{0.5}Mn_{1.5}O_4$ 高电压正极材料[J]. 华南师范大学学报(自然科学版),2015,47(04):69-73.

[48] 郭永兴,李新海,王志兴,等. 真空高温固相法合成 $LiFePO_4/C$ 纳米复合材料[J]. 中国有色金属学报,2010,20(07):1402-1406.

[49] 伍丽萍,黄同林,李海港,等. 高温固相法条件对自制 $LiFePO_4/C$ 性能的影响[J]. 电源技术,2014,38(11):2029-2032.

[50] XIANG J Y. Improved electrochemical performances of $9LiFePO_4 \cdot Li_3V_2(PO_4)_3/C$ composite prepared by a simple solid-state method[J]. Journal of Power Sources, 2010, 195: 8331-8335.

[51] 深圳市天骄科技开发有限公司. 一种锂离子电池多元正极材料球形前驱体的制备方法:CN201210563452.1[P]. 2013-04-10.

[52] 深圳市比克电池有限公司. 锂离子电池正极材料及其制备方法:CN200410088546.3[P]. 2006-05-17.

[53] 郑卓,滑纬博,吴振国,等. 碳酸盐共沉淀法可控制备超高倍率锂离子电池正极材料 $LiNi_{1/3}Mn_{1/3}Co_{1/3}O_2$[J]. 无机化学学报,2017,33(02):307-314.

[54] CHERALATHAN K K, KANG N Y, PARK H S, et al. Preparation of spherical $LiNi_{0.80}Co_{0.15}Mn_{0.5}O_2$ lithium-ion cathode material by continuous co-precipitation[J]. Journal of Power Sources, 2010,195(5): 1486-1494.

[55] YABUUCHI N, YOSHII K, MYUNG S T, et al. Detailed studies of a high-capacity electrode material for rechargeable batteries, $Li_2MnO_3-LiNi_{1/3}Mn_{1/3}Co_{1/3}O_2$[J]. Journal of the American Chemical Society, 2011, 133(12): 4404-4419.

[56] SONG B, LIU Z, LAI M O, et al. Structural evolution and the capacity fade mechanism upon long-term cycling in Li-rich cathode material[J]. Physical Chemistry Chemical Physics, 2012, 14(37): 12875-12883.

[57] 韩恩山,魏子海,刘媛,等.液相法合成高容量 $LiFePO_4/C$ 复合正极材料[J].化工进展,2007(02):238-241.

[58] JIANG Y P, LIU Z H, ZHANG Y Z, et al. Full-gradient structured $LiNi_{0.8}Co_{0.1}Mn_{0.1}O_2$ cathode material with improved rate and cycle performance for lithium ion batteries[J]. Electrochimica Acta, 2019, 309: 74-85.

[59] 东莞市迈科科技有限公司,东莞市迈科锂离子电池工业节能技术研究院,东莞市迈科新能源有限公司. 一种锂离子电池正极材料 $LiNi_{0.5}Mn_{1.5}O_4$ 的制备方法: CN201110409687.0[P]. 2012-06-13.

[60] 广东邦普循环科技有限公司,湖南邦普循环科技有限公司,湖南邦普废旧物资回收有限公司.一种动力型镍钴锰酸锂材料及其制备方法和应用:CN201410077087.2[P]. 2014-05-21.

[61] ZHENG F, OU X, PAN Q, et al. The effect of composite organic acid (citric acid & tartaric acid) on microstructure and electrochemical properties of $Li_{1.2}Mn_{0.54}Ni_{0.13}Co_{0.13}O_2$, Li-rich layered oxides[J]. Journal of Power Sources, 2017, 346: 31-39.

[62] ZHENG J M, WU X B, YANG Y. A comparison of preparation method on the electrochemical performance of cathode material $Li_{1.2}Mn_{0.54}Ni_{0.13}Co_{0.13}O_2$ for lithium ion battery[J]. Electrochimica Acta, 2011, 56(8): 3071-3078.

[63] SANCHEZ M A E, BRITO G E S, FANTINI M C A, et al. Synthesis and characterization of $LiFePO_4$, prepared by solgel technique[J]. Solid State Ionics, 2006, 430-432(5): 937-940.

[64] 雍厚辉,郑杰,韩春霞,等.不同碳源的溶胶–凝胶法制备 $LiFePO_4/C$ 正极材料[J].电源技术,2017,41(02):186-188,201.

[65] ZHANG L, BORONG W, NING L, et al. Hierarchically porous micro-rod lithium-rich cathode material $Li_{1.2}Mn_{0.54}Ni_{0.13}Co_{0.13}O_2$ for high performance lithium-ion batteries[J]. Electrochimica Acta, 2014, 118(2): 67-74.

[66] CHEN J, WHITTINGHAM M S. The hydrothermal synthesis of lithium iron phosphate [J]. Electrochemistry Communications, 2006, 972(5): 855-858.

[67] SOFYAN N, SUHENDAR D, ZULFIA A, et al. Performance of coconut shell activated carbon in $LiMn_{0.7}Fe_{0.3}PO_4/CNT/C$ composite for lithium ion battery cathode [J]. Materials Science Forum, 2020, 1000: 41-49.

[68] 宫尚敏. 磷酸锰铁锂正极材料电化学性能研究[D]. 青岛: 山东科技大学, 2020.

[69] LIU Y Z, ZHANG M H, XIA Y G et al. One-step hydrothermal method synthesis of core-shell $LiNi_{0.5}Mn_{1.5}O_4$ spinel cathodes for Li-ion batteries[J]. Journal of Power Sources,

2014,256: 66-71.

[70] 杨尘,朱文婷,杨续来,等. 超临界溶剂热法制备锰系固溶体正极材料的方法: 201210122862.2 [P]. 2012-04-24.

[71] JAIN S R, ADIGA K C, PAI V R. A new approach to thermochemical calculations of condensed fuel-oxidizer mixtures[J]. Combustion and Flame, 1981, 40: 71-79.

[72] 卢利平,张希艳,柏朝晖,等. 低温燃烧合成法研究进展[J]. 长春理工大学学报(自然科学版),2008(03):82-84.

[73] 叶乃清. 掺杂镍酸锂的低温燃烧合成方法:03124282.0[P]. 2003-05-07.

[74] 吴保明,叶乃清,马真,等. $x\mathrm{Li_2MnO_3}$-$(1-x)\mathrm{LiNi_{0.7}Co_{0.3}O_2}$ 的低温燃烧合成及电化学性能研究[J]. 无机化学学报,2013,29(09):1835-1841.

[75] ZHONG Z, YE N, WANG H, et al. Low temperature combustion synthesis and performance of spherical $0.5\mathrm{Li_2MnO_3}$-$\mathrm{LiNi_{0.5}Mn_{0.5}O_2}$, cathode material for Li-ion batteries[J]. Chemical Engineering Journal, 2011, 175: 579-584.

[76] SURESH P, RODRIGUES S, SHUKLA A K, et al. Synthesis of $\mathrm{LiCo_{1-x}Ni_xO_2}$ from a low temperature solution combustion route and characterization[J]. Journal of Power Sources, 2002, 112(2): 665-670.

[77] RAJA M W, MAHANTY S, GHOSH P, et al. Alanine-assisted low-temperature combustion synthesis of nanocrystalline $\mathrm{LiMn_2O_4}$ for lithium-ion batteries[J]. Materials Research Bulletin, 2007, 42(8): 1499-1506.

[78] 王桢. 稀土掺杂富锂 NiCoMn 三元正极材料燃烧合成和包覆改性[D]. 哈尔滨: 哈尔滨工业大学, 2021.

[79] QIAN G N, ZHANG Y T, LI L S, et al. Single-crystal nickel-rich layered-oxide battery cathode materials: Synthesis, electrochemistry, and intra-granular fracture[J]. Energy Storage Materials, 2020, 27: 140-149.

[80] YOO Y W, KANG C Y, KIM H K, et al. Enhanced structure/interfacial properties of single-crystal Ni-rich $\mathrm{LiNi_{0.92}Co_{0.04}Mn_{0.04}O_2}$ cathodes synthesized via LiCl-NaCl molten-salt method[J]. Energy & Environmental Materials, 2025, 8(1): e12778.

[81] NUNES B N, VAN DEN BERGH W, STRAUSS F, et al. The role of niobium in layered oxide cathodes for conventional lithium-ion and solid-state batteries [J]. Inorganic Chemistry Frontiers, 2023, 10(24): 7126-7145.

[82] XIN F X, ZHOU H, ZONG Y X, et al. What is the role of Nb in nickel-rich layered oxide cathodes for lithium-ion batteries? [J]. ACS Energy Letters, 2021: 1377-1382.

[83] TIAN F, ZHANG Y Z, LIU Z Z, et al. Investigation of structure and cycling performance of $\mathrm{Nb^{5+}}$ doped high-nickel ternary cathode materials[J]. Solid State Ionics, 2021, 359: 115520.

[84] PARK N Y, KIM S B, KIM M C, et al. Mechanism of doping with high-valence elements for developing Ni-rich cathode materials[J]. Advanced Energy Materials, 2023, 13(34): 2301530.

[85] LI Z, YI H, LI X D, et al. Enhancing the cycling and rate performance of Ni-rich

cathodes for lithium-ion batteries by bulk-phase engineering and surface reconstruction[J]. ACS Applied Materials & Interfaces, 2024, 16(22): 28537-28549.

[86] VANAPHUTI P, MANTHIRAM A. Enhancing the Mn redox kinetics of $LiMn_{0.5}Fe_{0.5}PO_4$ cathodes through a synergistic co-doping with niobium and magnesium for lithium-ion batteries[J]. Small, 2024, 20(47): 2404878.

[87] 王世敏,许祖勋.纳米材料制备技术[M].北京:化学工业出版社,2002.

[88] 迪安 J A.兰氏化学手册[M].2 版.魏俊发,译.北京:科学出版社,2003.

[89] 刘海涛,杨郦,林蔚.无机材料合成[M].2 版.北京:化学工业出版社,2011.

[90] 朱继平,闫勇.无机材料合成与制备[M].合肥:合肥工业大学出版社,2009.

[91] 顾少轩.材料的化学合成、制备与表征[M].武汉:武汉理工大学出版社,2016.

[92] 李宝让.纳米熔盐合成技术[M].北京:中国建材工业出版社,2014.

第3章　正极材料化学成分表征与分析

锂离子电池正极材料化学成分的主要研究方法有滴定分析法、重量分析法、光谱分析法等。通过多种方法相结合来表征和分析所制备材料的化学组成、元素分布、价态等。正极材料成分分析主要分为掺杂元素成分分析和主体元素成分分析。掺杂元素成分分析由于掺杂元素含量较低，分析方法相对简单。根据掺杂元素的含量和种类可以采用吸光光度法、电感耦合等离子体发射光谱法（ICP-OES）、电感耦合等离子体质谱法（ICP-MS）、原子吸收光谱法（atomic absorption spectroscopy，AAS）等。主体元素成分分析由于元素含量高，如果采用常规的低含量杂质元素的分析方法，容易产生较大的误差，所以主体元素分析通常采用滴定法。如果主体元素中个别元素含量相对较低（如 Li），也可采用 ICP-OES、AAS 等。《锂离子电池用炭复合磷酸铁锂正极材料》（GB/T 30835—2014）中也规定磷酸铁锂中 Li 的分析采用ICP-OES方法。

3.1　滴定分析法

滴定分析法是将一种已知准确浓度的标准溶液，用滴定管滴加到被测物质的溶液中，直到化学反应按照计量比完成为止；然后测量标准溶液消耗的体积，根据标准溶液的浓度和所消耗的体积，算出待测物质的含量。滴定分析法适用于常量组分的测定，比重量分析法简便、快速，准确度也较高，因此应用比较广泛。根据反应类型的不同，滴定分析法可分为酸碱滴定法、络合滴定法和氧化还原滴定法等。

3.1.1　酸碱滴定法

酸碱滴定又称为中和滴定，是依据酸碱反应来做定量分析的方法。最常用的标准溶液是 HCl 与 NaOH 溶液，有时也用 H_2SO_4 和 HNO_3。溶液摩尔浓度常配成 0.1 mol/L，如太浓，消耗试剂太多，造成浪费；太稀，则滴定突跃小，得不到准确的结果。正极材料的工业生产中对原料种类选取、投料比准确要求是很严格的，而产品中各元素的含量直接影响材料的性能，因此对原料及产物中的各元素含量的准确测定是非常重要的。工业生产中主要采用酸碱滴定法测定 Li 含量、氢氧根和碳酸根含量等。

1. 酸碱滴定法测定 Li 含量

测定 Li 含量所用的主要试剂为浓 HCl、溴甲酚绿和甲基红混合指示剂。首先配制 0.1 mol/L的标准 HCl 溶液，精确称取一定量 Li_2CO_3 于锥形瓶中，然后加入适量的去离子水，加热使之完全溶解，再加入 1 ~ 2 滴溴甲酚绿和甲基红混合指示剂，用 HCl 标准溶液滴定待测溶液，当溶液由绿色变为浅粉红色时，为滴定终点。平行滴定 3 份，以保证精确。

Li_2CO_3 的体积分数按式（3.1）计算：

$$\varphi(Li_2CO_3) = V \cdot c \cdot 0.036\,94 \cdot \frac{100}{m} \tag{3.1}$$

Li 的体积分数的计算式为

$$\varphi(Li) = \varphi(LiCO_3) \cdot 2 \cdot 6.941 \cdot \frac{100}{M} \tag{3.2}$$

式中 $\varphi(Li_2CO_3)$——碳酸锂的体积分数,%;
V——盐酸标准溶液的用量,mL;
c——盐酸标准溶液的浓度,mol/L;
m——样品质量,g;
M——Li_2CO_3 的摩尔质量,g/mol;
$\varphi(Li)$——Li 的体积分数;
0.036 94——每毫摩尔 1/2(Li_2CO_3)相当的克数。

2. 酸碱滴定法测定氢氧根和碳酸根的含量

首先测定氢氧根和碳酸根的总碱含量,所用的指示剂为甲基红-亚甲基蓝,采用 HCl 溶液作为标准溶液。向溶液中加氯化钡,盐酸作为标准溶液,酚酞作为指示剂,使碳酸根沉淀后测得氢氧根含量。试样中的总碱含量减去氢氧根的含量,即可得出碳酸根的含量。

精确配制 0.01 mol/L 的标准 HCl 溶液待用,称取适量样品于锥形瓶中,加去离子水分散,搅拌半小时,直接过滤,滤液备用。然后移取 10 mL 滤液于锥形瓶中,加 2 滴甲基红-亚甲基蓝,并不断搅拌,用标准 HCl 溶液滴定至终点(由绿色变成红紫色为止),记录消耗的标准 HCl 溶液体积,即为碳酸根和氢氧根消耗标准 HCl 溶液的总体积 V_1。另移取 10 mL滤液于锥形瓶中,加体积分数为 33% 的氯化钡溶液,使碳酸根和硫酸根沉淀,再加上 2 滴酚酞指示剂,若不呈现红色,说明不存在氢氧根,如果呈现红色,说明滤液中含氢氧根,在充分搅拌下用标准 HCl 溶液滴定至红色消失,记录消耗的盐酸体积 V_2。

按式(3.3)和式(3.4)分别计算氢氧根和碳酸根的浓度:

$$c(OH^-) = \frac{c \times V_2 \times 17}{1\,000 \times m \times \frac{V_3}{100}} \times 100\% \tag{3.3}$$

$$c(CO_3^{2-}) = \frac{c(V_1 - V_2) \times 60}{1\,000 \times m \times \frac{V_4}{100}} \times 100\% \tag{3.4}$$

式中 V_1——滴定总碱度消耗盐酸的体积,mL;
V_2——滴定氢氧根消耗盐酸的体积,mL;
V_3——分取测定氢氧根试液的体积,mL;
V_4——分取测定碳酸根试液的体积,mL;
m——称样量,g。

3.1.2 络合滴定法

络合滴定法是以络合反应为基础的滴定分析方法,络合反应广泛应用于分析化学的各种分离与测定中。以镍钴锰酸锂正极材料为例,Mn 含量的测定是以铬黑 T 为指示剂,用 EDTA 标准溶液进行络合滴定。但在三元体系材料中,镍离子和钴离子会对铬黑 T 产生封闭作用,应以 KCN 作为掩蔽剂来消除封闭现象。

检测所用的主要试剂有 EDTA 标准溶液(0.025 mol/L)、固体铬黑 T 指示剂、体积分数为 10%的 KCN 溶液、氨-氯化铵缓冲溶液(pH=10)。以 $Li_{\delta}Ni_{1-x-y}Co_xMn_yO_2$ 为例,准确称取 2 g(精确至 0.000 1 g)样品置于 200 mL 烧杯中,加少量水润湿,加入 20 mL HCl(体积比为 1∶1),加热溶解并蒸发至近干,冷却后转移至 200 mL 容量瓶中,稀释至刻度。移取上述试样溶液 10.00 mL,置于锥形瓶中,加入 50 mL 蒸馏水,加入 1 g 抗坏血酸,抗坏血酸溶解后加入 10~12 mL、10% KCN,再加入 10 mL 氨-氯化铵缓冲溶液(pH=10),以固体铬黑 T 为指示剂,用 EDTA 标准溶液(0.025 mol/L)滴定至溶液由紫红色变为绿色即为终点。

Mn 的质量分数(w_{Mn})按式(3.5)计算:

$$w_{Mn}=\frac{c\cdot V\cdot 54.95\cdot 2}{m_0}\times 100\% \tag{3.5}$$

式中 c——EDTA 标准溶液的物质的量浓度,mol/L;

V——滴定所消耗的 EDTA 标准溶液经校正后的体积,mL;

m_0——试样的质量,g;

54.95——锰的摩尔质量,g/mol。

如陈平等研究了在大量干扰元素锰、钴存在的情况下,丁二酮肟沉淀-EDTA 滴定法测定正极材料中镍的含量的方法。研究结果表明,该方法标准偏差小于 0.054,变异系数小于 0.20%,回收率为 99.63%~100.5%。

3.1.3 氧化还原滴定法

氧化还原滴定法是以氧化还原反应为基础的滴定方法,它的应用非常广泛,能直接或间接测定很多无机物和有机物。在正极材料的元素含量分析中,氧化还原滴定法也是一种常用的检测手段,$LiCoO_2$ 是目前常用的锂离子电池正极材料的一种,其电化学性能与材料中 Li、Co 的比值和 Co^{2+} 的含量有相当大的关系。在定量分析 Co^{2+} 的含量前,需要采用络合滴定法测出 Co 的总量,采用氧化还原滴定法测出 Co^{3+} 的含量,再用 Co 的总量减去 Co^{3+} 的含量,即可定量分析出 Co^{2+} 的含量。

准确称取一定量 $LiCoO_2$ 样品于锥形瓶中,加入 HCl 加热溶解;向锥形瓶中加入一定体积的 EDTA 标准溶液,加入二甲基酚橙指示剂,滴加氨水至溶液由黄色变成橙红色,控制溶液在 pH=6 左右,再加入 10 mL、200 g/L 六次甲基四胺溶液,用 Zn 标准溶液滴定溶液由黄变红,停止滴定。

样品中 Co 的总物质的量由式(3.6)计算:

$$n_{Co}=(cV)_{EDTA}-(cV)_{Zn} \tag{3.6}$$

然后准确称取 50 mg $LiCoO_2$ 样品于碘量瓶中,加入 10 mL H_2SO_4-H_3PO_4(体积比为 1∶1)混合溶液,准确加入 10 mL、0.100 0 mol/L $(NH_4)_2Fe(SO_4)_2\cdot 6H_2O$ 标准溶液,立即向碘量瓶中充入 N_2 排除溶液中的空气,盖好盖子,防止 Fe^{2+} 被氧化。并通过磁力搅拌溶解 $LiCoO_2$ 样品。溶解过程中,发生反应如式(3.7)所示:

$$Co^{3+}_{(s)}+Fe^{2+}_{(l)}\longrightarrow Co^{2+}_{(l)}+Fe^{3+}_{(l)} \tag{3.7}$$

待溶解完全后,加入二苯胺磺酸钠指示剂,用 $K_2Cr_2O_7$ 标准溶液滴定至溶液变为蓝紫

色,将剩余的 Fe^{2+}滴定完全,停止滴定。样品中 Co^{3+}的物质的量由式(3.8)计算:

$$n_{Co^{3+}}=(cV)_{Fe^{2+}}-6\ (cV)_{K_2Cr_2O_7} \tag{3.8}$$

样品中 Co^{2+}的含量用 Co 总量减去 Co^{3+}的含量即可得到。

GB/T 30835—2014 中规定磷酸铁锂中铁含量的分析采用重铬酸钾标准溶液滴定法。磷含量的分析采用磷钼酸铵滴定法。

3.1.4 操作实例

伍一根等通过乙二胺四乙酸(EDTA)二钠络合滴定法测定三元总量。通过电位滴定法测定锰含量,在氨水溶液中,用过硫酸铵分离锰、掩蔽钴之后,同样采用乙二胺四乙酸二钠络合滴定法测定镍含量,最后采用差减法得出钴含量。选用合适的分析条件,进行了准确度和精密度试验,数据结果显示该方法可以满足实际分析工作的需要。

称量 0.580 0 g 样品至 250 mL 烧杯中,加入少许水、10 mL 盐酸,低温溶解煮沸,冷却,移入 250 mL 容量瓶中,取 20 mL 于 250 mL 三角瓶中。加入 80 mL、50 ℃水,加入2 g 盐酸羟胺,用氨水调 pH 至 7,加入 20 mL 缓冲液(pH=10),用 EDTA 预滴定至终点前 1~2 mL,加入 0.1 g 紫脲酸铵(1%),继续滴定至溶液呈亮紫色为终点,计算三元含量的质量摩尔浓度 $m_{三元}$。

称量 0.580 0 g 样品至 250 mL 烧杯中,加入少许水、10 mL 盐酸,低温溶解煮沸,冷却,移入 250 mL 容量瓶中,取 20 mL 于 250 mL 烧杯中,放入一枚磁力搅拌子,加入30 mL 饱和焦磷酸钠,用硫酸(20%)及氨水(50%)调 pH 至 6.5~7.5,在电位滴定仪上,钨电极作为参比电极、铂电极作为指示电极,用高锰酸钾标准溶液滴定至终点,计算锰的质量摩尔浓度 m_{Mn}。

称量 1.000 0 g 样品至 250 mL 烧杯中,加入少许水、10 mL 盐酸,低温煮沸,冷却,移入 250 mL 容量瓶中,取 20 mL 于 300 mL 烧杯中,加水至 80 mL,加氨水 10 mL,加过硫酸铵 1.0 g,溶解后,低温加热至沸腾后,取下放置 3 min 后过滤,烧杯及滤纸用 5% 的氨水洗涤数遍,滤液在中温电炉上加热至沸腾后,立即取下,冷却至 40~50 ℃,加入 20 mL 缓冲液(pH=10),紫脲酸铵 0.1 g,用 EDTA 标准溶液滴定到亮紫色为终点,计算镍的质量摩尔浓度 m_{Ni}。

三元素百分含量的计算式如下:

$$w_{Ni}(\%)=m_{Ni}\times 58.69\times 100$$

$$w_{Mn}(\%)=m_{Mn}\times 54.94\times 100$$

$$w_{Co}(\%)=(m_{三元}-m_{Ni}-m_{Mn})\times 58.93\times 100$$

邓攀等首先采用 EDTA 滴定镍钴锰的总量;其次用硫酸亚铁铵滴定溶液中的锰含量;然后在氨水环境中,使用过硫酸铵将 Co^{2+}氧化为 Co^{3+},并将二价锰氧化成沉淀物除去,对滤液进行 EDTA 滴定得到 Ni 的含量;最后用差减法推出 Co 含量。

试样采用稀盐酸加过氧化氢溶解,过氧化氢的加入可以使锰以+2 价的形式稳定存在,并且加快溶样速度,过剩的过氧化氢加热除去。取一定量的浸出溶液加入三角瓶中,加入抗坏血酸溶液,并用氨水缓冲溶液调至 pH=9,摇匀,于电炉上加热至微微冒雾时,加入紫脲酸胺指示剂,用 EDTA 标准溶液滴定至黄色变为淡紫色为终点,从而得出镍、钴、锰总含量。

测定镍时,因为二价钴和锰会同时被 EDTA 滴定,对镍的测定造成干扰。由于在氨性介质中,氨与三价钴的配合能力较 EDTA 更强,所以可以采用过硫酸铵氧化的方法将二价钴氧化为三价钴,同时锰也被氧化为氢氧化锰沉淀,过滤后再对滤液进行之前的 EDTA 标准溶液配合滴定,即可得到单一的镍含量。

另取一定体积的溶解试样加入适量的磷酸和高氯酸,加热冒烟完全,使二价锰全部被氧化为三价锰的形式,加水稀释后,冷却至室温,用硫酸亚铁铵标准溶液滴定至微红色时,加入 N-苯代邻氨基苯甲酸作为指示剂,再继续用硫酸亚铁铵标准溶液滴定至樱桃红色变亮绿色为终点。钴含量的测定可以采用差减法,利用之前测得的镍钴锰的总量减去锰和镍的含量即可推算出。

3.2 重量分析法

重量分析是通过称量物质的质量进行测定的。测定时,通常先用适当的方法使被测组分与其他组分分离,然后称重,由称得的质量计算该组分的含量。以镍钴锰酸锂正极材料为例,Ni 含量的测定采用重量分析法。在含有酒石酸的氨性介质中,以丁二酮肟为沉淀剂,与金属镍离子形成螯合物,形成两个五原子环。Co 含量的测定依然采用重量分析法,所选用的沉淀剂为 1-亚硝基-2-萘酚。在 HAc 介质中,1-亚硝基-2-萘酚与金属钴离子形成具有配位键的螯合物。

3.2.1 Ni 含量的测定

以 $Li_{\delta}Ni_{1-x-y}Co_xMn_yO_2$ 为例,准确称取 2 g(精确至 0.000 1 g)样品置于 200 mL 烧杯中,加少量水润湿,加入 20 mL HCl(体积比为 1∶1),加热溶解并蒸发至近干,冷却后转移至 200 mL 容量瓶中,稀释至刻度。移取上述试样溶液 20.00 mL,置于 200 mL 烧杯中,加入 5~10 mL、10% 酒石酸溶液,滴加 10% 氨水至溶液变为紫色,加热至 75~80 ℃,在搅拌下加入60~70 mL、1% 丁二酮肟溶液,保温 15~30 min,冷却放置 1 h。用已恒重的 3 号玻璃砂芯滤埚抽滤,分别用氨水(体积比为 3∶97)及蒸馏水洗涤烧杯和沉淀,于 110~120 ℃下烘干至恒重。

Ni 的质量分数(w_{Ni})按式(3.9)计算:

$$w_{Ni}=\frac{(m_2-m_1)\times 58.69\times 1\,000}{m_0\times 288.922}\times 100\% \tag{3.9}$$

式中 m_0——试样的质量,g;

m_1——已恒重的空滤锅的质量,g;

m_2——已恒重的沉淀及滤锅的质量,g;

58.69——镍的摩尔质量,g/mol;

288.922——丁二酮肟镍的摩尔质量,g/mol。

3.2.2 Co 含量的测定

以 $Li_{\delta}Ni_{1-x-y}Co_xMn_yO_2$ 为例,准确称取 2 g(精确至 0.000 1 g)样品置于 200 mL 烧杯中,加少量水润湿,加入 20 mL HCl(体积比为 1∶1),加热溶解并蒸发至近干,冷却后转移至 200 mL 容量瓶中,稀释至刻度。移取上述试样溶液 20.00 mL,置于 200 mL 烧杯中,加入 10 mL HAc 溶液，加热至沸腾，在搅拌下加入 70～80 mL、1% 1-亚硝基-2-萘酚溶液，冷却放置1 h。用已恒重的 4 号玻璃砂芯滤埚抽滤，分别用热蒸馏水、33% HAc 溶液、热蒸馏水洗涤烧杯和沉淀，于 110～120 ℃下烘干至恒重。

Co 的质量分数(w_{Co})按式(3.10)计算：

$$w_{Co}=\frac{(m_2-m_1)\times 58.93\times 1\ 000}{m_0\times 611.436}\times 100\% \tag{3.10}$$

式中 m_0——试样的质量，g；

m_1——已恒重的空滤锅的质量，g；

m_2——已恒重的沉淀及滤锅的质量，g；

58.93——钴的摩尔质量，g/mol；

611.436——1-亚硝基-2-萘酚的摩尔质量，g/mol。

3.3 光谱分析法

光是一种电磁波，由电磁波按波长或频率有序排列的光带（图谱）称为光谱，基于测量物质的光谱而建立的分析方法称为光谱分析法。发射光谱分析的特点是多元素同时测定，方法快速简便，特别适用于地质找矿、环境监测、化工、能源及钢铁冶金方面试样的分析。在电池正极材料的化学组成分析中，光谱分析法已经得到较为普遍的应用。

3.3.1 紫外和可见吸收光谱法

紫外吸收光谱法的测试原理是基于物质对不同波长的紫外光的吸收来测定物质成分和含量的方法。紫外吸收光谱中有机分子的价电子在入射光的作用下由基态跃迁到激发态。因此紫外吸收光谱法运用十分普遍，通过利用材料中不同的分子结构在不同的紫外波段对光具有选择吸收的特性来测量其结构，并进一步对材料的紫外特性进行定性的分析，根据紫外光谱吸收峰的位置、吸光度及其禁带宽度等特征对其进行合理的分析。

当一束单色光射到溶液时，由于物质对光的吸收有选择性，一部分光不被吸收而透过溶液，另一部分光被溶液所吸收，溶液对单色光的吸收遵守郎伯-比尔（Lambert-Beer）定律，其公式如式(3.11)所示。通过入射的波长可以测定其物质成分及其含量。

$$A=\lg\frac{I_0}{I_t}=\varepsilon\cdot c\cdot L \tag{3.11}$$

式中 A——溶液的吸光度值，表示溶液对光的吸收程度；

I_0——入射光的强度；

I_t——透过光的强度；

c——溶液中溶质的物质的量浓度，mol/L；

L——样品溶液的光程，cm；

ε——摩尔吸收系数。

市场上常把 $LiMnO_2$ 作为锂离子电池正极材料，通过 $LiMnO_2$ 溶于硝酸中的部分无机离子对紫外光的吸收并结合相关的计算方法来分析 $LiMnO_2$ 的禁带宽度。试验所用主要仪器和试剂为：紫外-近红外分光光度计，浓硝酸、过氧化氢、去离子水。首先称取适量

$LiMnO_2$ 放入烧杯 1 中,加入适量去离子水,搅拌 40 min 标记为 1#样品;称取适量 $LiMnO_2$ 放入烧杯中,加入等量的硝酸和过氧化氢(4∶1),按搅拌时间为 40 min、80 min 和120 min 时分别取样作为 2#、3#和 4#样品。紫外可见光测试时在光度计开启 30 min 后,首先进行基线定位,然后将样品依次放入石英比色皿(1 cm)进行测试。扫描范围为250～600 nm。测试结果如图 3.1 所示。

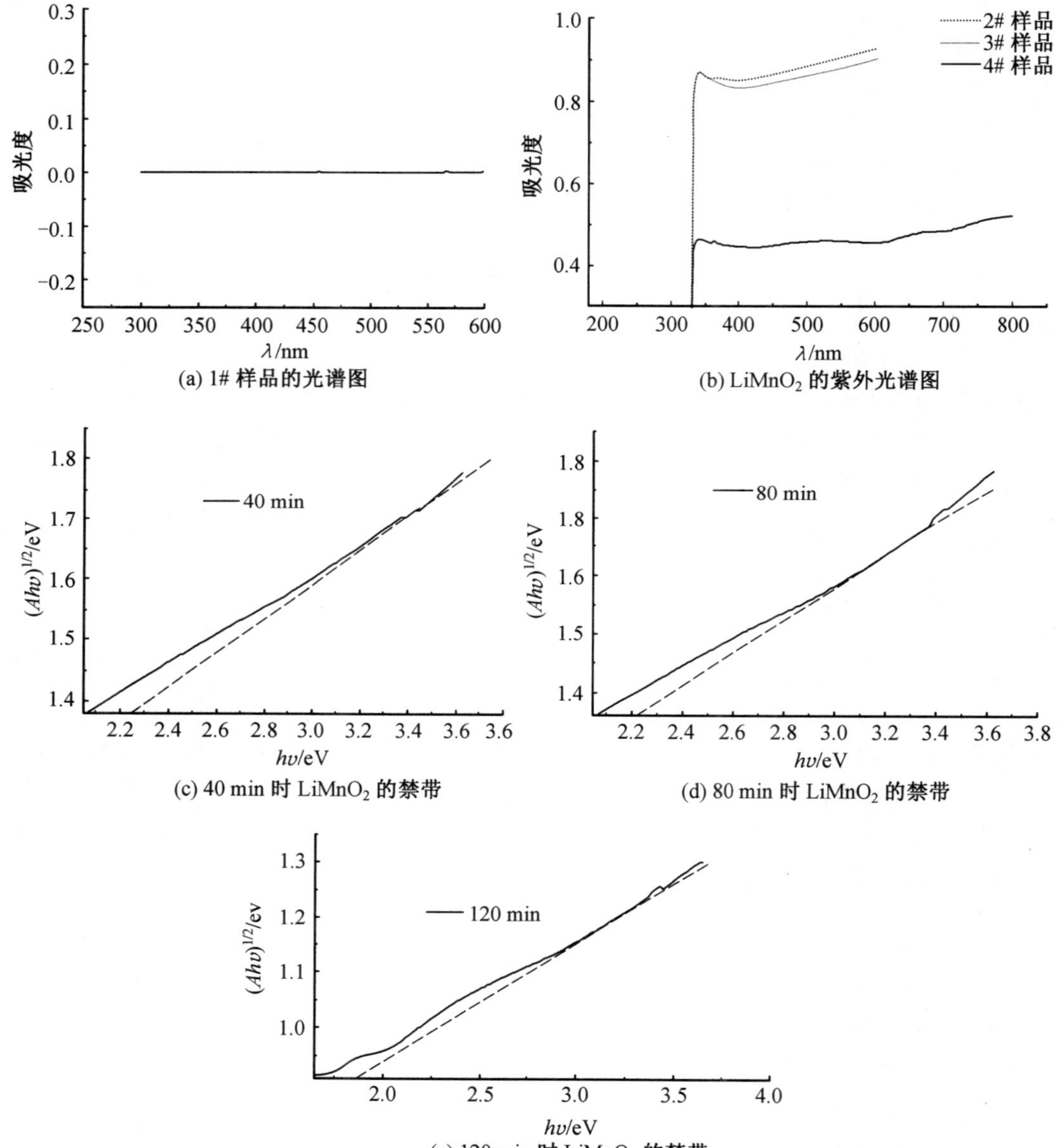

(a) 1# 样品的光谱图

(b) $LiMnO_2$ 的紫外光谱图

(c) 40 min 时 $LiMnO_2$ 的禁带

(d) 80 min 时 $LiMnO_2$ 的禁带

(e) 120 min 时 $LiMnO_2$ 的禁带

图 3.1　$LiMnO_2$ 的紫外光谱图

除去基线后,1#样品中没有吸收峰,其原因是 $LiMnO_2$ 在水中的溶解度非常小,1#样品中 $LiMnO_2$ 悬浊水溶液影响了紫外可见光的吸收。2#、3#和 4#样品可以明显地观察到在 386 nm 处有一个明显的吸收峰，即 $LiMnO_2$ 溶于过氧化氢和硝酸的溶液中有明显的吸收峰，且波峰曲线非常明显。2#、3#和 4#样品的提取时间分别是 40 min、80 min 和 120 min，可以看出 $LiMnO_2$ 吸收峰在不同的时间其波形不一样，在 40 min 时，362 nm 处有明显吸收峰，其吸光度为 0.875；在 80 min 时，360 nm 处有个明显的吸收峰，其吸光度为 0.85；在 120 min 时，342 nm 处有明显的吸收波长，其吸光度为 0.46。可以知道，随着时间的推移其吸收波长并没有多大的改变，但当超过一定的时间时，其吸光度有着明显的降低。

通过以 $h\upsilon$ 横轴，$(Ah\upsilon)^{1/2}$ 为纵轴，画出 $LiMnO_2$ 的紫外光谱图 3.1(c) ~ (e)，其中 h 为普朗克常数，A 为吸光度。其虚线通过横坐标的截点即为其所得的禁带宽度，根据紫外图谱可知 40 min 时其禁带宽度为 2.24 eV，80 min 时其禁带宽度为 2.22 eV，120 min 时其禁带宽度为 1.85 eV，即在 40 min 和 80 min 时其禁带宽度并没有大的变化，但在 120 min 时其吸光度明显下降，禁带宽度明显减小，即 $LiMnO_2$ 在过氧化氢和 HNO_3 溶液中溶解时间越长，禁带宽度测试值越小。其可能的原因是在浓 HNO_3 中 $LiMnO_2$ 的结构随时间的推移可能遭到严重破坏，能级发生分裂。

3.3.2 原子吸收光谱法

原子吸收光谱法又称原子分光光度法，是基于待测元素的基态原子蒸汽对其特征谱线的吸收，由特征谱线的特征性和谱线被减弱的程度对待测元素进行定性和定量分析的一种仪器分析的方法。原子吸收光谱法具有干扰少、简便、快速等优点，在元素含量测定上应用较广泛。

在锂离子电池正极材料合成的产业化进程中，对高含量的锂进行快速、准确的控制分析和样品系统分析具有重要意义。作为锂电池正极材料之一的磷酸铁锂因具有容量特性理想，大电流放电衰减程度低，大功率放电提供能力强，低成本、环境友好等优点，而被广泛应用。该材料中锂的含量对其电化学性能有重要的影响，故对其锂含量的测定变得尤为重要，可采用原子吸收光谱分析法进行测定。以磷酸铁锂复合碳材料为例，试验所用主要仪器和试剂为：原子吸收光谱仪，超高纯硝酸(1∶1)、锂标准溶液(100 mg/L)。称取待测试样 0.5 g 于 50 mL 烧杯中，加少量水润湿，加入 10 mL HNO_3(1∶1)，加热至完全溶解，用 4 号沙芯漏斗滤掉多余的碳，收集滤液转入 100 mL 容量瓶中，定容。分别吸取一定量的此溶液，加入不同浓度的 Li 标准溶液，定容。用去离子水调零点，扣除试剂空白。测定 Li 的吸光度，曲线与横坐标轴的截距即为 Li 的浓度值。

在分析正极材料中高含量的镍、钴、锰元素方面，原子吸收光谱法快速简便，只要条件控制得当，测定含量成分具有较好的准确度。试验所用主要仪器和试剂为：原子吸收分光光度计，镍标准溶液(1.000 mg/mL)、钴标准溶液(1.000 mg/mL)、锰标准溶液(1.000 mg/mL)。在相应的仪器工作条件下，根据正极材料中钴、镍、锰的含量，分别移取一定体积的钴、镍、锰标准溶液于 50 mL 容量瓶中，用水稀至所需刻度，摇匀，以蒸馏水作为空白，偏转燃烧头或采用次灵敏线，依次测定吸光度值。试验过程中，先准确称取锂离子电池正极材料 0.100 0 g 于 100 mL 烧杯中，用少量水润湿，加入 HCl(1∶1)5 mL，盖上表面皿后，置于电热板上加热溶解(若有不溶物，补加 30% H_2O_2 数滴)。待样品完全溶解后，取下稍冷，用蒸馏水冲洗表面皿，转入 100 mL 容量瓶中，定容，然后按试验方法进行测定。由于正极材料中钴、镍、锰含量较高，若采用灵敏线测定，样品稀释倍数必须很大，会有较大的误差,测定这几个项目时,可将燃烧头偏转一定角度,或采用次灵敏线的方法来扩大线性范围,以提高测定的准确度。

3.3.3 原子发射光谱分析法

原子发射光谱分析法是利用物质中不同的原子或离子在外层电子发生能级跃迁时产生的特征辐射来测定物质化学组成的方法。在激发光源的作用下,部分样品物质处于高温气体状态,并且离解成原子甚至电离成离子,因而在外层电子发生能级跃迁时发射出来的是一些分得开的、频率范围非常窄的线光谱。利用原子或离子所发射的特征光谱线的波长和强度来测定组成物质的元素种类及其含量的方法称为原子发射光谱分析法,简称发射光谱分析。获得样品发射光谱的示意图如图3.2所示。将被测样品置于B处,用适当的激发光源进行激发,样品中的原子就会辐射出特征光,经外光路照明系统L聚焦在入射狭缝S上,再经准直系统O_1使之成为平行光,经色散元件P把光源发出的复合光按波长顺序色散成光谱,暗箱物镜系统O_2把色散后的各光谱线聚焦在感光板F上,最后把感光板经过暗室处理就得到了样品的特征发射光谱。

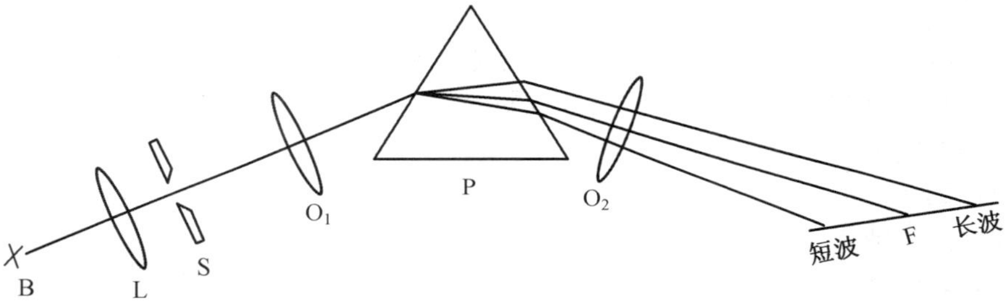

图3.2 获得样品发射光谱的示意图

发射光谱分析用等离子体(plasma)光源中,以电感耦合高频等离子体焰炬(inductively coupled plasma,ICP)的研究和应用最为广泛深入。等离子体是一个普遍的概念,它是物质的第四态,是一种在一定程度上(通常指电离度0.1%以上)被电离了的气体。等离子体中,电子和正离子的浓度处于平衡状态,从宏观上看是电中性的。在正极材料的杂质元素测定分析中,电感耦合等离子体发射光谱法(ICP-AES)应用比较广泛。通过该方法可以准确测定杂质元素的含量,对控制产品质量很重要。

ICP是利用电感耦合等离子体作为激发源,根据处于激发态的待测元素原子回到基态时发射的特征谱线对待测元素进行分析的方法,可进行多元素同时分析,适合近70种元素的分析。ICP有很低的检测限,一般可达到$10^{-1}\sim10^{-5}$ μg/cm^3,且稳定性很好,精密度很高,相对偏差在1%以内,因此定量分析效果很好,线性范围可达4~6个数量级。相对而言,ICP对非金属元素的检测灵敏度不高。

在锂电池行业中,普遍认为钠离子会占据锂离子的位置,钠离子的存在会降低材料的克容量。因此不管是三元前驱体,还是电池级碳酸锂,都要严格控制钠含量。而三元前驱体的制作,目前主要是采用NaOH共沉淀法制作,因此三元正极材料中钠的含量是一个关键指标。采用ICP-AES方法测定正极材料中钠含量的主要仪器及试剂有:电感耦合等离子发射光谱仪,Na标准储备溶液(1.00 g/L)、Na标准系列溶液(由Na标准储备溶液逐级稀释而得到,质量浓度分别为 0 mg/L、0.50 mg/L、1.00 mg/L、2.00 mg/L、3.00 mg/L、5.00 mg/L)、介质均为 2% 的盐酸。准确称取(0.200 0±0.000 2) g 待测样品,移入塑料烧杯中,用少量水润湿,加入 10 mL 盐酸,在电炉上低温加热直至样品完全溶解,待溶液浓缩至 5 mL 左右时,取下冷却,转入 100 mL 容量瓶中。加 2 mL 盐酸,以水稀释至刻度,摇匀后立即转入干燥的塑料瓶中。同时随样品配制试剂空白溶液。采用垂直观测方式,用电感耦合等离子体发射光谱法测定锂离子电池三元正极材料中的杂质元素钠。

钴酸锂是制备锂离子电池的正极材料,其中的杂质元素镍、铁、钠、钙的含量对电极材料的性能有直接影响。因此,准确测定其杂质含量,对控制产品质量非常重要。上述元素采用原子吸收法测定的居多,但在 AAS 法中钙、钠均为易电离元素,需加入电离抑制剂,致使空白值较高。在 ICP 法中,6 000 K 的高温下,电子密度较高,会抑制电离,使得 ICP 光源的电离干扰效应较小,测定简便、快速。因此选择 ICP-AES 法进行镍、铁、钠、钙的测定。试验的主要仪器和试剂有:电感耦合高频等离子发射光谱仪,HCl 为 mos 级,镍、铁、钠、钙混合标准溶液均为 100.0 μg/mL。配制镍、铁、钠、钙的混合标准系列溶液,于 ICP-AES 仪器上进行试验。ICP-AES 法测定镍、铁、钠、钙分析线的选择结果见表 3.1。

表 3.1 ICP-AES 法测定镍、铁、钠、钙分析线的选择结果

元素	谱线类型	波长 λ/nm	理论检出限/($\mu g \cdot mL^{-1}$)
Ni	Ⅱ	216.556	0.017
Fe	Ⅰ	240.488	0.011
Na	Ⅱ	588.995	0.029
Ga	Ⅱ	393.366	0.000 19

3.3.4 质谱法

分子受到裂解后,形成带正电荷的离子,这些离子按照其质量 m 和电荷 z 的比值 m/z(质荷比)大小依次排列成谱被记录下来,称为质谱(mass spectrometry, MS)。进行质谱分析的仪器称为质谱仪。质谱分析法的应用范围广、灵敏度高、样品用量少、分析速度快,并可实现多组分同时检测。典型的质谱仪一般由进样系统、离子源、质量分析器、检测器组成。此外,还包括真空系统、供电系统和数据处理系统等辅助设备。图 3.3 所示为质谱仪的方块图。对于不同种类和不同用途的质谱仪,其结构有所不同。

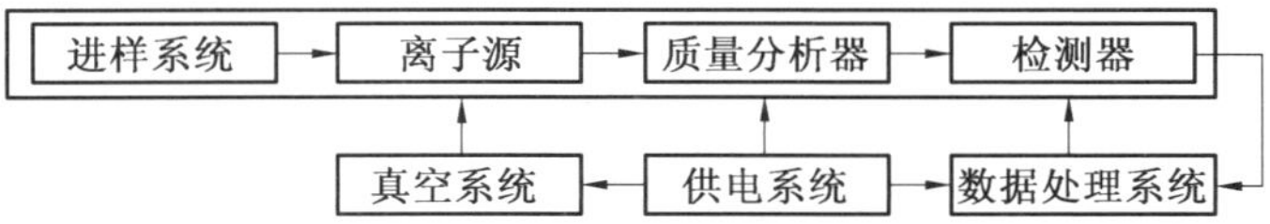

图 3.3 质谱仪的方块图

夏青等通过电感耦合等离子质谱仪(ICP-MS)准确地分析 $LiNi_{0.5}Co_{0.2}Mn_{0.3}O_2$ 正极材料中 Ni、Co、Mn 元素的组成,可以看出,扣除空白样品(稀酸)中对应杂质元素浓度,经过物质的量比换算,所制备的 $LiNi_{0.5}Co_{0.2}Mn_{0.3}O_2$ 样品中 Ni、Co、Mn 等 3 种元素原子物质的量比例非常接近 5∶2∶3(表 3.2),符合设计要求的总体元素原子比例。

表 3.2 $LiNi_{0.5}Co_{0.2}Mn_{0.3}O_2$ 的 ICP-MS 测试结果

样品	Ni/(mg · g^{-1})	Co/(mg · g^{-1})	Mn/(mg · g^{-1})	Ni : Co : Mn
$LiNi_{0.5}Co_{0.2}Mn_{0.3}O_2$	0.753	0.305	0.447	5 : 2 : 3
blank	227	84	214	—

3.3.5 能量色散 X 射线光谱分析

X 射线光谱分析可以分成波长色散和能量色散两类。波长色散 X 射线光谱分析可以将试样中各种元素所发射的 X 射线分辨开来,以便进行测定,被称为能量色散 X 射线光谱分析(energy dispersive X-ray analysis,EDX 或 energy dispersive spectroscopy,EDS)。能量色散 X 射线分析装置包括激发源、信号检测系统和数据处理系统等几部分。EDX 可用于周期表中大多数元素的定性和定量分析,它既可以单独使用,又可以作为实验室其他分析手段的重要补充。

在 EDX 测试仪中,可以进行取点元素分析、线性元素扫描分析及面元素的整体分析。其中,EDX 面元素分析常被用于正极材料的表面元素分布的定性和定量分析。图 3.4所示为 $LiNi_{0.5}Co_{0.2}Mn_{0.3}O_2$ 梯度材料的 Ni、Co、Mn 元素分布图(EDX 面扫)和 EDX 能谱图。从图中可以清晰地看到,Ni、Co、Mn 元素均匀分布在球形颗粒上,其中 Ni、Co、Mn 元素的原子比例近似等于4.6 : 2 : 3.4,略区别于 $LiNi_{0.5}Co_{0.2}Mn_{0.3}O_2$ 材料的理论值5 : 2 : 3,这是因为场发射扫描电子显微镜的能谱仪电子穿透能力较小,只能获取表面元素原子的信息,表明梯度

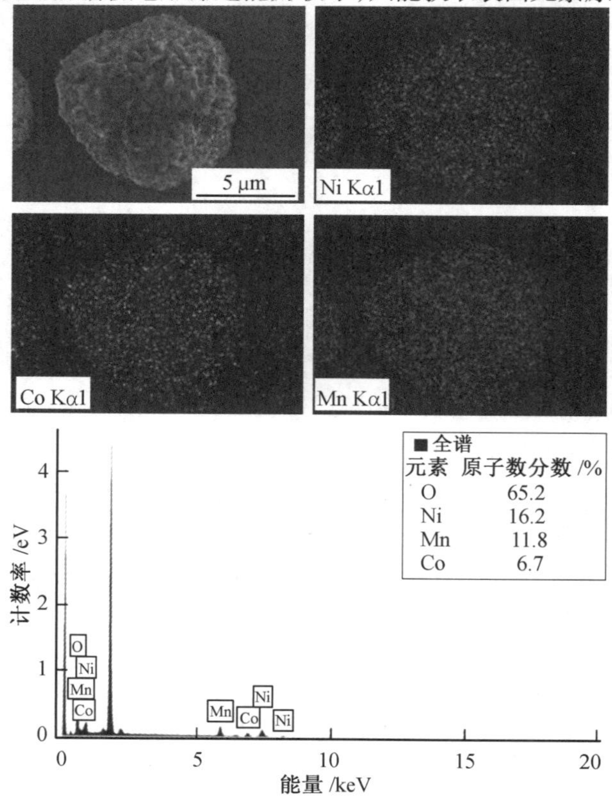

图 3.4 Ni、Co、Mn 元素分布图(EDX 面扫)和 EDX 能谱图

材料颗粒表面 Ni 浓度低于总体平均 Ni 浓度,而 Mn 的浓度高于总体平均 Mn 浓度,Co 浓度恰好等于总体平均 Co 浓度,从而证明了颗粒表面组成呈现了设计要求的低镍富锰的特征。

在正极材料的包覆改性工艺中,通过 EDX 面元素扫描来分析元素是否存在及分布均匀程度。图 3.5 所示为 N/P-C 包覆 NCA 的 EDX 面元素分布测定。对包覆量为 1.0%(质量分数)的样品进行 EDX 面元素分布测试,NCA 中的 Ni、Co、Al、O 4 种元素均匀分布,包覆层中的 C、N、P 3 种元素都均匀分布在 NCA 表面,其中 N、P 元素的测试效果明显,含量高的 C 元素分布测试结果受导电胶的影响而不明显。从以上结果可以推测出包覆层在 NCA 表面是均匀分布的。

图 3.5 N/P-C 包覆 NCA 的 EDX 面元素分布测定

由于富镍三元正极材料随着 Ni 含量的增加,会出现循环性能变差、表面 LiOH 和 Li_2CO_3 增高、热稳定性变差及表面反应不均匀等情况。针对这些问题,朱永明、高鹏、姜云鹏等设计了浓度梯度 NCM 811 材料来改善富镍三元正极材料的电化学性能。为了更好地验证 NCM 811 二次颗粒前驱体内部的元素分布,制备出常规 NCM 811 前驱体(NCMO)和浓度梯度 NCM 811 前驱体(GNCMO)的二次颗粒的剖面,并对前驱体横截面进行 EDX 元素线性分布扫描,元素扫描结果如图 3.6 所示。线性扫描的路径是从半球边缘的一端开始扫描,并且经过半球中心,继续呈直线型扫描到半球边缘的另一端。可以看出,NCMO 中 Ni、Co、Mn 3 种元素的线性扫描曲线平缓,说明 NCMO 球形二次颗粒内部的 3 种元素分布比较均匀。GNCMO 中 Ni、Co、Mn 3 种元素的线性扫描曲线则呈现明显的波动趋势,在半球中心 Ni 元素的摩尔分数最高,Co 元素的摩尔分数较小,Mn 元素的摩尔分数则最小。Ni 元素的摩尔分数从半球中心的 88% 到边缘逐渐降低至 72%,而 Mn 元素的摩尔分数逐渐升高,Co 元素的摩尔分数随两者的变化,呈现相应的波动。

进一步检测二次颗粒前驱体内部的元素分布的均匀程度,对前驱体横截面和完整的球形二次颗粒进行 EDX 面元素分布扫描,元素扫描结果如图 3.7 所示。对比 NCMO 和 GNCMO 半球的 EDX 面元素扫描,NCMO 内部 3 种元素分布较均匀,GNCMO 内部的 Mn 元素则从半球中心到边缘逐渐增多,Co 元素含量则相对减少,Ni 元素看上去分布相对均匀,是因为材料本身含 Ni 元素很多,故面元素扫描变化不明显。进一步对比 NCMO 和 GNCMO 完整球形二次颗粒的 EDX 面元素扫描,两种材料表面的 Ni、Co、Mn 元素分布都比较均匀,说明 GNCMO 的元素浓度是从球形二次颗粒中心向外表面纵向变化,即随着反应进行,3 种元素均匀地生长在核心表面,不断堆叠,从而形成均一且致密的球形二次颗粒。

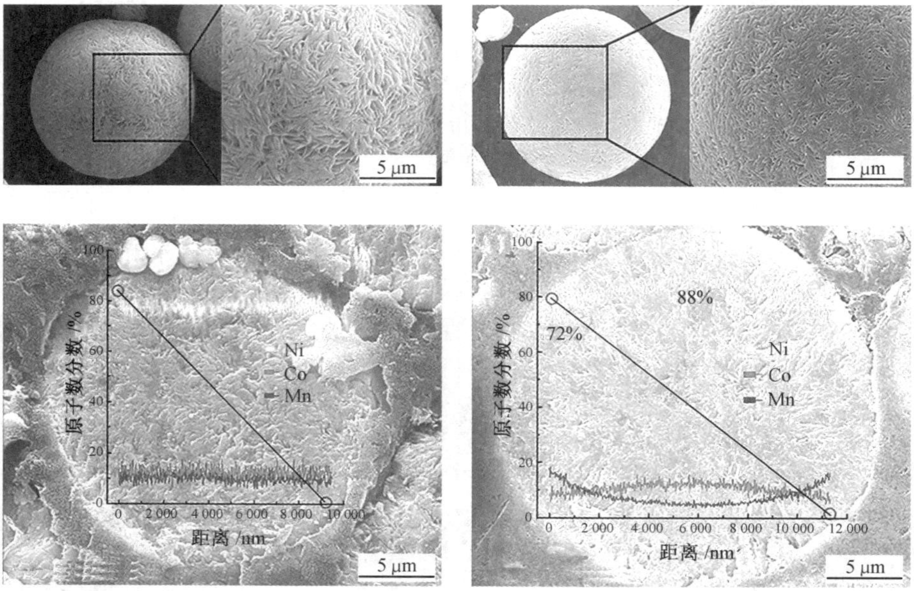

(a) NCMO (b) GNCMO

图 3.6 横截面的 EDX 元素分布线性扫描图

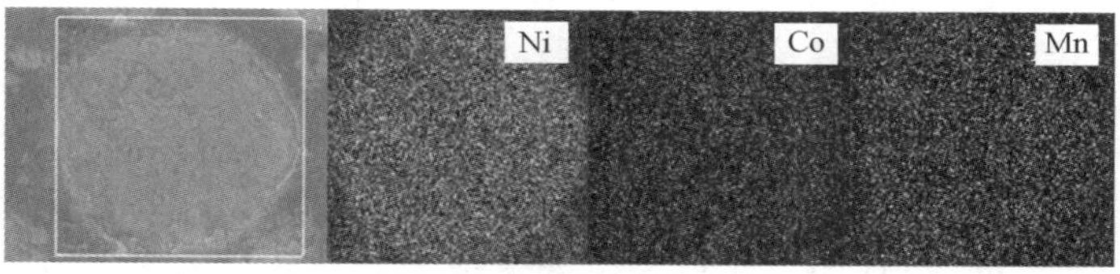

(a) NCMO 横截面

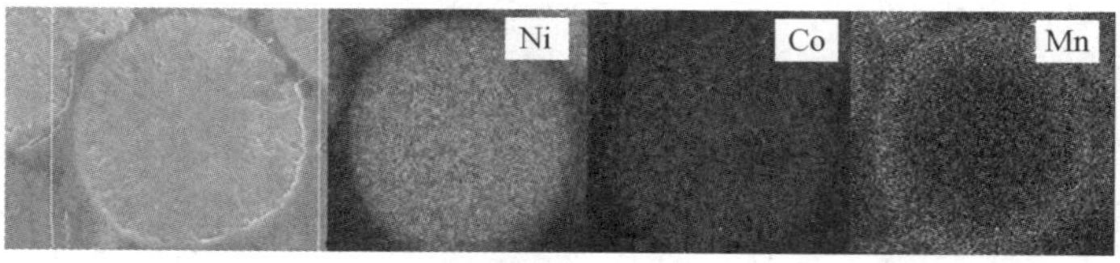

(b) GNCMO 横截面

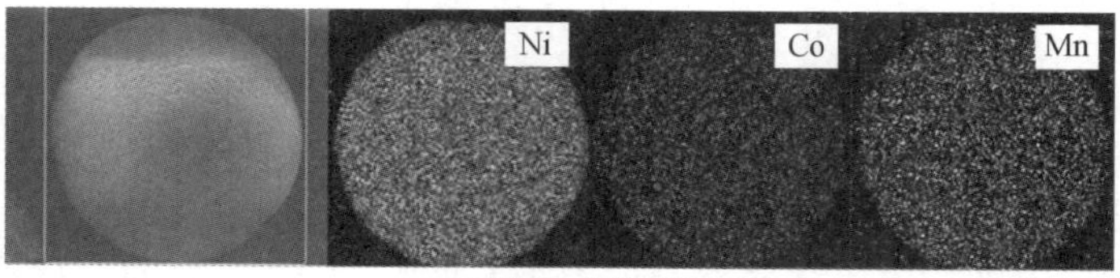

(c) NCMO 完整球体表面

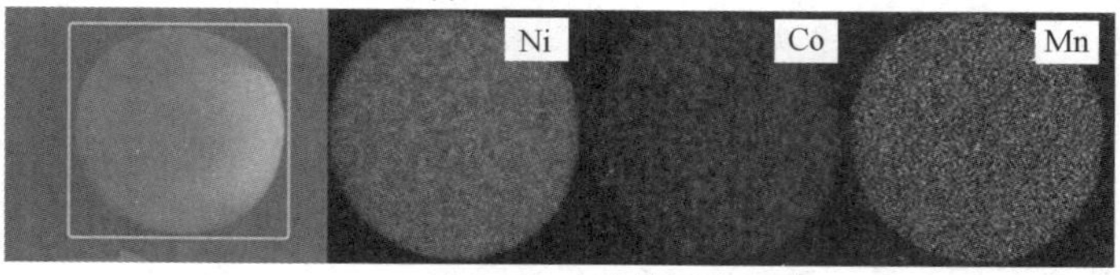

(d) GNCMO 完整球体表面

图 3.7 前驱体 EDX 面元素分布扫描

3.3.6 X 射线光电子能谱

当 X 射线与样品相互作用后，激发出某个能级上的电子，测量这一电子的动能，可以得到样品中有关的电子结构信息，这就是 X 射线光电子能谱分析方法（XPS）的最简单描述。物质的物理、化学性质与原子排列和电子结构紧密相关，应用 XPS 技术，可以测出固体样品中的元素组成、化学价态，得到许多重要的电子结构信息。XPS 能够快速测量除 H 和 He 以外的所有元素，且基本属于无损分析。

图 3.8 所示为 XPS 工作示意图。当具有一定能量的 X 射线与物质相互作用后，从样品中激发出光电子，带有一定能量的电子经过特殊的电子透镜到达分析器，光电子的能量分布在这里被测量，最后由检测器给出光电子的强度。由计算机组成的数据系统用于收集谱图和数据处理。

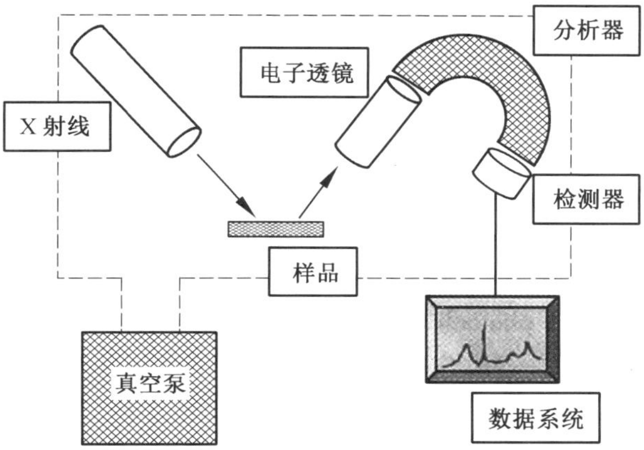

图 3.8 XPS 工作示意图

XPS 是一种表面分析方法，提供的是样品表面的元素含量与形态，而不是样品整体的成分，它可以获得表面层 1 ~ 10 nm 深度的信息。在 XPS 测试中，对于不同样品，化合物结构的变化和元素氧化状态的变化会引起谱峰有规律的位移，其原因在于内层电子一方面受到原子核强烈的库仑相互作用而具有一定的结合能，另一方面又受到外层电子的屏蔽作用。因而元素的价态改变或周围元素的电负性改变，会导致内层电子的结合能改变。元素所处的化学环境不同，其结合能也会存在微小差别，依靠这种微小差别（化学位移），可以确定元素所处的状态。一般的规律是：当元素的价态增加，电子受原子核的库仑相互作用增加，结合能增加；当外层电子密度减少时，屏蔽作用将减弱，内层电子的结合能增加，反之则结合能将减少。

在三元正极材料（NCM、NCA）各元素的价态分析中，常采用 XPS 分析方法。图 3.9 所示为通过 N/P-C 包覆改性后的 NCA 中 Ni、Co、Al、O、C、N 和 P 元素的 XPS 光谱，从图 3.9（a）中可以看出，材料中有 Ni、Co、Al、O、C、N 和 P 元素，这与材料中所含元素一致，同时也说明了 NCA 表面包覆层材料的存在。图 3.9（b）中结合能为 854.46 eV 和 855.88 eV的峰对应于 Ni^{2+} 和 Ni^{3+}，说明材料中的 Ni 元素以 Ni^{2+} 和 Ni^{3+} 的形式存在，通过分峰拟合处理可知，随着包覆量的增加，即碳元素的增加，Ni^{2+} 的含量增加，更多的 Ni^{3+} 被还原成 Ni^{2+}。

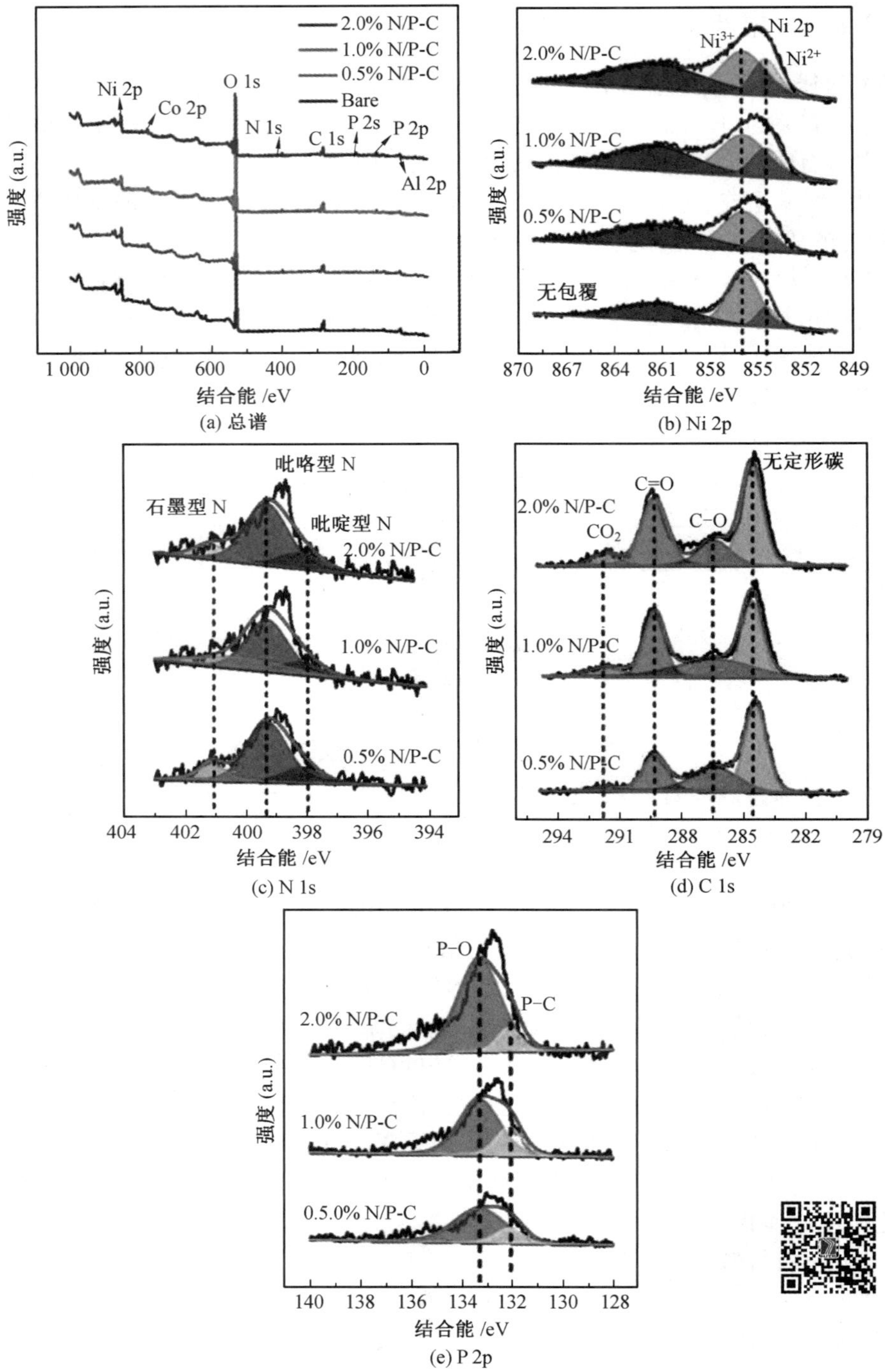

图 3.9　NCA 中 Ni、Co、Al、O、C、N 和 P 元素的 XPS 光谱

戴长松等采用溶胶-凝胶方法制备了正极材料 $LiNi_{0.5}Co_{0.25}Mn_{0.25}O_2$，采用 XPS 分析各元素所占比例。图 3.10 所示为正极材料 $LiNi_{0.5}Co_{0.25}Mn_{0.25}O_2$ 的 XPS 谱图，表 3.3 是各原

子数分数。由于设备对 Li 元素的敏感度过低,因此测出 Li 元素的原子数分数与添加的原子数分数相差甚远。从 Ni、Co、Mn 3 个元素的原子数分数来看,在所制备材料 $LiNi_{0.5}Co_{0.25}Mn_{0.25}O_2$ 中的比值约为 2 : 1 : 1,与添加的物质的量之比相符。

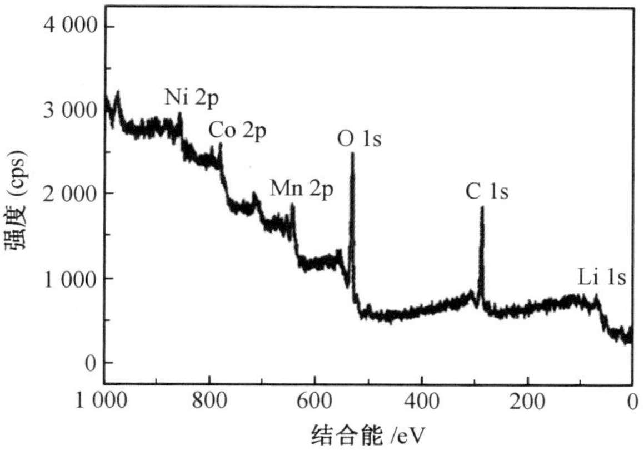

图 3.10 $LiNi_{0.5}Co_{0.25}Mn_{0.25}O_2$ 的 XPS 谱图

表 3.3 材料 $LiNi_{0.5}Co_{0.25}Mn_{0.25}O_2$ 的原子数分数

元素	灵敏度因数	原子数分数/%
O 1s	17.428	56.52
Ni 2p	96.525	12.77
Co 2p	90.081	6.69
Mn 2p	65.914	6.07
Li 1s	0.590	17.93

Y. L. Lin 等研究了环境相对湿度(RH)对锂镍钴铝氧化物($LiNi_{0.8}Co_{0.15}Al_{0.05}O_2$)电池性能的影响。$LiNi_{0.8}Co_{0.15}Al_{0.05}O_2$(NCA)正极分别在不同的环境相对湿度(20% RH、40% RH和 60% RH)下制备。他们通过 XPS 检测在 20% RH 和 60% RH 下制备的新鲜和循环正极的表面化学组成,其 XPS 谱图如图 3.11 所示。对于在不同湿度条件下制备的样品,可以看到类似的峰强度和位置,表明新鲜电极的表面化学成分几乎相同。新鲜 NCA 电极的 C 1s 光谱在 PVDF 黏合剂中含有乙炔黑,C—H 键(286 eV)和 C—F 键(291 eV)的 C—C 键(284.3 eV)。在新鲜 NCA 正极的 O 1s 光谱中,两个主要峰包括 529.3 eV 处的 NCA 特征峰(M—O)和来自 NCA 材料前体的 531.7 eV 处的 Li_2CO_3。在 F 1s 新光谱中检测到 PVDF 在 687.2 eV 处的单峰特征。与新电极相比,在第一次循环后,在电极表面上存在与电解质分解产物一致的一些新物质。在 C 1s 光谱中,原始电极材料特性如 C—C 和 PVDF 的强度在 20% RH 下制备的循环电极中保持恒定,但在 60% RH 下制备的循环电极明显减少。在 60% RH 下制备的循环电极在 289.8 eV 处产生新的峰,在聚碳酸酯中被认为是 C ═O,并且在制备的循环电极上 Li_2CO_3 和碳酸烷基酯($ROCO_2Li$)的峰同时变得更强。在 60% RH 下,可以在 O1s 光谱中进一步验证,Li_2CO_3 或 $ROCO_2Li$(531.7 eV)和 C ═O(532.8 eV)显著增加,并且对于 60% RH 制备的电极,M—O 消失,表示在第一次循环期间在高 RH 制备的电极的表面上有着更严重的电解质分解。

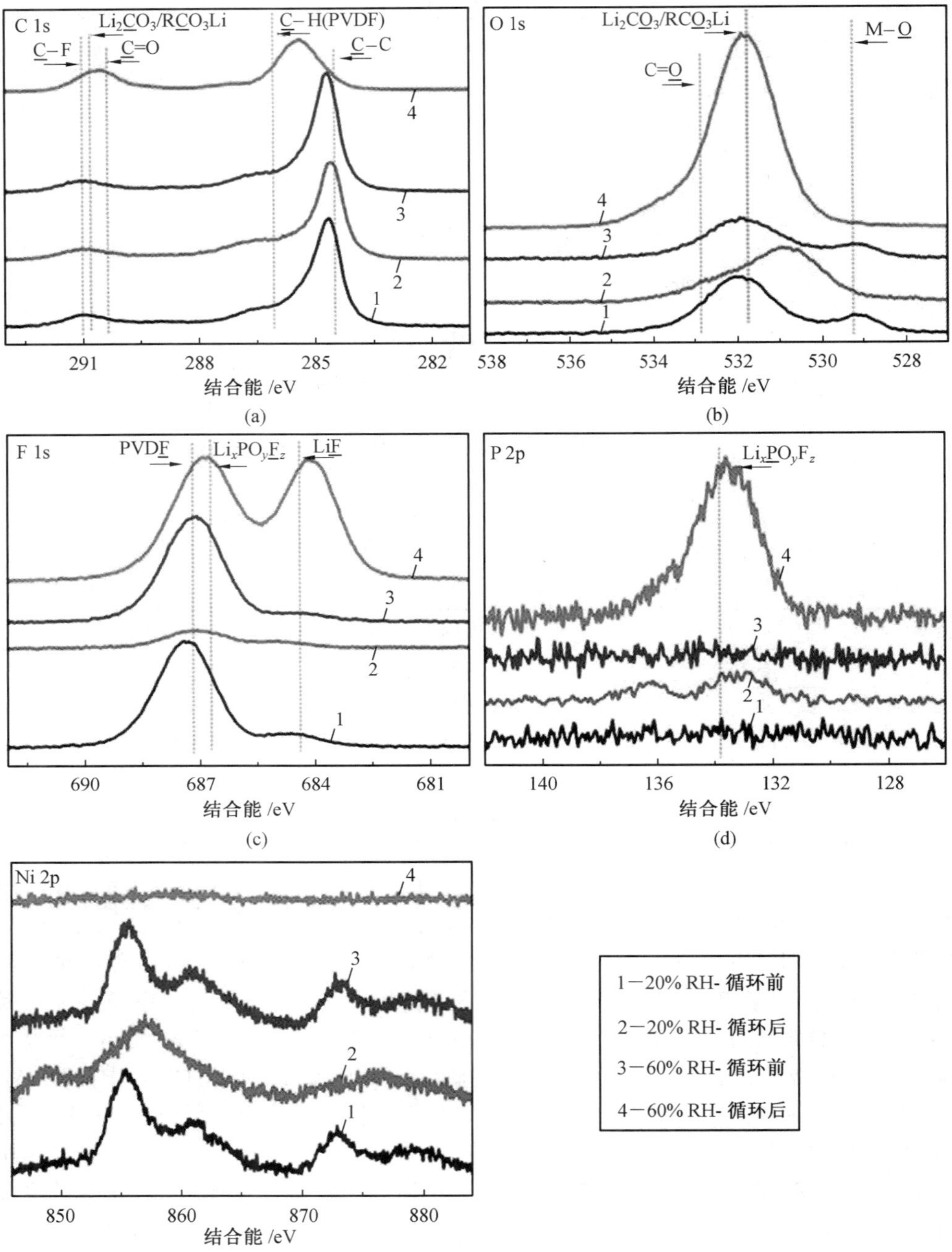

图 3.11　在 20% RH 和 60% RH 下制备的新鲜和循环 NCA 电极的 XPS 谱图

Le Thanh Nguyen Huynh 等为了解决低电导率和 Li^+ 的缓慢传输，通过水热法制备了碳包覆的 $LiFePO_4$(LFP/C)，并且用 XPS 分析检查铁的价态。图 3.12 所示为 LFP700/C 粉末的 XPS 谱的宽扫描。发现 Fe 2p 光谱(图 3.12(a)、(b))在 $LiFePO_4$ 表面上的结合碳处分裂成两个峰，分别对应于 Fe $2p_{1/2}$ 和 Fe $2p_{3/2}$，这是由于自旋-轨道耦合，表明 Fe^{2+} 价

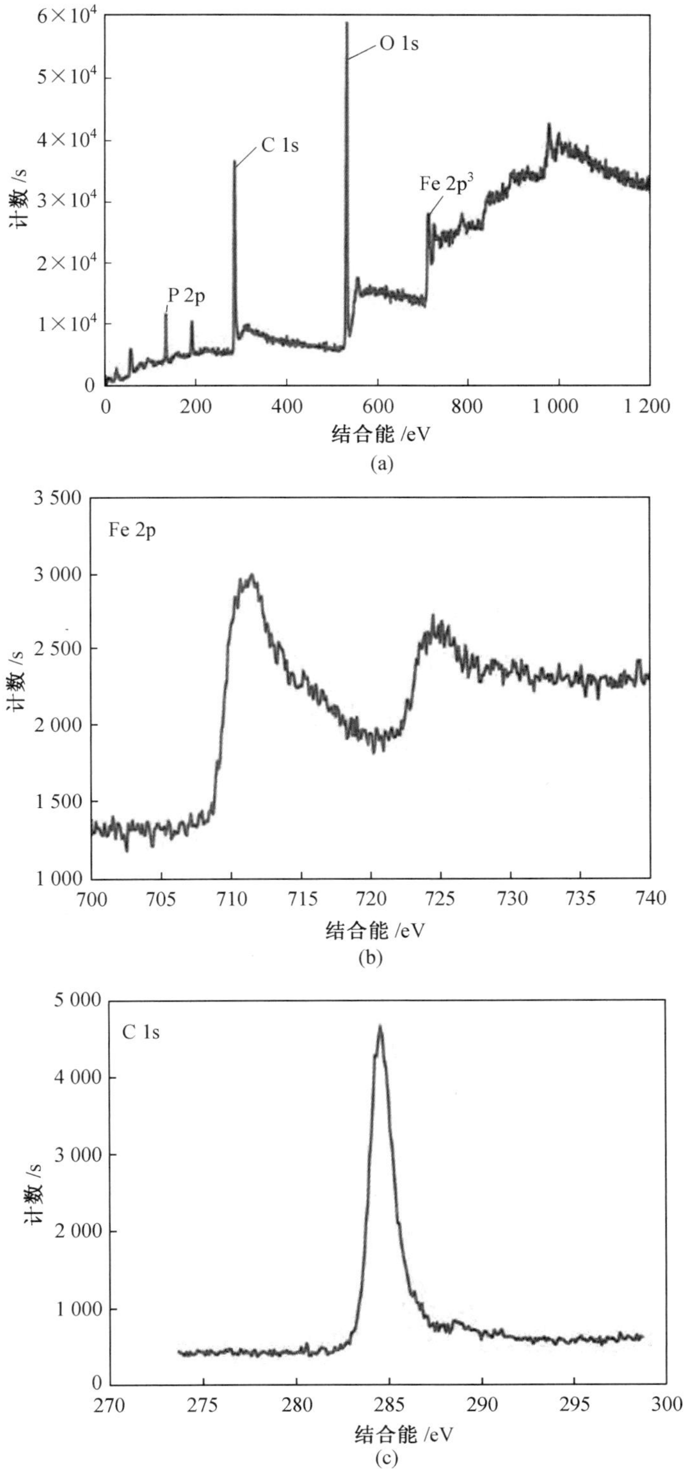

图 3.12 $LiFePO_4$/ C 粉末的宽扫描 XPS 曲线和 Fe 2p 和 C 1s 的窄扫描 XPS 曲线

态。在图3.12(b)中,主要的 Fe $2p^{3/2}$ 峰可以细分为711.2 eV 和715.1 eV 的两个峰,Fe $2p^{1/2}$ 峰可以细分为724.1 eV 和726.9 eV 两个峰,它们与 Fe^{3+} 的 XPS 特征不同。在 BE 为532 eV 的尖峰指定为 O 1s,对应于氧二价。在 BE 为284 eV 的 C 1s 峰(图3.12(c))证实了在 $LiFePO_4$ 表面上的碳涂层。P 2p 具有133 eV 的 BE 的宽峰,与 PO_4^{3-} 组中的 P^{5+} 价相关。XRD 和 XPS 分析的结果证实,LFP 的橄榄石结构和通过合成方法获得的粉末主要由 Fe^{2+} 组成。他们认为,包括 CNT 和炭黑的活性导电碳基质可以提供与活性材料的良好电连接颗粒改善电子转移(图3.13),它的连接对于确保优异的电极性能至关重要。

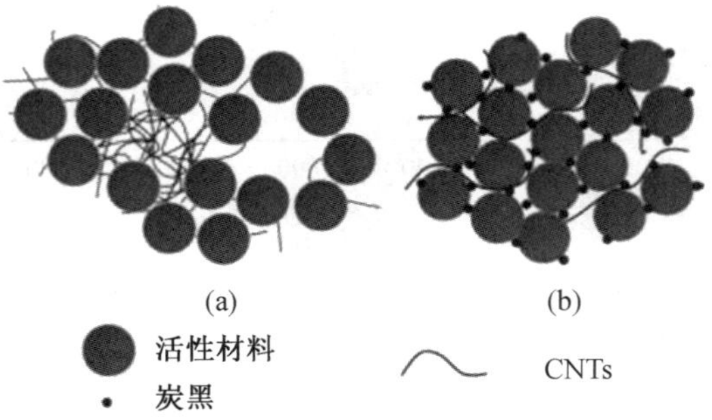

图3.13 阴极混合物组合物的图解方案

3.4 电子探针显微分析

电子探针显微分析(electron probe X-ray micro-analyser,EPMA)是用电子轰击待研究的试样产生 X 射线,根据 X 射线谱中谱线的波长和强度鉴别存在的元素并算出其浓度。由于应用细聚焦的电子束,因此这种技术具有能获得极小的选区内的化学成分的独特优点。电子通常具有10~30 keV 的动能,对试样的穿透深度为1 μm 数量级,横向散布距离大致相同。这就决定了被分析面积的下限。靠降低电子能量改善空间分辨率往往行不通,因为电子必须有足够能量以便有效地激发 X 射线,所以在大多数情况下分辨率限制在1 μm 左右。

电子探针 X 射线显微分析仪通常作为附件安装在扫描电镜或透射电镜的镜筒上,即波谱仪(wavelength dispersive spectrometer,WDS)和能谱仪。在三元正极材料的改性研究中,采用化学共沉淀法制备出梯度结构是一种提高材料性能的方法,为了更精确地测定材料内部各元素的分布,可以采用电子探针显微分析法进行检测。Park K 等通过共沉淀法合成了浓度梯度型 $Ni_{0.8}Co_{0.06}Mn_{0.14}(OH)_2$ 前驱体,图3.14所示为探针直径为1 μm 的 EPMA 扫描的原子数分数分布图。如图3.14所示,Ni 原子数分数从粒子中心向粒子表面线性下降至4.5 μm,然后在粒子外表面(厚度为1 μm)突然下降。相比之下,在4.5 μm 之前,Co 和 Mn 原子数分数稳步增长,并在粒子表面 Mn 原子数分数突然增加,Ni 原子数分数逐渐减少从96%逐渐降到92%,而 Co 原子数分数从1%上升到5%,Mn 原子数分数从3%上升到4%,导致中心成分为$[Ni_{0.96}Co_{0.01}Mn_{0.03}](OH)_2$。在4.5 μm 之后,Ni 原子数分数进一步从61%下降到92%,而 Co 和 Mn 原子数分数迅速分别上升到8%和31%,导致表面成分为$[Ni_{0.61}Co_{0.08}Mn_{0.31}](OH)_2$ 材料。

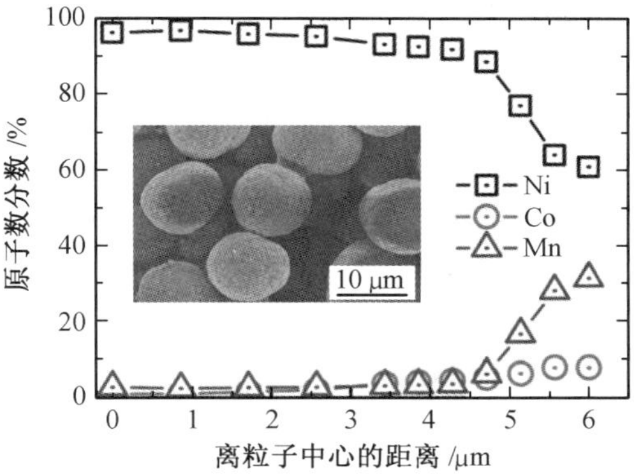

图 3.14 EPMA 扫描的原子数分数分布图

3.5 表面残余锂分析与测定

3.5.1 原理与方法

高镍三元正极材料以其高容量和低成本的优势,成为当前研究的热点。然而,富 Ni 层状氧化物在空气中 H_2O 和 CO_2 的作用下,容易在表面形成 LiOH 和 Li_2CO_3 等残余锂化合物,产生诸多不良影响。例如,表面残余锂与电解液接触会分解产生 HF,同时产生不同的气体,导致电池性能和安全性下降;表面残余锂会使电极浆料凝胶化,造成涂覆困难,导致材料的电化学性能降低。随着高镍三元正极材料中镍含量的增加,残余锂化合物的含量也会增加,因此,调节高镍三元正极材料表面残余碱变得尤为重要。

由于高镍三元正极材料中的残余锂含量显著影响浆料性能和电池稳定性,因此生产线中的质量检查程序应包括残余锂测量。酸碱滴定法一直是残余锂测量的首选技术。由于 LiOH 和 Li_2CO_3 的碱性及其在水中的高溶解度,可以简单地通过将高镍三元正极材料粉末分散在去离子水中并过滤,然后用酸(通常为 HCl)滴定所得溶液,通过滴定消耗的酸量来计算样品中 LiOH 和 Li_2CO_3 的含量。滴定可以使用自动滴定仪自动计算中和点(Equivalence Point,EP),也可以使用 pH 计或酸碱指示剂(如甲基橙和酚酞)手动确定。

残余锂滴定原理如下:配制一定浓度的标准 LiOH 和 Li_2CO_3 溶液,使用 0.1 mol/L 的标准 HCl 溶液作为滴定试剂进行滴定。图 3.15(a)给出了滴定曲线(实线)及其相应的微分滴定曲线(虚线)。每个中和点出现在微分滴定曲线的顶点处,代表碱性阴离子已被酸中和的滴定点。溶液中有三种碱性阴离子(OH^-、CO_3^{2-} 和 HCO_3^-),它们的中和点可以通过它们的碱强度差异来确定。首先滴定最强碱 LiOH,然后将 CO_3^{2-} 转化为 HCO_3^-。第一中和点(EP_1)出现在 pH=8.5 处,指示氢氧化锂和碳酸锂分别转化为氯化锂和碳酸氢锂,反应如下:

$$LiOH+HCl \longrightarrow LiCl+H_2O$$

$$Li_2CO_3+HCl \longrightarrow LiHCO_3+LiCl$$

第二中和点(EP_2)出现在 pH=4.5 处,指示碳酸氢锂转化为氯化锂:

$$LiHCO_3+HCl \longrightarrow LiCl+CO_2+H_2O$$

然后使用一定体积的水将一定质量 $LiNiO_2$ 样品表面的残余碱溶解,过滤后取滤液,对此过滤液同样用0.1 mol/L 的盐酸滴定。图3.15(b)给出了滴定曲线(实线)及其相应的微分滴定曲线(虚线),可见其第一中和点(EP_1)和第二中和点(EP_2)也出现在 pH=8.5和 pH=4.5 处。由此可见,采用 pH=8.5 和 pH=4.5 作为滴定中和点可以测定高镍三元正极材料中的残余锂含量。具体方法如下。

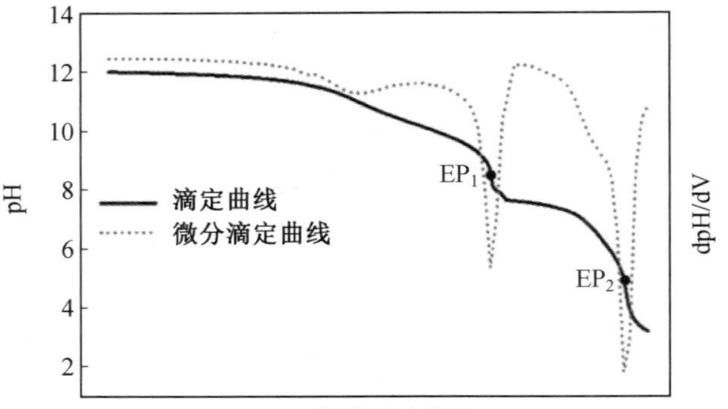

(a) 已知浓度的 LiOH 和 Li_2CO_3 的水溶液

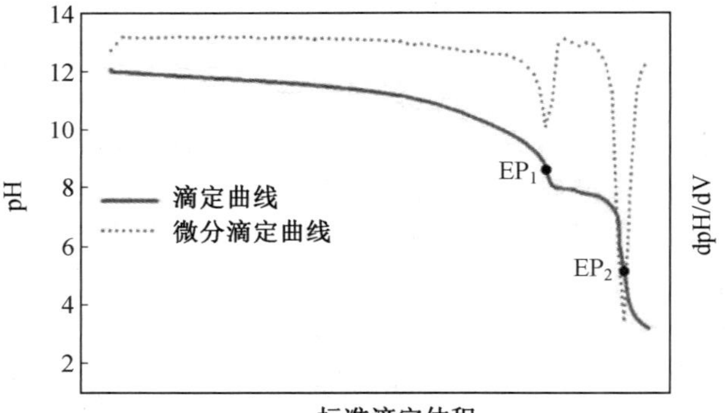

(b) $LiNiO_2$ 的残余锂的洗涤过滤溶液

图3.15 分析物的典型滴定曲线

称取 m(g)样品于烧杯中,加入100 g 去离子水,保鲜膜封口,用磁力搅拌器以速度800 r/min 搅拌5 min 后过滤,滤液收集至250 mL 的锥形瓶中,用0.1 mol/L 的盐酸标准溶液滴定,用电位滴定仪或用 pH 计测定,滴定至 pH=8.5,记录消耗的盐酸体积 V_1(mL),继续滴定至 pH=4.5,记录消耗的盐酸总体积 V_2(mL)。样品中残余 Li_2CO_3 质量占样品质量的百分数以质量分数 $\omega_{Li_2CO_3}$ 计,公式如下:

$$\omega_{Li_2CO_3}=\frac{C_{HCL}\times(V_2-V_1)\times M_{Li_2CO_3}}{1\ 000m}\times 100\%$$

式中,(V_2-V_1)为 $LiHCO_3$ 消耗盐酸的摩尔数,根据反应式可知,其正好等于 Li_2CO_3 消耗盐酸的摩尔数。由此可知 LiOH 消耗盐酸的摩尔数为

$$V_1-(V_2-V_1)=2V_1-V_2$$

故样品中残余 LiOH 的质量分数 ω_{LiOH} 为

$$\omega_{LiOH}=\frac{C_{HCL}\times(2V_1-V_2)\times M_{LiOH}}{1\ 000m}\times100\%$$

测试后，将 LiOH 和 Li_2CO_3 的含量全部以碳酸锂含量表示为总残余碱，以锂含量表示为总残余锂，其计算公式如下：

$$\omega_{总残余碱}=1.54\times\omega_{LiOH}+\omega_{Li_2CO_3}$$

$$\omega_{总残余锂}=0.19\times\omega_{总残余碱}$$

式中，换算系数 1.54 为碳酸锂的分子量与 2 倍氢氧化锂的分子量之比；换算系数 0.19 是 2 倍锂的原子量与碳酸锂的分子量之比。

3.5.2 操作实例

Xie Y 等采用残余锂滴定法测定了 $LiNi_{0.83}Mn_{0.1}Co_{0.07}O_2$（简称 Ni83）材料表面残余锂的含量。具体实验步骤如下：首先，称取 0.5 g 的 Ni83 粉末，将其置于 30 mL 去离子水中浸泡数分钟。此过程旨在溶解材料表面残留的锂化合物，这些锂化合物具有较高的溶解性，能够迅速转移至水相中，从而便于后续的定量分析。随后，通过离心操作将液相与湿态 Ni83 粉末分离。离心操作可以有效避免固体颗粒对液相分析的干扰，从而确保获得清澈的液相用于后续滴定。为提高分析精度，从分离得到的液相中准确取样 2 mL，使用 Mettler Toledo T5 Excellence 自动滴定仪进行滴定分析。滴定过程中，所使用的滴定剂为 0.01 mol/L 的盐酸（HCl）溶液。通过滴定曲线的分析，仪器能够自动捕捉每个中和点对应的盐酸消耗体积，从而准确测定溶液中锂化合物的含量。

Chun-xian Zhou 等通过化学滴定法对富锂正极材料 $Li_{1.35}[Ni_{0.35}Mn_{0.65}]O_2$ 表面残余锂化合物的含量进行测定。实验步骤具体如下：首先，称取共 30 g 的材料，并将其分散于 100 mL 去离子水中，利用磁力搅拌器在室温下搅拌 30 min。搅拌过程中，样品表面残留的锂化合物充分溶解于水相，形成含锂离子的溶液，将混合物过滤以获得澄清溶液。之后在滴定步骤中，选择 0.02 mol/L 的盐酸（HCl）作为滴定剂，以甲基红和酚酞作为指示剂分别监控反应的进程。当酚酞变色时（由粉红色变为无色），暂停反应，记录此时加入 HCl 的体积 V_1，继续滴定直至甲基红指示剂发生颜色变化（由黄色变为红色），记录此时加入 HCl 的总体积 V_2。基于 HCl 的体积计算材料的残留锂化合物的含量。

刘大亮等采用电位滴定法测定 $LiNi_{0.8}Mn_{0.1}Co_{0.1}O_2$ 样品中残余锂化合物的含量，具体实验步骤如下：首先称取 5 g 粉体样品，并将其置于 95 g 去离子水中，室温下搅拌5 min，随后通过抽滤操作将固体与液体分离，得到澄清的滤液用于滴定分析。用 Metmhm 848 电位滴定仪滴定滤液，根据中和点值 V_1、V_2，计算溶液中 Li_2CO_3 及 LiOH 的含量。由于 LiOH 和 Li_2CO_3 通常被认为是粉体材料表面常见的碱性杂质，其含量能够反映样品的表面清洁程度和纯度水平。因此，这种方法为评价锂离子电池正极材料的表面化学状态和杂质分布提供了可靠的数据支撑。

Doo S W 等研究了高镍正极材料 $LiNi_{0.8}Co_{0.1}Mn_{0.1}O_2$ 在储存前后表面残余锂化合物含量的变化，采用 pH 滴定法进行测定。实验具体步骤如下：首先将 1.5 g NCM 811 粉末在蒸馏水中洗涤 1 h；洗涤后，将固液混合物过滤以分离液相，用于后续滴定分析；随后，选择 0.03 mol/L 的 HCl 溶液作为滴定剂进行 pH 滴定实验，滴定过程中，使用高精度 pH 计实时监测溶液的 pH 值变化。通过计算滴定曲线中的中和点和所消耗的 HCl 体积，定量分析液相中 LiOH 和 Li_2CO_3 的含量,从而观察储存前后残余锂化合物含量的变化。

本章参考文献

[1] 刘英,臧慕文,童坚,等. 锂离子电池电极材料 $LiCoO_2$ 中锂的分析方法研究[J]. 稀有金属,2002,26(6):444-447.

[2] 韦旎妮. 锂离子电池 Li-Co-O 体系正极材料的合成、改性及电化学性能研究[D]. 成都:四川大学,2005.

[3] 李启华,余锦,樊朝英. 工厂化验员速查手册[M]. 北京:化学工业出版社,2005.

[4] 刘平,樊勇利. 化学分析法测定 $Li_{\delta}Ni_{(1-x-y)}Co_xMn_yO_2$ 中的镍、钴、锰含量[J]. 电源技术,2008,32(11):796-799.

[5] 陈平,张玲,李丹,等. 化学法测定锂离子电池正极材料中的镍[J]. 长沙理工大学学报,2006,3(1):89-92.

[6] SCACCIA S, CAREWSKA M. Determination of stoichiometry of $Li_{1+y}CoO_2$ materials by flame atomic absorption spectrometry and automated potentiometric titration[J]. Analytica Chimica Acta,2002,455: 35-40.

[7] 于永丽,王乃芝,翟秀静,等. 锂离子电池正极材料 $LiCoO_2$ 中 Li、Co 的定量分析[J]. 冶金分析,2005,25(3):30-33.

[8] 伍一根,童岩,何长荣. 化学滴定法测定三元材料中镍、钴、锰[J]. 电源技术,2012,36(11):1637-1639.

[9] 邓攀,常德民,姚文俐,等. 三元正极材料中镍钴锰含量的化学分析测定[J]. 化学试剂,2016,38(02):137-140.

[10] 潘教麦,陈婉. 化学分析[M]. 天津:电子工业理化检测培训教材编委会,1992.

[11] 郭德济. 光谱分析法[M]. 重庆:重庆大学出版社,1994.

[12] 狄俊伟,毕树平. 多巴氧化生成黑色素过程中锰和铝协同作用的紫外可见光谱研究[J]. 光谱学与光谱分析,2005,25(1):83-85.

[13] STUTA J, PLATT U. Numerical analysis and estimation of statistical error of differential spectroscopy measurement with least-squares methods [J]. Applied Optics, 1996, 35 (30): 6041-6053.

[14] PLATT U, PEMER D. Directmeasurement of atmospheric CH_2O, HNO_2, O_3 and SO_2 by differential absorption in the near UV[J]. Geophy Res,1980,85: 7453-7458.

[15] 黄君礼,鲍治宇. 紫外吸收光谱法及其应用[M]. 北京:中国科学技术出版社,1992.

[16] 刘浩,王镇江,梁兴华,等. 锂离子电池正极材料 $LiMn_2O_4$ 紫外可见光谱研究[J]. 广西科技大学学报,2015,26(1):49-52.

[17] BLANCHARD L, HANCU D, BECKMAN E, et a1. Green processing using ionic liquids and CO_2[J]. Nature,1999,399(6731):28-29.

[18] ZHAO D, LIU Y, SHEHEN D, et al. Structural and optical properties of $Mg_xZn_{1-x}O$ thin films prepared by the sol-gel method[J]. Journal of Crystal Growth,2002,234:427-430.

[19] 李志富,陈建平. 分析化学[M]. 武汉:华中科技大学出版社,2015.

[20] 邱燕华,张海朗,邹爱兰. 原子吸收法测定锂离子电池材料中高含量锂[J]. 电源技术,2009,33(12):1050-1053.

[21] 张宾,林成涛,陈全世. 电动汽车用 $LiFePO_4/C$ 锂离子蓄电池性能[J]. 电源技术,2008(2):95-98.

[22] 刁玉琦. 正极材料磷酸铁锂复合碳中锂的测定[J]. 电源技术,2010,34(10):1082-1083.

[23] 张玲,陈平,张涛,等. 锂离子电池正极材料中钴、镍、锰的测定[J]. 电池,2005,35(1):78-79.

[24] 张玲,付大勇,李永坤. 锂离子电池正极材料中高含量锂的测定[J]. 电池,2004,34(1):73-74.

[25] 崔雪红,李廷发,张颖,等. 电感耦合等离子体原子发射光谱法测定钴酸锂材料中杂质元素[J]. 理化检验(化学分册),2009,45(11):1346.

[26] 欧阳曦,陈珍华,郑雪琴. 电感耦合等离子体原子发射光谱法测定锂离子电池三元正极材料 $LiNi_{1-x-y}Co_xMn_yO_2$ 中钠[J]. 冶金分析,2014,34(11):42-45.

[27] 周强,梁婷婷,年季强,等. 电感耦合等离子体原子发射光谱法测定粘结后的锂离子电池三元正极材料中痕量铁[J]. 理化检验(化学分册),2016,52(8):937-940.

[28] 刘英,臧慕文,童坚,等. ICP-AES 法测定 $LiCoO_2$ 中杂质成分的分析方法研究[J]. 稀有金属,2000,24(2):85-89.

[29] 常建华,董绮功. 波谱原理及解析[M]. 北京:科学出版社,2001.

[30] 夏青,赵俊豪,王凯,等. 基于分级共沉淀法制备锂离子电池 $LiNi_{0.5}Co_{0.2}Mn_{0.3}O_2$ 正极材料[J]. 化工学报,2017,68(3):1239-1246.

[31] 刘亚文. 能量色散 X 射线光谱分析[J]. 分析实验室,1987(4):41-45.

[32] GAO P,JIANG Y,ZHU Y,et al. Improved cycle performance of nitrogen and phosphorus codoped carbon coatings on lithium nickel cobalt aluminum oxide battery material[J]. Journal of Materials Science,2018,53(13):9662-9673.

[33] JIANG Y,Liu Z,ZHANG Y,et al. Full-gradient structured $LiNi_{0.8}Co_{0.1}Mn_{0.1}O_2$ cathode material with improved rate and cycle performance for lithium ion batteries[J]. Electrochimica Acta,2019,309: 74-85.

[34] 郭沁林. X 射线光电子能谱[J]. 物理,2007,36(5):405-410.

[35] RUAN Z,ZHU Y,TTENG X. Effect of pre-thermal treatment on the lithium storage performance of $LiNi_{0.8}Co_{0.15}Al_{0.05}O_2$[J]. Journal of Materials Science,2016,51(3):1400-1408.

[36] 戴长松,葛昊,王殿龙,等. 层状正极材料 $LiNi_{0.5}Co_{0.25}Mn_{0.25}O_2$ 的结构及电化学行为[J]. 无机化学学报,2007,23(3):432-438.

[37] YLIN Y,XU M,TIAN Y,et al. Understanding impacts of environmental relative humidity to the cell performance based on $LiNi_{0.8}Co_{0.15}Al_{0.05}O_2$ cathode[J]. Materials Chemistry and Physics,2018(211): 200-205.

[38] HUYNH,NGUYEN L,TRAN,et al. Carbon-coated $LiFePO_4$-carbon nanotube electrodes for high-rate Li-ion battery[J]. Solid State Electrochemistry,2018,22(7):2247-2254.

[41] SEONG W M, KIM Y, MANTHIRAM A. Impact of residual lithium on the adoption of high-nickel layered oxide cathodes for lithium-ion batteries[J]. Chemistry of Materials, 2020, 32(22): 9479-9489.

[42] XIE Y Y, LI J T, LI M, et al. Modifying surface chemistry to enhance the electrochemical stability of nickel-rich cathode materials[J]. Advanced Functional Materials, 2024, 34(14): 2311551.

[43] ZHOU C X, WANG P B, ZHANG B, et al. Formation and effect of residual lithium compounds on Li-rich cathode material $Li_{1.35}[Ni_{0.35}Mn_{0.65}]O_2$[J]. ACS Applied Materials & Interfaces, 2019, 11(12): 11518-11526.

[44] 刘大亮，孙国平，刘亚飞，等. 高镍三元正极材料后处理降碱工艺[J]. 电池，2018，48(1)：41-44.

[45] DOO S W, LEE S, KIM H, et al. Hydrophobic ni-rich layered oxides as cathode materials for lithium-ion batteries[J]. ACS Applied Energy Materials, 2019, 2(9): 6246-6253.

第4章 正极材料物理性能表征与分析

在确定正极材料的化学组成和价态后，要对材料的组成、形貌、近邻关系等进行表征和分析。实际使用和关注度较高的表征方法有对材料粉体颗粒的宏观描述，如粒度分布、比表面积、振实密度、压实密度(compacted density)等；有材料合成和使用过程中的热分析，如热重分析(thermo gravimetry，TG)、差示扫描量热法(differential scanning calorimetry，DSC)、差热分析(differential thermal analysis，DTA)；有材料无损检测相组成和鉴定，如X射线衍射(X-ray diffraction，XRD)、原位X射线衍射(in situ-XRD)；有揭示材料之间相互关系，如拉曼光谱(Raman spectrum)、傅里叶红外光谱(Fourier transform infrared spectrum，FTIR)；也有对材料微观形貌进行显微观测，如扫描电子显微镜(scanning electron microscope，SEM)，以及对材料中的晶胞进行观测解析，如透射电子显微镜(transmission electron microscope，TEM)、高分辨率透射电子显微镜(high resolution transmission electron microscope，HRTEM)。这些表征手段繁复不一，制样要求分析难度也各不一样，本书目的在于总结归纳正极材料的使用和表征方法，因此各方法的具体原理、深层次应用等在此均不再赘述，读者可参考相关专业资料。本章对正极材料的各种物理性能表征及分析进行说明。

4.1 粉体特性表征

4.1.1 粒度分布

颗粒是具有一定尺寸和形状的微小的物体，是组成粉体的基本单元。颗粒的大小称为颗粒的粒度。不同粒径的颗粒分别占粉体总量的百分比称为粒度分布。颗粒的直径称为粒径，一般以微米或纳米为单位来表示粒径大小。以下介绍几个重要术语：

平均径：表示颗粒平均大小的数据。根据不同的仪器所测量的粒度分布分为体积平均径、面积平均径、长度平均径、数量平均径等。

D50：也称中位径或中值粒径，这是一个表示粒度大小的典型值，该值准确地将总体划分为二等份，也就是说有50%的颗粒超过此值，有50%的颗粒低于此值。如果一个样品的D50=5 μm，说明在组成该样品的所有粒径的颗粒中，大于5 μm的颗粒占50%，小于5 μm的颗粒也占50%。

D90：是指累计分布百分数达到90%时对应的粒径值，即粒径小于D90的颗粒占90%。它通常被用来表示粉体粗端粒度指标，是粉体生产和应用中一个被重点关注的指标。

锂离子电池正极材料的粒度及粒度分布对电池的安全性能和极片的压实密度有较大影响，同时也对电池材料的电性能有影响。常用的粒度测试方法有筛分法、显微镜(图像)法、重力沉降法、离心沉降法、库尔特(电阻)法、激光衍射/散射法、电镜法、超声波法、透气法等。不同粒度测试方法适用范围如图4.1所示。

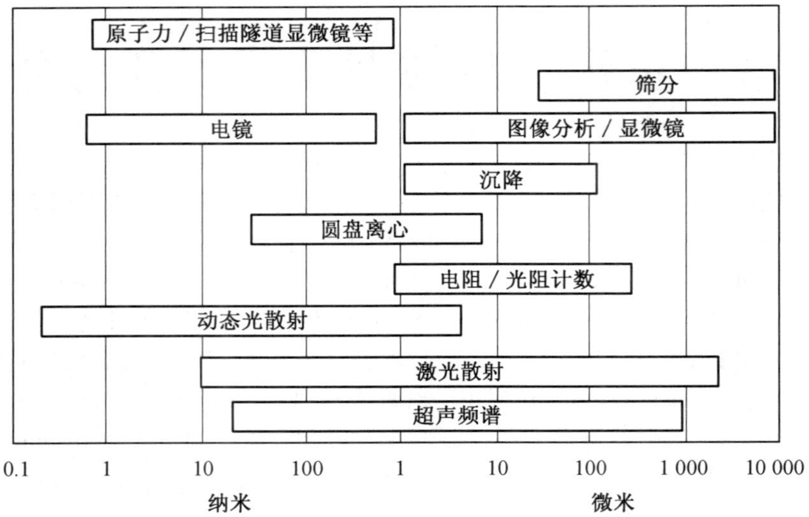

图4.1 不同粒度测试方法适用范围

在三元正极材料测试中一般采用激光散射法,使用仪器为激光粒度仪,测试步骤主要参考标准《粒度分布激光衍射法》(GB/T 19077—2016)。激光散射法的原理是:颗粒样品以合适的浓度分散于适宜的液体或气体中,使其通过单色光束,当光遇到颗粒后以不同角度散射,由多元探测器测量散射光。通过适当的光学模型和数学过程,转换这些量化的散射数据,得到一系列离散的粒径段上的颗粒体积相对于颗粒总体积的百分比,从而得出颗粒粒度体积分布。

激光粒度仪一般是由激光器、富氏透镜、光电接收器阵列、信号转换与传输系统、样品分散系统、数据处理系统等组成。激光器发出的激光束,经滤波、扩束、准值后变成一束平行光,在该平行光束没有照射到颗粒的情况下,光束经过富氏透镜后将汇聚到焦点上。激光原理如图4.2(a)所示。

激光粒度仪原理如图4.2(b)所示,当通过某种特定的方式把颗粒均匀地放置到平行光束中时,激光将发生衍射和散射现象,一部分光将与光轴成一定的角度向外扩散。米氏散射理论证明,大颗粒引发的散射光与光轴之间的散射角小,小颗粒引发的散射光与光轴之间的散射角大。这些不同角度的散射光通过富氏透镜后汇聚到焦平面上将形成半径不同明暗交替的光环,不同半径上光环都代表着粒度和含量信息。这样在焦平面的不同半径上安装一系列光的电接收器,将光信号转换成电信号并传输到计算机中,再用专用软件进行分析和识别这些信号,就可以得出粒度分布。

雷杰研究了搅拌速度对$Ni_{0.5}Co_{0.2}Mn_{0.3}(OH)_2$前驱体的影响,采用激光粒度仪对不同条件下的前驱体粒度进行了分析。见表4.1,在较低转速下,如500 r/min,小颗粒比较多,这是因为转速低,导致局部的过饱和度增加,产生较多的小颗粒,而较多的小颗粒又聚结成较大的颗粒,这就形成了小颗粒较小、大颗粒较大的两种极限共存。但是,当转速较大时,如800 r/min,粒子的均匀性也比较低,这是因为较大的转速使附着在大颗粒表面的小

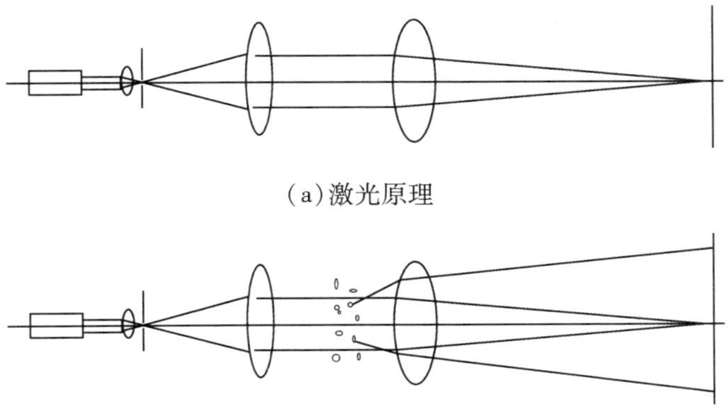

(a)激光原理

(b)激光粒度仪原理

图 4.2 激光粒度仪测量原理

颗粒被水冲击而脱落。在 600 r/min 获得的材料粒径分布最接近正态分布曲线。600 r/min 时,颗粒粒径分布比较均匀,粒径也比较大,在所有的转速获得前驱体中,600 r/min获得的材料 D50 最大,达到 4.690 μm。

表 4.1 转速对材料大小的影响

转速/($r \cdot min^{-1}$)	D10/μm	D50/μm	D90/μm
500	1.062	2.466	15.57
600	1.487	4.690	13.46
700	1.403	4.287	12.71
800	1.227	3.368	17.16

Li 等设计了一种磷酸铁锂电池中正极材料的绿色回收工艺,用碳酸锂混合回收的正极材料,在氩气中分别煅烧一定的温度。未再生磷酸铁锂及不同温度处理后的颗粒粒径分布如图 4.3 所示。由图可知,未再生的磷酸铁锂平均粒径较大,这是由于残留的聚偏氟乙烯(PVDF)团聚,随后 PVDF 在高温下分解,小的杂质颗粒与碳酸锂反应,重新生成 $LiFePO_4$,完成再生过程。

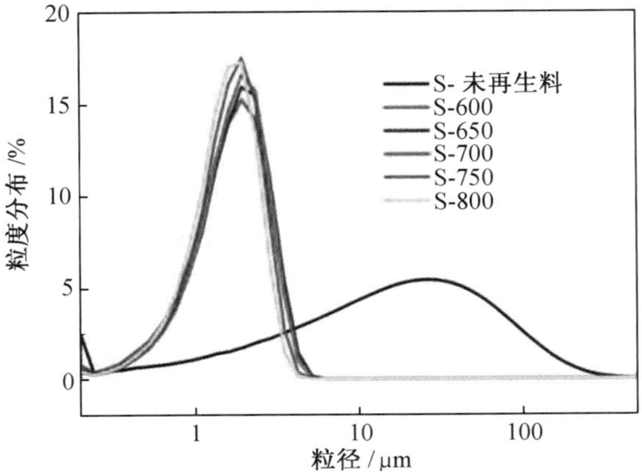

图 4.3 未再生磷酸铁锂及不同温度处理后的颗粒粒径分布

4.1.2 比表面积

比表面积测试方法主要分为吸附法、透气法和其他方法,其中吸附法比较常用且精度较高。吸附法根据吸附质的不同又分为吸碘法、吸汞法、低温氮吸附法等,目前广泛应用的方法是低温氮吸附法。低温氮吸附法根据吸附质吸附量确定方法不同分为动态色谱法、静态滴定法、质量法等。目前比表面积仪器以动态色谱法和静态滴定法为主,动态色谱法在比表面积测试方面比较有优势,静态滴定法在孔径测试方面有优势。

动态色谱法和静态滴定法的目的都是确定吸附质气体的吸附量,如图4.4所示,再根据该吸附质分子的吸附量来计算待测粉体的比表面积。其中,BET模型应用最广,BET理论是在朗缪尔理论的单分子吸附模型的基础上提出的解释气体分子在固体表面吸附现象的理论。

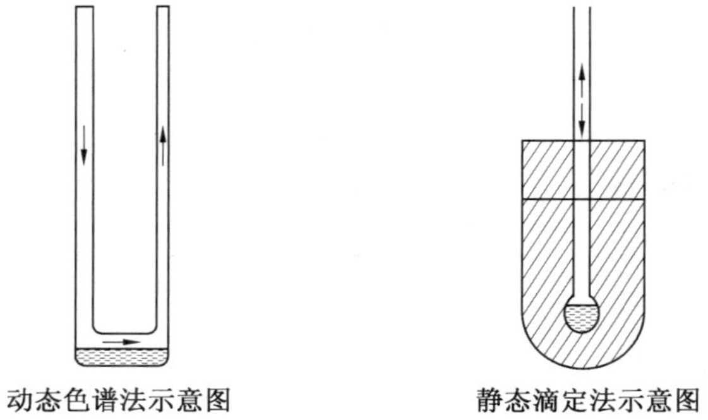

图4.4 动态色谱法与静态滴定法

BET法的原理是:将试样放入盛样器,然后置于液氮中,此条件下,试样表面将发生物理吸附。用压力计测量吸附达到平衡时的平衡吸附压力,滴定法或色谱法测量样品吸附的气体量。最后将平衡吸附压力和吸附的气体体积代入BET方程式,计算求出试样的比表面积。BET测试方法和步骤参考《金属粉末比表面积的测定 氮吸附法》(GB/T 13390—2008)。

BET法测定比表面积是以氮气为吸附质,以氦气或氢气作为载气,两种气体按一定比例混合,达到指定的相对压力,然后流过固体物质。当样品管放入液氮保温时,样品即对混合气体中的氮气发生物理吸附,而载气则不被吸附,这时屏幕上即出现吸附峰。当液氮被取走时,样品管重新处于室温,吸附氮气就脱附出来,在屏幕上出现脱附峰。最后在混合气中注入已知体积的纯氮,得到一个校正峰。根据校正峰和脱附峰的峰面积,即可算出在该相对压力下样品的吸附量。改变氮气和载气的混合比,可以测出几个氮的相对压力下的吸附量,从而可根据BET公式计算比表面积。BET公式为

$$\frac{p}{V(p_0-p)}=\frac{1}{V_m C}+\frac{(C-1)}{V_m C}\frac{p}{p_0} \tag{4.1}$$

式中 p——氮气分压,Pa;

p_0——吸附温度下液氮的饱和蒸气压,Pa;

V_m——样品上形成单分子层需要的气体量,mL;

V——被吸附气体的总体积,mL;

C——与吸附有关的常数。

以$\frac{p}{V(p_0-p)}$对$\frac{p}{p_0}$作图可得一直线，其斜率为$\frac{(C-1)}{V_m C}$，截距为$\frac{1}{V_m C}$，由此可得

$$V_m = \frac{1}{斜率+截距} \tag{4.2}$$

若已知每个被吸附分子的截面积，则可求出被测样品的比表面积，即

$$S_g = \frac{V_m N_A A_m}{2\ 240W} \times 10^{-18} \tag{4.3}$$

式中 S_g——被测样品的比表面积，m^2/g；

N_A——阿伏伽德罗常数；

A_m——被吸附气体分子的截面积，m^2；

W——被测样品质量，g。

BET 公式的适用范围为 p/p_0 = 0.05 ~ 0.35，这是因为比压小于 0.05 时，压力大小建立不起多分子层吸附的平衡，甚至连单分子层物理吸附也还未完全形成。在比压大于 0.35 时，由于毛细管凝聚变得显著起来，因此破坏了吸附平衡。

根据国际理论和应用化学联合会（international union of pure and applied chemistry，IUPAC）分类，将吸附曲线分为 6 类，如图 4.5(a)所示。简单理解，以相对压力为 x 轴，氮气吸附量为 y 轴，再将 x 轴相对压力粗略地分为低压（0 ~ 0.1）、中压（0.3 ~ 0.8）、高压（0.90 ~ 1.0）3 段。吸附曲线在低压端偏 y 轴则说明材料与氮有较强作用力（Ⅰ型、Ⅱ型、Ⅳ型），较多微孔存在时由于微孔内强吸附势，吸附曲线起始时呈Ⅰ型；低压端偏 x 轴说明与材料作用力弱（Ⅲ型、Ⅴ型）。中压端多为氮气在材料孔道内的冷凝积聚，介孔分析就来源于这段数据，包括样品粒子堆积产生的孔，有序或梯度的介孔范围内孔道。

值得一提的是，在Ⅳ型中存在回滞环，回滞环指吸附量随平衡压力增加时测得的吸附分支和压力减小时所测得的脱附分支，在一定的相对压力范围不重合，分离形成环状。在相同的相对压力时，脱附分支的吸附量大于吸附分支的吸附量。IUPAC 也将其分为 6 类，如图 4.5(b)所示。

徐晟在锂离子电池富镍三元材料的合成放大化和改性研究中，探究了 $LiNi_{0.8}Co_{0.1}Mn_{0.1}O_2$ 前驱体和终材料的比表面积。如图 4.6 所示，图 4.6(a)为 $Ni_{0.8}Co_{0.1}Mn_{0.1}(OH)_2$ 前驱体的吸脱附曲线，可以看出合成的前驱体颗粒吸脱附曲线为Ⅳ型等温线，测出其比表面积为 9.64 m^2/g，这说明合成的前驱体仍然有进一步提高密度的空间；图 4.6(b)为 $LiNi_{0.8}Co_{0.1}Mn_{0.1}O_2$ 材料的吸脱附曲线，可以看出终材料的吸脱附曲线为Ⅲ型等温线，颗粒为无孔固体，通过吸脱附曲线得到材料的比表面积为 0.72 m^2/g，低的比表面积有利于阻碍电解液的侵蚀。

Wang 等采用表面活性剂辅助自组装的方法合成了 $LiFePO_4$/石墨烯复合材料。如图 4.7 所示，复合材料在相对压力（p/p_0）为 0.5 ~ 1.0 时表现出迟滞环，这是介孔材料典型的Ⅳ型等温线。复合材料 BET 表面积均大于原始材料表面积，导致复合材料与电解质的接触面积增大，有利于 Li^+ 的运输。

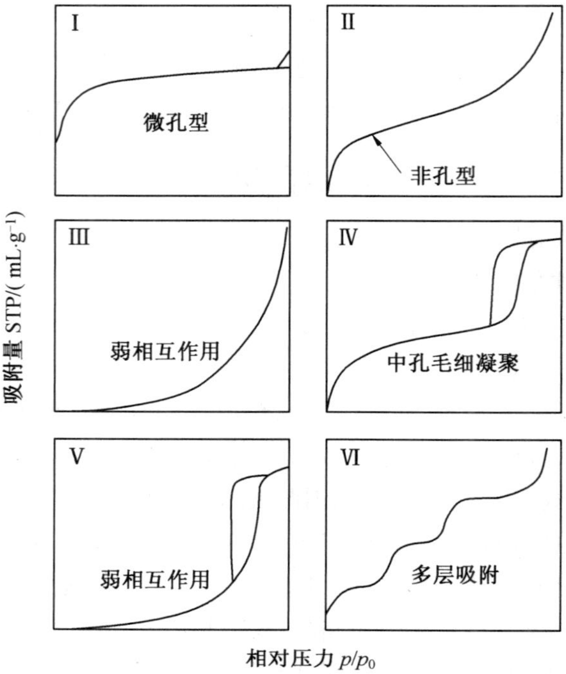

(a)吸附曲线类型

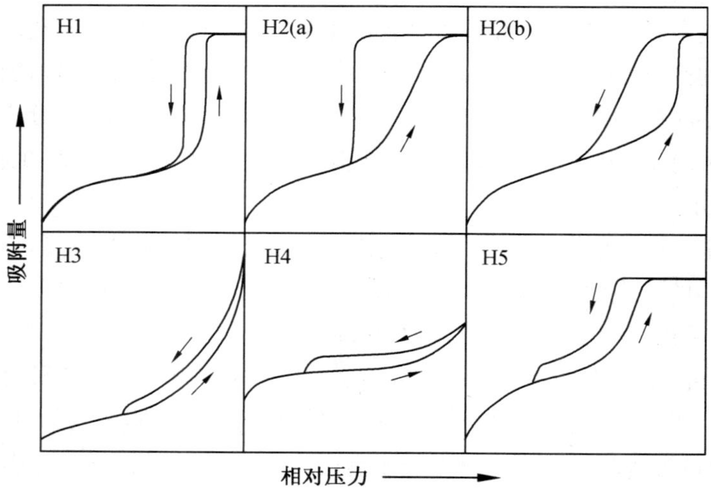

(b)回滞环类型

图 4.5 吸附曲线的分类与回滞环类型

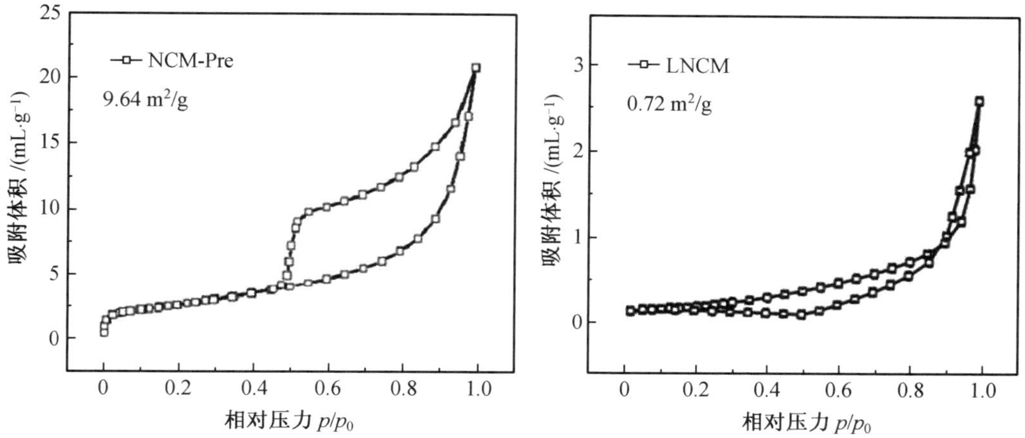

(a) $Ni_{0.8}Co_{0.1}Mn_{0.1}(OH)_2$ 前驱体　　(b) $LiNi_{0.8}Co_{0.1}Mn_{0.1}O_2$ 终材料

图 4.6　$Ni_{0.8}Co_{0.1}Mn_{0.1}(OH)_2$ 前驱体和 $LiNi_{0.8}Co_{0.1}Mn_{0.1}O_2$ 终材料的吸脱附曲线

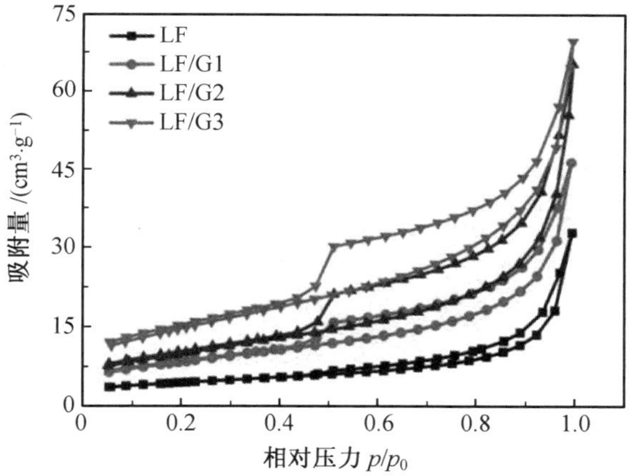

图 4.7　磷酸铁锂及磷酸铁锂/石墨烯复合材料吸脱附曲线

4.1.3　振实密度

振实密度是指在规定条件下容器中的粉末经振实后所测得的单位容积的质量。粉末振实密度相对于其松装密度增大的百分数,是粉末多种物理性能(如粉末粒度及其分布、颗粒形状及其表面粗糙度、比表面积等)的综合体现。振实密度关系到电池制作过程中的压实密度,是材料能量密度的考核指标之一。锂离子电池正极材料的振实密度分析主要采用振动法,原理是:称取一定量的样品置于玻璃量筒中,通过振动装置使量筒里的粉末逐渐被振实,直至粉末的体积读数不再变化,记录此时的体积数。将先前称取粉末的质量数除以记录的体积数,得到样品的振实密度。

粉末振实密度的测量按《金属粉末振实密度的测定》(GB/T 5162—2020)规定进行。如图 4.8 所示,测量仪器由玻璃量筒和振实装置等主要部分组成。玻璃量筒有两种规格,其容积分别为(100±0.5) cm 和(25±0.1) cm。25 cm 的量筒主要用于测量松装密度大于

4 g/cm 的粉末,如难熔金属粉末,也可用于松装密度比较低的粉末,但不适用于松装密度小于1 g/cm 的粉末。

徐晟探究了不同的搅拌桨对于前驱体生长的影响。不同生长时间的前驱体材料 SEM 图如图4.9所示。振实密度与平均粒径随反应时间的变化如图4.10所示,其中图4.10(a)为0~24 h振实密度与平均粒径随时间的变化趋势图。可以看出,0 h时反应晶核的振实密度为1.98 g/cm^3,在最初的2 h内,振实密度下降极为明显,这是低振实密度的二次成核导致,随着时间的变化,整体振实密度先增长,后减小,其极值为1.73 g/cm^3,仍然没有达到起初的晶核振实密度,并且随后,振实密度降低,而此阶段的平均粒径因为最初的二次成核作用而减小后,又随着二次颗粒的生长而增大。16 h之后逐渐稳定到小桨叶的极限值1.55 g/cm^{3}附近波动,24 h达到1.54 g/cm^3,平均粒径在5 μm附近缓慢增长。24~54 h的反应过程变化结果如图4.10(b)所示,其振实密度在1.54 g/cm^{3}的基础上波动上涨,可以很明显地看出,低转速的大桨叶使得振实密度发生了增长,且最后振实密度到达1.7 g/cm^{3}左右,而平均粒径也随着反应进行而明显地增长,但是在反应后期,颗粒的尺寸达到了一定尺寸后,也出现了二次成核现象,到54 h时,有较多小颗粒出现(图4.9)。这些结果表明,搅拌桨叶增大后,体系的搅拌更充分,使得前驱体的一次颗粒堆积要更加致密,表现为二次颗粒振实密度的提高,同时由于二次成核现象致使前驱体二次颗粒的平均粒径减小。因此,大桨叶的搅拌桨会使反应釜内的原料混合得更加均匀。

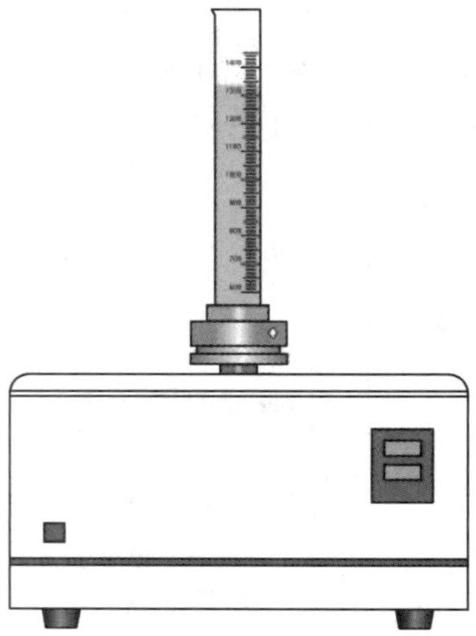

图4.8 振实密度仪示意图

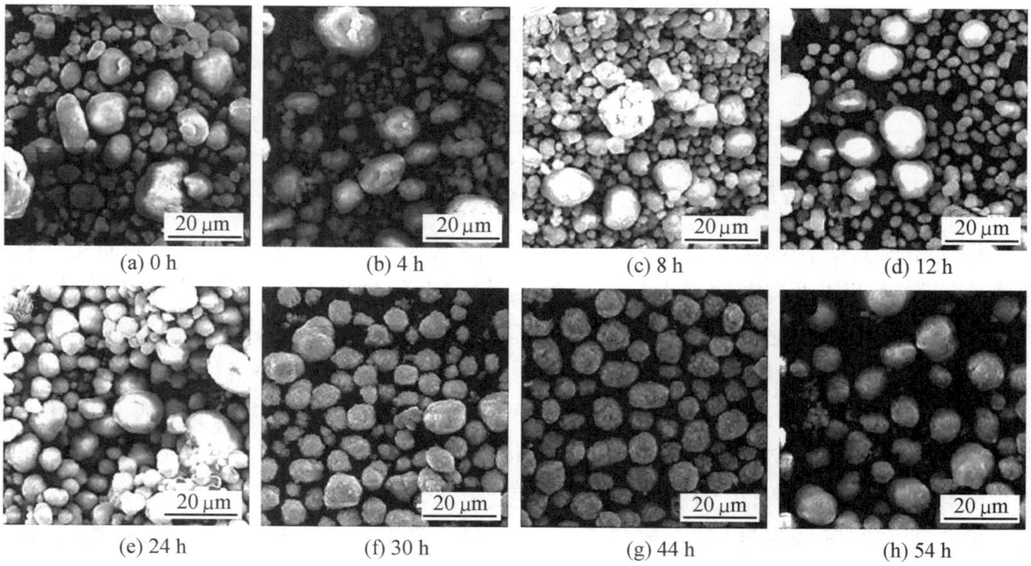

图4.9 不同生长时间的前驱体材料 SEM 图

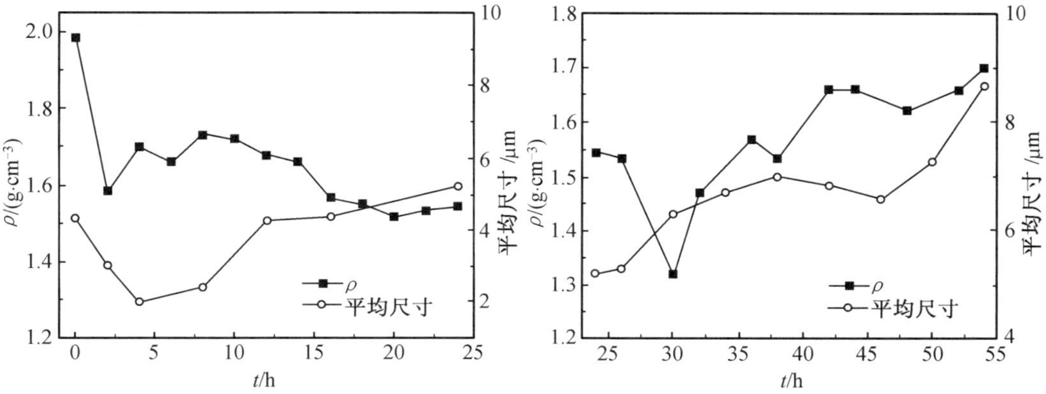

(a) 小桨叶 (b) 大桨叶

图 4.10 振实密度与平均粒径随反应时间的变化

Wu 等以 $FePO_4$ 为前驱体，β-环糊精为碳源，采用新型碳热还原工艺成功合成了高振实密度（1.3 g/cm^3）的 $LiFePO_4$/C 正极材料。如表 4.2 所示，相对于溶剂热法、水热法以及共沉淀法，碳热还原法制备的磷酸铁锂材料振实密度最高。

表 4.2 不同方法制备的磷酸铁锂材料振实密度

合成方法	形貌	振实密度/（g · cm^{-3}）
共沉淀法	球状	1.0
溶剂热法	花状	1.2
水热法	微球	1.2
碳热还原法	微纳米球	1.3

4.1.4 压实密度

压实密度是指材料在受到一定压力后所表现出的密度特性。锂离子电池含有两种形态的压实密度，即材料粉体的压实密度和极片的压实密度。粉体的压实密度与原材料颗粒的大小、形貌、成分、密度、级配有关，极片的压实密度不仅与粉体的压实密度相关，还与极片的工艺过程相关。一般来说，在材料允许的压实范围内，极片的压实密度越大，电池的容量越高，所以压实密度也被看作材料能量密度的参考指标之一。合适的压实密度可以增大电池的放电容量，减小内阻，减小极化损失，延长电池的循环寿命，但如果压实密度过大，材料颗粒之间的挤压程度越大，极片的孔隙度越小，极片的吸收电解液的性能越差，电解液越难以浸润，造成材料的比容量发挥较低，电池的保液能力变差，电池循环过程中极化变大，衰减加剧。

锂离子电池正极材料的粉体压实密度测试国标引用自《锂离子电池石墨类负极材料》（GB/T 24533—2019）附录 L。采用泄压法，对 m（g）粉末用截面积为 S（cm^2）的模具施加一定压力并保压一段时间，再降低至较小压强并保压一段时间后，测试粉末厚度 H（cm），则压实密度 $\rho = m/(S * H)$。几种商业化正极材料的真密度和压实密度范围见表 4.3。真密度是指材料在绝对密实的状态下单位体积的固体物质的实际质量，即去除内部孔隙或颗粒间的空隙后的密度。

表4.3 几种商业化正极材料的真密度和压实密度

正极材料	钴酸锂	三元材料	磷酸铁锂	锰酸锂
真密度/($g\cdot cm^{-3}$)	5.1	4.8	3.6	4.2
压实密度/($g\cdot cm^{-3}$)	4.1~4.3	3.4~3.7	2.2~2.7	2.9~3.2

锂离子电池极片压实密度采用下式计算：

$$极片压实密度=面密度/(极片碾压后的厚度-集流体厚度)\ (g/cm^3) \tag{4.4}$$

于鹏等对比了团聚型、单晶型及团聚掺混单晶型 NCM 811 高镍正极材料在 3.45 g/cm^3 压实密度下的SEM图，如图4.11所示。在相同压实密度下，团聚型 NCM 811 破坏比较严重，极片表面的材料颗粒被压平、压碎并粉化，会导致颗粒之间的连接力减弱；单晶材料颗粒硬度较大，辊压对材料破坏较小，未明显观察到单晶颗粒裂纹，但极片较难辊压；团聚和单晶掺混材料，掺混后团聚大颗粒之间的缝隙被单晶小颗粒填充，极片整体结构紧密。研究表明，团聚掺混单晶型 NCM 811 具有更均衡的电化学性能。

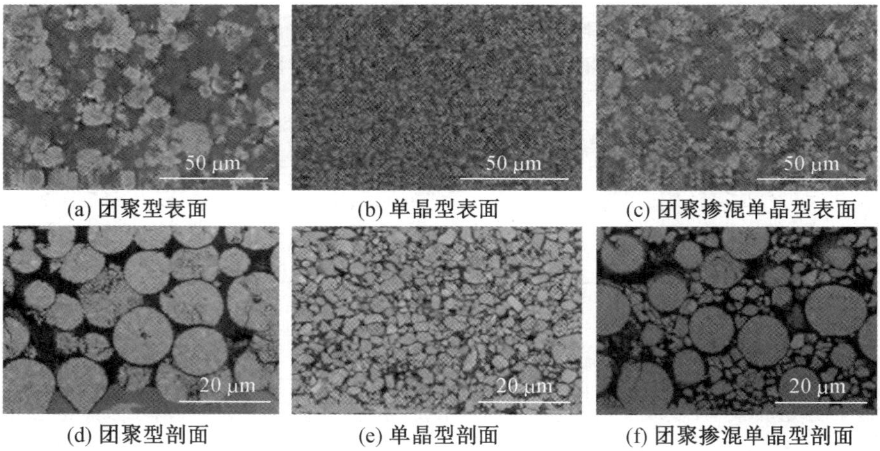

图4.11 团聚型、单晶型及团聚掺混单晶型 NCM 811 的 SEM 图像

4.1.5 电阻率

电阻率是用来表示各种物质电阻特性的物理量，某种材料制成长度为1 m、横截面积为1 m^2 的导体，其电阻在数值上等于这种材料的电阻率。电阻率的倒数即电导率。在锂离子电池体系中包括多种物质的电阻率，如基础的正负极、导电剂及黏结剂材料粉末，正负极材料与导电剂、黏结剂、添加剂及溶剂配置的浆料，经过干燥辊压后的正负极极片，最终制成的电芯和电池，均有各自体系的电阻率，直接影响最终电池性能。其中基础材料的电阻率决定了后续加工过程中的电阻率调整，包括电子电阻和离子电阻。在粉体和极片测试中，以电子电阻测试为主，关于离子电阻可以参考许洁茹等编写的《锂电池研究中的电导率测试分析方法》。

目前常采用四探针法测试锂离子电池材料及极片的电阻率。四探针法是一种离子阻塞电极的直流测试方法,根据欧姆定律 $R=U/I$ 的基础原理测试电子电阻率,与二探针法相对,四探针法多出两根探针用来测试物质的电压,很大程度上消除接触电阻和注入效应,测试结果更为准确。如图 4.12 所示,在半径较大的均匀试样上(若是粉体则通过压片形式测试),四根探针与样品接触,电流从探针 1 流入,探针 4 流出,两点视为点电源,距离点电源 r 点的电位为 $\psi(r)$(式(4.5)),$r_{12}=r_{23}=r_{34}=S$),探针 2 和 3 的电位差为 V_{23}(式(4.6)),从而得到电阻率 ρ(式(4.7))。

$$\psi(r)=\frac{I\rho}{2\pi r} \tag{4.5}$$

$$V_{23}=\psi_2-\psi_3=\frac{I\rho}{2\pi}\left(\frac{1}{r_{12}}-\frac{1}{r_{24}}-\frac{1}{r_{13}}+\frac{1}{r_{34}}\right) \tag{4.6}$$

$$\rho=\frac{2\pi V_{23}}{I}\left(\frac{1}{r_{12}}-\frac{1}{r_{24}}-\frac{1}{r_{13}}+\frac{1}{r_{34}}\right)^{-1}=\frac{2\pi SV_{23}}{I} \tag{4.7}$$

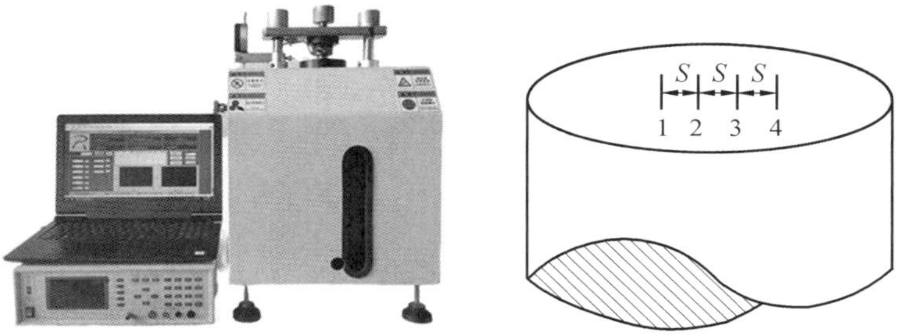

图 4.12　四探针测试仪及直线型四探针测试原理

对于粉体材料及极片而言,其电阻率与其压实密度相关,压实密度越大,粉体之间接触度越好,电阻率越小。《锂离子电池石墨类负极材料》(GB/T 24533—2019)和《锂离子电池用炭复合磷酸铁锂正极材料》(GB/T 30835—2014)中均有电极材料的电阻率测试方法和范围要求。图 4.13 所示为对某型石墨和磷酸铁锂的电阻率测试结果。在 100 MPa 下,石墨的电阻率为 0.001 8 Ω · cm,磷酸铁锂为 32.38 Ω · cm。石墨中均为高度石墨化的导电性碳,导电性极好,磷酸铁锂表面有碳层包覆,导电性也较好。

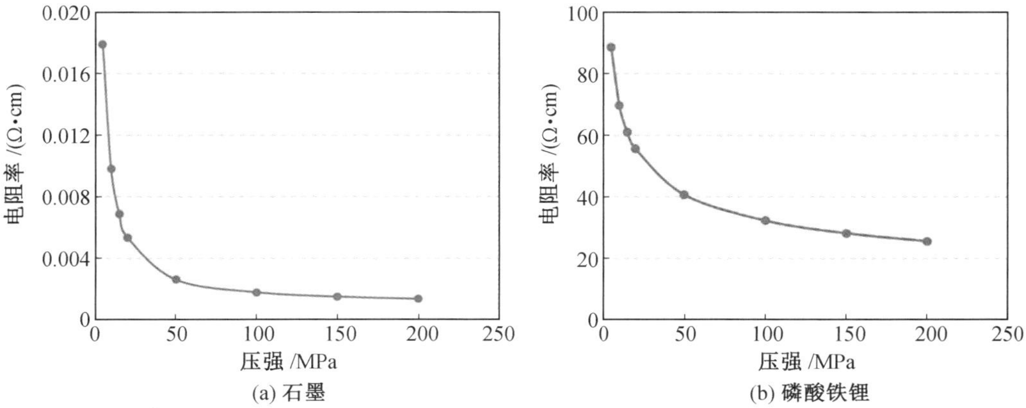

图 4.13　对某型石墨和磷酸铁锂的电阻率测试结果

4.1.6 磁性异物

磁性异物属于金属异物的一种,特指感磁类(如四氧化三铁)和强磁类(如铁、钴、镍等)杂质。与无磁性的铜铝金属杂质和塑料等非金属杂质相比,磁性异物尺寸更小,分散更广,危害更大,难以控制。磁性异物不仅可以在电池制备中被挤压刺穿隔膜导致机械短路,还有可能在充电过程中被氧化成金属离子迁移到电池负极,沉积形成枝晶刺穿隔膜导致化学短路,造成电池自放电高、容量衰减快,甚至引发电池起火爆炸。因此磁性异物成为正负极材料厂商生产过程中严格控制的对象之一。尤其是铁基、镍基正极材料,其磁性异物更难以去除和控制。

磁性异物的来源主要来自操作人员、机器设备、原材料、工艺本身、环境和测试过程及误差。其中机器设备是磁性异物的主要引入源,包括设备材质不当、加工过程中的毛刺焊渣、使用过程中的敲击、长期与物料之间的磨耗等,因此生产线与物料接触的部分必须使用非金属材质或喷涂非金属涂层,比如 PTFE、WC、陶瓷等。原材料是磁性异物另一重要引入源。虽然各种原材料均有磁性物要求,但是受到批次一致性、检测管控力度等影响,最终的原材料仍有不合格现象。楼平等在 NCM 523 中人为添加 50 mg/kg 和 100 mg/kg 的纳米铁微粉磁性物质,与人造石墨制成全电池,充电到 4.2 V,在烘箱高温 55 ℃存储 7 天。结果发现,拆开的电池和隔膜上,添加 100 mg/kg 铁微粉的电池极片和隔膜上黑点最多,且隔膜发黄严重,其自放电率是 50 mg/kg 的 2 倍。一般情况下,物理自放电越大,黑点的数量越多。

锂离子电池正极材料相关产品标《准钴酸锂》(GB/T 20252—2014)、《镍锰酸锂》(GB/T 37202—2018)、《镍钴铝酸锂》(YS/T 1125—2016)、《富锂锰基正极材料》(YS/T 1030—2017)等中均对磁性异物含量有明确的测试方法和标准,其质量分数均不得大于 0.000 03%,部分协会标准要求高镍三元正极材料磁性异物质量分数不得大于 0.000 005%。磁性异物的测试主要采用电感耦合等离子体原子发射光谱法(ICP-AES)测试。在不含磁性杂质的洁净环境中,用磁棒吸附并富集 200 g 正极材料中的磁性异物。用水清洗富集后的磁棒,除去表面附着的正极材料,用酸液溶解磁棒上的磁性异物。采用 ICP-AES,在各元素推荐的波长处测定其发射强度,按标准工作曲线计算各元素的质量分数。具体参考《锂离子电池正极材料检测方法 磁性异物含量和残余碱含量的测定》(GB/T 41704—2022)。

4.2 TG/DSC/DTA 热分析

热分析是科研表征中常见的手段。所谓热分析,指通过控制样品温度的改变,来分析其相应物理化学性质的改变。最为常见的热分析手段有三种热重分析(TG)、差示扫描量热法(DSC)差热分析和(DTA)。TG 分析是根据样品蒸发、分解或与气氛反应引起的质量变化来分析的;DSC 和 DTA 则是根据物理、化学的热效应(相变,反应)来分析的。常用的为 TG-DTA 联用、TG-DSC 联用。如图 4.14 所示的热重仪器示意图。

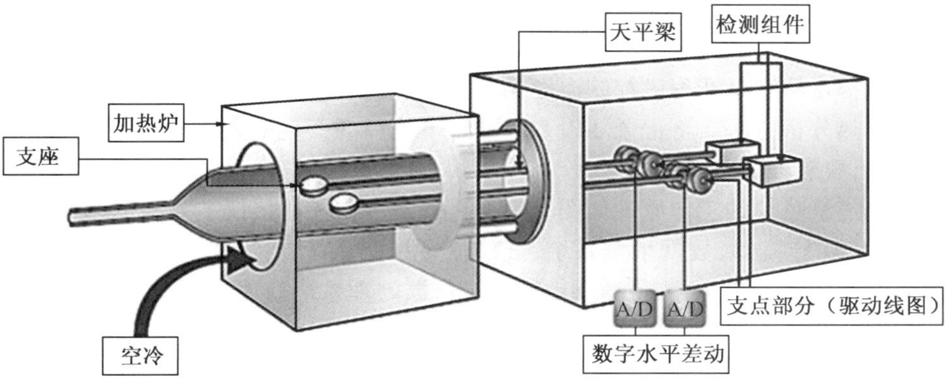

图 4.14 热重仪工作示意图

4.2.1 热重分析(TG&DTG)

热重分析即在可调速的加热或冷却环境中,以被测物质量作为时间或温度的函数进行记录的方法。热重分析主要研究在空气或惰性气氛中材料的热稳定性、热分解作用和氧化分解等物理化学变化,也广泛用于涉及质量变化的所有物理过程。将热重曲线对时间或温度的一阶微商的方法获得的曲线记为微商热重曲线(DTG)。热重测量常用升温法,即将样品在真空或其他任何气体中进行等速加温,记录样品因为温度的升高发生物理变化和化学变化的质量变化,是一种动态法。

热重分析常受以下因素影响:①气体的浮力和对流。样品周围的气体因温度的升高而膨胀,密度减小,则样品的 TGA 值增加,对流的产生使得测量出现起伏。②挥发物的再凝聚。物质分解产生的挥发物质可能凝聚在与称重皿相连而又较冷的部位上,影响失重的测定结果。③样品与称重皿的反应。某些物质在高温下会与称重皿发生化学反应而影响测定结果。④升温速率的影响。升温速率太快,TG 曲线会向高温移动;速度太慢,试验效率降低。⑤样品用量和粒度。样品用量大,挥发物不易逸出,影响曲线的清晰度;样品精度细,反应会提前影响曲线低温移动。⑥环境气氛。如图 4.15 所示为典型的 TG 和 DTG 曲线。

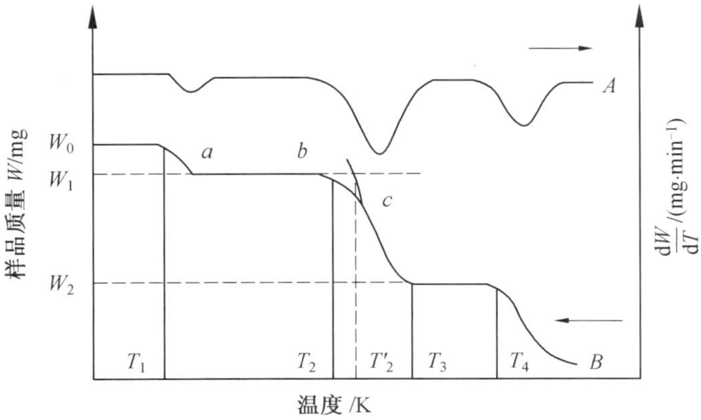

图 4.15 典型的 TG 和 DTG 曲线

A—微商热力学曲线;B—热失重曲线

4.2.2 差示扫描量热法(DSC)

差示扫描量热法是在程序控制温度条件下,测量输入样品与参比物的功率差与温度关系的一种热分析方法。将记录 $\Delta P(I\Delta U)$ 随 T(或 t)的变化的曲线称为 DSC 曲线,一般吸热峰向下,放热峰向上。

差式扫描量热仪的工作原理如图 4.16 所示,差示扫描量热仪主要由加热炉、主机、微伏放大器、A/D 转换器、数据采集系统、气体流量控制系统、计算机、打印机等部件组成,并辅之以两路气氛的切换,测量结果由计算机数据处理系统处理。

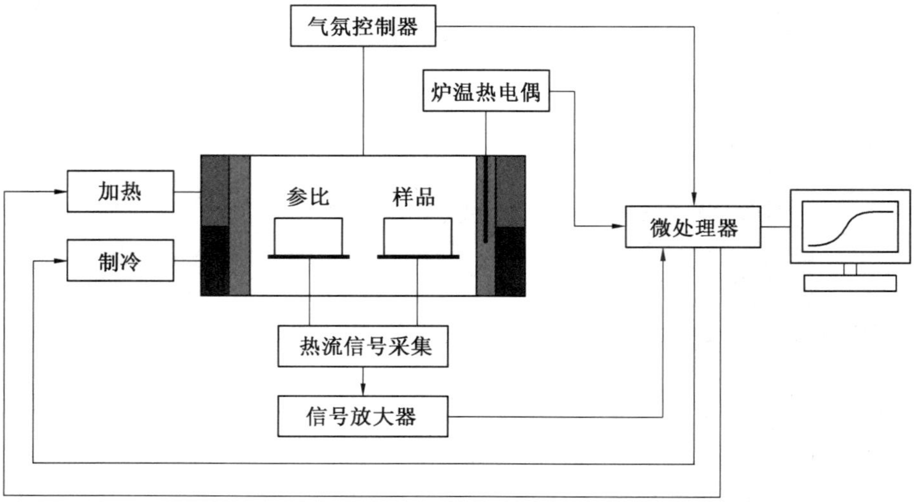

图 4.16 差式扫描量热仪的工作原理

DSC 在使用中应注意的要点:①样品要求。可以分析固体和液体样品;固体样品可以是粉末、薄片、晶体或颗粒状;对高聚物薄膜,可直接冲成圆片,块状的可用刀或锯分解成小块。②样品用量的影响。样品用量为 0.5 ~ 10 mg,用量少,有利于使用快速程序温度扫描,可得到高分辨率而提高定性效果,容易释放裂解产物,获得较高转变能量;用量大,可观察到细小的转变,得到较精确的定量结果。③形状的影响。样品的几何形状对 DSC 峰形亦有影响;大块样品,由于传热不良因此峰形不规则;细或薄的样品,可得到规则的蜂形,有利于面积的计算;对峰面积基本上没有影响。④样品纯度。样品纯度对 DSC 曲线的影响较大;杂质含量的增加会使转变峰向低温方向移动而且峰形变宽。

4.2.3 差热分析(DTA)

差热分析是在程序控温条件下,测量试样与参比基准物质之间的温度差与环境温度的函数关系。以温度为横坐标,试样和参比物的温差 ΔT 为纵坐标作图得到 DTA 曲线,以不同的吸热和放热峰显示样品受热时的不同热转变状态。DTA 与 DSC 组成结构类似,其工作原理如图 4.17(a)所示,前者测量的是温度差,后者测量的是热流。图 4.17(b)给出了典型的 DTA 曲线示意图。

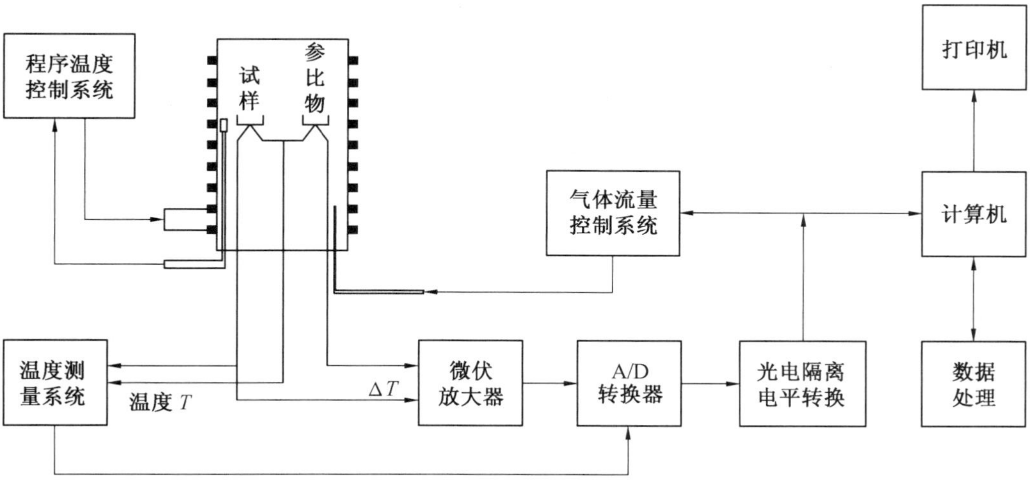

(a)DTA 工作原理

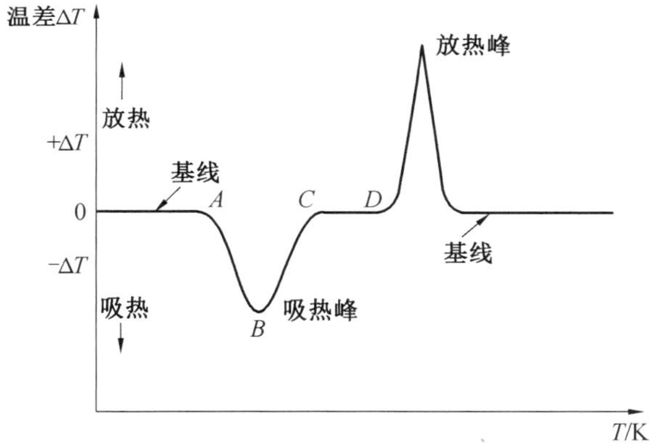

(b)典型的 DTA 曲线

图 4.17 DTA 工作原理及典型曲线

DTA 测量应注意的要点:①注意程序控温的线性和速度;②选择基准物时应考虑尽可能使基线接近零线;③测试过程中应注意水分干扰的影响,试样如果吸附一定的水分,将在 100 ℃附近出现一个大的蒸发吸热峰干扰试验结果;④测试过程中可能会发生双峰交叠,应设法分峰;⑤反应中的挥发物发生二次反应带来反应热的干扰;⑥预结晶物质程序升温和降温曲线是不可逆的;⑦DTA(包括 DSC)需用标准物质校正测定温度的准确性,标准物质必须化学稳定,且蒸气压低,故多数系金属盐类、纯金属或纯有机化合物。

凡是在加热(或冷却)过程中,因物理-化学变化而产生吸热或者放热效应的物质,均可以用差热分析法进行分析。

4.2.4 热分析方法的选择

3 种热分析方法各有所长,可以单独使用,也可以联合使用。

TG:测试样品在升温或者降温过程中,样品质量的变化(如吸附、脱附、分解等),如工业催化剂中常会有积碳现象,通过TG表征可以确定积碳量。

DTA:DTA与TG的区别在于测量值从质量变为温差。因为升温过程中发生的很多物理化学变化(如融化、相变、结晶等)并不产生质量的变化,而是表现为热量的释放或吸收,从而导致样品与参比物之间产生温差。DTA能够发现样品的熔点、晶型转变温度、玻璃化温度等信息。

DSC:可以简单地将DSC看成是DTA的升级版。DSC也确实是从DTA发展而来。DSC的优点在于灵敏度高,可以定量测量焓、比热容等物理量。

如图4.18所示,在判断物质发生的反应时,可以通过TG-DTA或TG-DSC联用来进行简单判断。

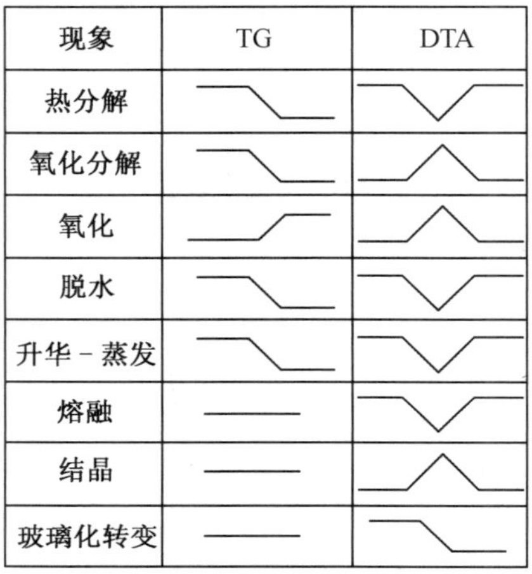

图4.18　TG/DTA曲线对比

4.2.5　实例分析

高鹏在富锂材料的共沉淀法合成研究中,对富锂三元正极材料的前驱体和碳酸锂研磨混合物进行热重分析,得到TG曲线和DTG曲线,如图4.19所示。从图4.19(a)可知,前驱体的失重在200 ℃以前只有2%~4%,到500 ℃时总失重约30%,到900 ℃时总失重约36%,可见200~500 ℃是主要的失重区间。DTG曲线上峰值位置对应于试样失重变化速率最大处,图4.19(b)显示,前驱体在200 ℃以前有一个小的失重峰,应为材料所含微量水分和结晶水的失去,到237 ℃出现1号峰,对应的是$CoCO_3$的分解反应,到290 ℃出现2号峰,对应的是$NiCO_3$的分解反应,到370 ℃出现3号峰,对应的是$MnCO_3$的分解反应,到463 ℃出现4号峰,对应的是$MnCO_3$的分解反应,在500 ℃保温的过程中失重速率逐渐减小,说明此阶段上述反应已基本完成,分解产物开始初步烧结形成富锂材料,但从500 ℃开始继续升温时,失重速率开始逐渐变大,这说明Li_2CO_3开始分解,温度达到655 ℃时出现速率峰值,到800 ℃时失重速率基本趋于零,说明Li_2CO_3分解完全,最后的900 ℃保温过程已经基本没有失重,说明此阶段已经结晶完全,保温过程是使离子分布均匀,结晶更完整的过程。

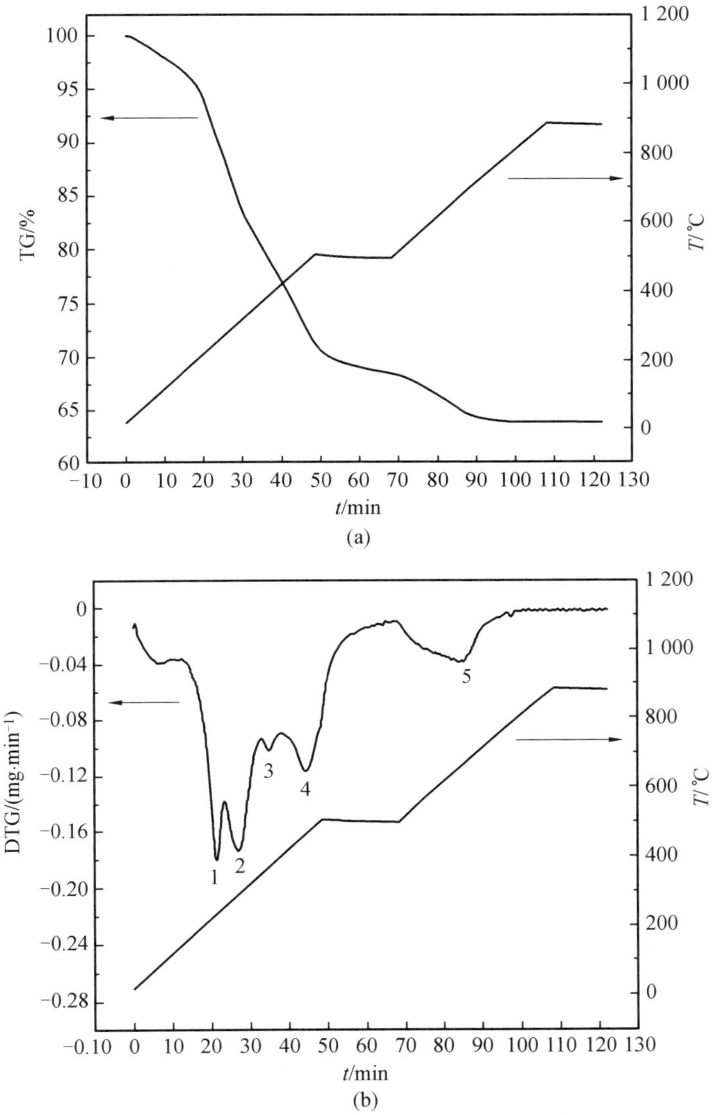

图 4.19　富锂三元正极材料的前驱体和碳酸锂研磨混合物热重分析

高鹏等采用共沉淀方法制备了富锂材料 $Li_{1.2}Ni_{0.133}Co_{0.133}Mn_{0.533}O_2$，将所得材料分为 3 份，1 份作为原始材料（NCM），1 份采用乙醇溶液还原法进行石墨烯包覆（NCM/G_1），1 份采用乙醇热还原法进行石墨烯包覆（NCM/G_2），并对其进行了热重分析（TG），如图 4.20 所示。在 200 ℃以下，NCM 的总质量损失约为 0.8%（质量分数），这是样品中微量水的损失造成的。在 200～900 ℃，NCM 材料的损耗约为 1.1%（质量分数）。众所周知，NCM 粒子常与空气发生反应，在粒子表面形成微量的 Li_2CO_3 或 LiOH。因此，200～900 ℃的质量损失可以归因于 Li_2CO_3 或 LiOH 的热分解。对于 NCM/G_1 和 NCM/G_2，总质量损失在 200 ℃以下为 1.0% 和 1.1%，略高于 NCM，说明堆积的石墨烯薄片中存在水分子的损失。两种复合材料的主要质量损失发生在 400～600 ℃，这可以归因于石墨烯与空气形成的 CO 或 CO_2 的反应。NCM/G_1 和 NCM/G_2 在 400 ~ 600 ℃之间的质量损失分别为3.45%和2.83%,说明 NCM/G_1 中的石墨烯含量高于 NCM/G_2。由此可见,乙醇溶液还原法比乙醇溶剂热还原法具有更高的石墨烯复合效率。

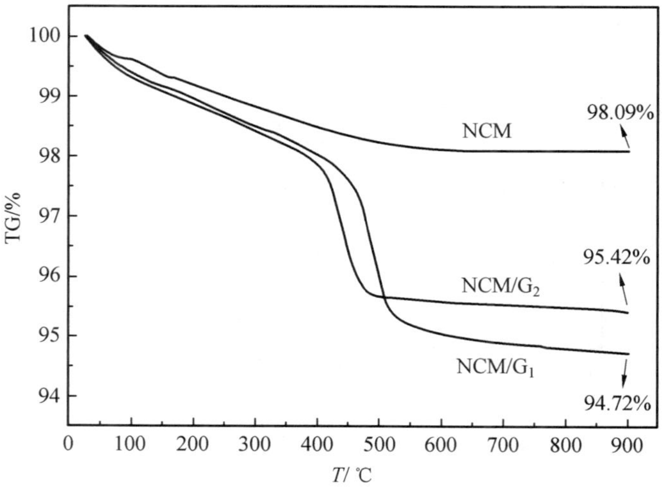

图4.20 3种材料的热重曲线

Kong 等采用间苯二酚-甲醛改性溶胶-凝胶法制备了 $LiNi_{0.5}Co_{0.2}Mn_{0.3}O_2$ 微粒。图4.21所示为制备的前驱体的 TG-DSC 曲线。200 ℃以下的前20%失重主要是由于水、乙酸等溶剂的蒸发,这与 DSC 曲线的吸热峰相对应。在270 ℃处 DSC 有一个明显的放热峰,在200 ~ 300 ℃失重约15%,代表有机残留物的分解(热解反应)。在300 ~ 500 ℃,随着醋酸盐的分解和干凝胶的燃烧,质量急剧下降了30%,如325 ℃和360 ℃两个强放热峰所示。500 ℃之后,几乎没有质量减轻。

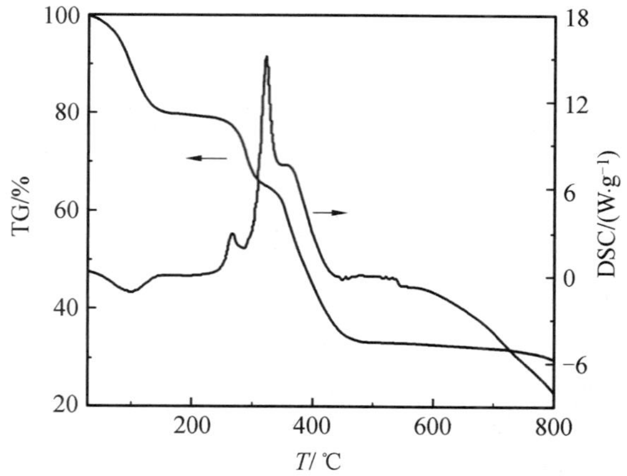

图4.21 $LiNi_{0.5}Co_{0.2}Mn_{0.3}O_2$ 前驱体的 TG-DSC 曲线

Zhi 等以廉价的 $FePO_4$ 为原料,葡萄糖为还原剂和碳源,通过碳热还原法合成了 $LiFePO_4$/C 复合正极材料。如图4.22所示,从室温到600 ℃的温度范围内,TG 曲线有3

个明显的失重步骤，DSC 曲线上约 90 ℃处的峰值可以归结为混合物吸收水分的损失。TG 曲线中 150 ~250 ℃的失重与葡萄糖的热分解有关。480 ℃的放热峰和剧烈的 TG 曲线下降归因于碳热还原过程和磷酸铁锂的形成，这表明合成温度必须高于 480 ℃。

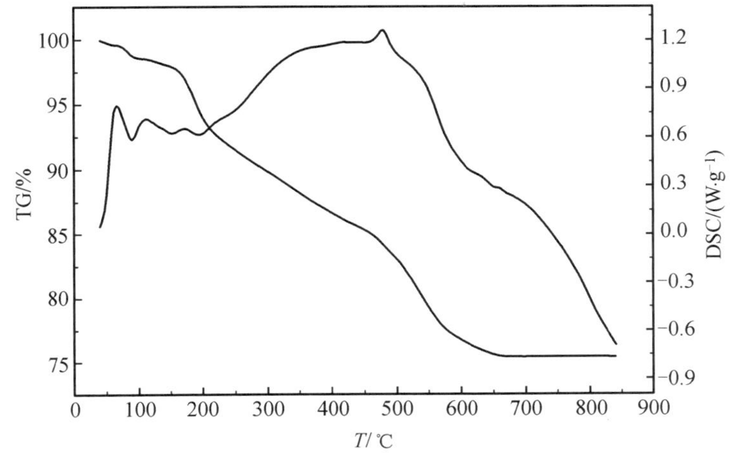

图 4.22 磷酸铁锂前驱体的 TG-DSC 曲线

唐仲丰等在高镍三元正极材料 NCA 和 NCM 811 的合成与对比研究中，研究了不同材料充电到 4.3 V 时的热稳定性。他首先将电池在 2.75 ~4.5 V 电压区间内以 0.1 C 小电流循环 3 次，再充电到 4.3 V 静置 2 h。然后在手套箱内把电池拆解取出电极片，用 DMC 溶剂洗涤干净，取出后放在 70 ℃真空干燥箱内干燥，通过差热扫描量热分析进行表征，测试仪器为 C-80 微量热仪。如图 4.23 所示为充电到 4.3 V 时 NCM/NCA 的 DSC 曲线，对比 NCA 和 NCM 811 的 DSC 曲线可知，NCM 的分解峰值温度比 NCA 略高，但是总体放热量却要比 NCA 大。综合来看，脱锂状态的高镍三元材料分解峰值温度基本上在 220 ℃以下，与 $LiFePO_4$（大于 300 ℃）、NCM111（300 ℃）、$LiMn_2O_4$（大于 260 ℃）等其他

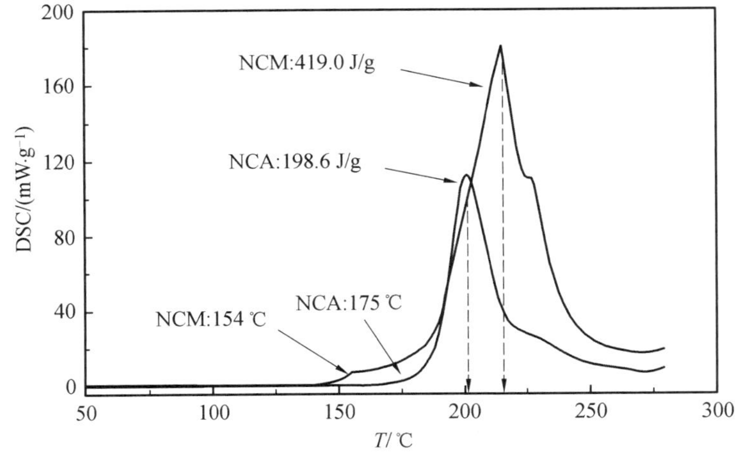

图 4.23 充电到 4.3 V 时 NCM/NCA 的 DSC 曲线

材料相比有较大差距。这也说明高镍三元材料(无论是 NCA 还是 NCM 811)在大规模使用之前都亟须改善热稳定性。

4.3 X 射线衍射分析

4.3.1 XRD 原理

XRD 全称 X 射线衍射(X-Ray Diffraction),利用 X 射线在晶体中的衍射现象来获得衍射后 X 射线信号特征,经过处理得到衍射图谱。如图 4.24 所示为 X 射线衍射仪的核心部件。

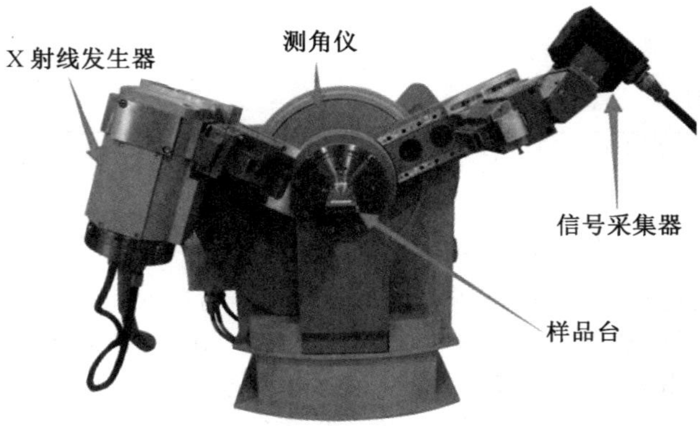

图 4.24 X 射线衍射仪的核心部件

X 射线衍射作为一电磁波投射到晶体中时,会受到晶体中原子的散射,而散射波就像从原子中心发出,每个原子中心发出的散射波类似于源球面波,如图 4.25 所示。原子在晶体中是周期排列的,这些散射球波之间存在固定的相位关系,会导致在某些散射方向的球面波相互加强,而在某些方向上相互抵消,从而出现衍射现象。

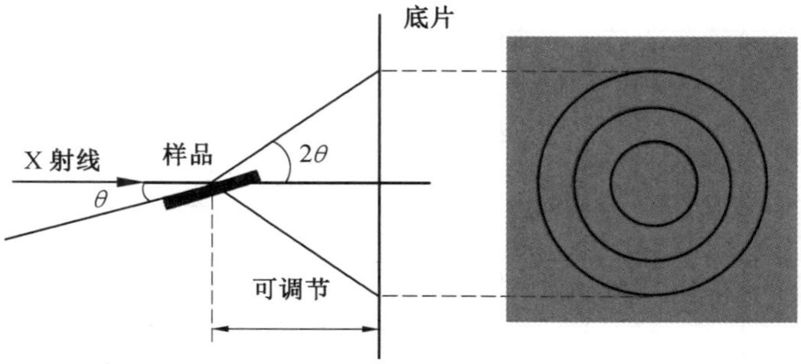

图 4.25 X 射线穿过晶体产生衍射过程

每种晶体内部的原子排列方式是唯一的,因此对应的衍射花样是唯一的,类似于人的指纹,因此可以进行物相分析。其中,衍射花样中衍射线的分布规律是由晶胞的大小、形状和位向决定。衍射线的强度是由原子的种类和它们在晶胞中的位置决定。

1913 年英国物理学家布拉格父子(W. H. Bragg, W. L. Bragg)在劳厄发现的基础,不仅成功测定了 NaCl、KCl 等的晶体结构,并提出了作为晶体衍射基础的著名公式——布拉格方程:

$$2d\sin\theta=n\lambda$$

式中 θ——入射角;

d——晶面间距;

n——衍射级数;

λ——入射线波长;

2θ——衍射角。

布拉格方程是 X 射线在晶体中产生衍射需要满足的基本条件,其反映了衍射线方向和晶体结构之间的关系,如图 4.26 所示。

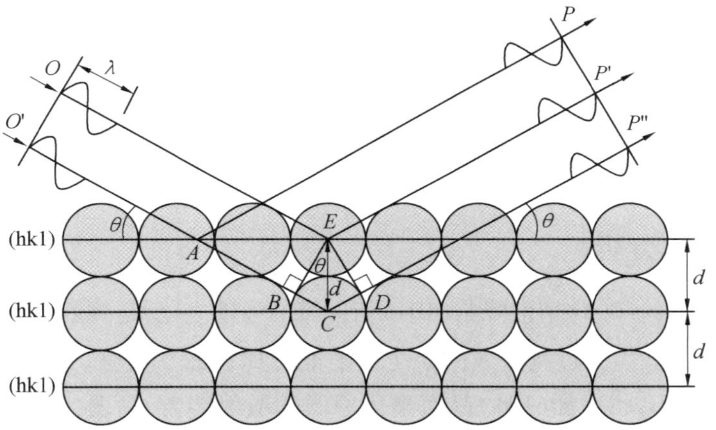

图 4.26 布拉格方程计算示意图

凡是满足布拉格方程式的方向上的所有晶面上的所有原子衍射波位相完全相同,其振幅互相加强。这样,在 2θ 方向上面就会出现衍射线,而在其他地方互相抵消,X 射线的强度减弱或者等于零。X 射线的反射角不同于可见光的反射角,X 射线的入射角与反射角的夹角永远是 2θ。

XRD 物相分析是基于多晶样品对 X 射线的衍射效应,对样品中各组分的存在形态进行分析,测定结晶情况、晶相、晶体结构及成键状态等,可以确定各种晶态组分的结构和含量,但灵敏度较低,一般只能测定样品中质量分数在 1% 以上的物相,同时,定量测定的准确度也不高,一般在 1% 的数量级。XRD 物相分析所需样品质量大(0.1 g),才能得到比较准确的结果,对非晶样品不能分析。样品的颗粒度对 X 射线的衍射强度及重现性有很大的影响。一般样品的颗粒越大,则参与衍射的晶粒数就越少,还会产生初级消光效应,使得强度的重现性较差。因此要求粉体样品的颗粒度大小在 0.1 ~ 10 μm 范围内。此外,当吸收系数大的样品,参加衍射的晶粒数减少,也会使重现性变差。因此在选择参比物质时,尽可能选择结晶完好、晶粒小于 5 μm、吸收系数小的样品。

为分析晶粒尺寸,特别是针对单晶的研究,可使用谢乐公式,描述晶粒尺寸与衍射峰半峰宽之间的关系。X 射线的衍射谱带的宽化程度和晶粒的尺寸有关,晶粒越小,其衍射线将变得弥散而宽化。

$$D_{hkl}=\frac{k\lambda}{\beta\cos\,\theta_{hkl}} \tag{4.8}$$

式中 D_{hkl}——垂直于晶面方向的平均厚度;

k——Scherrer 常数,$k=0.89$;

λ——X 射线波长;

β——衍射峰半宽高;

θ_{hkl}——衍射角。

利用该方程计算平均粒度需要注意:①β 为半峰宽度,即衍射强度为极大值一半处的宽度,单位为弧度;②利用 XRD 测定晶粒度的大小是有一定的限制条件的,一般当晶粒大于 100 nm 以上,其衍射峰的宽度随晶粒大小的变化就不敏感了;而当晶粒小于 10 nm 时,其衍射峰的宽度随晶粒尺寸的变小而显著宽化。因此,使用谢乐公式测定晶粒度大小的适用范围为 3 ~ 200 nm。

4.3.2 实例分析

层状正极材料的(003)衍射峰与(104)衍射峰的强度之比,是判断阳离子混排程度的一个半定量的衡量。因为过渡金属的原子散射能力比锂原子要强,镍离子从(003)晶面跃迁进入(104)晶面,将增加(104)晶面整体原子的散射能力,削弱(003)晶面对于 X 射线的反应,而 X 射线衍射峰强度与该衍射面的散射能力成正比,所以(104)晶面强度增大而(003)晶面强度减弱,$I_{(003)}/I_{(104)}$ 的比值减小,所以很多学者把这个指标用于判断层状三元材料阳离子混排程度的标尺。当 $I_{(003)}/I_{(104)}>1.2$ 时,阳离子混排程度较小。

钴酸锂、镍酸锂以及 NCM 等三元层状正极材料的结构主体属于六方 R 心晶系。六方 R 心晶胞的晶胞参数为:$a=b\neq c$,$\alpha=\beta=90°$,$\gamma=120°$。简单计算可知,(003)面晶面间距 d_{003} 为晶胞参数 c 的 1/3,即 $c=3d_{003}$;(110)面晶面间距 d_{110} 与晶胞参数 a 的关系为:$d_{110}/a=\sin 30°$,所以 $a=2d_{110}$;晶胞体积可通过 $V=a^2c\sin 60°$ 计算。另外,通常用晶胞参数 c/a 来判断层状结构的完善程度,当 $c/a>4.899$ 时,层状结构较完善。此外,(006)/(012)和(018)/(110)衍射峰的分裂也表明材料形成良好的层状结构。

如 Wang 等通过对不同氧气含量煅烧得到的 $LiNi_{0.5}Co_{0.2}Mn_{0.3}O_2$ 材料进行 XRD 测试并精修,如表 4.4 和图 4.27 所示。$I_{(003)}/I_{(104)}$ 与 Li 层中的 Ni 含量线性相关,随着 $I_{(003)}/I_{(104)}$ 增大,镍离子在锂层中的混乱占位比例会有所下降,层状结构有序,阳离子混合程度较低。

表 4.4 XRD 精修参数

试样	a 轴/Å	c 轴/Å	c/a	V_{hex}/Å^3	$I_{(003)}/I_{(104)}$	Li 层中的 Ni/%	R
N-L532	2.871 59(6)	14.217 25(4)	4.956 1	101.73	1.073 3	8.3	2.516
A-L532	2.871 48(3)	14.239 09(8)	4.958 8	101.71	1.356 6	4.2	2.44
O-L532	2.871 45(3)	14.239 23(5)	4.958 9	101.69	1.390 3	2.9	2.379
O2-L532	2.871 13(9)	14.243 10(3)	4.960 8	101.67	1.602 5	0.6	2.077

注:1 Å=0.1 nm。

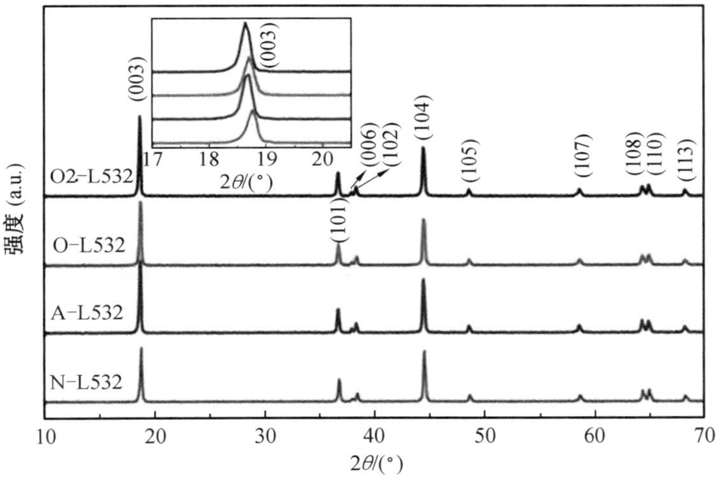

图 4.27 不同材料的 XRD

高鹏在富锂材料的共沉淀法合成研究中,研究了煅烧时不同温度状态的材料的 XRD(图 4.28)。从图 4.28 可见,最终合成的富锂材料在 2θ=20.81°、21.67°、24.34°和28.46°出现了 4 个小峰,可见通过共沉淀法合成了结构完整的富锂材料。从 500 ℃预烧后材料的 XRD 曲线来看,前驱体中的(Ni、Co、Mn)CO_3 已经完全分解,预烧后的材料有明显的 Li_2CO_3 衍射峰。到 600 ℃时,Li_2CO_3 的峰已经减弱很多,到 700 ℃时则几乎看不到,说明 Li_2CO_3 已经基本分解完毕。与 900 ℃12 h 的 XRD 曲线对比,可看出 500 ℃预烧后材料已经初步具备了富锂材料 XRD 衍射峰的特点,但是结晶度较低,随着温度升到 600 ℃和 700 ℃,Li_2MnO_3 的特征峰开始逐渐出现,(006)/(012)和(018)/(110)衍射峰也开始逐渐出现并逐渐分裂。从 500 ℃到 700 ℃,(006)/(012)和(018)/(110)衍射峰逐渐开始出现,而到 800 ℃则完全分裂,可见从 700 ℃到 800 ℃发生了明显的晶体结构转变,这是因为 Li_2CO_3 全部分解而融入晶格,所以在 800 ℃已经形成了富锂材料,800 ℃以后就是晶格优化以及晶粒长大过程。从 800 ℃到 900 ℃及随后的保温过程,最明显的变化就是

Li_2MnO_3 的特征峰越来越明显，以及(110)和(018)峰强度的比值 I_{110}/I_{018} 越来越大。(110)晶面的衍射强度增强是因为(110)晶面的等同晶面数增加，也就是说在从800 ℃到900 ℃以及随后的保温过程中，参与反射的(110)晶面数是增加的或者(110)晶面面积是扩展的，这意味着晶体生长延(110)晶面方向具有择优取向性。

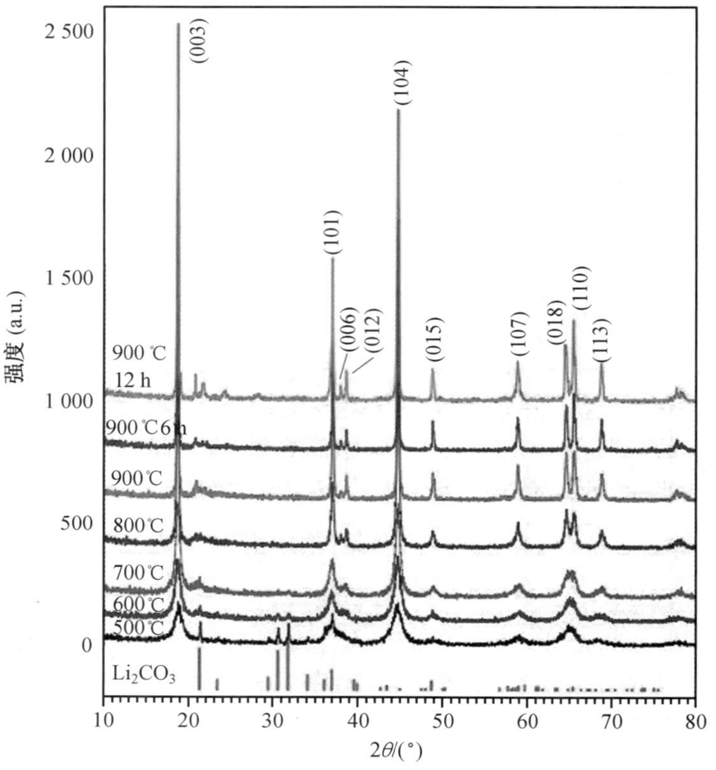

图 4.28 混锂前驱体煅烧至不同温度的 XRD

为方便读者进行参考，现将常见的几种正极的 XRD 及标准 PDF 卡片数据列于图 4.29 中。其中，三元正极材料 $LiNi_xCo_yMn_zO_2$ 主流采用氢氧化物共沉淀方法制备，即以镍钴锰的硫酸盐、乙酸盐等与 NaOH 和氨水，在恒定 pH 下共沉淀得到 $Ni_xCo_yMn_z(OH)_2$，然后与锂盐混合煅烧，得到最终三元材料。由于镍钴锰的比例不同，得到的前驱体主要还是以主要成分氢氧化物占主要，比如 $LiNi_{0.8}Co_{0.1}Mn_{0.1}O_2$ 的前驱体主要是 $Ni(OH)_2$ 的峰。然而由于三元材料都是层状结构，只是镍钴锰占据位置和数量不同，所以在 XRD 上峰型基本一致。另外，由于制备方法差异以及在 Jade 软件中进行 XRD 峰型匹配时卡片新旧差异，因此一种材料对应不止一种合格的卡片，事实上都是可以使用，在此只列出文献中提到的卡片号。

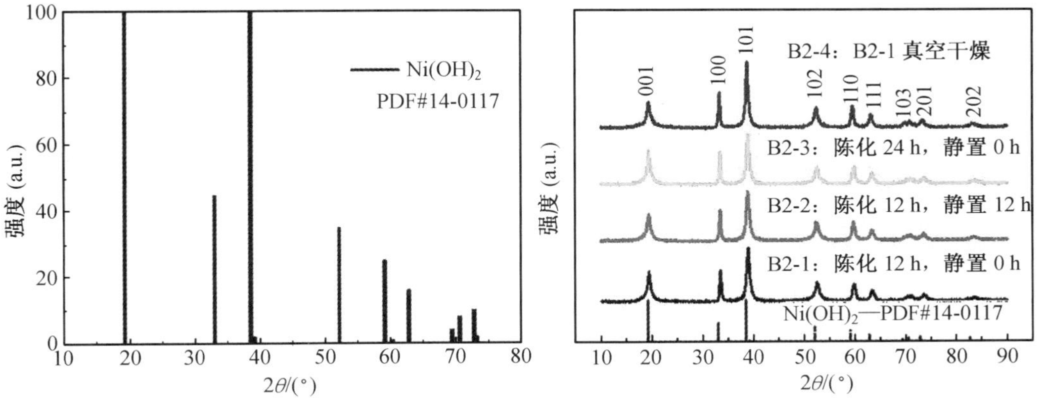

(a) Ni(OH)$_2$

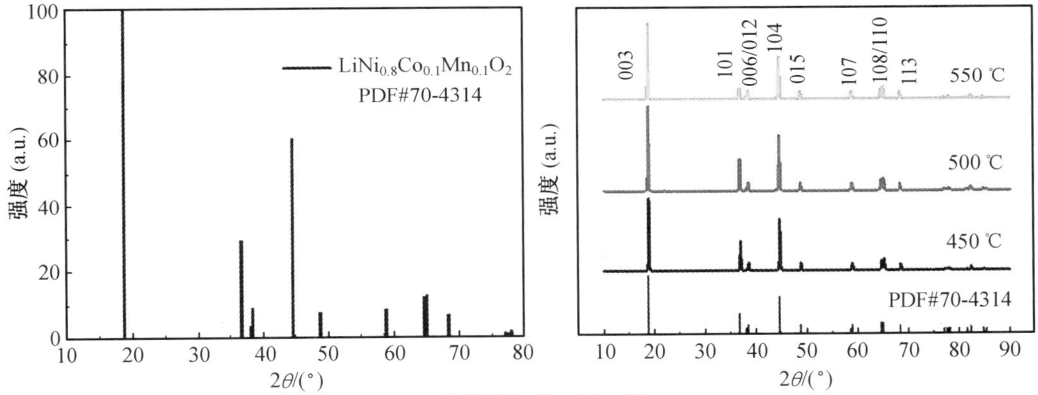

(b) LiNi$_{0.8}$Co$_{0.1}$Mn$_{0.1}$O$_2$

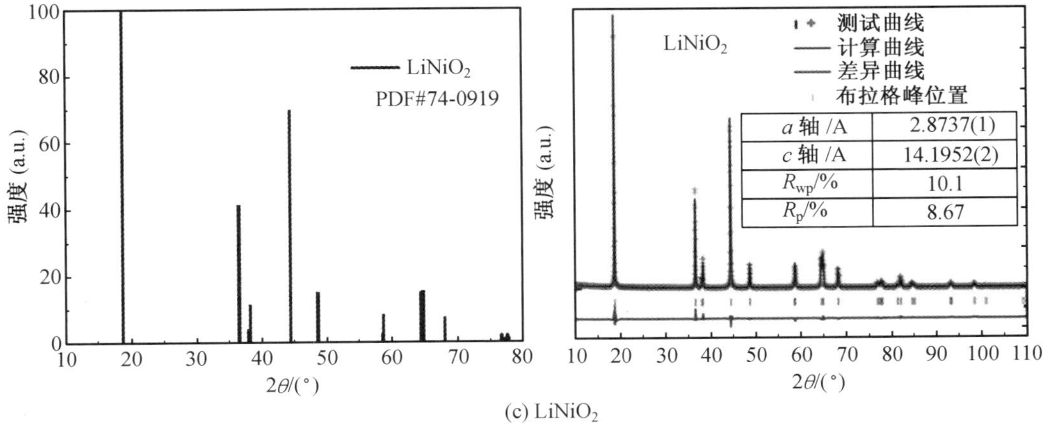

(c) LiNiO$_2$

图 4.29 几种正极材料的标准卡片峰型及文献中实际 XRD 峰型

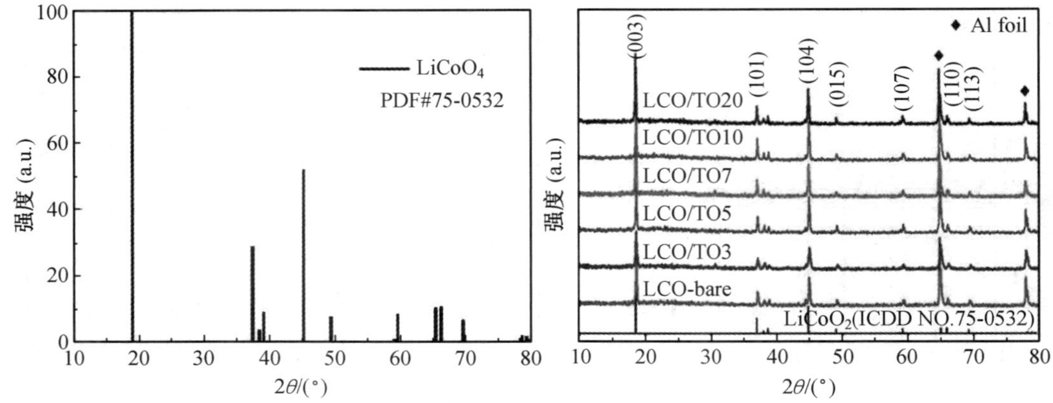

(d) $LiCoO_4$

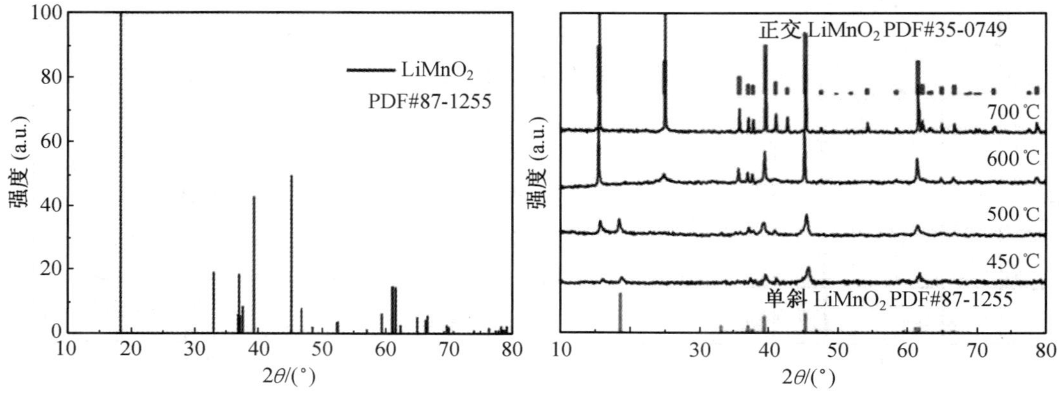

(e) $LiMnO_2$

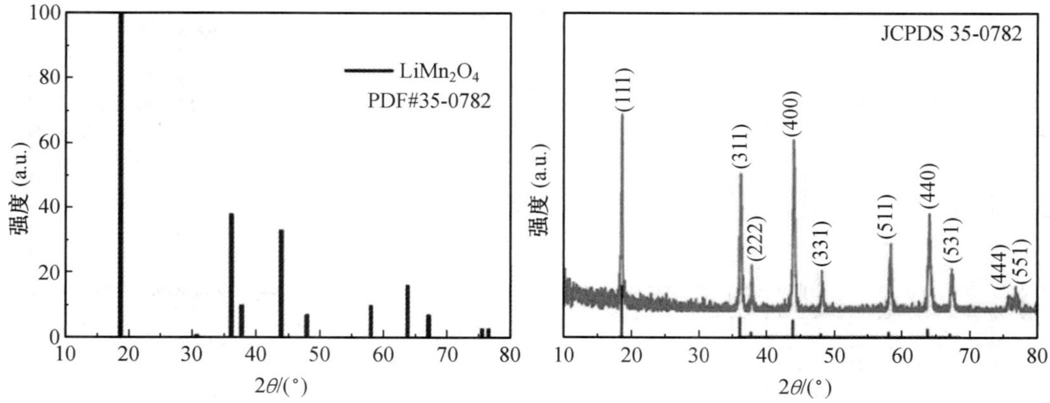

(f) $LiMn_2O_4$

续图 4.29

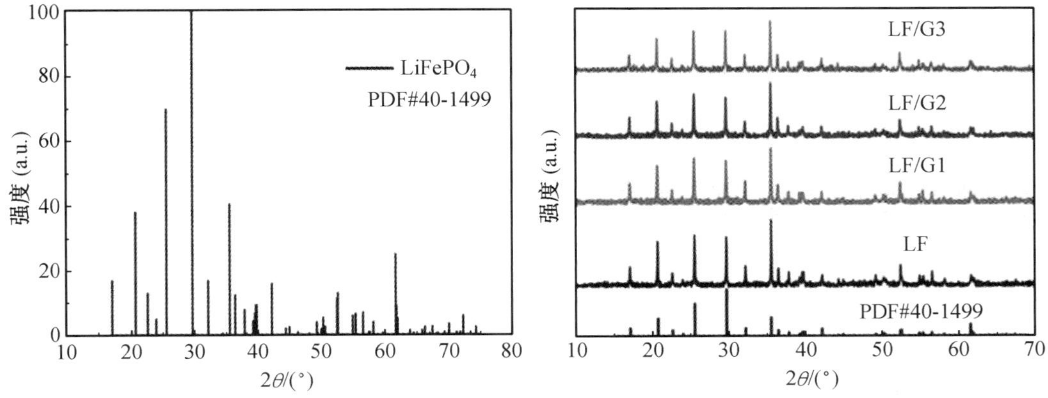

(g) $LiFePO_4$

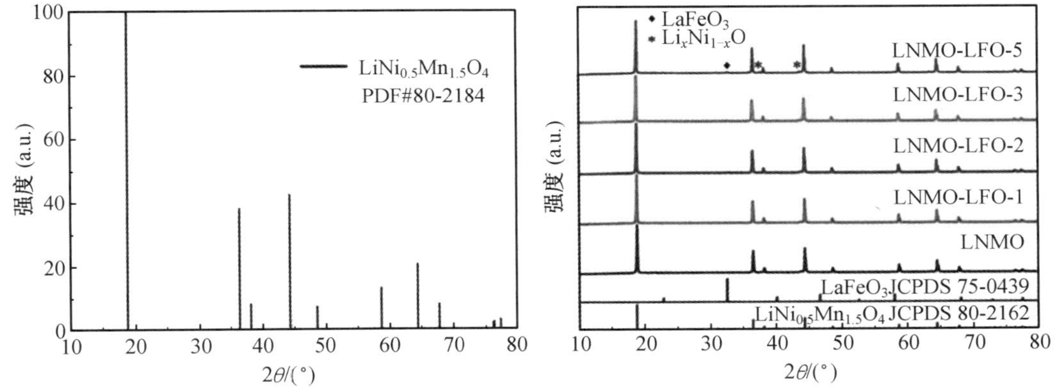

(h) $LiNi_{0.5}Mn_{1.5}O_4$

续图 4.29

4.3.3 原位高温 XRD

原位高温 XRD 一般是在 X 射线衍射仪上配备变温台，且可通入气体进行保护，对 XRD 设备要求较高，最高工作温度可达 1 000 ℃以上，可实现 XRD 的动态升温或静态保温测试。常用于鉴定物质高温下转化、生成、亚稳态、晶粒长大等。在正极材料中，由于需要对前驱体进行预烧和煅烧，可以使用高温原位 XRD 来进行原位表征，通过测试不同温度、不同时间下的材料 XRD，得到最稳定的处理工艺和中间相，从而研究相应的晶体生长及晶型转变机理。同时，如果试验条件完备，还可以与质谱进行联用，对产生的气体进行分析，从而进一步确定可能发生的反应。

H. Enyuan 等利用原位高温 XRD 和质谱联合表征了不同混合比例的 $LiMn_2O_4$（LMO）-$LiNi_{1/3}Co_{1/3}Mn_{1/3}O_2$（NCM）正极材料在充电状态下的热性能，以寻求最佳的混合方案。如图 4.30 所示，不同比例混合样品在升温过程中，均伴随有二氧化碳（CO_2）释放，而未检测到氧气（O_2）释放，推测是释放的 O_2 与碳、有机黏结剂等反应，最终以 CO_2 形式释放。温度小于 500 ℃时，3 种材料相变过程几乎类似。但当温度高于 500 ℃时，LMO 表现为

Mn_4O_3 和 MnO 两相,LMO-NCM(3∶1)增加了(Ni、Co、Mn)O 相,而 LMO-NCM(1∶1)再增加了 NiO 相。NiO 相的形成伴随着高氧化态 Ni 的减少,暗示了相变过程中 O_2 的释放,这也正是高 NCM 混合料在高温区 CO_2 释放曲线有更多峰的原因。XRD 图谱还证实 NCM 先发生相变,而后 LMO 开始相变,NCM 稳定性较 LMO 低。值得注意的是,随着 NCM 含量的增加,CO_2 释放的起始温度也降低,NCM 稳定性较差,这与 XRD 图谱所得结论相符。同时,他们还采用 XRD 精修的方法来确定物相组成。

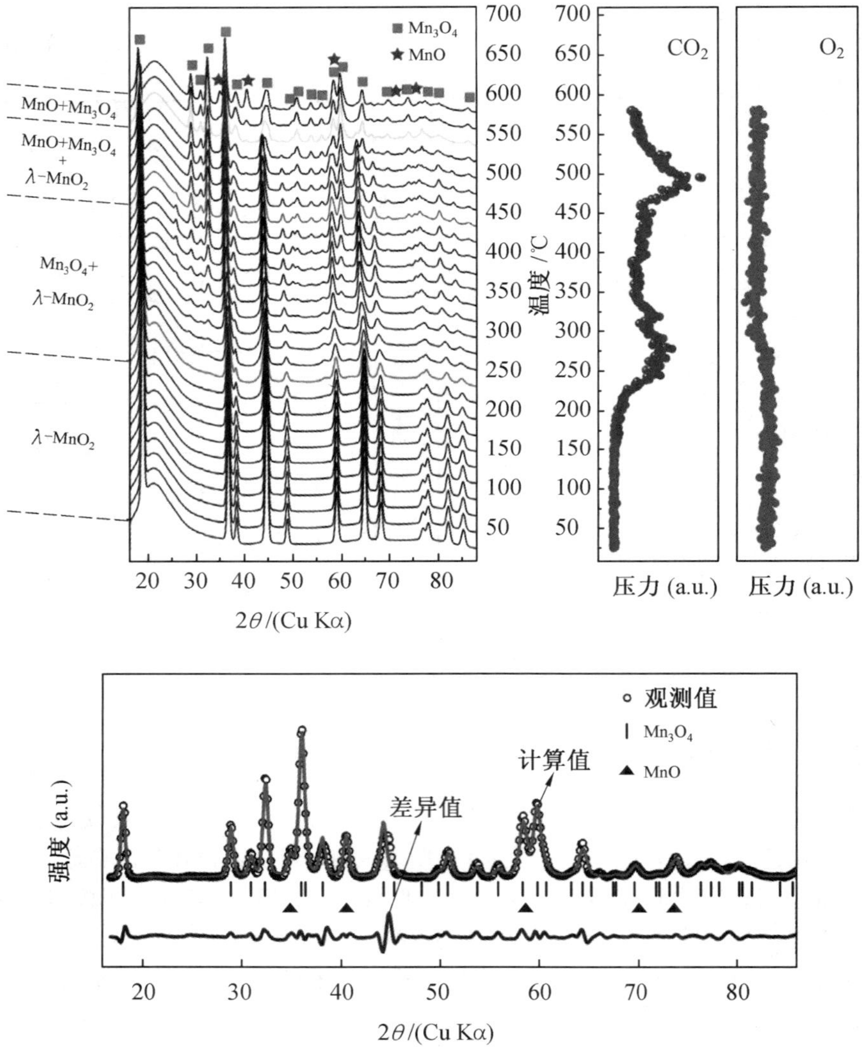

(a) LMO

图 4.30 LMO、LMO/NCM(3∶1)、LMO/NCM(1∶1)的变温原位 XRD-质谱测试以及 3 种材料在 580 ℃时的 XRD 精修

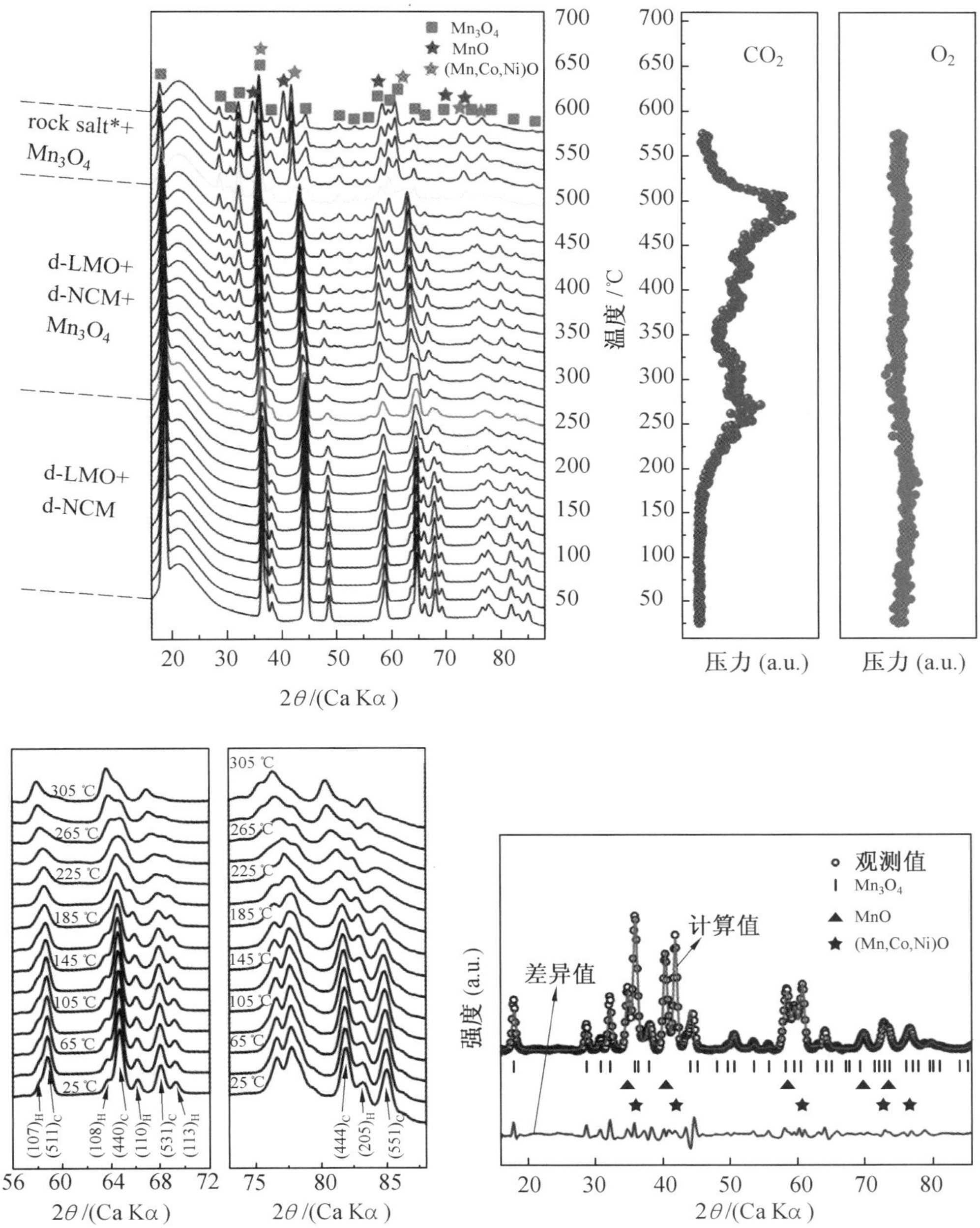

(b) LMO/NCM(3:1)

续图 4.30

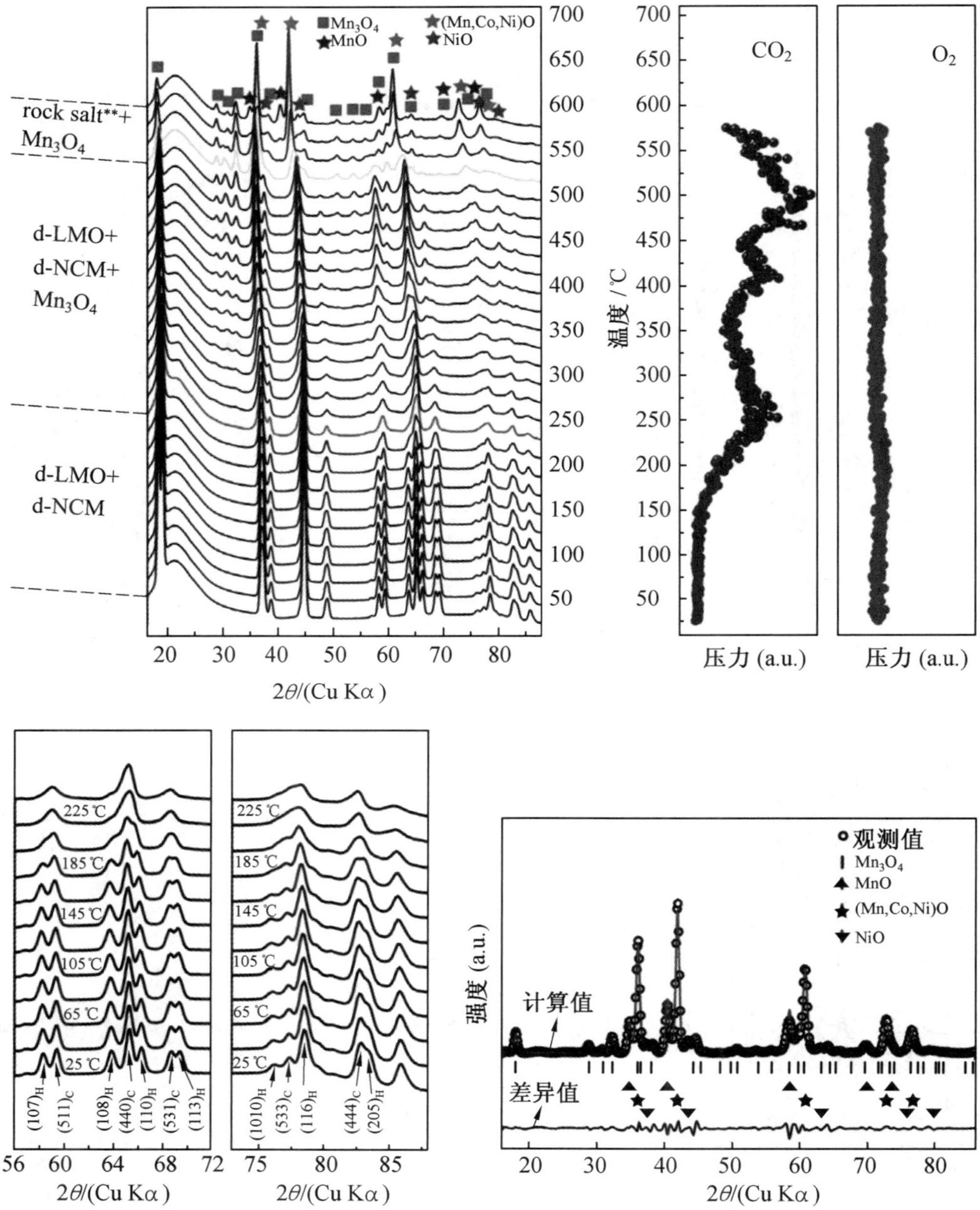

(c) LMO/NCM(1:1)

续图 4.30

4.3.4　原位充放电 XRD

对材料进行原位检测一直是科研工作者孜孜不倦的追求，由于锂离子电池中电解质和金属锂对水和氧气敏感，因此不管是实验室中的扣式电池，还是商业化的软包电池，均有密封外壳将正负极材料包裹在其中。在实际电化学反应中，电池中正负极与电解液发生的反应只能通过间接测试，无法实际实时监控材料的变化。原位充放电 XRD 是一种对正负极材料在充放电过程中的反应和机理进行高效直接测试的方式。原位充放电 XRD 装置如图 4.31 所示，可实现对充放电过程中不同状态下的电池材料 XRD 的观测。

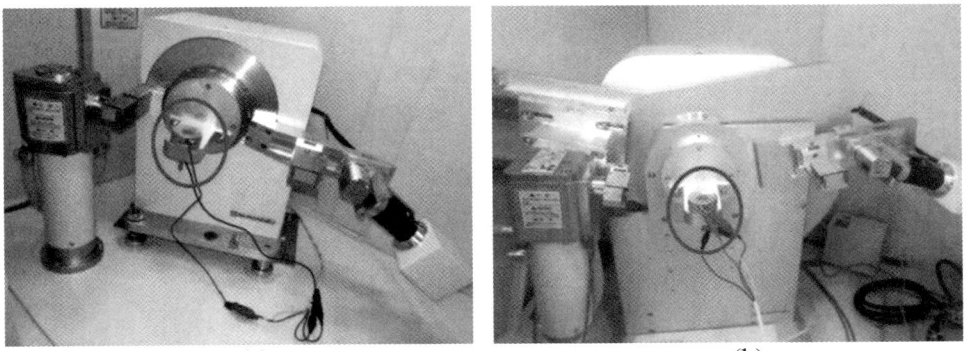

(a)　(b)

图 4.31　原位充放电 XRD 装置

同时，原位 XRD 的测试可以在短时间内得到大量可对比信息，由于原位测试的整个过程是对同一个材料的同一个位置的测试，因此得到的信息，无论是晶胞参数还是峰强度，还是其他的参数都是具有相对可比性的。而非原位 XRD 得到的信息相对可比性较差且对测试过程中的操作要求较高，比如，极片拆卸洗涤后如果处于褶皱状态，XRD 的峰会发生偏移，相应的精修得到的晶胞参数也会有所变化；而不同极片活性材料质量和分布必然存在差异，这也必然导致不同充放电状态下的峰强可比性是较差的。

原位 XRD 基于提供的 X 射线衍射光源，分为两种模式：透射模式和反射模式。由于实验室 X 射线衍射仪提供的光源功率一般较小，只能采取反射的模式；而如果采用同步辐射加速器所产生的光源具有较高的能量，可以采用透射模式。当然，不同的光源也决定了原位 XRD 电解池的不同和设计的难易。

1. 透射模式

透射模式主要是 X 射线从电解池的一端进入，衍射的 X 射线从电解池的另一端射出，经过探测器接收信号得到数据。由于对 X 光源强度的特殊要求，只有采用同步辐射加速光源。J-M. Tarascon 在 2002 年报道了采用透射模式原位 XRD 来研究 $LiCoO_2$ 在充放电过程中的结构变化，如图 4.32 所示为原位电池的实物及剖面图，他们采用 Swagelok 设计的新型原位电池，以金属铍作为窗口，以便 X 射线透过。

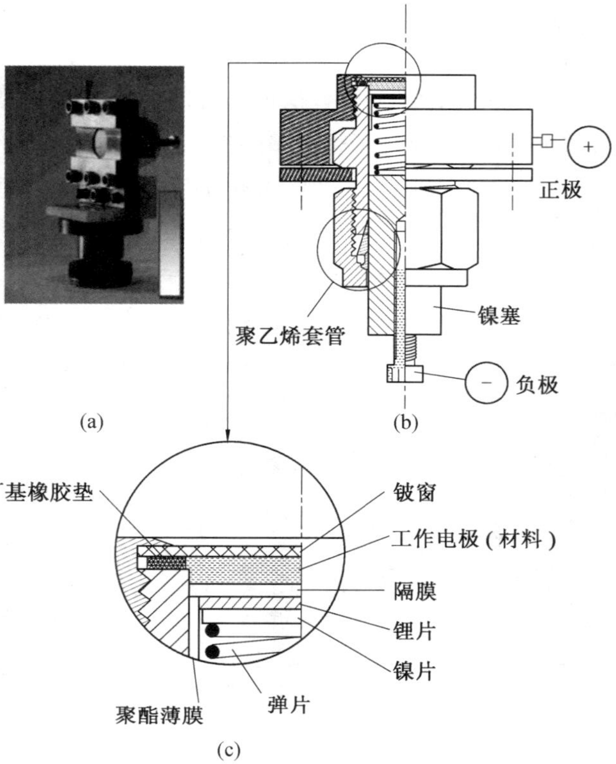

图 4.32 原位电池的实物及剖面图

刘奇等采用原位高能同步辐射 XRD 对 La 和 Al 共掺杂提升 $LiCoO_2$ 正极材料可逆容量进行了研究,发现共掺杂成功抑制了 $LiCoO_2$ 正极在充放电过程中的不可逆相变,从而呈现完全可逆的充放电过程,如图 4.33 所示,在充放电过程中无新相生成,表明 La 和 Al 共掺杂成功抑制了 $LiCoO_2$ 的有序/无序转变和 H1/H3 相变。另外,充放电过程中晶胞体积的最大变化量由掺杂前的 3.63% 减小到掺杂后的 2.97%,表明 La 和 Al 共掺杂有效增强了正极材料的晶体结构稳定性,并大大降低了正极材料的机械应力。

2. 反射模式

反射模式主要是 X 射线从电解池的窗口进入,穿过窗片到达材料,衍射的 X 射线从相同的窗口出来,经过探测器接收信号得到数据。B. M. L. Rao 等于 1978 年开发出世界上最早的反射模式原位 XRD 电解池,如图 4.34 所示,被用来研究 Li/TiS_2 充放电过程。

K. Zaghib 采用 2032 扣式电池,将电池壳开一个 10 mm 的洞,并用 0.1 μm 厚的铝箔作为 XRD 光束的窗口和正极集流体,通过原位 XRD 研究比较了尖晶石镍锰酸锂在铬掺杂前后材料充放电过程中的结构变化,如图 4.35 所示,通过对相图分析了计量比偏移、应变场效应、阳离子有序度和不平衡效应,发现铬掺杂可以稳定晶格,显著提高容量,但降低了能量密度。

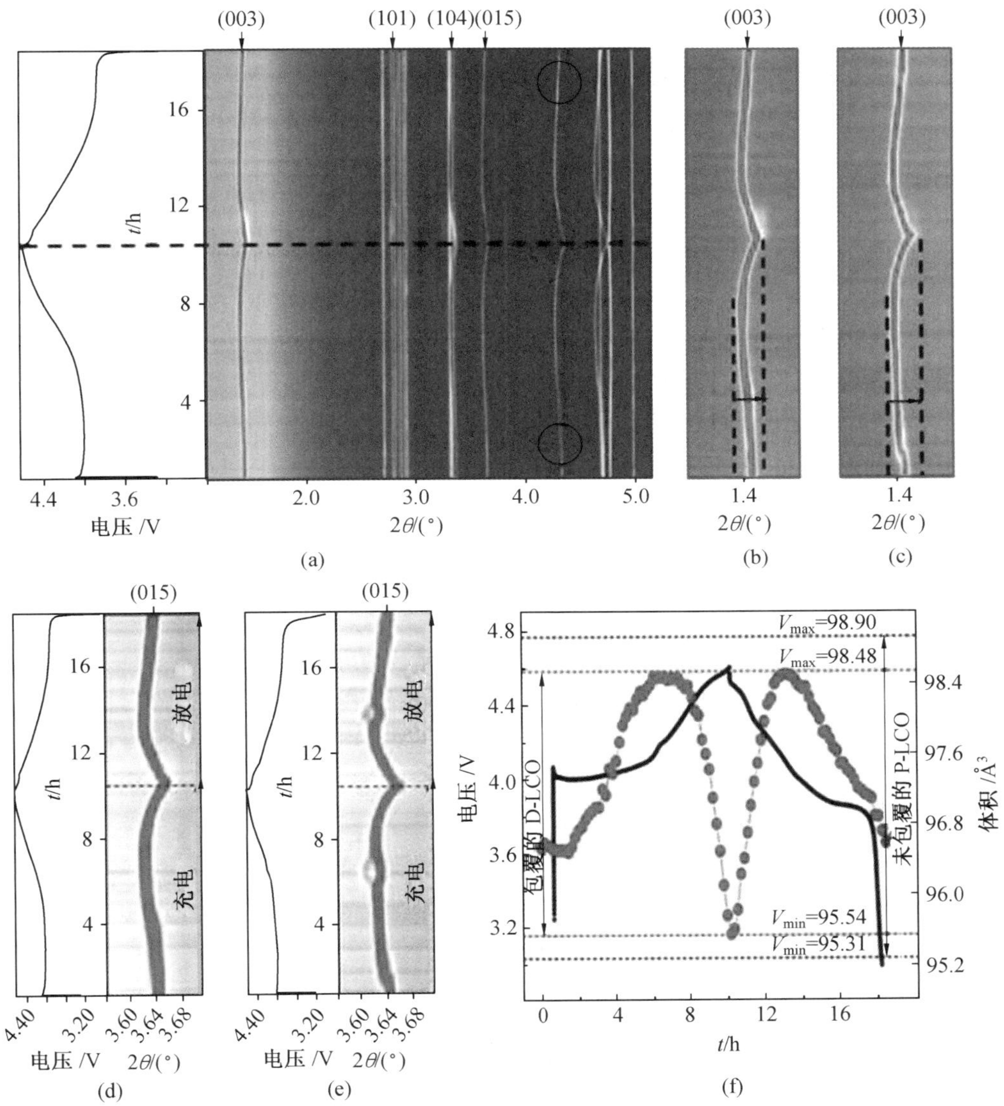

图 4.33 双掺杂 $LiCoO_2$ 原位同步辐射 XRD 表征

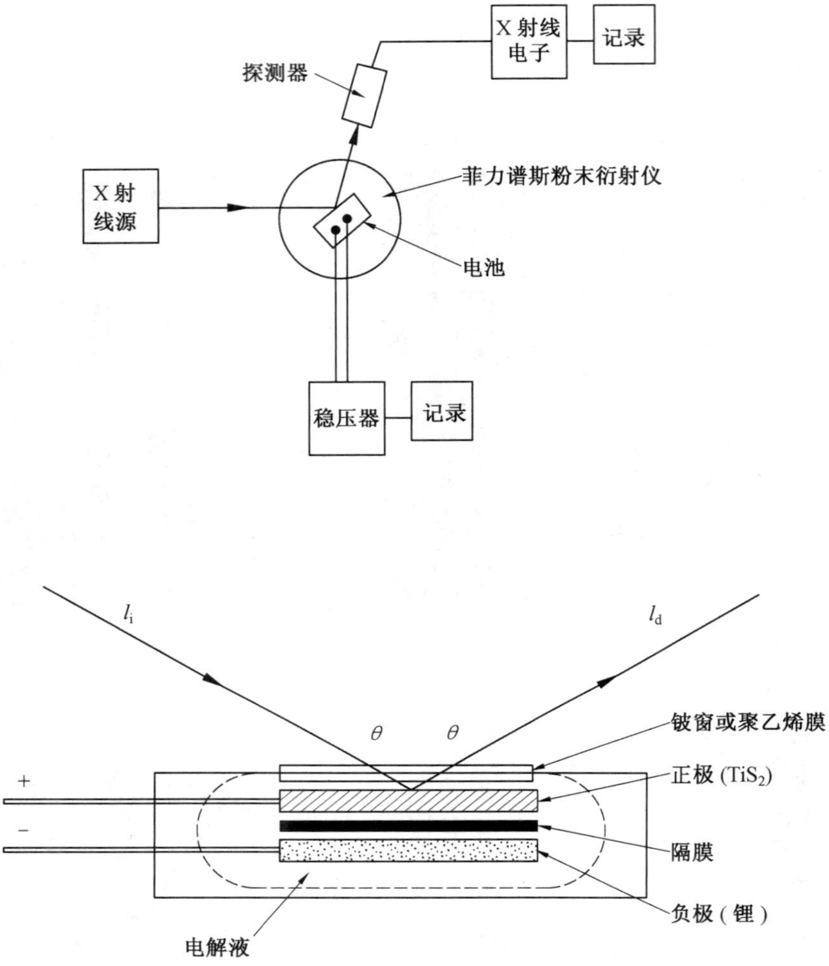

图4.34　原位电解池原理和模型

M. Debasish等使用原位XRD实现了高压富锂正极材料的正常充放电情况下的研究,说明了可能导致富锂电压衰减产生的原因。如图4.36所示,试验监测了富锂材料在首次充放电过程中XRD,并与之后的晶格参数进行对比。结果表明,c轴在初始充电过程中增大,在充电时超过4.4 V时减小,验证了锂是从过渡金属层到高电压下激活的Li_2MnO_3相中脱出。a轴在第一个周期保持不变,表示结构在第一次循环充电过程中氧的损失。在第一个和随后的循环中,c轴在放电至3.5 V时增加,低于3.5 V时减少。在随后循环,在低压放电过程中观察到(440)立方尖晶石相,它揭示了电压衰减的原因在于晶格中的层状到尖晶石状的相变。在循环中单斜相的减少被认为是造成结构不稳定和容量下降的原因。

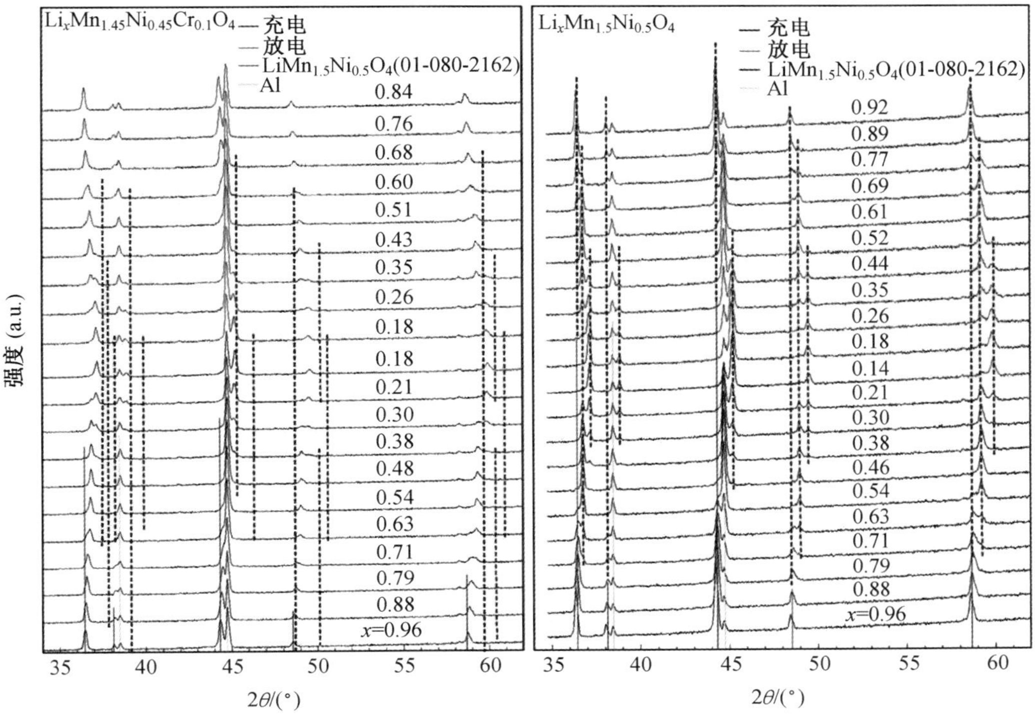

(a) 掺杂 Cr　　(b) 不掺杂 Cr

图 4.35　掺杂 Cr 与不掺杂 Cr 的尖晶石镍锰酸锂充放电过程原位 XRD 图谱（x 表示充放电过程中 Li 含量的变化）

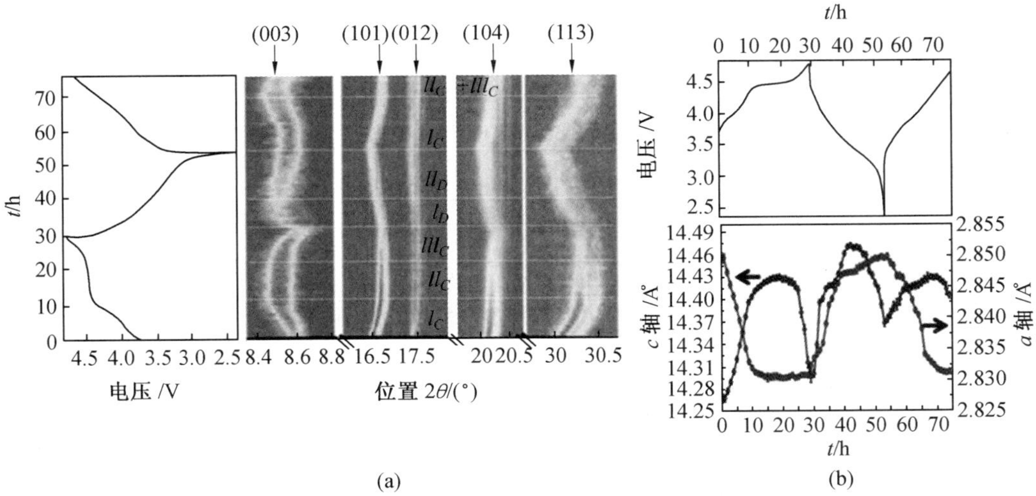

(a)　　(b)

图 4.36　富锂材料在首次充放电过程中的原位 XRD 及其晶格参数变化

4.4 Raman/FTIR 光谱分析

4.4.1 Raman 光谱

拉曼光谱(Raman Spectra)是根据拉曼散射效应,对与入射光频率不同的散射光谱进行分析以得到分子振动、转动方面信息,并应用于分子结构研究的一种分析方法。

如图4.37所示,当波束为单色光入射到介质上时,除了被介质吸收、反射和透射外,总会有一部分被散射。在量子理论中,当入射的光量子与分子相碰撞时出现两种散射:①瑞利散射。弹性碰撞,无能量交换,仅改变方向。②拉曼散射。非弹性碰撞,方向改变且有能量交换。

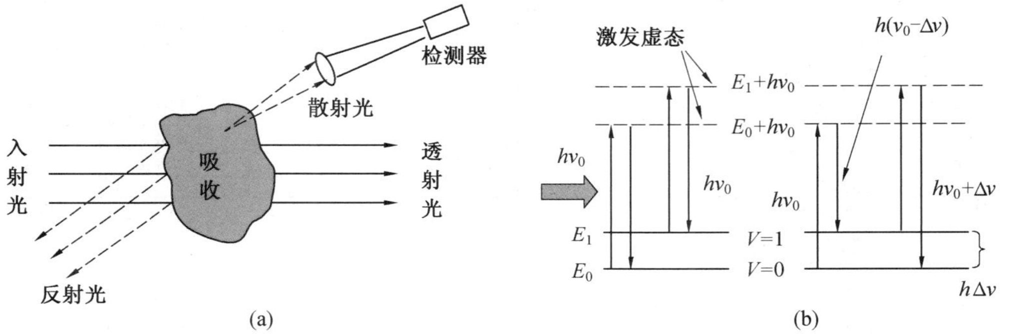

图4.37 光和物质相互作用及拉曼光谱示意图

其中拉曼散射中两种跃迁能量差:①$\Delta E=h(\nu_0-\Delta\nu)$。产生STOKES线,强度强、基态分子多;②$\Delta E=h(\nu_0+\Delta\nu)$。产生ANTI-STOKES线,强度弱。其中,$\nu_0$为瑞利散射线频率;$\Delta\nu$为拉曼位移。因为STOKES线强度远远强于ANTI-STOKES线,所以拉曼光谱仪一般记录STOKES线。

拉曼光谱具有以下优点:①一些在红外光谱中的弱吸收或强度变化的谱带,在拉曼光谱中可能为强谱带,从而有利于这些基团的检测;②拉曼光谱低波数方向的测定范围宽,有利于提供重原子的振动信息;③对于结构的变化,拉曼光谱有可能比红外光谱更敏感;④特别适合研究水溶液体系;⑤比红外光谱有更好的分辨率;⑥样品直接测定,无须复杂的制样过程。

在锂离子电池中,可采用拉曼光谱研究碳基负极材料,在无定形碳的拉曼光谱散射信号中,1 590 cm^{-1}附近代表有序碳结构的sp2杂化的G峰的峰强度与在1 340 cm^{-1}附近的代表无序碳结构的sp2杂化的D峰峰强度之比(I_G/I_D)可以判断碳的石墨化程度,比值越高,碳的导电性就越好。在正极材料中,由于多数为过渡金属与锂的氧化物,其拉曼峰一般为100~1 000 cm^{-1}。一些电极材料的主要拉曼峰光谱和振动归属见表4.5。

表 4.5 一些电极材料的主要拉曼光谱和振动归属

材料	主要拉曼峰归属/cm^{-1}				
石墨	1 580(E_{2g2})	1 330(A_{1g})			
硬碳	1 590(E_{2g2})	1 355(A_{1g})			
$LiCoO_2$	595(A_{1g})	485(E_g)			
$LiMn_2O_4$	625(A_{1g})	580(F_{2g})	483(F_{2g})	426(E_g)	382(F_{2g})
$LiFePO_4$	1 071	999	953	292	226
Si	520(晶体)	480(非晶)			
$Li_4Ti_5O_{12}$	671(A_{1g})	430(E_g)	347(F_{2g})	271(F_{2g})	232(F_{2g})
TiO_2	639(E_g)	518(A_{1g},B_{1g})	398(B_{1g})	198(E_g)	144(E_g)
V_2O_5	994(A_g)	700(B_{1g},B_{3g})	526(A_g)	282(B_{1g},B_{3g})	144(B_{1g},B_{3g})

4.4.2 实例分析

$LiNi_{0.5}Mn_{1.5}O_4$ 是一种 5 V 级高电压材料,具有两种空间结构:一种是 Fd-3m 空间群,对应于 Ni^{2+}随机取代 Mn^{3+}的位置;另一种是 P4332 空间群,对应于 Ni^{2+}与 Mn^{4+}的有序排列。由于这两种结构的 $LiNi_{0.5}Mn_{1.5}O_4$ 晶胞参数非常接近,且 Ni 与 Mn 二者的 X 射线散射因子接近,因此从 XRD 不能有效区分它们的结构。Amdouni 等发现有序排列导致的对称性降低,因此拉曼光谱表现出更多、更锐的峰,如图 4.38 所示。无序型 Fd-3m 空间群 $LiNi_{0.5}Mn_{1.5}O_4$ 材料在 200 cm^{-1}处没有明显的特征峰;有序型 P4332 空间群 $LiNi_{0.5}Mn_{1.5}O_4$ 材料在 202 cm^{-1}、240 cm^{-1}处有明显的特征峰的出现,并在 595 cm^{-1}、611 cm^{-1}处有明显的峰劈裂现象。因此,拉曼图谱可以成为区分这两种结构的有力证据。

高鹏等采用共沉淀方法制备了富锂材料 $Li_{1.2}Ni_{0.133}Co_{0.133}Mn_{0.533}O_2$,有两种方法进行石墨烯复合对其进行了拉曼光谱测试,如图 4.39 所示,3 种材料在 420 cm^{-1}、470 cm^{-1}和 590 cm^{-1}之间的 3 个富锂材料特征峰都很明显,峰位置也没有变化。NCM/G_1 和 NCM/G_2 都在 1 350 cm^{-1}和1 590 cm^{-1}处出现两个特征峰,分别对应石墨烯的 D 峰和 G 峰,表明两种材料都形成了富锂材料与石墨烯的复合材料。NCM/G_1 和 NCM/G_2 谱图中 D 峰面积比 G 峰面积稍大一些,符合石墨烯 Raman 光谱特征,说明两种材料中形成了良好的石墨烯结构。

同时,原位拉曼技术也广泛用于正极材料充放电过程的研究。H. Sunny 等利用原位表面增强拉曼光谱(SERS)观察了富锂正极材料电化学循环过程中与氧有关的表面反应,如图 4.40 所示,展示了在高电压平台期 Li_2O 形成的直接观测,并讨论了其在阴极和阳极上形成的后果。阴极上 Li_2O 与 H_2O 形成 LiOH 等,导致电解质内部的变化,最终导致性能下降。

Y. Toshiro 等设计了一个典型的电池装置,使用 8 个超细探针在不同的区域对电解质进行了原位拉曼测量。研究发现,在充放电过程中,电解质在不同位置的 Li^+浓度分布不均匀,存在局部干燥和局部回流现象。这些研究为理解溶剂化结构提供了深刻的信息,这有助于预测电池放电和充电过程中的行为。

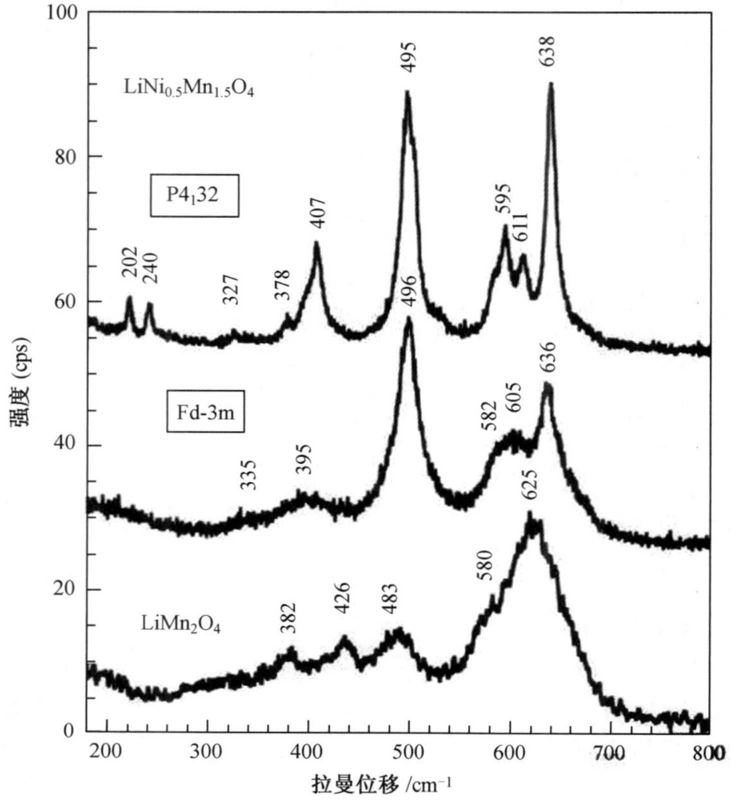

图 4.38 $LiNi_{0.5}Mn_{1.5}O_4$ 的拉曼图谱

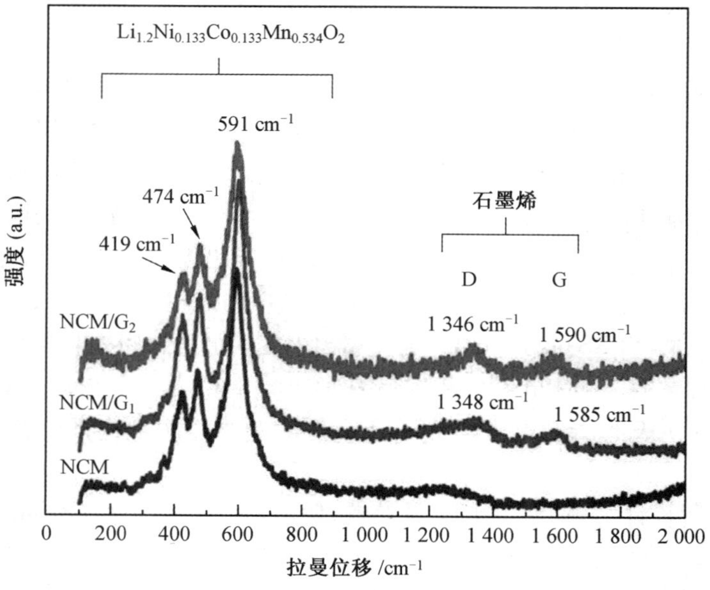

图 4.39 3 种材料的拉曼光谱图

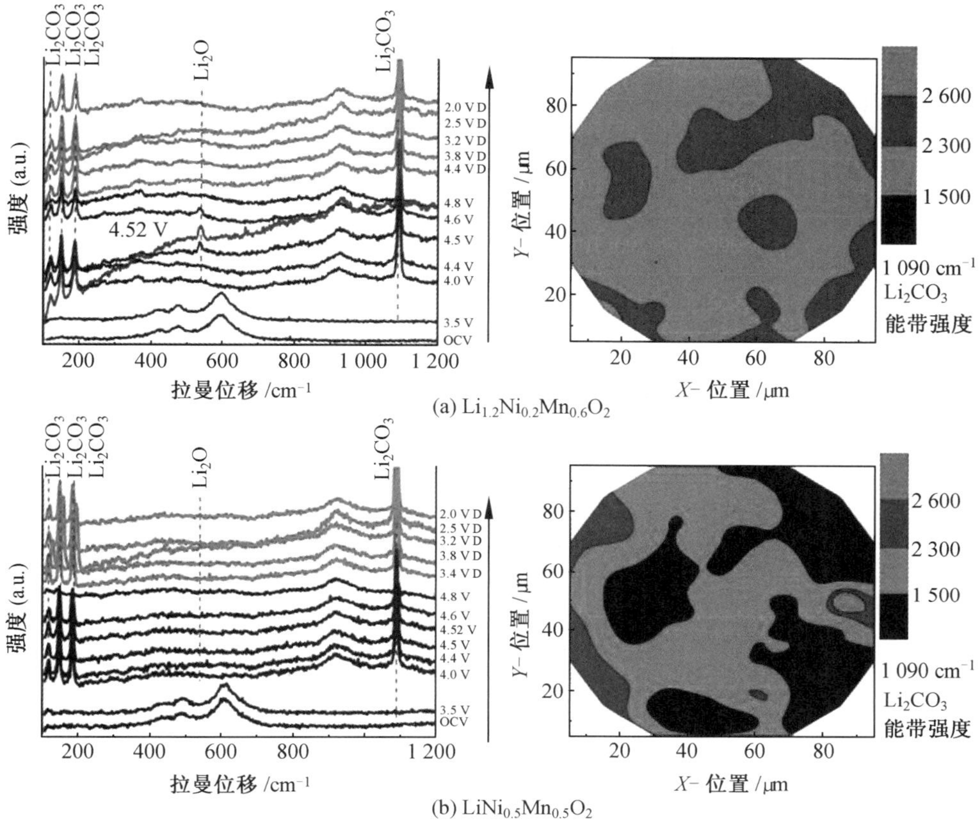

图 4.40　两种材料的表面增强拉曼图和拉曼面扫图

4.4.3　FTIR 光谱

当样品受到频率连续变化的红外光照射时，分子吸收某些频率的辐射，并由其振动或转动引起偶极矩的净变化，产生的分子振动和转动能级从基态到激发态的跃迁，从而形成的分子吸收光谱称为红外光谱，又称为分子振动转动光谱。

红外光谱是分子吸收红外光引起振动和转动能级跃迁产生的吸收信号。简单的双原子分子只有一种伸缩键，更复杂的分子可能会有许多键，并且振动可能会共轭出现，导致某种特征频率的红外吸收可以和化学组联系起来。常在有机化合物中发现的 CH_2 组，可以以“对称和非对称伸缩”“剪刀式摆动”“左右摇摆”“上下摇摆”和“扭摆”6 种方式振动。

红外光谱的最大特点是具有特征性，这种特征性与各种类型化学键振动的特征相联系。不同分子中同一类型基团的振动频率是非常相近的。都在一较窄的频率区间出现吸收谱带，这种吸收谱带的频率称为基因频率。

红外光可依据波长范围分成近红外、中红外和远红外三个波区。其中，中红外区可分成 4 000 ~ 1 330 cm^{-1} 和 1 330 ~ 600 cm^{-1} 两个区域。具有分析价值的基因频率在 4 000 ~

1 330 cm^{-1}之间,这一区域称为基因频率区、官能团区和特征区。区内的峰是由伸缩振动而产生的吸收带,比较稀疏,易于辨认,常用于鉴定官能团。在1 330 ~ 600 cm^{-1}区域中,除单键的伸缩振动吸收峰外,还有因变形振动而产生的谱带,称为指纹区。指纹区对于指认结构类似的化合物很有帮助,而且可以作为化合物存在某种基团的旁证。

测量样品时,一束红外光穿过样品,各个波长上的能量吸收被记录下来。这可以由连续改变使用的单色波长来实现,也可以用傅里叶变换来一次测量所有的波长。这样透射光谱或吸收光谱会被记录下来,显示出被样品红外吸收的波长,从而可以分析出样品中包含的化学键,FTIR 工作原理如图4.41所示。

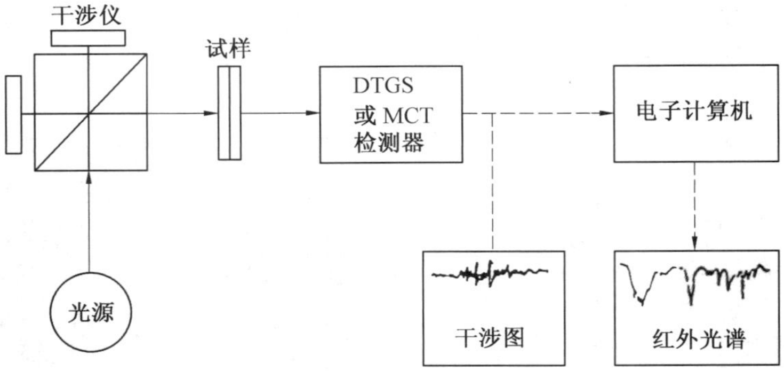

图4.41 FTIR 工作原理

4.4.4 实例分析

N. Dan-Thien 等制备了 $LiNi_{0.5}Co_{0.2}Mn_{0.3}O_2$ 材料,并使用不同电解液添加剂测试循环,对循环后的材料测试红外光谱。如图4.42所示为循环后的正极与原始正极的红外光谱对比。原始的(a)峰值在3 035 ~ 2 850 cm^{-1}和1 457 ~ 1 407 cm^{-1}处,指示为PVDF黏结剂的甲基(CH_3—)和亚甲基(CH_2—)基团。在FEC基电解质中循环后(b),观测到1 807 cm^{-1}和1 745 cm^{-1}处的新高峰,它们是有机碳酸盐C=O的特征峰。尽管峰值强度可能受添加剂的影响而改变,这些峰仍然可以在带添加剂的循环正极观察到。

R. Dinesh 等报道了一种用有机分子辅助超临界水法合成和原位表面修饰 $LiFePO_4$/C 纳米晶体。$LiFePO_4$ 有两类振动模式,内模式起源于 PO_4^{3-} 阴离子的分子内振动,每个 PO_4^{3-} 负离子的振动与晶胞中其他 PO_4^{3-} 的振动相关,产生多重振动态结构。如图4.43所示,在943 cm^{-1}、1 042 cm^{-1}、1 068 cm^{-1}、1 140 cm^{-1}处观察到的峰分别来自磷酸盐负离子的分子内拉伸(V_1、V_3)运动。643 ~ 633 cm^{-1}区域的峰可归属于磷酸盐负离子的弯曲运动(V_4)。由于涉及锂离子运动,这些峰是强耦合的,难以确定。500 ~ 665 cm^{-1}区域的峰可指定为锂离子运动。图4.43(b)为有机改性 $LiFePO_4$ 纳米晶的红外光谱图。从FTIR光谱可以看出,与没有有机分子合成的 $LiFePO_4$ 相比,$LiFePO_4$ 的振动模态(500 ~ 1 150 cm^{-1}区域)没有太大的差异。然而,有机修饰的 $LiFePO_4$ 在2 800 ~ 2 960 cm^{-1}区域显示的峰是甲基和亚甲基C—H拉伸模式的结果。1 532 cm^{-1}和1 445 cm^{-1}处的峰对应羧基的拉伸振动，说明油酸中的羧基与 $LiFePO_4$ 纳米晶表面发生了化学结合。这证实了在有机分子辅助合成过程中，$LiFePO_4$ 纳米颗粒表面包覆了有机配体。

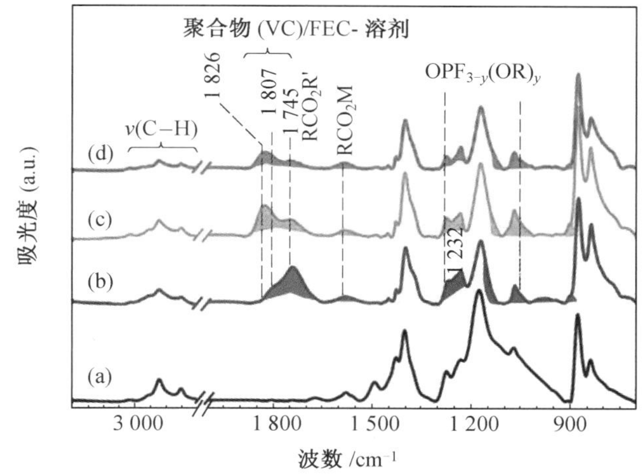

图 4.42 $LiNi_{0.5}Co_{0.2}Mn_{0.3}O_2$ 的 FTIR

(a)—原始；(b)—1 mol/L $LiPF_6$/FEC∶DEC；(c)—添加 VC；(d)—FEMC-VC

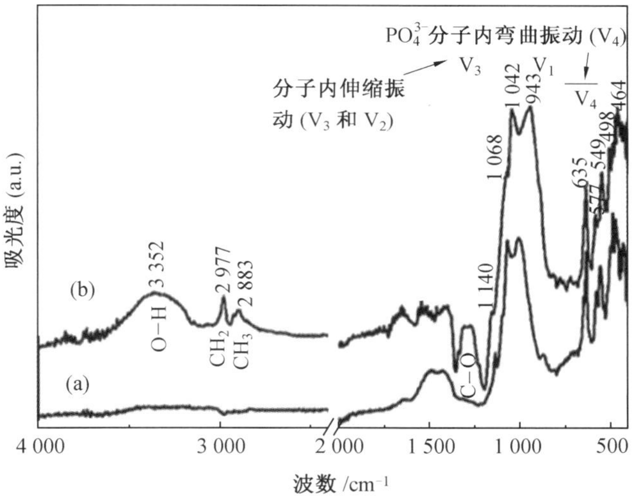

图 4.43 $LiFePO_4$ 的 FTIR(a)和原始(b)400 ℃包覆有机配体

4.4.5 拉曼光谱与红外光谱的比较

红外光谱及拉曼光谱的相同点在于它们都是分子光谱，二者对比见表 4.6，对于一个给定的化学键，其红外吸收频率与拉曼位移相等，均代表第一振动能级的能量。因此，对某一给定的化合物，某些峰的红外吸收波数与拉曼位移完全相同，红外吸收波数与拉曼位移均在红外光区，两者都反映分子的结构信息。

表4.6 拉曼光谱和红外光谱的对比

项目	拉曼光谱	红外光谱
产生机理	极化率不同	偶极矩变化
入射光	可见光	红外光
检测光	可见光的散射	红外光的吸收
谱带范围	40~4 000 cm^{-1}	400~4 000 cm^{-1}
水	可以作为溶剂	不可以作为溶剂
样品测试装置	样品可盛于玻璃瓶,毛细管等容器中直接测定	不能用玻璃容器测定
制样	固态样品可以直接测定	需要研磨制成 KBr 压片
信号强弱	弱,不易测	强,容易测定

红外光谱和拉曼光谱存在以下不同点:

(1)红外光谱是红外光子与分子振动、转动的量子化能级共振产生吸收而产生的特征吸收光谱。它是吸收光谱,信息是从分子对入射电磁波的吸收得到的。拉曼光谱一般也是发生在红外区,它不是吸收光谱,而是散射光谱,是在入射光子与分子振动、转动量子化能级共振后以另外一个频率出射光子。入射和出射光子的能量差等于参与相互作用的分子振动、转动跃迁能级。它的信息是从入射光频率的差别得到的。

(2)要产生红外光谱效应,需要分子内部有一定的极性,也就是说存在分子内的电偶极矩。在光子与分子相互作用时,通过电偶极矩跃迁发生了相互作用。因此,那些没有极性的分子或者对称性的分子,因为不存在电偶极矩,基本上是没有红外吸收光谱效应的。拉曼光谱产生的机理是电四极矩或者磁偶极矩跃迁,并不需要分子本身带有极性,因此特别适合那些没有极性的对称分子的检测。

(3)红外容易测量,信号很好,而拉曼信号比较弱。

(4)红外光谱对于水溶液、单晶和聚合物的检测比较困难,但拉曼光谱几乎可以不必特别制样处理就可以进行分析,比较方便;红外光谱不可以用水做溶剂,但是拉曼可以,水是拉曼光谱的一种优良溶剂。

(5)在鉴定有机化合物时,红外光谱比拉曼有优势。而无机化合物的拉曼光谱信息量比红外光谱大。

(6)拉曼光谱是利用可见光获得的,所以拉曼光谱可用普通的玻璃毛细管做样品池,拉曼散射光能全部透过玻璃,而红外光谱的样品池需要特殊材料做成。

4.5 扫描电子显微镜测试与分析

4.5.1 SEM 原理

扫描电子显微镜(简称扫描电镜)利用细聚焦电子束在样品表面逐点扫描,与样品相互作用产生各种物理信号,这些信号经检测器接收、放大并转换成调制信号,最后在荧光屏上显示反映样品表面各种特征的图像。扫描电镜具有景深大、图像立体感强、放大倍数范围大、连续可调、分辨率高、样品室空间大且样品制备简单等特点，是进行样品表面研究的有效分析工具。扫描电子显微镜结构示意图如图 4.44 所示，扫描电镜所需的加速电压比透射电镜要低得多，一般在 1 ~ 30 kV，试验时可根据被分析样品的性质适当地选择。扫描电镜的图像放大倍数在一定范围内（几十倍到几十万倍）可以实现连续调整，放大倍数等于荧光屏上显示的图像横向长度与电子束在样品上横向扫描的实际长度之比。扫描电镜的电子光学系统与透射电镜有所不同，其作用仅仅是为了提供扫描电子束，作为使样品产生各种物理信号的激发源。扫描电镜最常使用的是二次电子信号和背散射电子信号，前者用于显示表面形貌衬度，后者用于显示原子序数衬度。

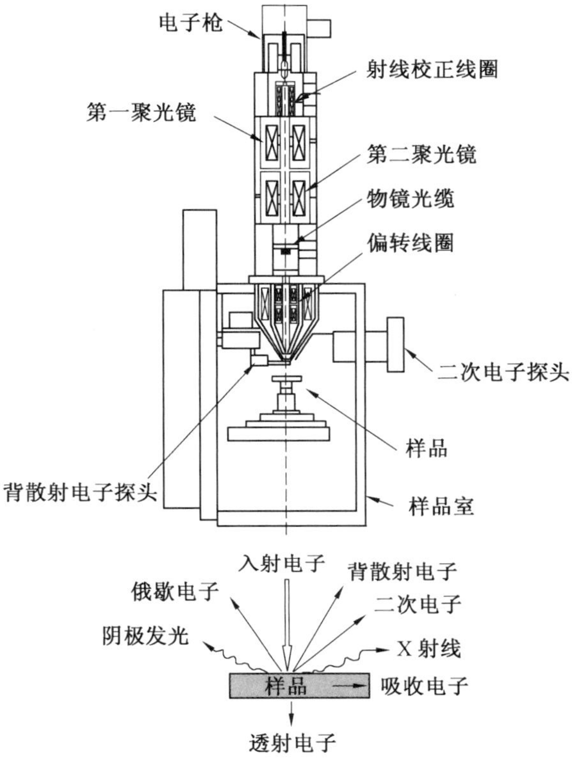

图 4.44 扫描电子显微镜结构示意图

扫描电镜的基本结构可分为电子光学系统、扫描系统、信号检测放大系统、图像显示和记录系统、真空系统和电源、控制系统六大部分，在此不做详细介绍。

扫描电镜的优点是样品制备简单，对于导电的样品可以直接粘到导电胶上进行观察。对于不导电的样品，观察前需在表面喷镀一层导电金属或碳，镀膜厚度控制在 5 ~ 10 nm 为宜。目前的扫描电镜都配有 X 射线能谱仪（EDX）装置，这样可以同时进行显微组织形貌的观察和微区成分分析。如果需要对材料颗粒进行剖面观察与分析，可以使用离子束抛光技术（cross section polisher，CP），又称 CP 截面抛光技术。CP 截面抛光通过离子束切割抛光仪来实现，是利用聚焦离子束（focused ion beam，FIB）对材料样品进行切削，以获得平整精密的抛光截面和平面样品，并配合扫描电镜（SEM）完成对样品内部结构微观特征的观察和分析，是扫描电镜观察材料截面的完美搭档。

4.5.2 实例分析

张琳静在富锂锰基正极材料倍率和循环性能的改性研究中合成了一系列不同形貌的正极材料。如图 4.45 所示，包括具有纳米/微米棒状分级结构的 $Li_{1.2}Ni_{0.2}Mn_{0.6}O_2$ 二元富锂正极材料，具有多孔微米棒状分级结构的 $Li_{1.2}Ni_{0.13}Mn_{0.54}Co_{0.13}O_2$ 三元富锂正极材料，

和具有分级结构的 $Li_{1.2}Ni_{0.13}Mn_{0.54}Co_{0.13}O_2$ 微米球状材料(由电化学活性面优势生长的一次纳米片构成)。这种独特的结构使得 HS-LNMCO 正极材料具有超快的 Li^+ 脱出速率,Li^+ 扩散动力学以及优异的结构稳定性,最终获得优异的电化学性能,包括倍率性能、循环性能和充放电容量。

(a) 棒状 $Li_{1.2}Ni_{0.2}Mn_{0.6}O_2$ 材料 SEM 图

(b) 棒状分级结构 $Li_{1.2}Ni_{0.13}Co_{0.13}Mn_{0.54}O_2$ 材料 SEM 图

(c) 球形 MnO_2 和微米球状结构 $Li_{1.2}Ni_{0.13}Co_{0.13}Mn_{0.54}O_2$ 材料 SEM 图

图 4.45 棒状前驱体及放大的 SEM 图、富锂材料多级结构微米球 SEM 图

Yang 等采用 Al_2O_3 和聚丙烯腈聚合物包覆 $LiCoO_2$,如图 4.46 所示,图 4.46(a)和图 4.46(b)为包覆 Al_2O_3 的 $LiCoO_2$ 的 SEM 图像,颗粒表面没有明显的 Al_2O_3 涂层。可知钴酸锂为 14 μm 左右的单晶,单晶结构的比表面积小,有利于提高循环能力。图 4.46(c)为交联聚丙烯腈包覆 $LiCoO_2$ 的形貌。与 Al_2O_3 涂层样品相比,交联的聚丙烯腈涂层更加充分和明显。图 4.46(d)所示的 TEM 图显示交联的聚丙烯腈涂层厚度约为 40 nm。

朱永明、黄学杰等对 NCM 811 材料进行了摩尔分数为 1% 的 Nb 掺杂,在 1 C 倍率下循环 500 周后,为了验证掺杂前后对内部裂纹的影响,使用 CP 离子束切割抛光仪,用聚焦离子束(FIB)对循环前后的极片进行切割,随后使用 SEM 对其进行表征,结果如图 4.47 所示。可以发现,循环前颗粒截面 SEM 几乎没有差别,一次颗粒间结合紧密;而 1 C 循环 500 周后,二者截面颗粒之间有了明显差别:未掺杂材料有了明显裂纹,贯穿整个颗粒,而 1% 掺杂材料裂纹明显变少。这证明 Nb 掺杂对材料结构稳定性提高有非常重要的作用,尤其是对循环过程中的相变和颗粒的破裂有明显的缓解,提高了循环稳定性。

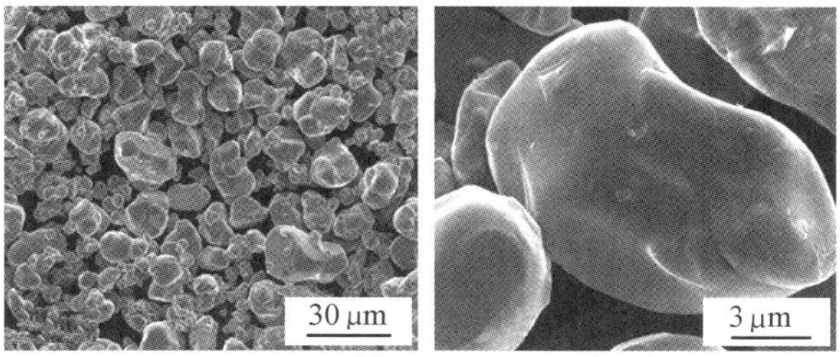

(a) Al_2O_3 包覆的 $LiCoO_2$ 的 SEM 图

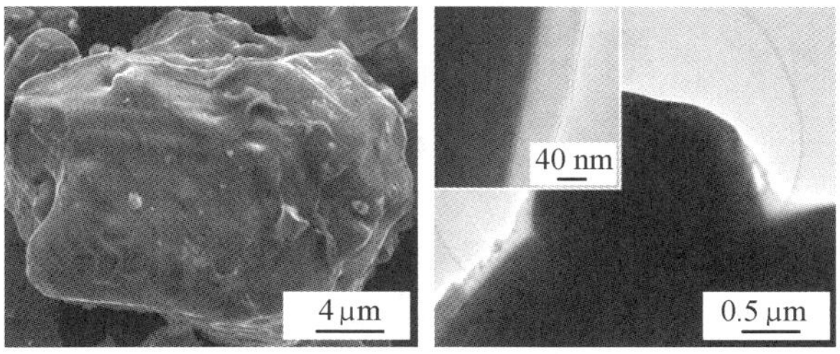

(b) 聚丙烯腈包覆的 $LiCoO_2$ 的 SEM 图

图 4.46 Al_2O_3 及聚丙烯腈包覆的 $LiCoO_2$ SEM 图

(a) 未掺杂材料循环前的 SEM 图　(b) 未掺杂材料循环后的 SEM 图　(c) b 图局部放大

(d) 1%Nb 掺杂材料循环前的 SEM 图　(e) 1%Nb 掺杂材料循环后的 SEM 图　(f) e 图局部放大

图 4.47 NCM 811 材料剖面 SEM 图像

4.6 透射电子显微镜测试与分析

4.6.1 透射电子显微镜的组成

透射电子显微镜是以波长很短的电子束做照明源,用电磁透镜聚焦成像的一种具有高分辨本领、高放大倍数的电子光学仪器。如图4.48所示,透射电镜由电子光学系统、真空系统及电源与控制系统3部分组成。电子光学系统是透射电子显微镜的核心,而其他两个系统为电子光学系统顺利工作提供支持。

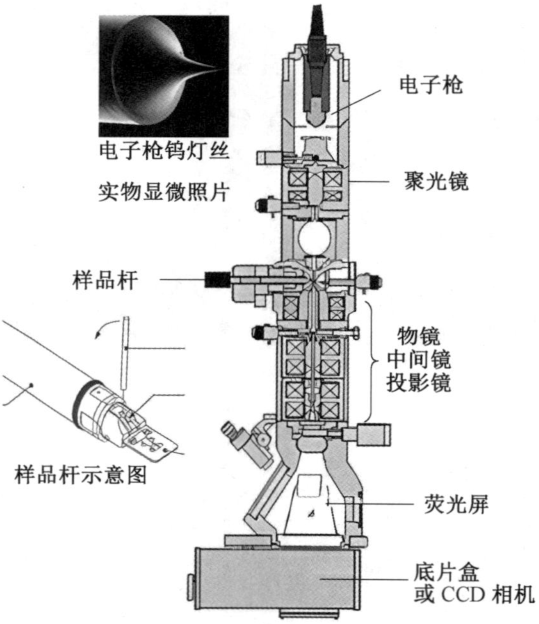

图4.48 透射电子显微镜结构示意图

1. 电子光学系统

电子光学系统通常称镜筒,是透射电子显微镜的核心,由于工作原理相同,在光路结构上电子显微镜与光学显微镜有很大的相似之处。只不过在电子显微镜中,用高能电子束代替可见光源,以电磁透镜代替光学透镜,获得了更高的分辨率,电子光学系统分为3部分,即照明部分、成像部分和观察记录部分。照明部分的作用是提供亮度高、相干性好、束流稳定的照明电子束。它主要由发射并使电子加速的电子枪、会聚电子束的聚光镜和电子束平移、倾斜调节装置组成。成像部分主要由物镜、中间镜、投影镜及物镜光阑和选区光阑组成。穿过试样的透射电子束在物镜后焦面成衍射花样,在物镜像面成放大的组织像,并经过中间镜、投影镜的接力放大,获得最终的图像。观察记录部分由荧光屏及照相机组成。试样图像经过透镜多次放大后,在荧光屏上显示出高倍放大的像。如需照相,掀起荧光屏，使相机中底片曝光，底片在荧光屏之下，由于透射电子显微镜的焦长很大，虽然荧光屏和底片之间有数厘米的间距，但仍能得到清晰的图像。

2. 真空系统

电子光学系统的工作过程要求在真空条件下进行，这是因为在充气条件下会发生以下情况：栅极与阳极间的空气分子电离，导致高电位差的两极之间放电；炽热灯丝迅速氧化，无法正常工作；电子与空气分子碰撞，影响成像质量；试样易于氧化，产生失真。目前一般电镜的真空度为 10^{-5} Torr(1 Torr = 133.322 Pa)左右。真空泵组经常由机械泵和扩散泵两级串联成。为了进一步提高真空度，可采用分子泵、离子泵，真空度可达到 10^{-8} Torr 或更高。

3. 电源与控制系统

供电系统主要用于提供两部分电源：一是电子枪加速电子用的小电流高压电源；二是透镜激磁用的大电流低压电源。一个稳定的电源对透射电镜非常重要，最大透镜电流和高压的波动引起的分辨率下降要小于物镜的极限分辨本领。

4.6.2 透射电子显微镜的原理

透射电子显微镜是依照阿贝成像原理工作的，即平行入射波受到有周期性特征物体的散射作用在物镜的后焦面上形成衍射谱，各级衍射波通过干涉重新在像平面上形成反映物的特征的像。因此根据阿贝成像原理，在电磁透镜的后焦面上可以获得晶体的衍射谱，故透射电子显微镜可以做物相分析；在物镜的像面上形成反映样品特征的形貌像，故透射电镜可以做组织分析。

透射电镜具有很高的空间分辨能力，其特点是样品使用量少，不仅可以获得样品的形貌、颗粒大小、分布，还可以获得特定区域的元素组成及物相结构信息。透射电镜比较适合纳米粉体样品的形貌分析，一般颗粒大小应小于 300 nm，否则电子束就不能透过。对于块体样品的分析，透射电镜一般需要对样品进行减薄处理。

TEM 应用的深度和广度一定程度上取决于试样制备技术。能否充分发挥电镜的作用，样品的制备是关键，必须根据不同仪器的要求和试样的特征选择适当的制备方法。电子束穿透固体样品的能力，主要取决于加速电压和样品物质的厚度。对于 TEM 常用的 50 ~ 200 kV 电子束，样品厚度控制在 100 ~ 200 nm 范围内，样品经铜网承载，装入样品台，放入样品室进行观察。TEM 样品制备方法有很多，常用支持膜法、晶体薄膜法、复型法和超薄切片法。

粉末试样多采用支持膜法。将试样载在支持膜上，再用铜网承载。支持膜的作用是支撑粉末试样，铜网的作用是加强支持膜。支持膜上的粉末试样要求高度分散，可根据不同情况选用分散方法。① 悬浮法。超声波分散器将粉末在与其不发生作用的溶液中分散成悬浮液，滴在支持膜上，干后即可。② 散布法。直接撒在支持膜表面，叩击去掉多余粉末，剩下的就分散在支持膜上。

4.6.3 衍射花样的标定

衍射花样标定以已知晶体结构,定晶面取向的标定为例,基本程序如下:

(1)测量距离中心斑点最近的3个衍射斑点到中心斑点的距离 R。

(2)测量所选衍射斑点之间的夹角 φ。

(3)根据公式 $Rd = L\lambda$,将测得的距离换算成面间距 d。

(4)因为晶体结构是已知的,将求得的 d 值与该物质的面间距表(如 PDF 卡片)相对照,得出每个斑点的晶面族指数$\{HKL\}$。

(5)确定离中心斑点最近衍射斑点的指数。若 R_1 最短,则相应斑点的指数可以取等价晶面$\{H_1K_1L_1\}$中的任意一个$(H_1K_1L_1)$。

(6)确定第二个斑点的指数。第二个斑点的指数不能任选,因为它和第一个斑点间的夹角必须符合夹角公式。对立方晶系来说,两者的夹角可用式(4.9)求得

$$\cos \varphi=\frac{H_1H_2+K_1K_2+L_1L_2}{\sqrt{(H_1^2+K_1^2+L_1^2)}\sqrt{(H_2^2+K_2^2+L_2^2)}} \tag{4.9}$$

在确定第二个斑点指数时,应进行所谓尝试校核,即只有$(H_2K_2L_2)$代入夹角公式后求出的 φ 角和实测的一致时,$(H_2K_2L_2)$指数才是正确的,否则必须重新尝试。应该指出的是$\{H_2K_2L_2\}$晶面族可供选择的特定$(H_2K_2L_2)$值往往不止一个,因此第二个斑点的指数也带有一定的任意性。

(7)确定两个斑点,其他斑点可以根据矢量运算法则求得。

$$(H_3K_3L_3)=(H_2K_2L_2)+(H_1K_1L_1) \tag{4.10}$$

(8)根据晶带定理,求晶带轴的指数,即零层倒易截面法线的方向,即

$$[UVW]=g_{H_1K_1L_1}\times g_{H_2K_2L_2} \tag{4.11}$$

其中

$$U=K_1L_2-K_2L_1 \quad V=L_1H_2-L_2H_1 \quad W=H_1K_2-H_2K_1 \tag{4.12}$$

4.6.4 衍射衬度及明暗场像

衍射衬度是由晶体满足布拉格反射条件程度不同而形成的衍射强度差异。衍射衬度的形成如图4.49所示,设想晶体薄膜里有两个晶粒A和B,它们之间的唯一的差别在于它们的晶体学位向不同,其中A晶粒内的所有晶面组与入射束不成布拉格角,强度为 I_0 的入射束穿过试样时,A晶粒不产生衍射,透射束强度等于入射束强度,即 $I_A=I_0$,而B晶粒的某(hkl)晶面组恰好与入射方向成精确的布拉格角,而其余的晶面均与衍射条件存在较大的偏差,即B晶粒的位向满足"双光束条件"。此时,(hkl)晶面产生衍射,衍射束强度为 I_{hkl},如果假定对于足够薄的样品,入射电子受到的吸收效应可不予考虑,且在所谓"双光束条件"下忽略所有其他较弱的衍射束,则强度为 I_0 的入射电子束在B晶粒区域内经过散射之后,将成为强度为 I_{hkl} 的衍射束和强度为 I_0-I_{hkl} 的透射束两个部分。如果让透射束进入物镜光阑,而将衍射束挡掉,在荧光屏上,A晶粒比B晶粒亮,就得到明场像。若把物镜光阑孔套住(hkl)衍射斑,而把透射束挡掉,则B晶粒比A晶粒亮,就得到暗场像。

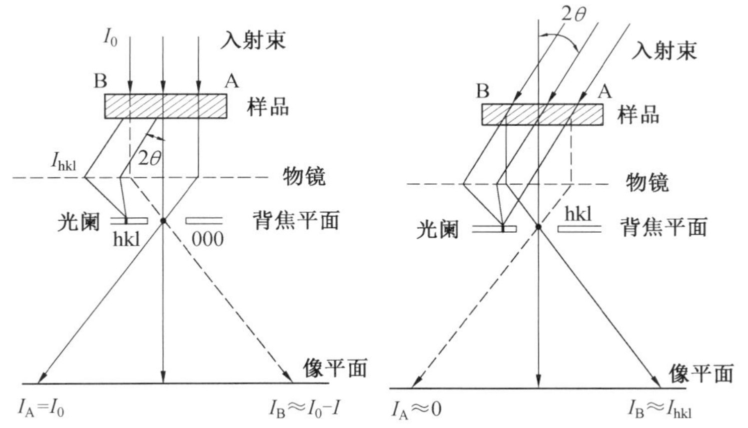

(a) 明场像 (b) 中心暗场像

图 4.49 衍射衬度的形成

4.6.5 实例分析

中科大邱报在富锂锰基正极材料的表面改性及其储能机理研究中，使用 TEM/HRTEM 等手段进行了一列表征和解析。首先其使用磁控溅射，在富锂材料表面形成一层 ZnO 层。从图 4.50 中可以看出原始电极颗粒的晶格条纹从体相一直延展到表面，而 ZnO 包覆材料颗粒的表面存在着一层很薄且非晶态的包覆层，以及该包覆层的厚度大约为 8 nm。

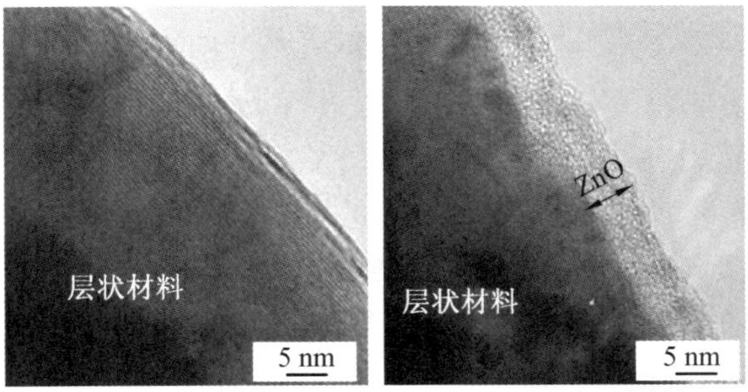

(a) 原始材料 (b) ZnO 包覆材料

图 4.50 原始材料和 ZnO 包覆材料的 TEM

随后将原始的富锂材料放入少量的充入 H_2O 和 CO_2 的一个密闭的容器中，利用 CO_2 与富锂材料的表面发生缓慢的反应，再洗去生成物，以便构建氧空位。图 4.51(a)所示为原始的 LR-NCM 材料的 HRTEM 图，从图中可以看出，其晶格条纹从体相一直延伸至表面，说明原始的 LR-NCM 材料具有很好的结晶性。与此同时，原始的 LR-NCM 材料还通过电子衍射(ED)来确定其晶体结构(图 4.51(b))，其图中这些衍射点是沿着晶带轴 $[1-10]_R$(R 代表 rhombohedral 结构)或是 $[1-10]_M$、$[100]_M$，以及 $[110]_M$(M 代表 monoclinic 结构)的方向，其中在图 4.51(b)中 3 个箭头从上至下标记的点对应于 Li_2MnO_3 组成中的晶面分别为 $(110)_M$、$(020)_M$ 和 $(1-10)_M$，同时其由圆圈 001_M 标记的点可以认为是 $LiTMO_2$ 结构的中 $(003)_R$ 晶面，也可以认为是 Li_2MnO_3 组成中的 $(001)_M$ 晶面,由于其两种不同的晶面在不同的结构中具有相同的面间距即 0.47 nm,此外,由圆圈 060_M 标记的点可以认为是 $LiTMO_2$ 结构的中$(110)_R$ 晶面,也可以认为是 Li_2MnO_3 组成中的$(33-1)_M$、$(060)_M$、$(-331)_M$ 晶面。

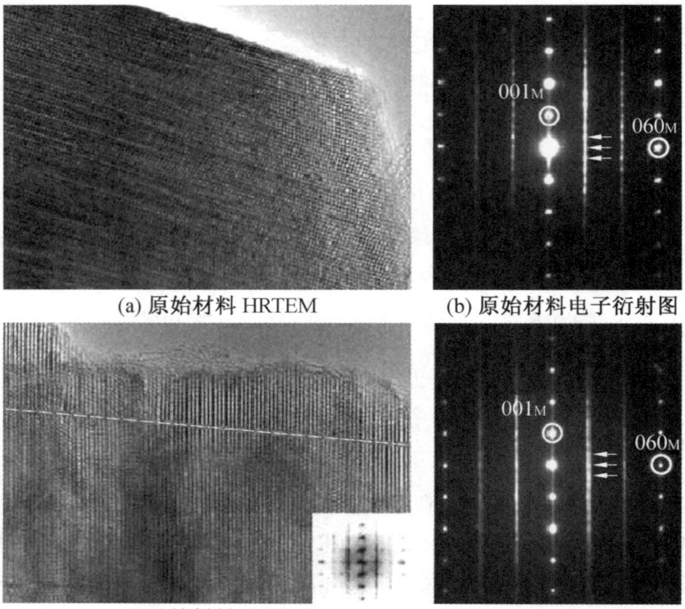

(a) 原始材料 HRTEM (b) 原始材料电子衍射图
(c) 改性材料 HRTEM (d) 改性材料电子衍射图

图 4.51 原始富锂材料和改性后富锂材料的高分辨透射电镜图和电子衍射图

同时,邱报还借助球差高分辨电子显微镜进行观测。图 4.52 所示为富锂材料的球差校正的 HAADF/STEM 图,从图中可以看出其存在着 3 个方向的变量$[100]_M$、$[1-10]_M$ 和 $[110]_M$ 和相应的孪晶区域,而这种 3 个方向的变量和孪晶区域的存在导致了其大量面缺陷的存在,因此,这种面缺陷不同于传统的堆积层错,而是应该是一种特殊孪晶界面,同时在富锂材料锰基材料的单晶颗粒中存在着大量的这种孪晶界面。

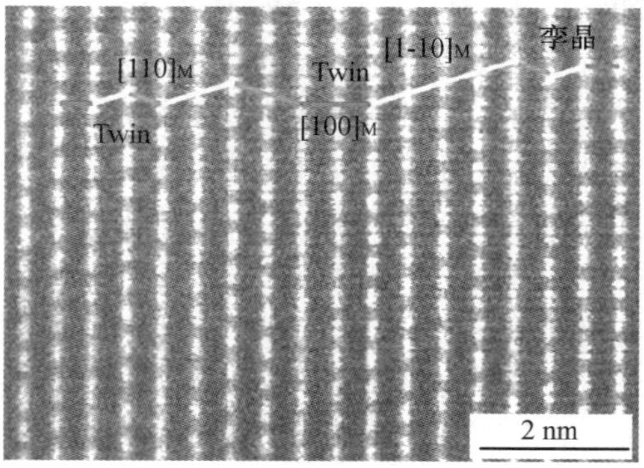

图 4.52 富锂材料的球差校正的 HAADF/STEM 图
(沿过渡金属平行于电子束方向观测)

4.7 物理性能表征总结

以上介绍了一些常用的材料表征方法,除此之外还有比较高端的表征方法,如X射线吸收光谱(X-ray absorption spectroscopy,XAS),又称X射线吸收精细结构(X-ray absorption fine structure,XAFS)光谱,是利用同步辐射X射线入射样品前后的信号变化来分析材料的元素组成、电子态及微观结构等信息的一种光谱技术。通过XAFS光谱,能够获得相应材料的局域几何结构(如原子种类、数目和所处位置等)及电子结构信息。XAFS光谱对样品的形态要求不高,可测粉末、薄膜及液体等样品,同时又不破坏样品。XAFS光谱主要分为两个部分——X射线吸收近边结构谱(X-ray absorption near edge structure,XANES)和扩展X射线吸收精细结构谱(extened X-ray absorption fine structure,EXAFS)。XANES位于谱图吸收峰附近,可以得到吸收原子的电子结构,包括价态、对称性、轨道占据等信息。该区域之后是EXAFS,可到1 000 eV左右的范围。EXAFS可以得到吸收原子周围配位信息,包括配位原子种类、键长、配位数、无序度等。

关于其他表征方法,本书不再赘述,读者可查阅相关文献。总结而言,可用于正极材料物理性能表征的测试包括以下方法。

(1)元素成分。电感耦合等离子体(ICP)、能量色散X射线谱(EDX/EDS)、电子探针显微分析(EPMA)、二次离子质谱(SIMS)、X射线荧光光谱仪(XRF)。其中,SIMS可以分析元素的深度分布且具有高灵敏度。

(2)元素价态。X射线光电子能谱(XPS)、电子能量损失谱(EELS)、扫描透射X射线成像(STXM)、X射线吸收近边结构谱(XANES)等。

(3)形貌表征。扫描电镜(SEM)、透射电镜(TEM)、扫描透射X射线成像(STXM)、扫描探针显微镜(SPM)、离子束抛光(CP)。

(4)晶体结构。X射线衍射(XRD)、扩展X射线吸收精细结构谱(EXAFS)、核磁共振(NMR)、球差校正扫描透射电镜(STEM)、中子粉末衍射(NPD)、中子散射(NS)。Raman散射也可以通过涉及晶格振动的特征峰及峰宽来判断晶体结构及其对称性。

(5)物质官能团。常见官能团有烃基、含卤素取代基、含氧官能基、含氮官能基及含磷、硫官能团5种。常用的表征官能团的技术有拉曼散射光谱(RS)、傅里叶变换红外光谱(FT-IS)、深紫外光谱(UV)等。

(6)粉体特性。激光粒度分析、振实密度仪、四探针电导率测试仪、粉末电阻率 & 压实密度仪、比表面积及孔隙度测定仪等。

本章参考文献

[1] 雷杰.锂离子电池正极材料 $LiNi_{0.5}Mn_{0.3}Co_{0.2}O_2$ 的研究[D].哈尔滨:哈尔滨工业大学,2013.

[2] LI X,ZHANG J,SONG D,et al. Direct regeneration of recycled cathode material mixture from scrapped $LiFePO_4$ batteries[J]. Journal of Power Sources,2017,345:78-84.

[3] 徐晟.锂离子电池富镍三元材料的合成放大化和改性研究[D].哈尔滨:哈尔滨工业大学,2017.

[4] WANG Q,PENG D,CHEN Y,et al. A facile surfactant-assisted self-assembly of $LiFePO_4$/graphene composites with improved rate performance for lithium ion batteries[J]. Journal of Electroanalytical Chemistry,2018,818: 68-75.

[5] WU Y, ZHOU L, XU G, et al. Preparation of high tap density $LiFePO_4$/C through carbothermal reduction process using beta-cyclodextrin as carbon source[J]. International Journal of Electrochemical Science,2018,13: 2958-2968.

[5a] 于鹏,刘亚飞,陈彦彬,等.团聚和单晶型 NCM 811 正极材料应用基础研究[J].电源技术,2024,48(5):850-856.

[5b] 楼平,管敏渊,彭蒙蒙,等.铁磁杂质对锂离子电池自放电和电化学性能的影响[J].功能材料与器件学报,2021,27(4):361-366.

[6a] 高鹏.锂离子电池富锂三元正极材料 $Li_{(1+x)}(NiCoMn)_yO_2$ 的合成与性能研究[D].哈尔滨:哈尔滨工业大学,2016.

[6b] WANG Z,ZHU Y M,JIANG Y P,et al. Graphene modified $Li_{1.2}Ni_{0.133}Co_{0.133}Mn_{0.534}O_2$ cathode material for high capacity lithiumion batteries [J]. Journal of Applied Electrochemistry,2018,48(11):1273-1283.

[7] KONG J Z, ZHAI H F, REN C, et al. Synthesis and electrochemical performance of macroporous $LiNi_{0.5}Co_{0.2}Mn_{0.3}O_2$ by a modified sol-gel method[J]. Journal of Alloys and Compounds,2013,577: 507-510.

[8] ZHI X, LIANG G, WANG L, et al. Optimization of carbon coatings on $LiFePO_4$: Carbonization temperature and carbon content[J]. Journal of Alloys and Compounds, 2010,503(2): 370-374.

[9] 唐仲丰.锂离子电池高镍三元正极材料的合成、表征与改性研究[D].合肥:中国科学技术大学,2018.

[10] WANG F U,ZHANG Y,ZOU J,et al. The structural mechanism of the improved electrochemical performances resulted from sintering atmosphere for $LiNi_{0.5}Co_{0.2}Mn_{0.3}O_2$ cathode material[J]. Journal of Alloys & Compounds,2013,558(17):172-178.

[11] 姜云鹏. $LiNi_{0.8}Co_{0.1}Mn_{0.1}O_2$ 富镍三元正极材料的制备及结构优化[D].哈尔滨:哈尔滨工业大学,2018.

[12] YOON C S,CHOI M J,JUN D W,et al. Cation ordering of Zr-doped $LiNiO_2$ cathode for lithium-ion batteries[J]. Chemistry of Materials,2018,30(5): 1808-1814.

[13] ZHOU A,LU Y,WANG Q,et al. Sputtering TiO_2 on $LiCoO_2$ composite electrodes as a simple and effective coating to enhance high-voltage cathode performance[J]. Journal of Power Sources,2017,346: 24-30.

[14] ZHOU H,LI Y,ZHANG J,et al. Low-temperature direct synthesis of layered m-$LiMnO_2$ for lithium-ion battery applications[J]. Journal of Alloys and Compounds,2016,659: 248-254.

[15] YANG X, QU F, NIU H, et al. High-performance aqueous asymmetric supercapacitor based on spinel $LiMn_2O_4$ and nitrogen-doped graphene/porous carbon composite[J]. Electrochimica Acta, 2015, 180: 287-294.

[16] MOU J, DENG Y, HE L, et al. Critical roles of semi-conductive $LaFeO_3$ coating in enhancing cycling stability and rate capability of 5 V $LiNi_{0.5}Mn_{1.5}O_4$ cathode materials [J]. Electrochimica Acta, 2018, 260: 101-111.

[17] HU E, BAK S M, SENANAYAKE S D, et al. Thermal stability in the blended lithium manganese oxide-lithium nickel cobalt manganese oxide cathode materials: An in situ time-resolved X-ray diffraction and mass spectroscopy study [J]. Journal of Power Sources, 2014, 277: 193-197.

[18] MORCRETTE M, CHABRE Y, VAUGHAN G, et al. In situ X-ray diffraction techniques as a powerful tool to study battery electrode materials[J]. Electrochimica Acta, 2003, 47 (19): 3137-3149.

[19] QI L, XIN S, DAN L, et al. Approaching the capacity limit of lithium cobalt oxide in lithium ion batteries via lanthanum and aluminium doping[J]. Nature Energy, 2018, 3 (11): 112-114.

[20] CHIANELLI R R, SCANLON J C, RAO B M L. Dynamic X-Ray diffraction [J]. Journal of the Electrochemical Society, 1978, 10: 1563-1566.

[21] ZHU W, LIU D, TROTTIER J, et al. In-situ X-ray diffraction study of the phase evolution in undoped and Cr-doped $Li_xMn_{1.5}Ni_{0.5}O_4$ ($0.1 \leqslant x \leqslant 1.0$) 5 V cathode materials[J]. Journal of Power Sources, 2013, 242: 236-243.

[22] MOHANTY D, KALNAUS S, MEISNER R A, et al. Structural transformation of a lithium-rich $Li_{1.2}Co_{0.1}Mn_{0.55}Ni_{0.15}O_2$ cathode during high voltage cycling resolved by in situ X-ray diffraction[J]. Journal of Power Sources, 2013, 229: 239-248.

[23] 赵亮，胡勇胜，李泓，等. 拉曼光谱在锂离子电池研究中的应用[J]. 电化学，2011, 17 (01): 12-23.

[24] AMDOUNI N, ZAGHIB K, GENDRON F, et al. Magnetic properties of $LiNi_{0.5}Mn_{1.5}O_4$ spinels prepared by wet chemical methods [J]. Journal of Magnetism and Magnetic Materials, 2007, 309(1): 100-105.

[25] HY S, FELIX F, RICK J, et al. Direct in situ observation of Li_2O evolution on Li-rich high-capacity cathode material, $Li[Ni_xLi_{(1-2x)/3}Mn_{(2-x)/3}]O_2$ ($0 \leqslant x \leqslant 0.5$)[J]. Journal of the American Chemical Society, 2014, 136(3): 999-1007.

[26] YAMANAKA T, NAKAGAWA H, TSUBOUCHI S, et al. In situ diagnosis of the electrolyte solution in a laminate lithium ion battery by using ultrafine multi-probe Raman spectroscopy[J]. Journal of Power Sources, 2017, 359: 435-440.

[27] NGUYEN D T, KANG J, NAM K M, et al. Understanding interfacial chemistry and stability for performance improvement and fade of high-energy Li-ion battery of $LiNi_{0.5}Co_{0.2}Mn_{0.3}O_2$/silicon-graphite [J]. Journal of Power Sources, 2016, 303:

150-158.

[28] RANGAPPA D,ICHIHARA M,KUDO T,et al. Surface modified $LiFePO_4$/C nanocrystals synthesis by organic molecules assisted supercritical water process[J]. Journal of Power Sources,2009,194(2): 1036-1042.

[29] 张琳静. 富锂锰基正极材料倍率和循环性能的改性研究[D]. 北京:北京理工大学,2015.

[30] YANG X,SHEN L,WU B,et al. Improvement of the cycling performance of $LiCoO_2$ with assistance of cross-linked PAN for lithium ion batteries[J]. Journal of Alloys and Compounds,2015,639: 458-464.

[31] TIAN F, ZHANG Y Z, LIU Z Z, et al. Investigation of structure and cycling performance of Nb^{5+} doped high-nickel ternary cathode materials[J]. Solid State Ionics, 2021, 359: 115520.

[32] 邱报. 富锂锰基正极材料的表面改性及其储能机理研究[D]. 宁波:中国科学院宁波材料技术与工程研究所,2016.

第 5 章　正极材料的界面行为

电极/溶液界面是发生电化学反应的主要场所，界面的性质对电极反应速率和反应机理有显著影响。锂离子电池的性能与循环寿命的衰减常常是由于电池过充造成电解液在正极氧化分解以及电解液在负极上的还原分解、电极材料的溶解、相变等原因引起的。这些反应都来自电极与电解液之间发生的界面反应。为了消除这些弊端，必须对在界面发生的电极过程有基本的认识，从而找到有效的方法改善电池的性能。

5.1　电极/溶液界面的动力学过程

电极与电解液相接触时，在界面附近会出现一个性质跟电极和溶液自身均不相同的三维空间，通常称为界面区。电极反应发生在电极与溶液界面之间，界面的性质对电极反应速率和反应机理有强烈影响，它是动力学研究的基础。

5.1.1　双电层

电极/溶液界面最重要的特征是双电层。在电极与溶液接触形成相界面时，来自体相中的游离电荷或偶极子，必然要在界面上重新排布，形成双电层，在界面区相应地存在着电势差。根据两相界面区双电层在结构上的特点，可将它们分为 3 类：离子双层、偶极双层和吸附双层(图 5.1)。电极/溶液界面电势差系由上述的 3 种类型双电层产生的电势差的部分或全部组成，但其中对于电极反应速度有重大影响的主要是离子双层电势差。

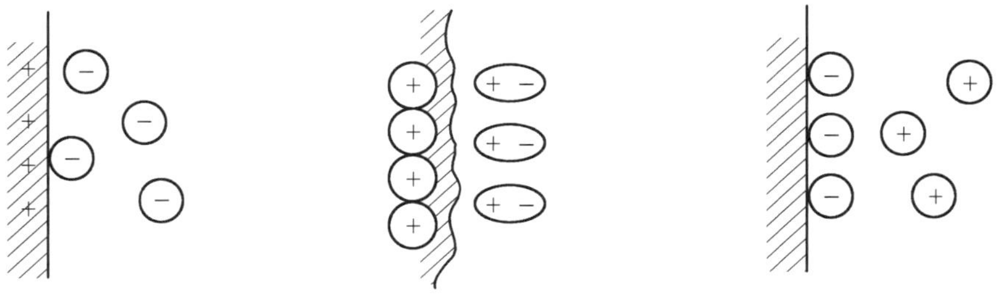

图 5.1　电极/溶液界面双电层的 3 种类型

对于电池电极来说，在充电或放电过程中，电极相会有电子得失与锂离子的嵌脱，会使电极/溶液两相中出现大小相等、符号相反的游离电荷(称为剩余电荷)分布在界面两侧，形成离子双层。其特点是每一相中有一层电荷，但符号相反。例如若电极表面带正电,则溶液中将以负离子与之形成离子双层。由此可见,双电层相当于一个能储存电荷的系统,具有电容的特性。因此,在电极等效电路中可将双电层看作是一个电容器来处理。

但是,双电层与一般平行板电容器不同,它的电容值不是恒定的,常常随电势而变化(如图5.2所示,微分电容是随电极电势和溶液浓度而变化的)。因为电容是电势的函数,所以在给双电层电容下定义时,只能用导数的形式来定义,称为微分电容,常用 C_d 表示,它表征界面在一定电势扰动下相应的电荷储存能力。

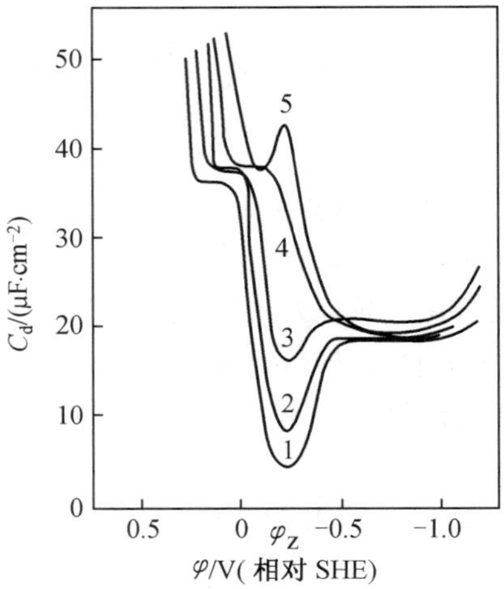

图5.2 Hg在KCl溶液中的微分电容曲线
KCl浓度:1—0.000 1 mol/L;2—0.001 mol/L;3—0.01 mol/L;4—0.1 mol/L;5—1.0 mol/L

对于金属电极,由于金属中自由电子的浓度很高,因此其剩余电荷可被看作是集中在电极表面,金属相内部不存在电势梯度。然而,对于正极材料这样的无机固态化合物界面,这一模型就显得过于简单。大多数无机化合物中的自由电子浓度比金属低得多,表现出半导体的特征,因此,电极一侧的剩余电荷不再集中分布在表面上,而是形成了有一定厚度的空间电荷区,如图5.3(a)所示。在空间电荷层内与电极表面距离不同的平面上,剩余电荷密度与电势都是随距离变化的,如图5.3(b)所示。在外电场作用下使半导体中出现空间电荷层后,载流子的能级也会发生变化。一般情况下,当溶液一侧被正电荷包围时,空间电荷层中电子能级降低,且随着离表面越近,降低得越厉害,则半导体表面会出现图5.3(c)所示的能带下弯。反之,若溶液一侧剩余电荷为负电荷,则半导体表面附近的能带将上弯。

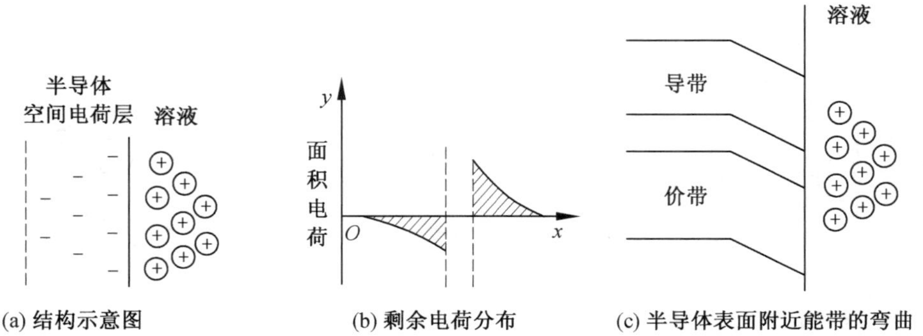

图5.3 半导体/溶液界面间的双电层

对于“半导体电极/溶液界面”,整个界面的等效微分电容值由空间电荷层电容和双电层电容串联而成。在电化学中测量界面微分电容的方法很多,通常可用电化学阻抗谱等效电路拟合的方法测量。

5.1.2 嵌入型电极过程

电化学嵌入反应是指电解质中的离子在电极电势的作用下嵌入电极材料主体晶格(或从晶格中脱出)的过程。

在锂离子电池放电过程中,正极的锂离子嵌入过程可以简单描述为:随着电极电势的负移,来自外电路的电子进入嵌入化合物中未充满的导带,部分金属离子的化学价降低,并引起周围的阴离子负电荷过剩;电解质中的锂离子遂迁入主体晶格中阴离子附近的空位,保持晶格的电中性和结构稳定。充电过程中,锂离子从正极脱出的反应机理则正好与此相反。嵌入和脱出反应的进行速度与电极电势有关,而嵌入粒子的数量决定于嵌入反应过程消耗的电量。

为了实现上述过程,嵌入反应体系必须具备一定的特殊结构。首先,主体晶格的结构骨架应当稳定,在嵌入和脱出反应的过程中基本不发生变化;其次,嵌入体系中的主体晶格内应存在一定数量的离子空位与离子通道,使嵌入粒子能够在这些空位之间自由移动,即能可逆地嵌入或脱出。

离子通道就是由晶格中间隙空位相互连接形成的连续空间。在同一晶体的晶格骨架中可能同时存在若干不同类型的间隙空位。常见的晶格间隙空位有八面体、四面体和三角棱柱形空位。离子嵌入对于晶格间隙空位有一定的选择性,如半径较小的 Li^+ 倾向占据八面体和四面体间隙。一般来说,嵌入的金属离子倾向于占据四周均匀分布着负离子的间隙空位,而尽可能地与附近的金属离子保持较远距离。

晶格间隙互相连通的方式决定了嵌入离子通道的空间形式。若间隙空位只在一个方向上相互连通,即只允许嵌入离子在一个方向上移动,则通道称为一维离子通道;若间隙空位在一个平面内相互连通,则称为二维离子通道;若固体中间隙空位在上下、左右和前后 3 个方向上均相互连通,则称这种固体中存在三维离子通道。目前常用的嵌锂材料如 $LiCoO_2$、$LiNiO_2$ 等都属于二维离子通道的层状结构化合物(图 5.4),$LiFePO_4$ 存在一维离子通道,尖晶石型 $LiMn_2O_4$ 则存在三维离子通道。

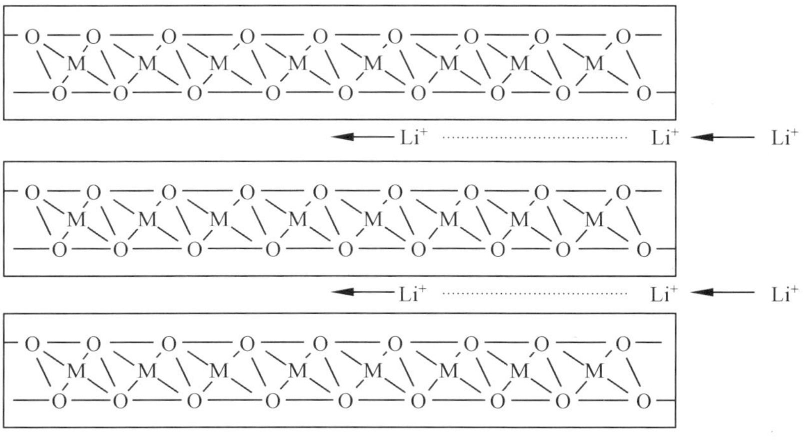

图 5.4 二维离子通道的层状结构化合物中锂离子的嵌入

嵌入离子在离子通道中的固相扩散是通过空位跃迁或离子的填隙跳迁的方式进行的,但是其情况较一般固态离子导体中的扩散现象更为复杂。首先,嵌入离子只能占据主体晶格中的某些空位或空隙位,而不能与主体离子相互取代;其次,在离子嵌入过程中,固态化合物同时与外界进行电子交换反应,以保持电中性。换言之,在嵌入离子迁移的同时,固态化合物的主体晶格不断发生化学组成和电性质的变化。因此,嵌入化合物中离子扩散的机理比较复杂。

嵌入化合物的晶格结构在嵌入和脱出反应过程中应保持基本不变。因此,人们有时将嵌入电极反应等同于固溶体电极反应。与常见的固溶体的性质相似,一旦嵌入量超出某一范围,嵌入化合物结构就可能发生重大变化或崩溃。例如,对于 Li_xCoO_2 和 Li_xNiO_2,当 $x>0.5$ 时,Co 离子和 Ni 离子就会位移到间隙层中引起层状结构崩溃;对于 $Li_xMn_2O_4$,当嵌入量 $x>0.5$ 后,尖晶石结构也会发生较严重的不可逆畸变。

5.1.3 界面电极过程

电化学中将电流通过电极时电极电势偏离平衡电势的现象称为电极的极化。发生极化时,阴极的电极电势总是变得比平衡电势更负,而阳极的电极电势总是变得比平衡电势更正。或者说,当电极电势偏离平衡电势向负方向移动时,为阴极极化;而当电极电势偏离平衡电势向正方向移动时,为阳极极化。在一般情况下,随着电流的增大,极化也会增大。

对于化学电源的正极来讲,在充电时,正极为阳极,负极为阴极;而放电时刚好相反,正极为阴极,负极为阳极。若电池处于开路状态,这时没有电流流过电极,此时只存在正负极,而没有阴、阳极之分。也就是说,正负极始终是存在的,而阴、阳极只有在反应发生时才存在,并且需根据反应的性质来判断阴、阳极。

通常把有电流通过时发生在电极/溶液界面区的电化学过程、传质过程及化学过程等一系列变化的总和统称为电极过程。以放电过程为例,锂离子从负极脱出至电解液中,经由电解液向正极迁移,此时,锂离子电池的正极电极过程大致包括下列基本单元步骤:

①液相传质步骤:电解液中的锂离子在正极表面附近的液层中迁移至正极材料表面。

②电荷传递步骤(charge transfer process,CTP):正极材料得到电子,锂离子越过电极/溶液界面进入正极材料晶格,也称电子转移步骤。

③固相扩散步骤:锂离子自电极材料表面向内部扩散,嵌入到内部的晶格中。

电荷传递步骤是核心反应步骤,由此造成的极化是电化学极化。液相传质步骤和固相扩散步骤也很重要,因为液相中的锂离子需要通过液相传质向电极表面不断地输送,而锂离子又需通过固相扩散离开电极表面进入内部晶格,由此造成的极化是浓度极化。

通常,锂离子在液相中浓度(约 1 mol/L)和扩散系数(约 10^{-5} cm^2/s)均比正极材料中的相应数值(约 0.01 mol/L,约 10^{-10} cm^2/s)大得多,因此,在讨论电极反应的动力学时一般可以忽略液相中传质过程的影响,即浓度极化主要由固相扩散步骤导致。

从电极过程的角度来分析,锂离子电池的正极材料应有良好的电子导电性和离子导电性，这样可以减小电化学极化和浓度极化，同时还可以减小由电极的欧姆电阻引起的电势降（也称为电阻极化），从而有较好的高倍率放电性能。

5.1.4 电极的电化学机理模型

基于多孔电极理论和浓溶液理论，Doyle 等人在做出下列假设性条件的情况下建立了锂离子电池的准二维数学模型。正负极活性粒子均等效为球形，锂离子存在于这些活性粒子晶格中间的空隙内，正、负电极嵌入材料中的锂离子量决定了两个电极电势，从而决定了电池的端电压；同时两个电极嵌入材料中的锂离子量也决定了电池的荷电状态。假设性条件：

(1) 在电池反应过程中不产生任何气体，电池内仅存在固相和液相过程；

(2) 电池反应过程中无副反应发生；

(3) 充放电过程中电池体积没有发生变化，孔隙率为恒值；

(4) 活性物质为均匀的球形颗粒；

(5) 电池充放电过程中产生的热量忽略不计；

(6) 粒子内的固相扩散系数与电池的荷电状态无关。

依据上述假设条件，给出的描述锂离子电池中电极过程的方程有：

(1) Bulter-Volume 方程：描述正负极区域内活性粒子表面与电解液界面处的电化学反应过程。

(2) 固相扩散过程的 Fick 第二定律：描述正负极活性物质粒子内部的锂离子扩散过程；

(3) 液相扩散过程的 Fick 第二定律：描述电极附近电解液中的锂离子扩散过程；

(4) 固相欧姆定律：描述正负极区域内活性物质粒子的电势分布；

(5) 液相欧姆定律：描述电解液与隔膜区域内液相电势的分布；

这样，就可以得到预测电池充放电行为的控制方程，寻找初始条件以及边界条件进行求解，就能进行模型仿真，从而预测两个电极中的固相锂离子浓度、液相锂离子浓度、固相电势和液相电势分布。

由于准二维数学模型方程较复杂，B. Haran 等人提出锂离子电池的另一种简化模型——单粒子模型。单粒子模型是指利用一个球状粒子来代表整个电极而建立的一种电池简化数学模型。建立电池单粒子模型的第一个前提条件是假设整个电池内（正极、隔膜和负极）各处的液相浓度值均是一个常量；另一个前提条件是假设一个电极内各处的固相电势相等。基于这些假设条件可知一个电极内各处的反应离子流密度也相等，这样电极内一个活性粒子的电化学特性就可以代表整个电极的特性，进而得到了电池的单粒子模型。由于电池内各处的液相浓度均是相等的，因此可以忽略液相电势对电池端电压的影响。图 5.5 所示为锂离子电池的电化学机理模型。

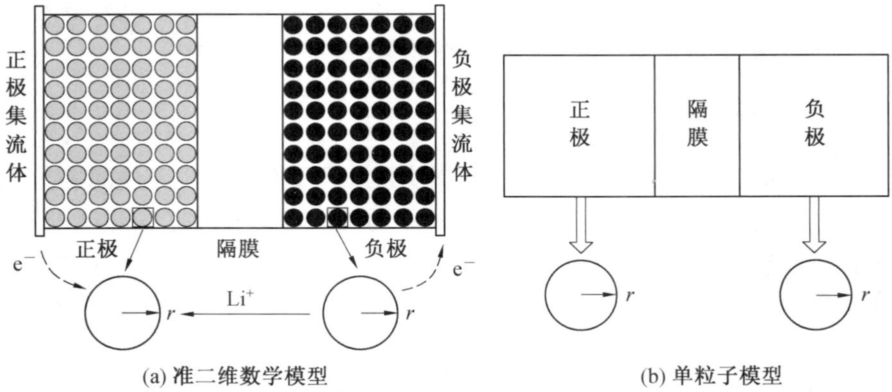

图 5.5 锂离子电池的电化学机理模型

5.2 固态电解质界面膜(SEI 膜)

大量关于嵌入型锂离子正极材料的研究表明,正极材料颗粒表面会由于锂离子与电解液反应而生成一层保护膜,即 SEI 膜。SEI 膜为锂离子导体,但不是电子导体,对材料能起到保护作用,防止材料与电解液进一步反应,使材料在电池中趋于稳定。因此,SEI 膜是电极/溶液界面的一个重要组成部分。

相对负极来说,正极材料表面 SEI 膜厚度较薄,直接观察有困难,但正极材料表面 SEI 膜在电化学循环过程中同样具有很重要的作用。随着科技的不断发展,新的研究方法的不断提出,大大促进了正极材料 SEI 膜的研究。目前普遍认为,正极材料表面 SEI 膜的形成与负极材料表面 SEI 膜的形成基本相同。D. Ostrovskii 等研究了 $LiNi_xCo_{1-x}O_2$ 在不同有机电解液中浸泡后的表面层,发现正极的钝化膜比较薄,只有 1 ~ 2 nm,其成分与负极的 SEI 膜类似,有 LiF 和 Li_2CO_3 存在。K. A. Striebel 等研究了 $LiMn_2O_4$ 循环过程中表面的 SEI 膜,发现由于正极材料的电势较高,电解液的还原产物并不能稳定存在,而无机产物如 LiF 则能够稳定存在,成为 SEI 膜的主要成分。

5.2.1 SEI 膜的组成与结构

在锂离子电池前几次充放电过程中,电极材料与有机电解液在电极/溶液界面上发生反应,形成一层覆盖于电极材料的表面钝化层。它具有固体电解质的特征,是锂离子的良导体但却是电子的绝缘体,锂离子可以在该钝化层内自由迁移,因此这层钝化膜被称为固态电解质界面膜或固体电解质中间相(solid electrolyte interface),简称 SEI 膜。试验结果表明,正负极 SEI 膜存在类似的化学组成和形貌结构。

SEI 膜的形成对电极材料的性能会产生重要的影响。一方面,SEI 膜的形成消耗了部分锂离子,使得首次充放电不可逆容量增加,降低了电极材料的充放电效率,增加了界面阻抗;另一方面,优良的 SEI 膜能够有效阻止有机电解液和电极的进一步反应,保护了电极。因此,有必要深入研究 SEI 膜的形成机理、组成结构、稳定性及其影响因素。

根据对SEI膜的组成成分分析，电解液以EC/DMC+1 mol/L $LiPF_6$为例，目前主流研究认为，前几次充放电过程中，SEI膜形成可能的反应是由EC、DMC、痕量水分及HF等与Li^+反应形成$(CH_2OCO_2Li)_2$、$LiCH_2CH_2OCO_2Li$、LiOH、CH_3OCO_2Li、Li_2CO_3、LiF、Li_2O等物质，覆盖在电极表面形成SEI膜，主要的化学反应如下。

(1)电解质中残余水分引起的界面反应：

$$\text{痕量 } H_2O+Li^++e^- \longrightarrow LiOH+\frac{1}{2}H_2\uparrow$$

$$LiOH+Li^++e^- \longrightarrow Li_2O\downarrow+\frac{1}{2}H_2\uparrow$$

(2)溶剂在界面上发生的反应：

EC反应

$$EC+2Li^++2e^- \longrightarrow LiCH_2CH_2OCO_2Li\downarrow$$

$$2EC+2Li^++2e^- \longrightarrow LiCH_2CH_2OCO_2Li\downarrow+CH_2=CH_2$$

DEC反应

$$DEC+2Li^++2e^- \longrightarrow CH_3CH_2OLi+CH_3CH_2OCO\cdot$$

$$DEC+2Li^++2e^- \longrightarrow CH_3CH_2OCO_2Li+CH_3CH_2\cdot$$

(3)锂盐$LiPF_6$在界面上可能发生的反应：

$$LiPF_6 \longrightarrow LiF\downarrow+PF_5$$

$$PF_5+H_2O \longrightarrow 2HF+POF_3$$

$$LiPF_6+H_2O \longrightarrow LiF\downarrow+HF+POF_3$$

$$PF^{6-}+ne^-+nLi^+ \longrightarrow LiF\downarrow+Li_xPF_y$$

$$HF+Li_2CO_3 \longrightarrow LiF\downarrow+H_2CO_3$$

$$HF+(CH_2OCO_2Li)_2 \longrightarrow LiF\downarrow+(CH_2OCO_2H)_2$$

一般来说，电极材料表面会有一层原始的表面膜，在电极与有机电解液发生直接接触时，电解液的溶剂组分会先填充原始表面膜的孔洞，发生连续的反应，使原始表面膜部分地溶解在电解液中。随后表面膜的原始组分部分或全部地被电极材料与电解液组分的反应产物所取代，SEI膜会迅速生成，内层SEI膜很薄但是比较致密，而外层的SEI膜是一个动态沉积的过程，由于一些表面组分的溶解而产生多孔结构。外层SEI膜可以描绘为一个多孔、无序的系统。图5.6所示为电极表面的SEI膜层结构，内层马赛克结构以Li_2CO_3、LiF、Li_2O等无机物微晶为主，多孔、无序的外层以非晶态有机物为主。无机层较薄，有机层较厚。

在锂离子电池的化成过程中，SEI膜形成于早期的几个循环中，当电池的电化学性能趋于稳定时，SEI膜经过持续生长，已经有了足够的厚度和致密性，能够阻止溶剂分子的共插入，限制了电解液的进一步分解反应，也达到了比较稳定的状态。

因为SEI膜的组成、结构、致密性与稳定性主要是由电极和电解液的性质决定，同时也受到温度、循环次数及充放电电流密度的影响，所以SEI膜并不是在首次化成过程中形成后就一直稳定存在，而是伴随着锂离子电池的循环充放电，其结构会遭到破坏从而始终处于动态形成和修复过程中。

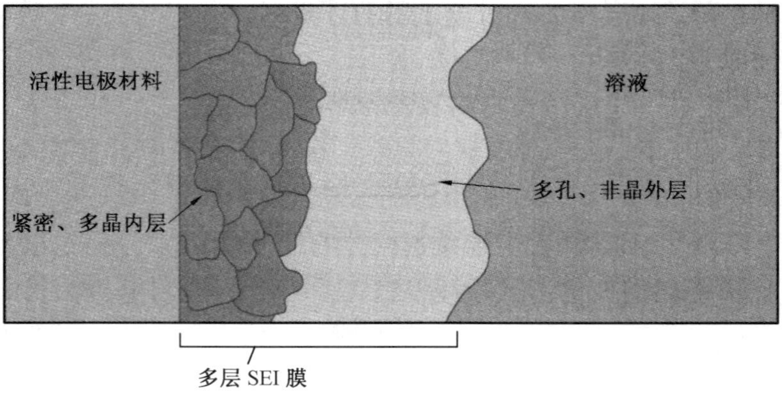

图 5.6 电极表面的 SEI 膜层结构

各种原位与非原位技术，例如 FTIR、XPS、AFM、DSC-TGA、DEMS、EDS 和 EQCM 已被用来检测 SEI 膜的成分。使用不同的方法，检测出的 SEI 层成分会有稍许不同，这是因为每一个设备对 SEI 膜的成分有不同的敏感度，所以用不同的方法进行成分分析是非常必要的。

5.2.2 氧化物正极材料的原始表面层

正极材料颗粒在 SEI 膜形成之前，其表面通常已经存在一层以 Li_2CO_3 为主要成分的原始表面层。常规的正极材料，如 $LiNiO_2$、$LiCoO_2$、$LiMn_2O_4$ 以及 NCM 和 NCA 材料都发现在其表面有 Li_2CO_3 的存在。Li_2CO_3 的形成是电极材料合成过程中与空气中的 O_2 和 CO_2 反应的结果所致。比如 NCA 材料表面形成原始层的反应如下，形成的 Li_2CO_3 层厚度约为 10 nm。

$$LiNi_{0.8}Co_{0.15}Al_{0.05}O_2+\frac{1}{4}xO_2+\frac{1}{2}xCO_2 \longrightarrow Li_{1-x}Ni_{0.8}Co_{0.15}Al_{0.05}O_2+\frac{1}{2}xLi_2CO_3$$

因为 Li 源容易挥发，大多数正极材料在高温烧结过程中都会加入过量的 Li 源，但是烧结完成后，过量的 Li 源会残留在材料表面并且容易吸收空气中的 CO_2 和水分，生成 Li_2CO_3 和 LiOH。以 $LiNiO_2$ 为例，反应如下所示，同时还会伴随着离子混排。

$$LiNiO_2+4xO_2+2xCO_2 \longrightarrow Li_{1-x}NiO_2+2xLi_2CO_3$$

$$LiNiO_2+yH_2O \longrightarrow Li_{1-y}NiO_{2-y/2}+yLiOH$$

$$\frac{1}{2}Li_2CO_3 \text{ 或 } LiOH+Ni(OH)_2 \longrightarrow [Li_{1-x}Ni_z]_{3a}Ni_{3b}O_2+\frac{z}{2}Li_2CO_3 \text{ 或 } zLiOH$$

研究表明，镍基氧化物比钴基氧化物更容易与空气中的水分和 CO_2 反应，因此，正极材料中镍含量越高，表面含的 Li_2CO_3 和 LiOH 越多，表 5.1 给出了通过化学滴定法测得的 $LiCoO_2$(LCO)、$LiNi_{0.5}Co_{0.2}Mn_{0.3}O_2$(NCM)和 $LiNi_{0.85}Co_{0.12}Al_{0.03}O_2$(NCA)的表面 Li_2CO_3 和 LiOH 质量分数。

对于富镍正极材料，减少表面的 H_2O、Li_2CO_3 和 LiOH 杂质对于提升材料性能非常重要，因为 H_2O 会促进电解液分解生成 HF，而 Li_2CO_3 和 LiOH 是电绝缘的，不仅会阻碍 Li^+ 扩散和电荷转移，而且 Li_2CO_3 的分解也是高温下电池中 CO_2 的主要来源。通常正极材料溶于水中的 pH 应低于 12,否则在正极材料制浆过程中用 NMP 做溶剂时,NMP 的吸水性会使得浆料的黏度增加从而形成果冻状,从而导致材料涂布不均匀、在集流网上的附着力不强。

表 5.1 通过化学滴定法测得的 $LiCoO_2$(LCO)、$LiNi_{0.5}Co_{0.2}Mn_{0.3}O_2$(NCM)和 $LiNi_{0.85}Co_{0.12}Al_{0.03}O_2$(NCA)的表面 Li_2CO_3 和 LiOH 质量分数

材料	$w(Li_2CO_3)/\%$	$w(LiOH)/\%$	w(总计)/%
LCO	0.05	0.05	0.10
NCM	0.12	0.10	0.22
NCA	0.39	0.47	0.86

把正极材料放在 EC、DEC、EMC 的混合有机溶剂中,原始表面层会基本保持稳定状态,不与溶剂反应,但是在含有 1 mol/L $LiPF_6$ 的电解液中,Li_2CO_3 和 LiOH 会开始溶解而产生气体,这是由于 $LiPF_6$ 具有酸性特征,电解液中残留的少量水分会与之反应产生 HF 酸,而 HF 酸会与 Li_2CO_3 反应生成 CO_2 和 H_2O,同时还会使部分有机溶剂分解,产生更多的水分,因此反应一直持续下去:

$$LiPF_6+H_2O \longrightarrow OPF_3+LiF+2HF$$

$$LiCO_3+2HF \longrightarrow 2LiF+H_2O+CO_2$$

$$ROCO_2R+Li_2CO_3+HF \longrightarrow ROCOLi+LiF+H_2O+CO_2$$

上述反应生成的 LiF 也是电绝缘的,使得电极电阻增大。

另外,LiOH 会和有机溶剂以及微量水分反应,也会放出 CO_2:

$$ROCO_2R+LiOH \longrightarrow ROCO_2Li+ROH$$

$$2ROCO_2Li+H_2O \longrightarrow Li_2CO_3+2ROH+CO_2$$

$$ROCO_2Li+H_2O \longrightarrow LiOH+ROH+CO_2$$

5.2.3 氧化物正极材料的 SEI 膜

$LiCoO_2$、$LiNiO_2$、$LiMn_2O_4$ 等正极材料与电解液接触后会发生化学反应,从而很容易产生 SEI 膜。从已有的文献来看,正极材料表面的形成主要存在 3 种机制:①锂离子脱出引起的溶剂氧化;②正极材料和溶剂之间的亲核反应;③在没有外加电压存在的情况下,锂离子从正极活性材料中的自发脱出,造成溶剂分子的氧化。

Goodenough 等指出,电解液的最低未占据分子轨道能级(LUMO)和最高占据分子轨道能级(HOMO)对应的电势分别约为 1.0 V 和 4.7 V (vs. Li^+/Li),当锂离子电池首次化成充电时,负极材料表面电位不断降低,当低于 1.0 V 就可以将电解液组分还原分解,其中不溶性的还原分解产物会逐渐沉积在负极材料表面形成 SEI 膜。同理,当锂电池充电时,锂离子从正极中脱出出来,导带能级会降低并接近于电解液 HOMO 能级,这会使得电子从电解液 HOMO 能级转移到氧化物的导带,激发电解液的氧化分解反应,电解液氧化分解的化合物沉积在正极表面形成一层钝化膜,直到它阻止电解液中电子的进一步转移为止,从而形成较稳定的 SEI 膜。图 5.7 所示为电解液在电极表面被氧化还原的相对能级示意图,其中 μ_A 和 μ_C 对应负极和正极的 Fermi 能级,E_g 是电解液的热力学稳定电势区间,当 μ_A>LUMO 或 μ_C<HOMO 时,会发生电解液的分解,分别在负极和正极形成 SEI 膜。

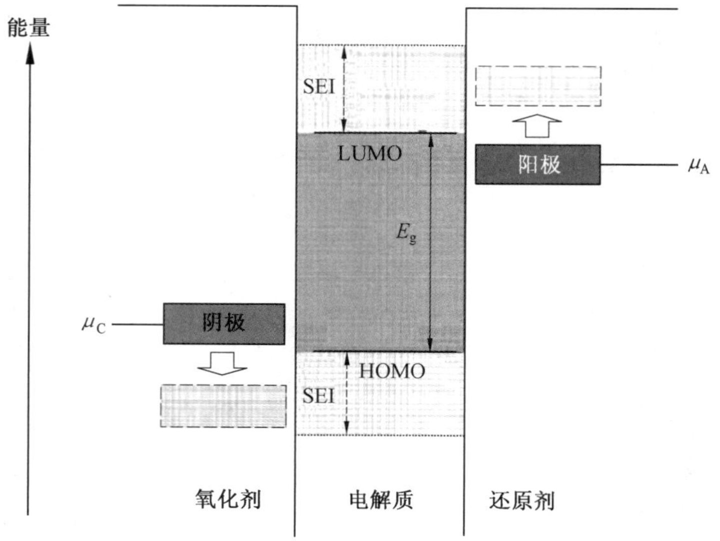

图 5.7 电解液在电极表面被氧化还原的相对能级示意图

一般来说,由于 SEI 膜的生成,电池首次不可逆容量会降低约 10% 。另外,在充放电过程中,SEI 膜的形成随着充电电压的变化而改变,SEI 膜的生成还会使得电池内阻增大。

除了化学反应导致 SEI 膜形成以及正极上的界面反应外,电化学反应对电池的能也有很大的影响。比如 PC 会发生开环氧化反应,并且在4.1 V 时会发生电化学氧化。它会以含有羧基、二羧基酸酐、—CH_2—、—CH_3 官能团的有机物形式沉积在 $LiCoO_2$ 的表面。这个作用在 $LiMn_2O_4$ 中表现得更明显。FTIR 分析表明,氧化物正极 SEI 膜中含有聚碳酸酯、$ROCO_2Li$、ROLi、LiF、Li_2CO_3 以及含有 P—O 和 P—F 官能团的一些组分如 Li_xPF_y、$Li_xPO_yF_z$ 等化合物。

随着越来越多对 SEI 膜化学组成的表征研究,各类研究者们在 SEI 膜的基本化学组成和结构上已经达成了一些共识,一般认为 SEI 膜是多层结构,靠近电极界面以 Li_2CO_3、LiF、Li_2O 等无机物为主,靠近电解液界面以 ROLi、$ROCO_2Li$ 等有机物为主,内层结构较致密,外层结构较疏松。

5.2.4 磷酸盐正极材料的 SEI 膜

若电极材料的充放电电位范围较窄,例如负极的嵌锂电位高于 1.2 V (vs Li^+/Li),正极的脱锂电位低于 3.57 V (vs Li^+/Li),则正负极表面基本不发生电解质的氧化还原反应,不会形成 SEI 膜。此外,若正负极表面预先生长了类似固体电解质的表面修饰层,能够起到防止电解质在电极上发生氧化还原反应的作用,则不再形成 SEI 膜。

$LiFePO_4$ 正极材料就与氧化物正极材料的 SEI 膜有所不同。由于 $LiFePO_4$ 电导率低,常会在其表面包覆一层 C,再加上 $LiFePO_4$ 材料的低工作电压,因此它与金属氧化物的界面性质有所不同。

研究表明,尽管 Li_2CO_3 会出现在氧化物正极材料的原始表面膜中,但在 $LiFePO_4$ 中并没有发现它的存在，这表明磷酸盐官能团不会在空气中发生反应。相反地，在合成过程中生成的锂铁氧化物（$Li_xFe_yO_z$）会很少量（质量分数小于 2%）地存在于 $LiFePO_4$ 表面。这种在表面的锂铁氧化物在首次充电时会释放出锂变成氧化铁，因此增加了 $LiFePO_4$ 的充电容量。由于上述反应为不可逆反应，放电时氧化铁只能转变成 $LiFePO_4$，得到放电容量。因此，首次不可逆容量会大大降低。此外，用溶胶凝胶法合成的 $LiFePO_4$ 可能会被热处理过程中生成的杂质（如 FeP 和 Li_3PO_4）污染表面。表面化合物的类型和浓度会随合成方法的不同而有所不同，从而影响 $LiFePO_4$ 的电化学性能。

电解液中的微量水会与 $LiPF_6$ 反应产生 HF，而 HF 与 $LiFePO_4$ 接触会使 Fe 被溶出。Fe 的溶解不仅会降低 $LiFePO_4$ 的可逆容量，而且 Fe 可能会吸附在负极表面从而导致负极的不可逆容量损失。

对电化学反应过程中的 $LiFePO_4$ 表面进行 FTIR 检测，结果表明 SEI 膜由—OCOCO—、—CO_2M（M 为金属）有机官能团和少量的—PF_x 和 CO_3^{2-} 无机盐组成。它的有机键与氧化物正极比起来相对较弱，因此可以认为其 SEI 膜较薄，可能是低浓度的有机化合物。进行 XPS 分析，发现 SEI 膜中有机化合物包含 CH、C ═O、C—O 官能团，以及含有 Li—F、P—F 和 O—P—F 键的磷化合物。$LiFePO_4$ 的低工作电压导致 $LiFePO_4$ 表面的电解液很少发生氧化分解，因此，除了本身结构稳定外，基于上述界面结构，$LiFePO_4$ 的循环性能很稳定。

5.3 SEI 膜的表征操作实例

由于 SEI 膜具有多层无序结构，成分复杂，SEI 膜的生长受电极材料、电解液成分、温度、充放电条件、电极中的黏结剂和导电添加剂、集流体等多种因素影响，因此，SEI 膜的成分与微观结构需要针对特定的电极与电解质体系具体问题具体分析。

5.3.1 SEI 膜的表征手段

文献中涉及的 SEI 膜表征方法主要包括：

（1）表面成像技术：扫描电子显微镜（SEM）、透射电子显微镜（TEM）。

（2）表面分析技术：X 射线光电子能谱（XPS）、俄歇电子能谱（AES）、原子力显微镜（AFM）、飞行时间二次离子质谱（TOF-SIMS）、扫描隧道显微镜（STM）。

（3）SEI 膜组成信息可用相关的谱学技术表征：傅里叶变换红外光谱（FTIR）、拉曼光谱（Raman）、红外吸收光谱（IRAS）、X 射线近边吸收谱（XANES）、核磁共振（NMR）、原子吸收光谱（AAS）。

（4）SEI 膜组成和结构信息：X 射线衍射（XRD）。

（5）界面阻抗分析：电化学阻抗谱（EIS）。

（6）SEI 膜的生成和分解研究：差分扫描量热仪（DSC）、程序升温脱附仪（TPD）、电化学石英晶体微天平（EQCM）。

（7）形成机制与氧化还原电位考察：循环伏安法（CV）。

5.3.2 FTIR表征操作实例

分子均具有各自的固有振动。将改变波长的红外线连续照射到分子上时,与分子固有振动能相对应的红外线将被吸收,得到相应于分子结构的特有光谱。这种由红外线吸收光谱解析分子结构的方法,就是红外吸收光谱法(Infrared Absorption Spectroscopy)。为了得到透射光的光谱而进行傅里叶变换的方法称为傅里叶变换红外光谱法(Fourier Transform Infrared Spectroscopy,FTIR)。随着计算机的普及,FTIR的应用越来越广泛。

在锂离子电池研究中,FTIR的研究模式有透射、外反射、内反射、衰减全反射(ATR)和漫反射等。最简单的操作方式是透射模式,但采用这种方式分析电极上的表面组分,一般需要使用栅格状电极;或者要将电极材料从集流体刮落,与KBr混合后压片,再用透射模式表征。而对于研究反射电极上的吸附薄层,使用外反射模式较好。内反射模式用于研究电极表面具有一定的优势,尤其是在研究非反射电极表面时。在表征电极表面成膜组分的研究中,衰减全反射模式是非常重要的,它在电极表面SEI膜的研究中有着广泛的应用。漫反射模式则比较适合于研究粉末活性电极材料的表面组分。在上述各种研究模式中,无论内反射模式还是外反射模式都能够用于在电位控制下电极在电解液中的原位研究。

SEI膜的成分研究主要采用衰减全反射(Attenuated total reflection,ATR)方法,亦称全反射测量法,是反射法之一。这种方法是把试样紧密地粘贴在具有高折射率的溴化钾窗片(容易潮解,适合测试无水样品)、KRS-5窗片(又名溴碘化铊,是溴化铊和碘化铊的混合结晶体,呈橘红色,不易潮解,耐高气压,强度高)等晶片构成的棱镜表面,当棱镜入射角大于临界角时,在棱镜和试样的镜界面上光全反射出,从而测得吸收光谱(图5.8)。可用ATR法测量的一个条件是棱镜的折射率要大于试样,因而须按试样改变棱镜的材质;另一条件是试样务必与棱镜密切接触。ATR的应用极大地简化了一些特殊样品的测试,制样简单,无破坏性,对样品的大小、形状、含水量没有特殊要求,具有无须经化学或物理处理便可测量的优点,使微区成分的分析变得方便而快捷,检测灵敏度可达10^{-9} g数量级,测量显微区直径达数微米。

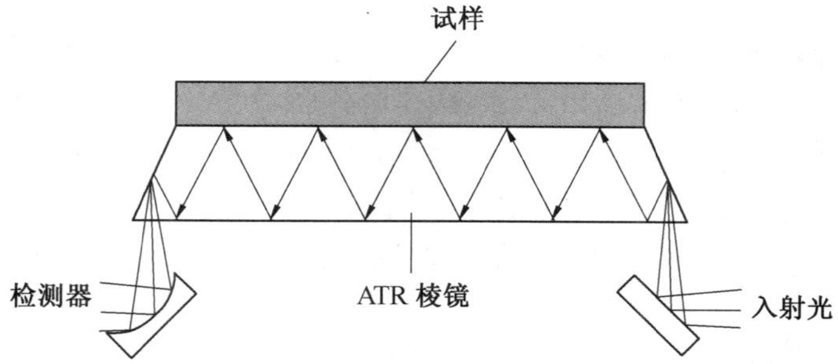

图5.8 衰减全反射测量法原理

但是,FTIR分析SEI膜也存在局限性。首先,SEI是一个薄的表面层,可能不会给出非常强的振动信号;而且SEI膜的组成是不均匀的,也许需要面扫分析来辨识组分的分布。其次,SEI 膜的各种组分具有非常相似的官能团,主要是羰基化合物、醇盐、C—H 振动等,这使得光谱解释很棘手,因为很难区分各种成分的重叠振动信号。另外,由于极性键通常比极性不强的键具有更高的红外活性,因此一些 SEI 膜的成分如 LiF 的红外活性较弱,难以检测。最后,FTIR 基于各种信号的强度进行定量分析是很困难的。尽管有局限性,FTIR 仍然是应用最广泛的 SEI 分析技术,表 5.2 列出了从文献中得到的 SEI 膜的各种组分的 FTIR 数据。

表 5.2　SEI 膜的各种组分的 FTIR 数据

组分	官能团	波数/cm^{-1}
$(CH_2OCO_2Li)_2$	C=O 不对称伸缩 CH_2弯曲振动 C=O 对称伸缩 C—O 伸缩 OCO_2弯曲振动	1 634,1 650,1 654 1 396,1 400 ~ 1 450 1 300,1 301,1 320 ~ 1 290 1 050,1 100 ~ 1 070,1 083 822,840 ~ 820
$ROCO_2Li$	C—H C=O 不对称伸缩 CH_2弯曲振动 C=O 对称伸缩 C—O 伸缩 CO_3弯曲振动	2 950 ~ 2 820,2 930 ~ 2 850 1 610,1 650,1 668,1 685,1 680 ~ 1 640 1 450 ~ 1 400 1 300,1 350,1 350 ~ 1 300,1 350 ~ 1 320 1 060 ~ 1 020,1 090,1 100,1 115,1 044, 1 100 ~ 1 050,1 100 ~ 1 080 820,855
Li_2CO_3	C—Ost CO_3^{2-}变曲振动	1 400,1 470 ~ 1 450,1 450,1 500,1 510 ~ 1 450, 1 520 ~ 1 480,1 520 ~ 1 500 1 542 ~ 1 455 875,876,879,890 ~ 870
ROLi	C—H 伸缩 C—O 伸缩 Li—O 伸缩	2 963,2 900 ~ 2 700 1 000,1 050,1 080,1 100 ~ 1 000 600 ~ 500
Li_2O	Li—O 伸缩	600
RCOOLi	C=O 不对称伸缩	1 500 ~ 1 700
LiOH	O—H 伸缩	3 670,3 675,3 660 ~ 3 675
$Li_2C_2O_4$	C=O 伸缩	1 640
HCOOLi	C=O 伸缩 COO^-弯曲振动	1 606,1 620 1 380,790
PVDF(黏结剂,非 SEI 组合)	C—F 伸缩	1 200

FTIR 能够对各种官能团进行指认、确定各种键的类型,而且不会对电极表面造成破坏,因此它使人们能够推测在这些电极上发生的主要表面反应,尤其是研究溶剂和杂质(如 H_2O、CO_2 等)在电极表面上的还原反应。

Wu 等采用透射模式 FTIR 研究了 Li 掺杂的尖晶石 $Li_{1.05}Mn_{1.96}O_4$ 正极材料在 $LiPF_6$-EC/DMC(1∶1 体积比)电解液中表面 SEI 膜的形成。先用 DEC 在充满氩气的手套箱中仔细清洗阴极,然后在真空箱中真空减压除去溶剂,然后收集阴极粉末,与 KBr 一起研磨,然后压成半透明的薄片用于测试,谱图为 100 次扫描获得的平均谱图。研究发现 SEI 膜可以直接在 $Li_{1.05}Mn_{1.96}O_4$ 表面上形成,且其主要组成为 R—CO_3Li 和 Li_2CO_3。$Li_{1.05}Mn_{1.96}O_4$ 正极在首次循环过程中不同电压状态下的红外谱图如图 5.9 所示。研究表明,在首次充电过程中,R—CO_3Li 在 4.1 V 时开始形成,且随着电位的升高红外特征峰更加明显;在首次放电过程中,Li_2CO_3 在 4.1 V 时形成,且随着放电电压的降低而更加明显。另外,SEI 膜在随后的循环周期中变得更加明显。

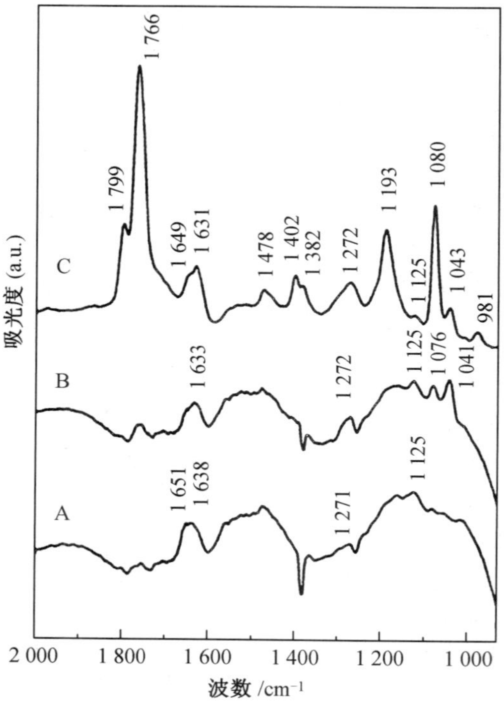

(a) 首次充电

A—4.10 V;B—4.15 V;C—4.21 V

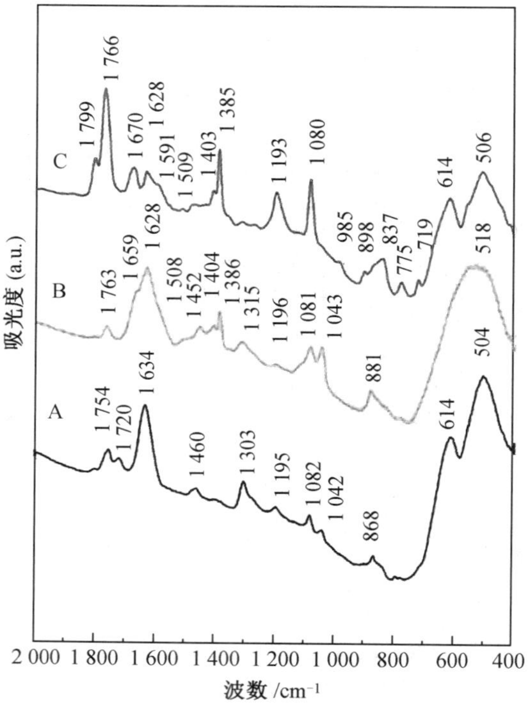

(b) 首次放电

A—4.10 V;B—4.00 V;C—9.95 V

图 5.9 $Li_{1.05}Mn_{1.96}O_4$ 正极在首次循环过程中不同电压状态下的红外谱图

D. Ostrovskii 等通过漫反射红外测量模式(DR-FTIR)研究了 $LiNi_{0.8}Co_{0.2}O_2$ 和 $LiMn_2O_4$ 在电解液中的自发反应过程。DR-FTIR 试验中典型的探测区域直径为 5 ~ 7 mm,测量中所有光谱平均采集至少 150 次扫描,观察到的光谱提供了宏观层面上样品表面状态信息。研究发现,两种材料在接触电解质溶液时,其表面均自发形成不同的无机和有机化合物。此外,这些自作用反应的性质与电极的电化学循环过程相似。反应机理和最终产物取决于电极表面化学成分和所用电解质的性质。结果表明,自发反应是由电极活性材料锂的析出引起的。在 $LiNi_{0.8}Co_{0.2}O_2$ 正极上,自发反应速度慢,产物主要为无机物,但在 $LiPF_6$-EC/PC 电解液中也可能存在不太显著的溶剂聚合反应。$LiMn_2O_4$ 正极与电解液反应的活性较高，无论在含有 PC 还是 EC-DMC 的电解液中都会导致的溶剂分子的高度聚合。研究还发现 $LiNi_{0.8}Co_{0.2}O_2$ 和 $LiMn_2O_4$ 电极上的界面反应是分步骤进行：首先是电解液与活性材料相互接触，其次是电解液的还原，最后是电解液和先前生成的还原产物的继续还原。电解液中量的水对界面过程有重要的影响，但黏结剂、导电剂和材料化学组分对 SEI 膜的影响不大。

S. K. Martha 等将红外光谱仪放置在手套箱中，采用漫反射模式测量了 $LiNi_{0.5}Mn_{0.5}O_2$ 和 $LiMPO_4$（M = Fe、Mn）电极材料在 $LiPF_6$-EC/DMC 电解液中储存前后的红外光谱。研究表明，储存前，$LiNi_{0.5}Mn_{0.5}O_2$ 材料上观察到 Li_2CO_3 吸收峰，这是表面 O 负离子与大气中 CO_2 反应所导致；存储后，检测到聚碳酸酯和 $ROCO_2M$（M = Li、Ni 或 Mn），但对于 $LiMnPO_4$ 和 $LiFePO_4$ 电极，在储存前后均没有观察到相应的红外吸收峰。研究结果证实了橄榄石结构的 $LiMPO_4$ 材料与电解液的反应活性低，但层状的过渡金属氧化物材料与电解液具有较高的反应活性。

Kanamura 研究组采用射频磁控溅射法制备了金基体上的 $LiCoO_2$ 薄膜电极，采用原位偏振调制傅里叶变换红外光谱（PM-FTIR）研究了 $LiCoO_2$ 电极上 SEI 膜的生成和脱离过程。在不同电极电位下获得原位 PM-FTIR 光谱，结果指出在含 PC 或 EC/DEC 的电解液中，溶剂在电极电位为 3.75 V（vs. Li/Li^+）及以上时被氧化形成表面膜，SEI 膜的主要成分为羧酸衍生物，但由于表面膜与 $LiCoO_2$ 薄膜电极表面相互作用较弱，因此表面膜不稳定，在放电过程中脱落。

M. Balasubramanian 等以红外光谱技术为主要工具，对不同电解液的电极在室温和高温下的 SEI 组成和形成机理进行了分析。通过原位漫反射红外光谱（DRIFTS）分析，证实了 $LiCoO_2$ 电极在商业电解液中从 4.0～4.5 V 观察到形成 SEI 膜的物种，如 RCOOR、$ROCO_2Li$、ROCOF、Li_2CO_3 等。利用新型苯并咪唑衍生物锂盐，SEI 膜的性质和形成机理与商业电解液体系有所不同，观察到 $(ROCO)_2O$、$ROCO_2Li$、Li_2CO_3 等组分。

5.3.3 XPS 表征操作实例

X 射线光电子能谱（X-ray photoelectron spectroscopy，XPS）是一种用于测定材料中元素构成以及其中所含元素化学态和电子态的定量能谱技术。这种技术需要在超高真空环境下进行，用高能 X 射线（Al Kα 入射光子能量 = 1 486.6 eV，Mg Kα = 1 253.6 eV）照射所要分析的材料，同时测量从材料表面以下 1～10 nm 范围内逸出电子的动能和数量，从而得到 X 射线光电子能谱。XPS 允许分析材料表面 10 nm 厚度内原子数分数大于 0.1% 的所有元素（H 和 He 除外），它是一种半定量分析技术，误差范围为 ±10%。由于元素的电子结合能不仅与元素种类有关，还与元素所处的化学环境有关，因此通过测试元素的电子结合能可以确定元素的化学态，C—C、C—O、C ═O 可以从 C1s 信号中区分开来。XPS 的分辨率约为 0.1 eV，穿透深度约为 5 nm。

由于 FTIR 分析 SEI 膜存在一定局限性，而 XPS 能够提供电极表面的元素分析以及表面化合物中元素氧化状态的信息，因此 XPS 更适合于一些红外活性不强的化合物如卤化锂的分析。于是 XPS 成为继 FTIR 之后用于进一步理解电极表面复杂化学以及确认 FTIR 研究结果的有用工具。然而，XPS 获得的信息不能像 FTIR 获得的信息那样可以对电极表面组分进行毫无疑义的指认，往往需要配合 FTIR 来分析结果，才能够对电极表面的组分进行完全指认。因此,XPS配合FTIR是研究SEI膜的化学组成和3D结构的最重要方法和手段。

当然,XPS也存在局限性。使用高能X射线激发样品,样品表面存在辐射破坏的风险,高能X射线束可能导致SEI组分的分解,并可能改变它们的化学性质。当衬底和表面具有相同的元素时,定量分析会变得复杂。对于不导电的样品,光谱动能会往低能级转移,在这种情况下,光谱的校准变得棘手,因为这种位移的大小取决于元件的导电性和微观结构,所以难以精确地校正。XPS的数据分析和解释并不简单,发展一个适合SEI膜物种分析的模型,要求对界面体系有精确的认知和良好的结合能参考数据。在特定的化学环境中,有些元素的电子结合能在文献中变化很大,导致模型开发困难。表5.3列出了从文献中得到的SEI膜的各种组分的XPS数据。

表5.3 SEI膜的各种组分的XPS数据

SEI组分	结合能/eV						
	C 1s	O 1s	F 1s	Li 1s	B 1s	P 1s	Cl 2p
LiF			685.9,686,685~686,686.2,686.4,686~686.5	56,56.4,56.5,56.2~56.6			
Li_2O		528.3,527.6,528.7,528~529		53,53.7,54			
$LiPF_6$			688			138	
Li_2CO_3	290,290.1,290.5,289.8~290.2,291.5	531.5,531~532,532,532.5,532.7,533.5~534		55.3,55.5,56.5			
$LiBF_4$			688.2,688.5~689	57,58	196.3,196.5		
$ROCO_2Li$	287.6,289,289~290,288~292	532.2,533		55			
LiOH		531.5,531.9,532		55.5,55.3			
LiCl							198.4,199,200
PVDF	290.5		688				
PEO	286.5	533					
Li_2C_2	282.4,282.5,283						
Li				52.3			
Csp_2	284.2,284.3,284.4,285						

Ensling 等用 XPS 表征 Li_2FeSiO_4/C 在 1 mol/L LiTFSI－EC/DEC 和 1 mol/L $LiPF_6$－EC/DEC 电解液中，充电和放电状态下 Li_2FeSiO_4 的表面 SEI 膜组成。将电池在手套盒中拆卸，切割小块的电极下来，装在一个样品支架上，用一个特别设计的运输室运送到 XPS 设备上，以避免空气或湿气的污染。所有的测量都在未清洗的电极上进行，以保存在循环过程中表面形成的任何物种。结果显示在 LiTFSI 基电解液中 SEI 膜更稳定且表面无 LiF 的形成，但表面会出现由 EC 溶剂反应产生的碳酸锂。在 $LiPF_6$ 基电解液中电极表面会有 LiF、Li_xPF_y 和 $Li_xPO_yF_z$ 的产生，而且还会出现碳酸锂。Li_2FeSiO_4 正极的表面 SEI 膜的组成示意图如图 5.10所示。

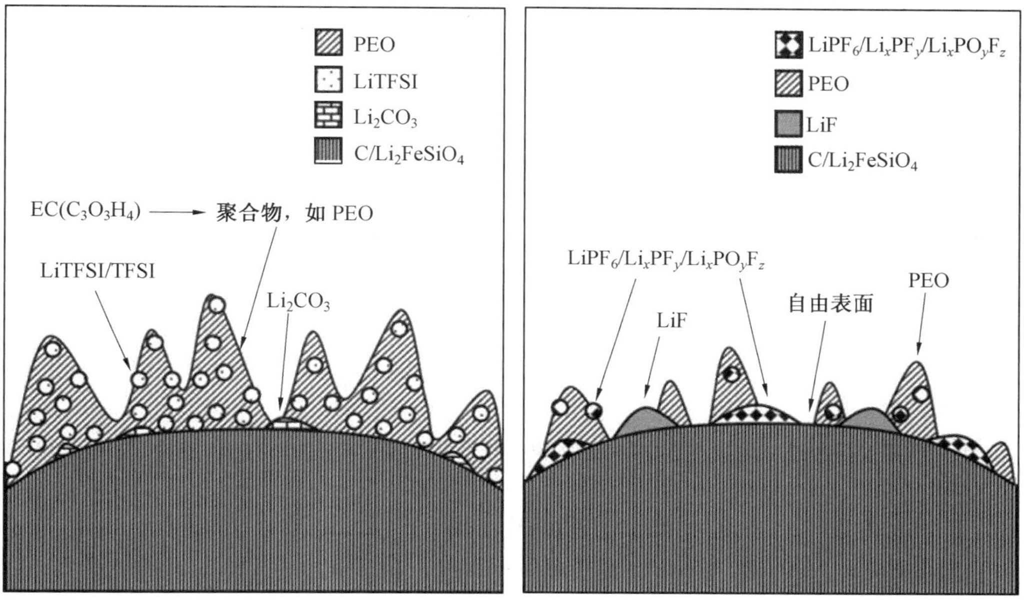

(a) 在 LiTFSI-EC/DEC 电解液中　　(b) 在 $LiPF_6$-EC/DEC 电解液中

图 5.10　Li_2FeSiO_4 正极的表面 SEI 膜组成示意图

Dedryvère 等用 XPS 研究了 $LiCoO_2$/石墨电池体系中 $LiCoO_2$ 电极表面 SEI 膜的形成过程。在循环过程中的表面研究中，电极被小心地从电池中拆解出来，用 DMC 清洗以除去电解液，干燥后装入密封的玻璃管中运输。所有操作都是在氩气环境下的手套箱中完成的。为了防止样品暴露在分析现场的水分/空气中，XPS 光谱仪通过一个转移室直接连接到氮气干燥箱上，这样电极就可以很容易地从氮气干燥箱内的玻璃管中取出，并放置在样品支架上，以避免任何污染。样品分析面积为 300 μm×700 μm，分析室内压力约为 5×10^{-7} Pa。在首次充电过程中，将电池充电到 3.0 V、3.5 V、3.8 V 和 4.2 V 进行 XPS 分析，结果发现电位从 3.0 V 开始正极表面有 LiF 的沉积生成，并随电位升高含量增加，主要原因可能是 $LiPF_6$ 的水解反应。通过对 Li 的 1s 峰和 F 的 1s 峰的分析，发现 LiF 似乎是电极表面钝化膜的主要成分。通过对 O 的 1s 峰的分析，电极表面还可能含有很难明确鉴定的有机和无机含氧物种。分析表明电极黏结剂表面没有形成 SEI 表面膜，SEI 膜只在活性物质 $LiCoO_2$ 表面形成。

本章参考文献

[1] 查全性.电极过程动力学导论[M].3版.北京:科学出版社,2002.

[2] 孙婷.锂离子电池模型仿真及参数辨识的研究[D].哈尔滨:哈尔滨工业大学,2012.

[3] OSTROVSKII D, RONCI F, SCROSATI B, et al. A FTIR and Raman study of spontaneous reactions occurring at the $LiNi_yCo_{1-y}O_2$ electrode/nonaqueous electrolyte interface[J]. Journal of Power Sources, 2001, 94(2): 183-188.

[4] STRIEBEL K A, SAKAI E, CAIRNS E J. Impedance studies of the thin film $LiMn_2O_4$/electrolyte interface[J]. Journal of the Electrochemical Society, 2002, 149(1): 61-68.

[5] 罗倩,巢亚军,渠冰,等.锂离子电池中SEI膜的研究方法[J].电源技术,2015,39(05):1086-1090.

[6] 梁大宇,包婷婷,高田慧,等.锂离子电池固态电解质界面膜(SEI)的研究进展[J].储能科学与技术,2018,7(03):418-423.

[7] ZHUANG G V, CHEN G, SHIM J, et al. Li_2CO_3 in $LiNi_{0.80}Co_{0.15}Al_{0.05}O_2$ cathodes and its effects on capacity and power[J]. Journal of Power Sources, 2004, 134(2): 293-297.

[8] KIM Y. Mechanism of gas evolution from the cathode of lithium-ion batteries at the initial stage of high-temperature storage[J]. Journal of Materials Science, 2013, 48(24): 8547-8551.

[9] GOODENOUGH J B, KIM Y. ChemInform abstract: Challenges for rechargeable Li batteries[J]. Cheminform, 2010, 41(31): 587-603.

[10] JUNG-KI P.锂二次电池原理与应用[M].张治安,译.北京:机械工业出版社,2014.

[11] VERMA P, MAIRE P, NOVÁK P. A review of the features and analyses of the solid electrolyte interphase in Li-ion batteries[J]. Electrochimica Acta, 2010, 55(22): 6332-6341.

[12] WU C, BAI Y, WU F. Fourier-transform infrared spectroscopic studies on the solid electrolyte interphase formed on Li-doped spinel $Li_{1.05}Mn_{1.96}O_4$ cathode[J]. Journal of Power Sources, 2009, 189(1): 89-94.

[13] OSTROVSKII D, RONCI F, SCROSATI B, et al. Reactivity of lithium battery electrode materials toward non-aqueous electrolytes: spontaneous reactions at the electrode-electrolyte interface investigated by FTIR[J]. Journal of Power Sources, 2001, 103(1): 10-17.

[14] MARTHA S K, MARKEVICH E, BURGEL V, et al. A short review on surface chemical aspects of Li batteries: A key for a good performance[J]. Journal of Power Sources, 2009, 189(1): 288-296.

[15] MATSUI M, DOKKO K, KANAMURA K. Dynamic behavior of surface film on $LiCoO_2$ thin film electrode[J]. Journal of Power Sources, 2008, 177(1): 184-193.

[16] BALASUBRAMANIAN M, LEE H S, SUN X, et al Investigation of surface reactions on

positive electrodes of lithium ion batteries using infrared spectroscopy [J]. Electrochemical and Solid Letter,2002,5(1): A22-A25.

[17] ENSLING D, STJERNDAHL M, NYTÉN, et al. A comparative XPS surface study of Li_2FeSiO_4/C cycled with LiTFSI and $LiPF_6$-based electrolytes[J]. Journal of Materials Chemistry,2008,19(1): 82-88.

[18] DEDRYVÈRE R,HERVÉ M,LEROY S,et al. Surface film formation on electrodes in a $LiCoO_2$/graphite cell: A step by step XPS study[J]. Journal of Power Sources,2007,174(2): 462-468.

[19] 杨世彦,刘晓芳,杨威编. 串联储能电源能量变换与均衡技术[M]. 哈尔滨:哈尔滨工业大学出版社,2014.

[20] CHRISTOPHER D R,WANG C Y. 电池系统工程[M]. 惠东,李建林,官亦标,等译. 北京:机械工业出版社,2014.

第6章　正极材料电化学性能表征与分析

6.1　充放电特性、循环性能、倍率性能

6.1.1　基本原理

电池的充放电曲线是电池性能的重要表现。锂离子电池常见的充电测试方法主要是恒电流充电法，或先恒流再恒压充电，常见的放电测试方法主要是恒电流放电法。对锂离子电池，电池的放电性能受放电电流、环境温度、放电截止电压等多方面的影响。因此，在标注或讨论电池的放电性能时，一定要说明放电电流（倍率）及放电截止电压的大小，也只有相同条件下的测试结果才具有可比性。

在电池充放电过程中，库仑效率是一个重要指标，尤其是首次库仑效率。库仑效率也称充电效率，是电池充电过程中用于活性物质转化的电能占充电所消耗的总电能的百分数，实际就是放电容量与充电容量的比值，其数值越高表示电池的库仑效率越好。一般而言，首次充电效率可能会低一些，因为首次充电多数情况下都有不可逆容量损失，从第二次开始充电效率大约为100%。但是随着充电循环的不断进行，电极极化越来越大，副反应就会逐渐显现出来，电池的充电效率也会随之下降。

充电过程中电压平台的高低及其变化速度、充电终点电压是衡量电池充电性能的另一重要参数。充电电压平台越低、变化速度越慢，说明电池在充电过程中的极化越小、充电效率越高，从而可以推测该电池可能具有较长的使用寿命。反之，充电电压平台越高、变化速度越快，说明极化越大、充电效率越低，电池的性能越差。同理，放电电压平台越高、变化速度越慢，说明电池在放电过程中的极化越小，从而可以推测该电池可能具有较长的使用寿命；放电电压平台越低、变化速度越快，说明极化越大、电池性能越差。

对于锂离子电池而言，充电终点电压太高则可能导致电解液的氧化分解或活性物质的不可逆相变，从而使电池性能急剧恶化。因此，充电终点电压的合理控制对电池而言是一个非常实际的问题，适当的充电终点控制对优化电池性能、保护电池安全可靠是十分必要的。

在进行充放电曲线测试时，首先要按额定容量的设置值来进行电流倍率设置。比如额定比容量是200 mAh/g，则按1 C=200 mA/g（即1 C倍率电流密度为200 mA/g）的比例来设置，而0.1 C=20 mA/g，10 C=2 000 mA/g，以此类推。测试之前电池首先要进行化成，化成一般用0.05 C或0.1 C电流充放，一般循环3次。工厂中的实际化成制度要更复杂一些。化成结束后，进行充放电循环测试，可以根据情况采用恒定倍率循环（如

1 C循环 500 次)或不同倍率依次递增(如0.1 C、0.2 C、0.5 C、1 C、2 C、5 C 依次循环10 ~ 20 次)。采用恒定倍率循环只要测试循环性能,采用不同倍率依次递增主要测试倍率性能。另外,还可根据情况采用恒温恒湿箱进行高低温及高低湿度下的性能测试,以考查电池的环境适应能力。

循环寿命是考查电池能充放电多少次的一个指标,可以用循环次数来表示。先充电然后完全放电是一次循环。评估电池的循环寿命,应该考虑充放电速率(倍率)这一概念。高倍率放电会导致更大的容量衰减,循环寿命一般要比低倍率放电要差。因此,在衡量循环寿命时要在相同的放电倍率下进行比较。电池循环寿命的影响因素包括材料的本征特性和设计性能。本征特性与核心材料(正极、负极、隔膜和电解液)有关,而设计影响因素则包括正极和负极的设计平衡。如果核心材料恶化导致电池循环寿命减少,是不可恢复的,在这种情况下,要想提高循环寿命材料的基本性能必须得到改善。从另一方面来说,设计因素也是循环寿命恶化的原因,这个问题常常由正极和负极之间热力学和电化学不平衡引起。首先,正负极容量搭配需要精心考虑;其次,选择一个高性能的正极和高性能的负极未必会得到一个循环寿命性能优异的电池,反之亦然。电池设计不得不考虑许多因素,并且需要相当的经验。

倍率性能是考查电池大电流下放电性能的一个指标,因为放电倍率越大,电池放出的容量越低,所以表征倍率性能的指标就是规定一个参考标准(0.1 C 放电容量),然后确定不同倍率下的容量保持能力,若高倍率下放电容量比 0.1 C 放电容量降低得不多,则说明电池倍率性能好,可以经受住大电流放电的考验。

放电电流值乘以工作电压,可以得出锂离子电池的功率指标。放电容量值乘以工作电压,可以得出锂离子电池的能量指标。因为放电过程中电压在不断下降,所以可以采取平均电压来计算功率和能量。

6.1.2 实例分析

图 6.1 所示为 $LiFePO_4$ 电极和金属锂电极组成的电池在不同倍率下的放电曲线,1 C 电流为 150 mA/g。因为充电时相当于一个电解池,所以充电电压要高于理论电动势,而放电时相当于原电池,所以放电电压要低于理论电动势,因此,在充放电曲线上,充电曲线的电压平台一定是高于放电曲线的。

图 6.2 所示为 $LiFePO_4$ 电极和石墨电极组成的电池在不同倍率下的放电曲线,可以看到放电倍率越大,电池的电压平台越低,这是电化学极化和浓度极化增大,同时电阻极化也增大的缘故。随着放电倍率的增大,电池能放出的电量(即容量)也急剧减小,这是因为大电流条件下活性物质来不及完全活化,同时由于极化增大而会更快地达到截止电压,所以利用率大大降低。这种利用率降低导致的容量降低并非材料本身的性能下降,下一次小电流充放还是能恢复到原有容量的。比如虽然 20 C 只能放出 80 mAh/g 的比容量,但是如果下一次采用 0.1 C 充放,电池还是能放出 155 mAh/g 的比容量。如图 6.3 所示为 $LiFePO_4$ 的倍率放电性能曲线,当高倍率循环完毕后,重新进行 0.1 C 充放,容量又

重新恢复,可见高倍率放电容量的降低是由于利用率降低所致,一旦利用率提高,容量就能恢复。相对而言,循环性能测试中的容量降低就是不可逆的,如图6.4所示,1 C循环600次后比容量从128 mAh/g下降到120 mAh/g,这个容量损失就是不可逆的,对于正极材料来说,可能由材料结构破坏、相变、颗粒脱落、材料溶解等因素导致。

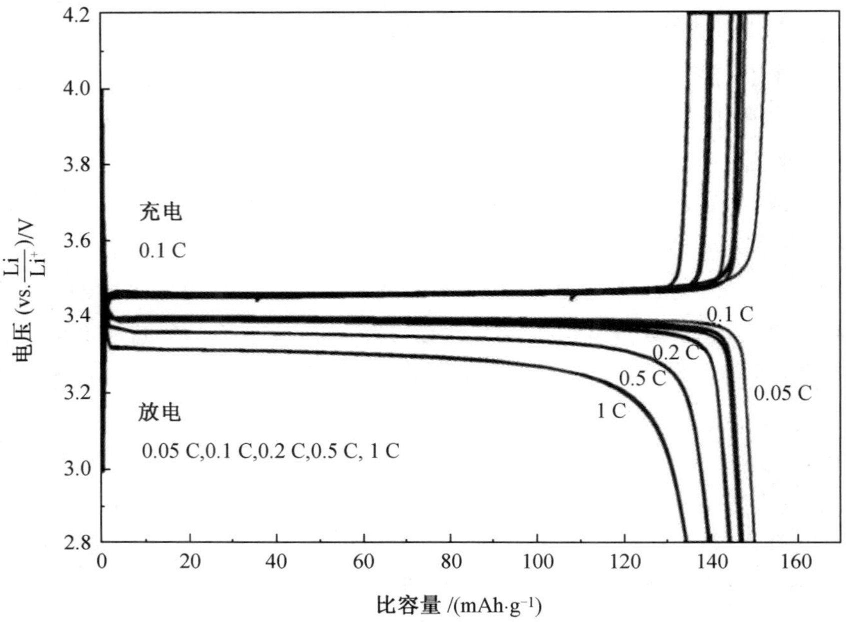

图6.1 $LiFePO_4$ 电极和金属锂电极组成的电池在不同倍率下的放电曲线

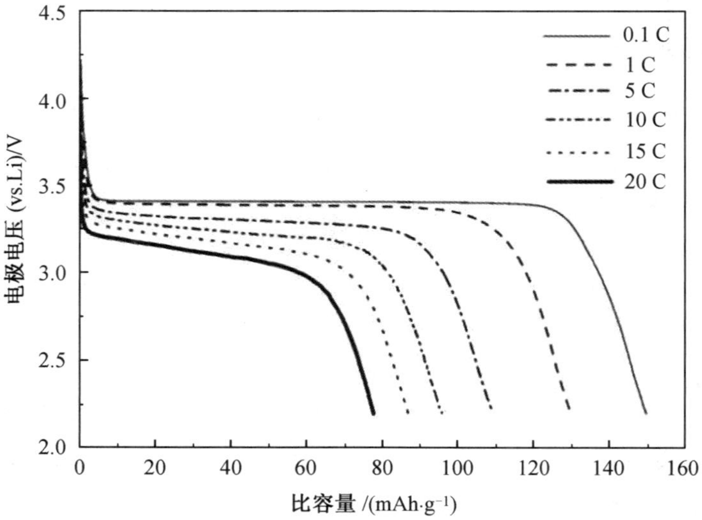

图6.2 $LiFePO_4$ 电极和石墨电极组成的电池在不同倍率下的放电曲线

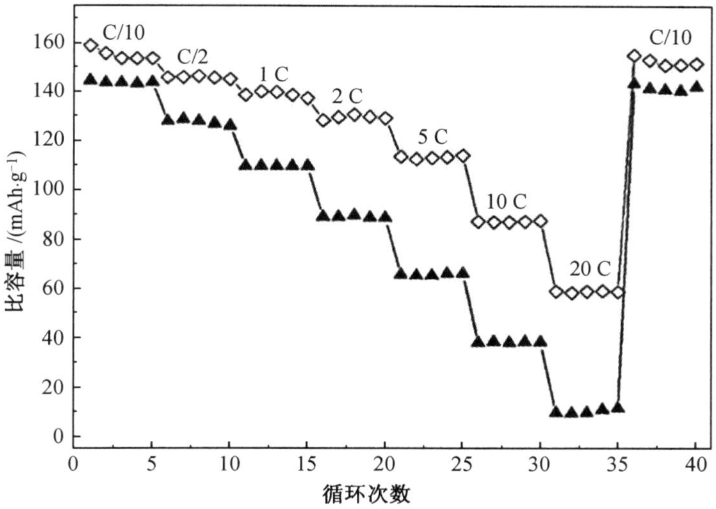

图 6.3 $LiFePO_4$ 的倍率放电性能曲线

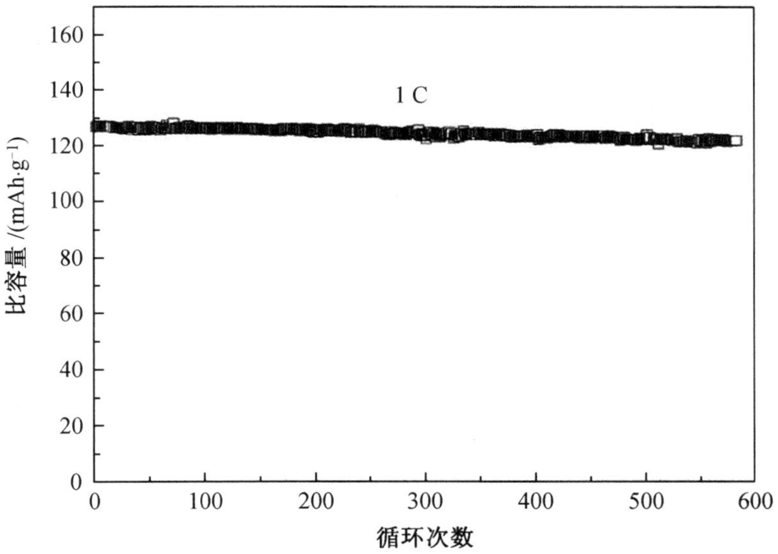

图 6.4 $LiFePO_4$ 的循环性能测试

第 1 章中已经给出了多种正极材料的充放电性能测试曲线示例，本节不再赘述，读者可自行参考分析。

6.2 容量-电压微分曲线(dQ/dV-V)

6.2.1 基本原理

充放电曲线虽然可以观察充放电平台,但是有时候微小的充放电平台并不容易观察,这时可以作容量-电压微分曲线来仔细分析充放电平台。通过容量-电压微分曲线,可以直观地看出电池有几个充放电平台、相应的平台电位以及平台对应的充放电容量。

容量-电压微分曲线即 $dQ/dV-V$ 的变化曲线,纵坐标是 dQ/dV,横坐标是 V。容量(Ah)即电量 Q,在绘制 $dQ/dV-V$ 曲线时,要想得到 dQ/dV 数据,可以将通常的充放电曲线横纵坐标颠倒作图,即纵坐标是容量(或比容量),横坐标是电压,然后用 Origin 等数据分析软件对此图进行微分处理,从而得到 dQ/dV 数据,然后结合相应的电压数据得到 $dQ/dV-V$ 曲线。

通过上述作图方法可见,在充电或放电的电压平台处,dV 趋近于 0,这时 dQ/dV 非常大,因为电压变化很小,而容量变化很大,因此 dQ/dV 会出现一个峰值,放电平台越平,峰值越大;放电平台越长,峰面积越大。因此,可以根据峰的高低和面积来判断每个平台所占的比例。从某种意义上来说,容量-电压微分曲线类似于循环伏安曲线,但比循环伏安曲线更为精确。

6.2.2 实例分析

图 6.5(a)所示为富锂材料 $Li_{1.2}Ni_{0.133}Co_{0.133}Mn_{0.534}O_2$ 首次循环(0.05 C)的充放电曲线。富锂材料的首次充电曲线分为两个明显的阶段:充电电压小于 4.5 V 为第一阶段,对应着六方层状结构的脱锂反应;大于 4.5 V 为第二阶段,此阶段会出现 4.5 V 充电平台,对应着 Li_2MnO_3 的脱锂过程。通过容量-电压微分曲线($dQ/dV-V$)可以精确地研究充放电过程中所发生的电化学反应,图 6.5(b)所示为图 6.5(a)所示充放电曲线对应的 $dQ/dV-V$ 曲线。通过峰的尖锐程度可以看出 4.5 V 充电平台是最平的,其他充放电平台均为缓慢的变化过程,这一点和充放电曲线能很好地对应。由图 6.5(b)可见,$Li_{1.2}Ni_{0.133}Co_{0.133}Mn_{0.534}O_2$ 首次充电过程在 3.95～4.05 V 出现一个宽的氧化峰,对应着 Ni^{2+}/Ni^{3+}、Ni^{3+}/Ni^{4+} 和 Co^{3+}/Co^{4+} 3 种转变过程;在 4.50 V 出现了一个非常的尖锐氧化峰,对应的是 Li_2MnO_3 的结构转变过程;在 4.68 V 还出现了一个非常小的氧化峰,对应少量的杂散的 $Mn^{3+} \rightarrow Mn^{4+}$ 的转变过程。在放电过程中,$Li_{1.2}Ni_{0.133}Co_{0.133}Mn_{0.534}O_2$ 材料的还原峰位置为 3.33 V,是一个较大的宽峰,中间 3.68 V 附近还有一个微小的峰,在这两个峰的范围内对应着 Ni^{4+}/Ni^{3+}、Ni^{3+}/Ni^{2+} 和 Co^{4+}/Co^{3+} 3 种转变过程。通过两幅图的对比,可见 4.68 V 的氧化峰在图 6.5(a)中不容易发现,而在 $dQ/dV-V$ 曲线中却比较明显;3.33 V 和 3.68 V 的还原峰在图 6.5(a)中是很难辨别的,而在 $dQ/dV-V$ 曲线中却能显示出来,这也是容量-电压微分曲线比充放电曲线的优势所在。由以上分析可见,将容量-电压微分曲线与充放电曲线结合起来分析,可以得到充放电过程中的更多细节。

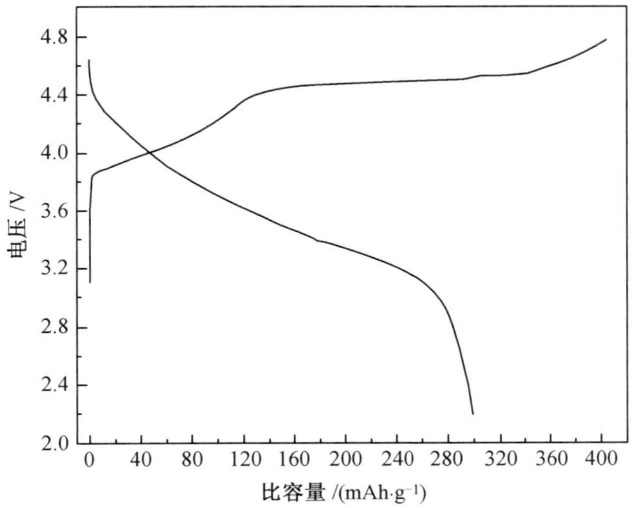

(a)

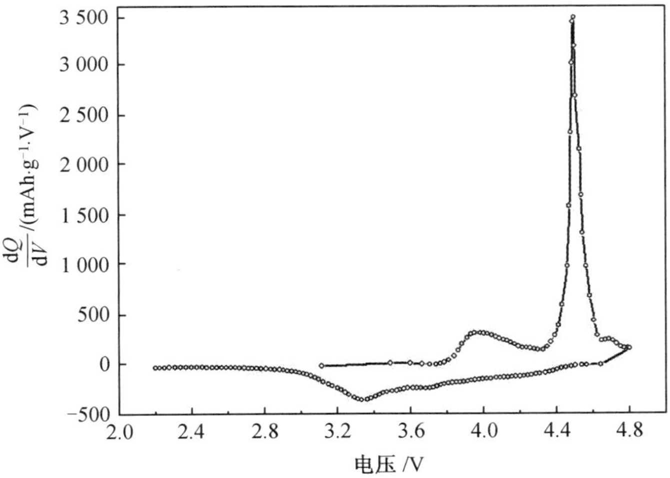

(b)

图6.5 富锂材料 $Li_{1.2}Ni_{0.133}Co_{0.133}Mn_{0.534}O_2$ 首次循环(0.05 C)的充放电曲线及其对应的 $dQ/dV-V$ 曲线

在 $LiNiO_2$ 的充电过程中,会发生 H1 相(原始 $LiNiO_2$)→M 相→H2 相→H3 相的相转变过程,其中 H 表示六方相,M 表示单斜相。图 6.6 所示为 $LiNiO_2$ 典型的充放电曲线及其对应的 $dQ/dV-V$ 曲线。在此图中,充放电曲线的横坐标用 $LiNiO_2$ 的脱出锂离子的比例 Li_xNiO_2 来表示,所以 $dQ/dV-V$ 曲线用 $dx/dV-V$ 来表示。对于低脱出度($x>0.85$),保持原有的 $LiNiO_2$ 菱面体结构,也就是第一个六方相,标记为 H1($a\approx2.878$ Å,$c\approx14.19$ Å)。在 $x\approx0.75$ 时,它变成了单斜相 M;在 $x=0.5\sim0.25$ 时,变成了第二个六方相 H2($a\approx2.822\ 1$ Å,$c\approx14.404$ Å);在 $x\approx0.25$ 时,变成了第三个六方相 H3($a\approx2.8154$ Å,$c\approx13.363$ Å)。H2→H3 的转变导致晶胞体积收缩,进而导致了材料的显著应变,结构容易被破坏。

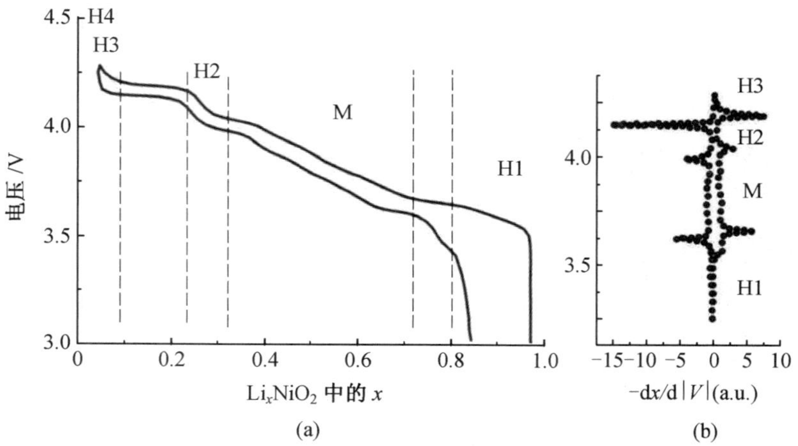

图 6.6 $LiNiO_2$ 典型的充放电曲线及其对应的 $dQ/dV-V$ 曲线

6.3 循环伏安法(CV)

6.3.1 基本原理

在电极反应机理研究中,循环伏安法(cyclic voltammetry,CV)应用很广泛。该法控制电极电势以不同的速率随时间以三角波形一次或多次来回扫描,并记录电流-电势曲线。根据循环伏安曲线可以观察整个电势扫描范围内可能发生哪些电极反应及其氧化还原电势,判断电极反应的可逆性程度,判断反应机理。循环伏安法施加到工作电极上的电势信号如图 6.7(a)所示,典型的循环伏安曲线如图 6.7(b)所示。

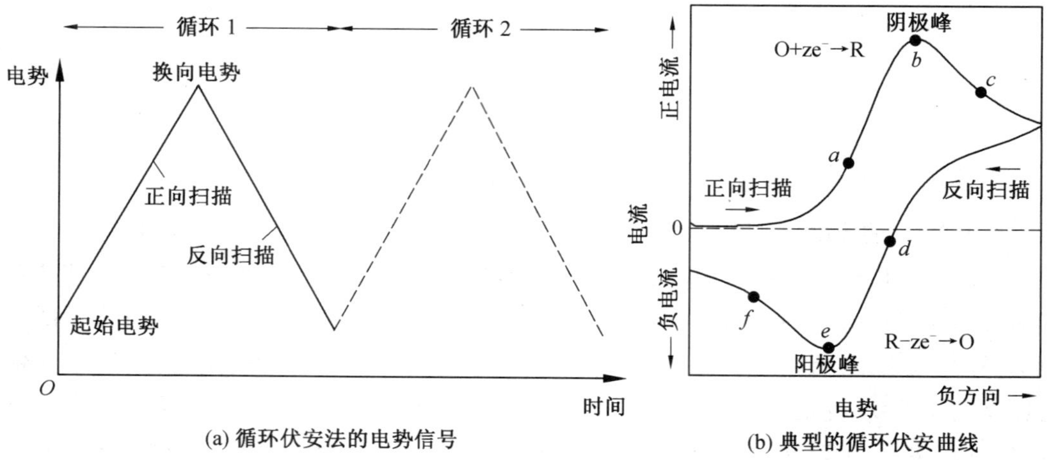

图 6.7 循环伏安法的电势信号及典型的循环伏安曲线

循环伏安法的试验控制的变量有:扫描电势区间、起始扫描方向、电势扫描速率以及扫描循环次数。在锂离子电池体系中,由于锂离子在电极材料中的扩散属于固相扩散,扩散系数非常小,扩散速率非常缓慢,因此需要采取比较慢的扫描速率,通常在1 mV/s以下。

对于简单的电子转移反应 $O+ze^- \rightleftharpoons R$,如果这是一个可逆体系(即交换电流密度很大),通过理论推导可得出峰值电势 φ_p 与扫描速率 ν 无关,峰值电流 j_p 与 $\nu^{1/2}$ 成正比,即扫描速率越大,峰值电流越大,且氧化峰值电流密度与还原峰值电流密度大小相等,即 $|j_{p,a}|=|j_{p,c}|$。若正向扫描时间足够长,理论上可使O全部变成R,则反向扫描时R的初始浓度与原来O的初始浓度相同,于是回扫得到的曲线与正扫曲线规律相同(如图6.8中曲线2),但在实际测量中,因为正向扫描时间不可能无限长,所以回扫时O并没有全部变成R(如图6.8中曲线1),即在反向扫描时,曲线1的阴极电流尚未衰减到零,测定 $j_{p,a}$ 时则不能以零电流作为基准来求算,而应以阴极电流继续衰减曲线为基线,因此可在图上画出阴极电流衰减曲线的延长线,并用其对称曲线(曲线1′)作为求算 $j_{p,a}$ 的电流基线,如图6.8所示。把氧化和还原峰值电势之差记为 $\Delta\varphi_p$,根据换向电势距离峰电势的差值不同,$\Delta\varphi_p$ 的理论计算结果通常在 $\frac{58}{z}\sim\frac{59}{z}$ mV范围内,但在实际测量中,由于溶液电阻的欧姆压降及数据的电学修正处理所产生的偏差,可逆反应观察到的 $\Delta\varphi_p$ 常为 $\frac{60}{z}\sim\frac{70}{z}$ mV。另外,在实际的循环伏安曲线中,法拉第电流是叠加在近似为常数的双电层充电电流上的,若双电层充电电流较大,则需要以双层充电电流为基线对 $j_{p,c}$ 和 $j_{p,a}$ 进行相应的校正。

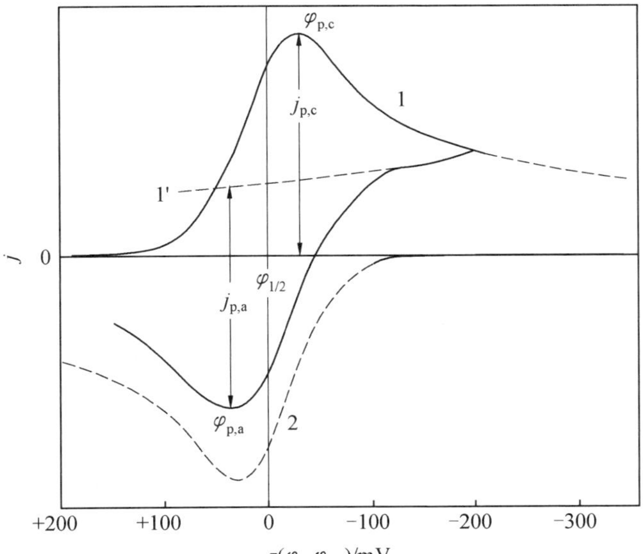

图6.8 可逆体系的循环伏安曲线

对于完全不可逆体系,通过理论推导可得知峰值电流仍然与 $\nu^{1/2}$ 成正比,但是不可逆过程的峰电流密度要低于可逆过程,峰形变得更为平坦。此外,峰值电势不再是与扫描速率无关的常数,φ_p 也是 ν 的函数,表现为 $\varphi_{p,c}$ 随扫描速率增加而负移,$\varphi_{p,a}$ 随扫描速率增加而正移,因此,氧化峰和还原峰会分得更开并变得更平坦,即 $\Delta\varphi_p$ 随着扫描速率增大而增大,且不可逆程度越大 $\Delta\varphi_p$ 越大。图6.9所示为可逆体系和不可逆体系的峰值电势与峰值电流随扫描速率的变化关系对比。

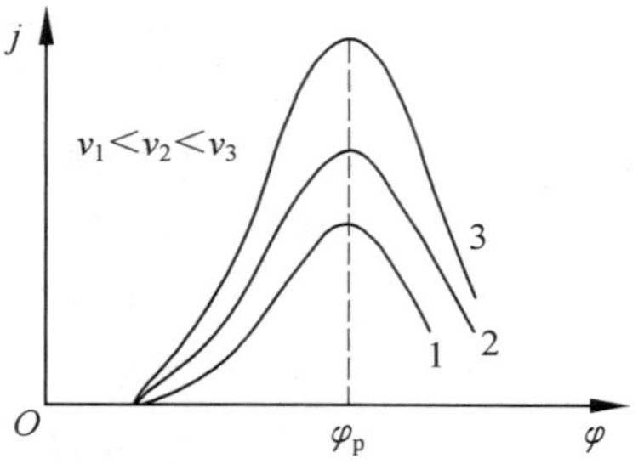

(a)可逆体系的峰值电势与峰值电流随扫描速率的变化

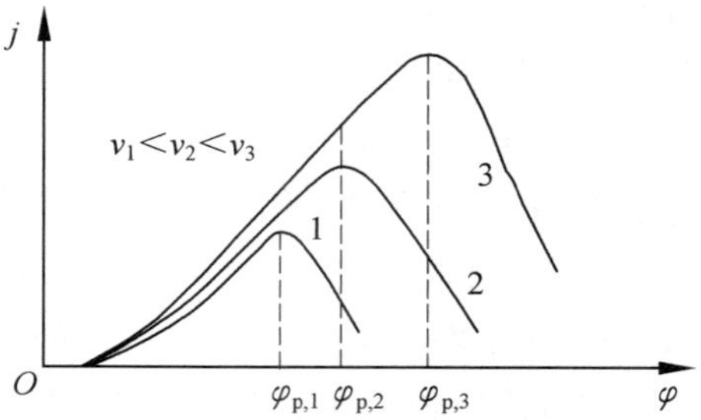

(b)不可逆体系的峰值电势与峰值电流随扫描速率的变化

图6.9 可逆体系和不可逆体系的峰值电势与峰值电流随扫描速率的变化

6.3.2 实例分析

图6.10(a)所示为 $LiCoO_2$ 电极在3.0~4.5 V电位区间内的前两次循环伏安曲线,测试体系为纽扣电池两电极体系,扫描速率为0.1 mV/s。可以看出,在首次循环中,$LiCoO_2$ 电极在4.05 V/3.79 V存在一对氧化/还原峰,在第2次循环中,在4.1 V/3.76 V存在一对氧化/还原峰,这两对氧化/还原峰表示 Li^+ 的脱出和嵌入过程。因为初始的氧化态和还原态浓度与第1次扫描时不同,所以第2次扫描得到的曲线与第1次扫描并不重合,峰值电流略有下降。另外,在首次循环中,在3.9 V时也存在一氧化峰,但在还原过程中没有出现峰值,说明这是一个不可逆过程,在3.9 V出现的峰可能为正极表面SEI膜形成的氧化峰,而在第2次循环时没有相应峰,说明 $LiCoO_2$ 电极表面膜在第1次循环时就已经基本生成。

图6.10(b)所示为用三电极体系测量的纳米尺寸 $LiCoO_2$ 的循环伏安曲线。在三电极装置中以 $LiCoO_2$ 极片为工作电极,两片金属锂箔分别作为对电极和参比电极,加入电解液构成三电极体系。利用电化学工作站对三电极系统进行循环伏安曲线的测试,电压为3.0~4.6 V(vs Li/Li^+),扫描速率为0.05 mV/s,周期为两周半。在 $Li_{1-x}CoO_2$ 中,当锂离子的脱出量在 $0<x<0.6$ 时,该材料存在3个相变。从图中可以看到3对非常明显的氧化还原峰,分别在3.84/4.03 V、4.03/4.09 V和4.15/4.19 V,对应 $LiCoO_2$ 的3个相变。第1个相变大约在锂离子脱出7%时发生,是一级相变,六方晶胞的 c 轴伸长2%,相应的Co-Co之间的距离明显降低,即图中3.84/4.03 V这一对氧化还原峰,它表示的是锂离子在层状 $LiCoO_2$ 材料中的插层和去插层,而其他两个相变发生在 $x=0.5$ 左右。首先是锂离子的有序/无序转变,一部分锂离子从原来的 $3a$ 位置进入 Co^{3+} 的 $3b$ 位置。紧接着发生由六方相到单斜相的转变,引起晶胞沿 c 轴方向收缩,带来大约9%的体积变化。图6.10中4.03/4.09 V和4.15/4.19 V这两对氧化还原峰就对应着有序/无序转变。这3对氧化还原峰的明显分离也表示 $LiCoO_2$ 电极材料有很好的锂离子插层和去插层能力。XRD

试验也表明,当只有 $x<0.5$ 的锂离子脱出与嵌入时,其结构是稳定的。但当有 0.55 个锂离子脱出时,会发生 O-Co-O 结构的一级相变,伴随着晶格的改变。因此,$LiCoO_2$ 的充电电压一般限制在4.2 V 之内。

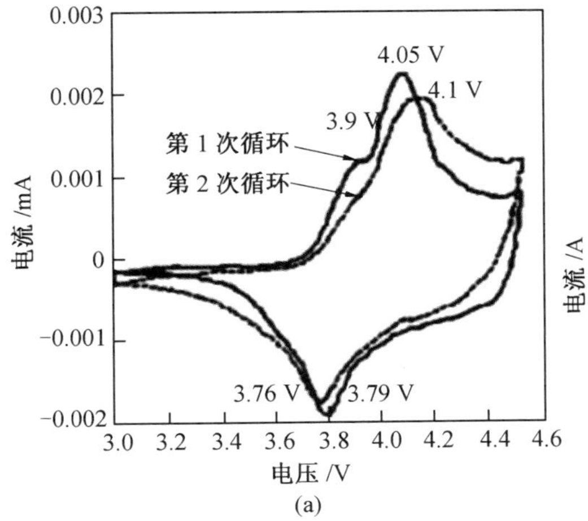

图 6.10 $LiCoO_2$ 的循环伏安曲线

图6.11 所示为锂离子电池 $LiFePO_4$ 电极和包覆了碳材料的 $LiFePO_4$/C 电极在2.8~4.2 V 电位区间内的4 次循环伏安曲线。从曲线上可以看出,两种材料除了 $LiFePO_4$ 的氧化峰(3.5 V)和还原峰(3.35 V)外,曲线上没有其他的氧化还原峰,说明制备的材料纯净,不含高价铁杂质。$LiFePO_4$ 电极首次循环氧化峰、还原峰面积有明显差别,说明首次不可逆容量损失较大;随后的循环峰电势在不断移动,说明可逆性不太好。相比而言,$LiFePO_4$/C 电极的循环伏安曲线氧化峰、还原峰峰形更对称,峰电流、电量(峰面积)接近相等,说明电极可逆性好,虽经多次充放电而循环伏安曲线变化不大,说明电极稳定性好。

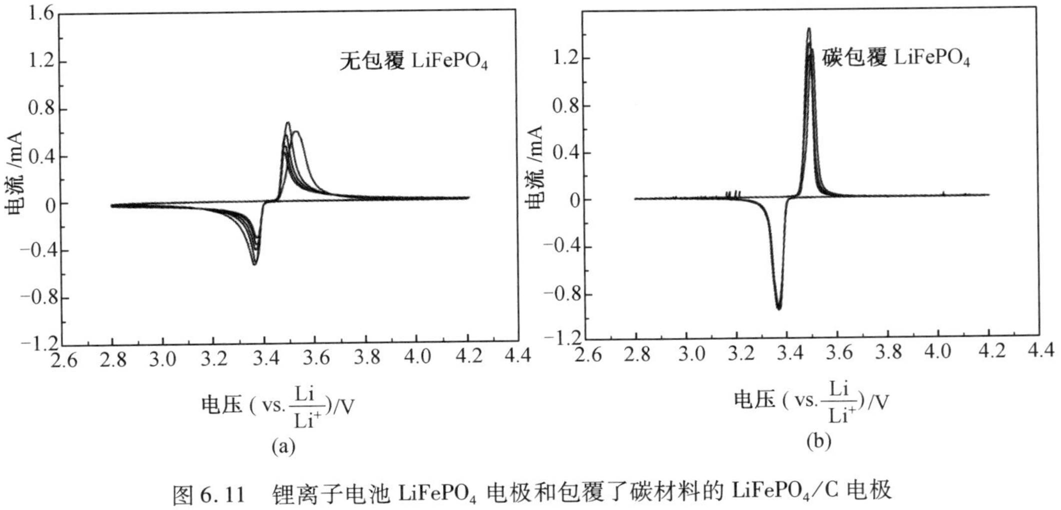

图 6.11 锂离子电池 $LiFePO_4$ 电极和包覆了碳材料的 $LiFePO_4$/C 电极在 2.8~4.2 V 电位区间内的 4 次循环伏安曲线

第1章中也给出了 $LiCoO_2$、$LiNi_{1-x}Ti_xO_2$($0.025 \leqslant x \leqslant 0.2$)、$Li_xNiO_2$、$Li_xCo_{0.2}Ni_{0.8}O_2$、$FeF_3/C$ 以及5-氨基-2,3-二氢-1,4-二羟基蒽醌(ADDAQ)和5-氨基-1,4-二羟基蒽醌(ADAQ)等多种正极材料的循环伏安曲线,读者可参阅分析。

此外,6.2节提到,从某种意义上来说,容量-电压微分曲线类似于循环伏安曲线,所以容量-电压微分曲线和循环伏安曲线可以结合对照分析,以求获取更为精准的反应信息。

6.4 电化学阻抗谱(EIS)

6.4.1 基本原理

在研究电极反应机理时,电化学阻抗谱(electrochemical impedance spectroscopy,EIS)也是常用的方法。在基准电势基础上,对电极施以一定频率的小振幅正弦波电势信号,测量电极系统的阻抗随正弦波频率的变化,进而分析电极过程动力学信息和电极界面结构信息的方法称为电化学阻抗谱方法,此方法在早期的电化学文献中也称交流阻抗法。

在进行电化学阻抗谱测试时,基准电势一般选择开路电势以保持体系稳定。在施加极化信号时,正弦波电势的振幅应限制在10 mV以下(一般采用5 mV),相当于对研究电极不断进行交替的阴阳极极化,且过电势小于10 mV,在这种极化条件下,电化学极化电流与电势满足线性关系,电荷传递过程可等效成一个电阻(R_{ct}),而且双层微分电容(C_d)也可认为在这个小幅度电势范围内保持不变,因此整体电极过程可用等效电路来模拟,可通过电工学方法来研究电极体系的电阻、电容等参数,进而研究反应机理。

阻抗谱要在一个非常宽的频率范围进行测量(最宽可达$10^6 \sim 10^{-5}$ Hz,常用$10^5 \sim 10^{-3}$ Hz),从高频到低频选择不同的频率进行阻抗测量,据此绘制该频率范围内的阻抗谱图,如阻抗复平面图、导纳复平面图、阻抗Bode图等,其中最常用的是阻抗复平面图。阻抗复平面图是以阻抗的实部为横轴,以阻抗的虚部为纵轴绘制的曲线,也称Nyquist图。典型的EIS方法施加到工作电极上的电势波形如图6.12(a)所示,典型的EIS曲线如图6.12(b)所示。

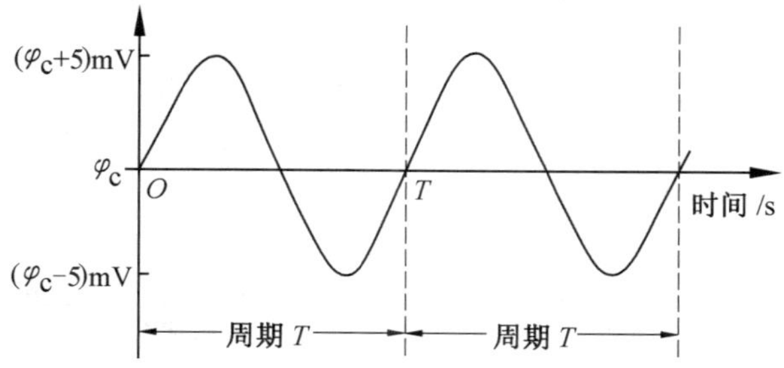

(a) 典型的EIS方法施加到工作电极上的电势波形

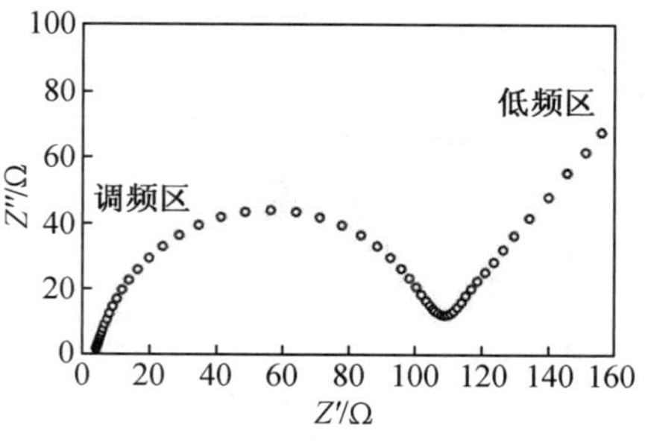

(b) 典型的EIS曲线

图6.12 典型的EIS方法施加到工作电极上的电势波形和典型的EIS曲线
(图中每一个点代表某一频率下测得的阻抗)

在图 6.13(a)所示的三电极测量体系中,电极体系的基本等效电路如图 6.13(b)所示,其中 A 端代表研究电极,B 端代表参比电极,R_L 代表工作电极与参比电极鲁金毛细管口之间的溶液电阻(若工作电极自身的电阻不可忽略,则为未补偿电阻 R_u),R_{ct}代表电荷传递电阻(反映电化学极化),C_d 代表电极界面双层微分电容,Z_W 代表 Warburg 半无限扩散阻抗(反映浓度极化)。该等效电路的 Nyquist 图如图 6.13(c)所示,高频区是一个半圆,此半圆在实轴上的起点是 R_L,半圆的直径是 R_{ct},低频区是一条斜率为 1(即倾斜角度为 45°)的直线。对于高频区,在电极上交替进行的阴极过程与阳极过程每半周期持续时间都很短,不会引起明显的浓度极化,在此情况下,电极过程由电荷传递过程控制。对于低频区,每半周期持续的时间很长,这时相当于进行长时间的阴极极化或者阳极极化,会引起明显的表面浓度变化,从而造成较大的浓度极化,因此在低频区域,电极过程由扩散步骤控制。

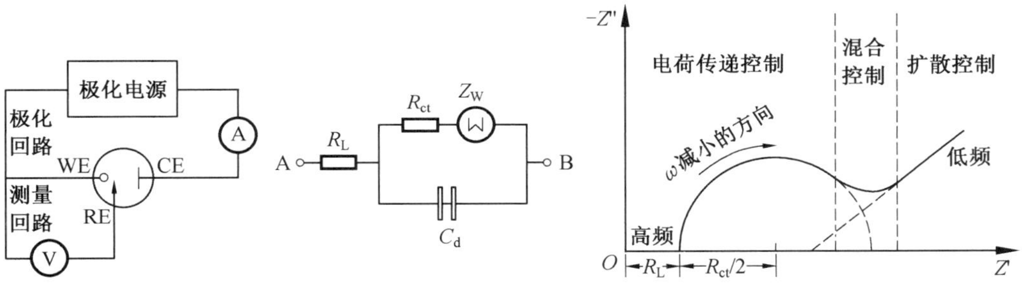

图 6.13　三电极体系的基本等效电路及其 Nyquist 图

对于锂离子电池的正极放电过程,电极过程主要包括 3 个基本单元步骤:

①液相传质步骤:电解液中的锂离子在正极表面附近的液层中迁移至正极材料表面;

②电荷传递步骤:正极材料得到电子,锂离子越过电极/溶液界面进入正极材料晶格,也称电子转移步骤;

③固相扩散步骤:锂离子自电极材料表面向内部扩散,嵌入到内部的晶格中。

液相传质步骤和固相扩散步骤造成的极化都是浓度极化,但通常锂离子在液相中浓度(约 1 mol/L)和扩散系数(约 10^{-5} cm^2/s)均比固相中的相应数值(约 0.01 mol/L,约 10^{-10} cm^2/s)大得多,因此,正极电极过程的浓度极化主要由固相扩散步骤导致。在放电过程中,锂离子不断嵌入到材料晶格中,在放电末期,材料中锂离子接近饱和状态,此时固相扩散层厚度非常小,会呈现阻挡层扩散的特点。对于锂离子正极材料,其扩散过程可能会部分地相当于球面扩散,因此放电末期的低频区扩散阻抗类似于球电极的阻挡层扩散,其低频区首先会出现一条小于 45°角的末端略微弯曲的斜线,然后此斜线会急剧上翘,如图 6.14 所示。

在锂离子纽扣电池体系中进行的 EIS 测量,属于两电极体系,正极为研究电极,锂片为辅助电极和参比电极,如图 6.15 所示。极化电压施加在整个电解池两端,因此整个电解池体系的等效电路要包括研究电极和辅助电极两部分,若不考虑SEI膜的影响,则如图6.16(a)所示,图中A端代表研究电极,B端代表辅助电极,R_S代表欧姆电阻,R_{ct1}和R_{ct2}分别代表研究电极和辅助电极的电荷传递电阻,C_{d1}和C_{d2}分别代表研究电极和辅助电极的界面双层电容,Z_{W1}和Z_{W2}分别代表研究电极和辅助电极的Warburg扩散阻抗。如果锂片面积比正极大很多,那么锂片的电容C_{d2}远大于正极电容C_{d1},则其容抗很小,C_{d2}支路可相当于短路状态,等效电路可进一步简化为如图6.16(b)所示,这样正极的阻抗部分就被孤立出来,此时的阻抗谱能够反映正极的特点。

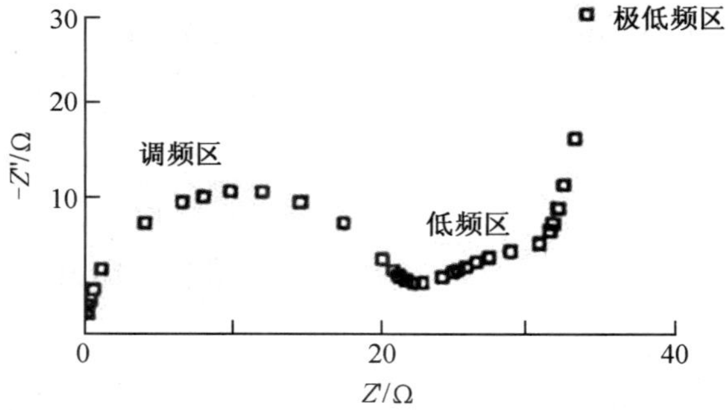

图6.14 球电极的阻挡层扩散Nyquist图示例

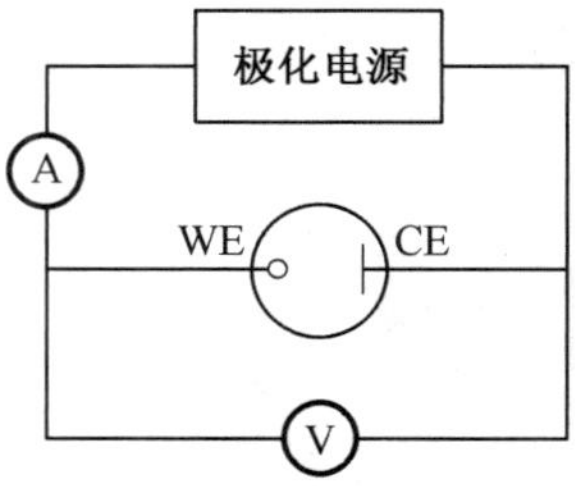

图6.15 两电极测量体系示意图

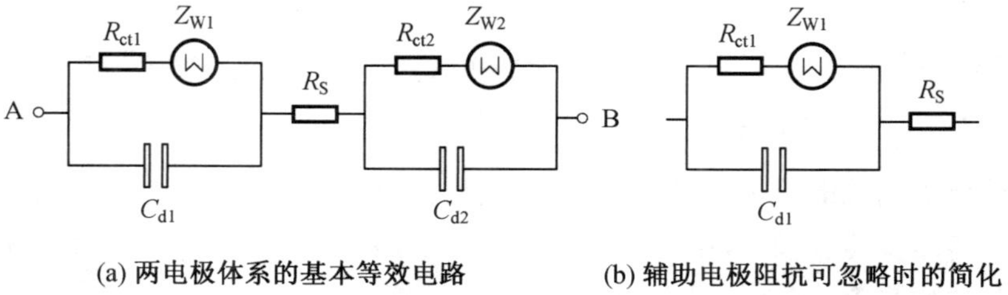

图6.16 两电极体系的基本等效电路及其在辅助电极阻抗可忽略时的简化

理想的阻抗模型都是基于如下假设:电极表面为均匀的活性表面,并且在表面上每一个反应都具有单一的时间常数。然而,对于锂电池体系,多孔、粗糙的电极表面会引起三维表面不均匀性,导致通常上述假设并不能得到很好的满足,电流、电势在电极表面不能均匀分布,因此经常观察到时间常数的弥散效应,导致双层电容的频响特性与"纯电容"并不一致,有或大或小的偏离,进而导致了阻抗半圆的旋转现象。在等效电路中,一般要使用常相位角元件(constant phase element,CPE)来代替纯电容元件,才能对旋转的半圆取得较好的拟合效果。

CPE元件常用符号Q来表示,其阻抗为

$$Z_Q=\frac{1}{Y_0\omega^n}\cos\left(\frac{n\pi}{2}\right)-j\frac{1}{Y_0\omega^n}\sin\left(\frac{n\pi}{2}\right) \tag{6.1}$$

上式有两个参数:一个参数是Y_0,其单位是s^n/Ω,由于Q是用来描述双电层偏离纯电容C

的等效元件,所以它的参数 Y_0 与电容的参数 C 一样,总是取正值;另一个参数是 n,它是无量纲的指数,有时也被称为“弥散指数”。随着 n 的取值不同,CPE 元件也表现出不同的阻抗特性:

当 $n=0$ 时,Q 相当于一个电阻 R;

当 $n=1$ 时,Q 相当于一个电容 C;

当 $n=0.5$ 时,Q 相当于由半无限扩散引起的 Warburg 阻抗;

当 $0.5<n<1$ 时,Q 具有电容性,可代替双电层电容作为界面双电层的等效元件。

对于 RC 并联电路,其阻抗是 Nyquist 图中位于第一象限的半圆(图 6.17);当用 Q 代替 C,变成 RQ 并联电路后,这个半圆就会向第四象限旋转。可以证明,此时圆弧与实轴相交的一段弧长正好等于电阻 R。也就是说,无论半圆是否旋转,都可通过 Nyquist 图中圆弧与实轴的交点直接读出电阻 R 的数值。

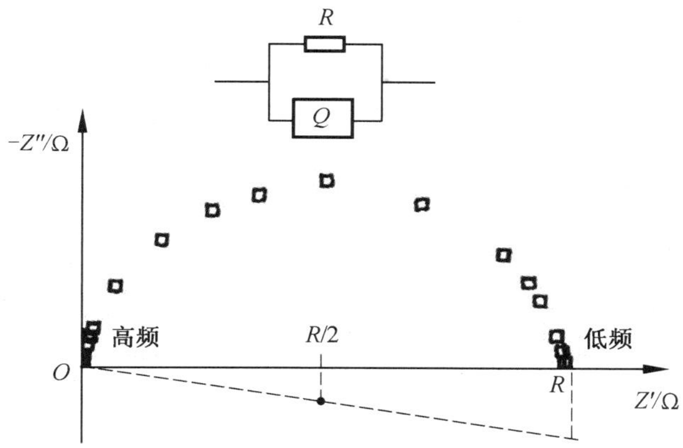

图 6.17　*RQ* 并联电路的 Nyquist 图

测量得到阻抗谱后,必须对谱图进行分析,最常采用的分析方法是曲线拟合法。对电化学阻抗谱进行曲线拟合时,首先要建立电极过程合理的等效电路模型,然后通过数学方法(一般采用非线性最小二乘法)进行拟合,可通过专门的阻抗谱分析软件来进行拟合,从而确定等效电路中待定的元件参数值,据此进行进一步分析。为了方便观察阻抗谱半圆弧的弧度和扩散直线的倾角,Nyquist 图一定要注意保持横纵坐标刻度的一致性,即横纵坐标的单位长度应该一样长,否则图像会有变形,不利于观察判断。需要注意的是,电化学阻抗谱和等效电路之间并不存在一一对应的关系。很常见的一种情况是,同一个阻抗谱可用多个等效电路进行很好的拟合,等效电路模型不是唯一的。例如,图 6.18(a)~(c)所示的 3 个等效电路具有相同的频率响应,其阻抗谱图像是一样的,都是具有 2 个容抗弧的阻抗谱,如图 6.18(d)所示。因此,与试验数据拟合度较高,并不能确保所用电路模型是正确的,一定要考虑该等效电路的每一个元件在具体的被测体系中是否有明确的物理意义,能否合理解释物理过程,才能最终确定模型的有效性。

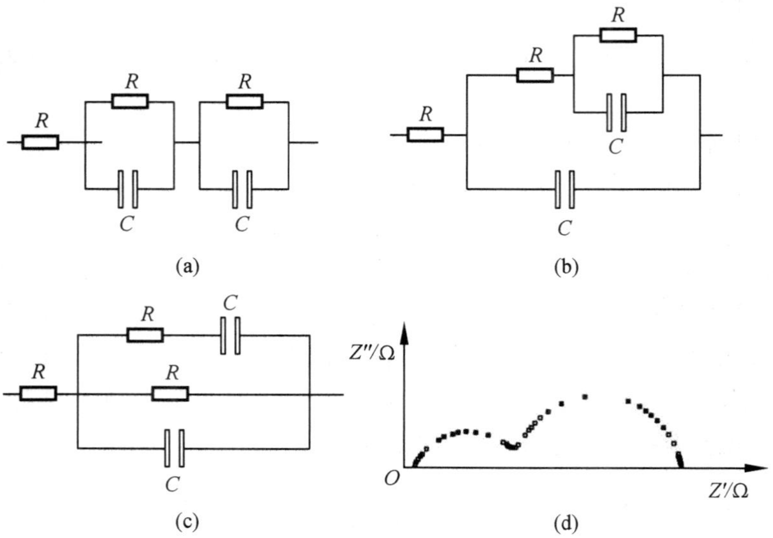

图6.18 具有相同的频率响应的3个等效电路模型及其阻抗谱

6.4.2 实例分析

大量关于嵌入型电极的研究表明,在电极锂离子电池正极材料表面上存在着固体电解质中间相,即SEI膜。因此,在锂离子电池充放电时,锂离子迁移通过SEI膜,到达或离开电极活性材料表面的过程,是整个电极过程的重要组成部分。图6.19所示的阻抗谱是嵌入型电极上测得的典型阻抗谱,图中的标注是引起相应频率范围阻抗响应的电极弛豫过程。

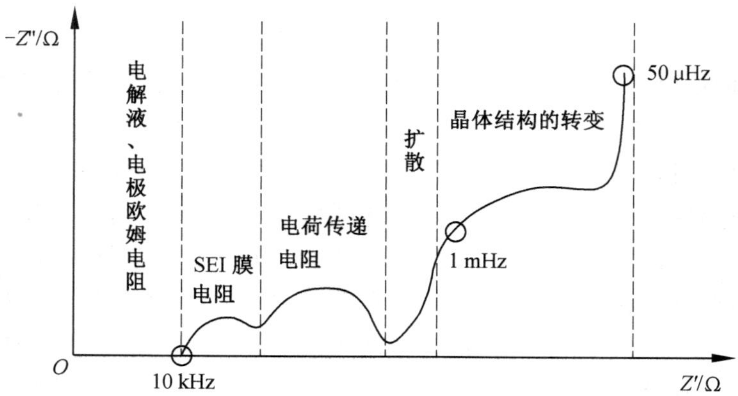

图6.19 嵌入型电极上测得的典型阻抗谱

对于锂离子电池的正负极进行EIS测试,均可得到上述类似的电化学阻抗谱。锂电池在不同充放电电压下的谱图是不同的,尤其是低频区扩散阻抗的图谱经常会比较复杂,需要结合实际情况具体分析。图6.20所示为尖晶石锂锰氧化物正极在开路电势3.5 V和首次充电到4.1 V(vs. Li^+/Li)下的EIS谱图。在尖晶石锂锰氧化物尚未充电、开路电势是3.5 V时,谱图高频区域存在两个容抗弧,但第一个容抗弧非常小,不容易分辨,对应着锂锰氧化物表面上覆盖的 Li_2CO_3 原始膜的电阻,第二个容抗弧对应着电荷传递电阻。除此之外,低频区域还存在一段不完整的大容抗弧,由于在此电势下脱锂过程尚未发生,这个大容抗可能与对电极的影响有关。当充电到4.1 V时,谱图高频区域存在两个明显的容抗弧,对应着锂离子在SEI膜和电极活性材料界面处发生的电荷传递过程,低频区则是一条倾斜角度接近45°的直线,对应着锂离子在固相中的扩散过程。据此,建立电极的等效电路,如图6.21所示。等效电路中,R_Ω 代表电极体系的欧姆电阻,包括电解液和电极的欧姆电阻;Q_{SEI}(常相位元件)和 R_{SEI} 分别代表SEI膜的电容和电阻;常相位元件 Q_d 代表双电层电容;R_{ct} 代表电荷传递电阻;常相位元件 Q_W 代表固相扩散阻抗。按照此等效电路对4.1 V极化电势下的阻抗谱进行曲线拟合,可以获得良好的拟合效果,拟合得到的等效电路元件参数值见表6.1。

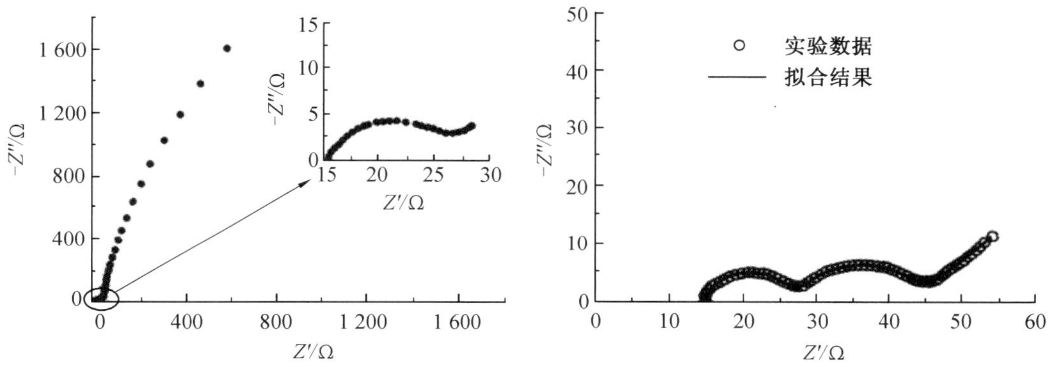

(a) 3.5 V(vs.Li⁺/Li)　　(b) 4.1 V(vs.Li⁺/Li)

图6.20　尖晶石锂锰氧化物正极在开路电势3.5 V和首次充电到4.1 V下的EIS谱图

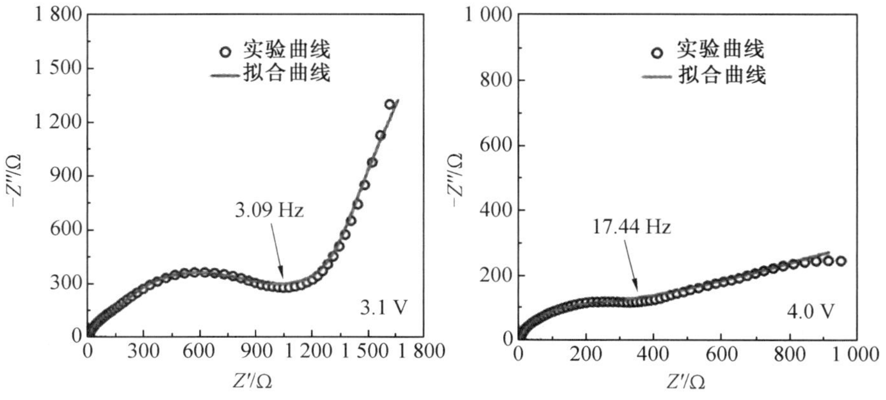

(a) 3.1 V　　(b) 4.0 V

图6.21　$0.5Li_2MnO_3 \cdot 0.5LiNi_{1/3}Co_{1/3}Mn_{1/3}O_2$ 在第一次充电的8个电压状态下的EIS曲线及从中获得的 $Z'-\omega^{-1/2}$ 关系曲线

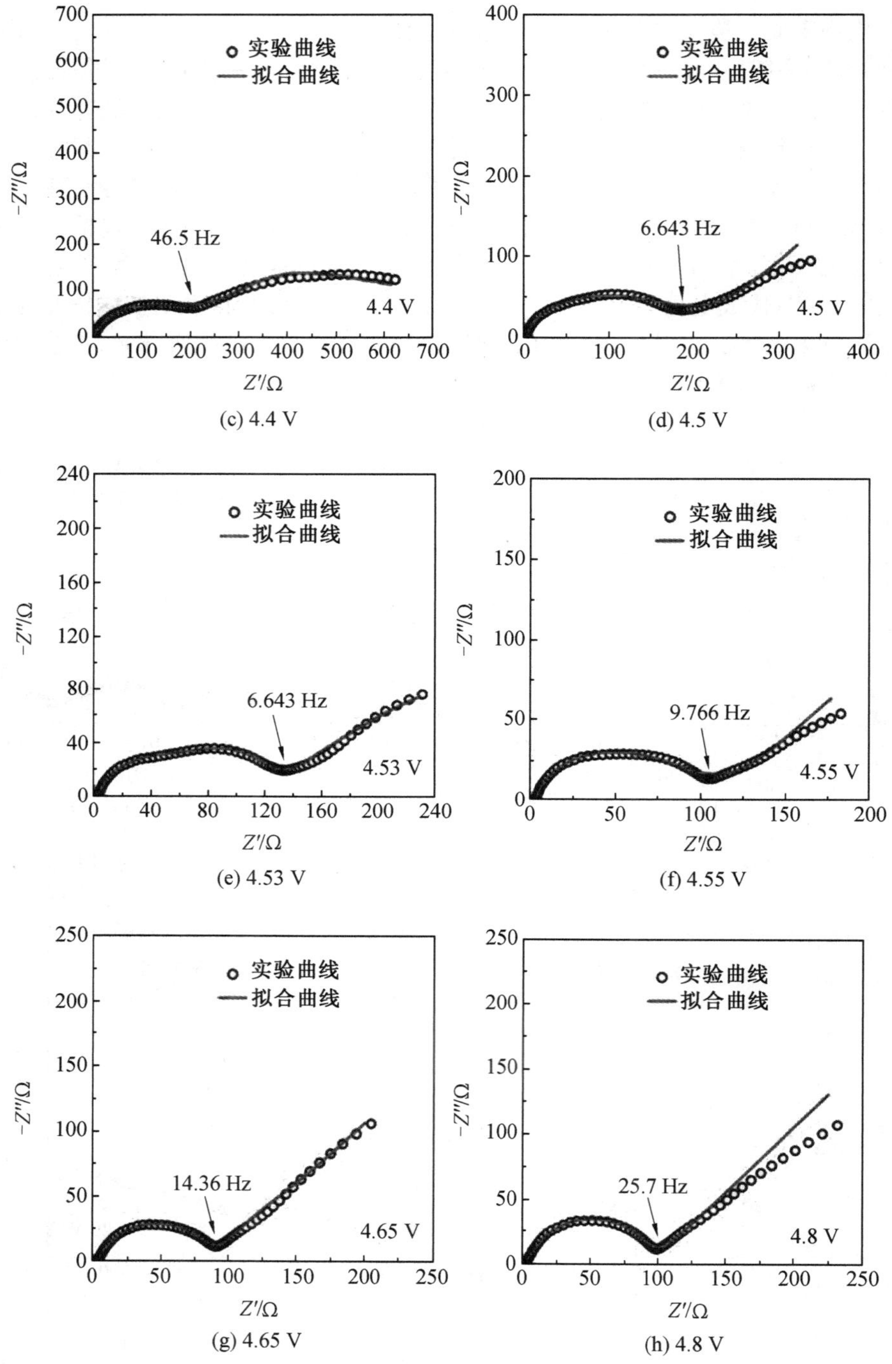

(c) 4.4 V　(d) 4.5 V

(e) 4.53 V　(f) 4.55 V

(g) 4.65 V　(h) 4.8 V

续图 6.21

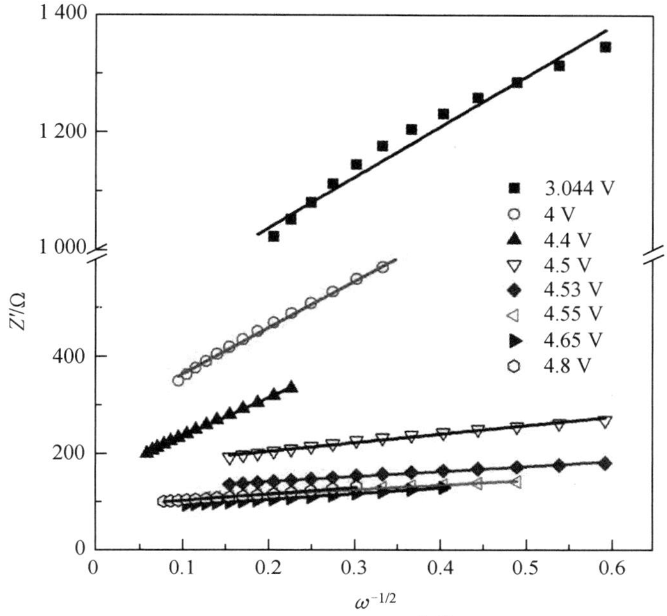

(i) $Z'-\omega^{-1/2}$曲线

续图 6.21

表 6.1 4.1 V(vs. Li^+/Li)电势下阻抗谱拟合得到的等效电路元件参数值

元件	R_Ω/Ω	Q_{SEI}		R_{SEI}/Ω	Q_d		R_{ct}/Ω	Q_W	
		Y^θ	n		Y^θ	n		Y^θ	n
参数值	14.9	3.00×10^{-5}	0.865	12.07	4.07×10^{-3}	0.757	17.17	0.281	0.535

Nyquist 图低频区的斜线呈现扩散控制的特征,由此可计算 Li^+的扩散系数,所依据的公式为

$$Z'=R+\sigma\omega^{-1/2} \tag{7.1}$$

$$D_{Li^+}=\frac{R^2T^2}{2A^2n^4F^4C_{Li}^2\sigma^2} \tag{7.2}$$

式中 ω——角频率;

Z'——该角频率下对应的 Nyquist 图的实部阻抗;

σ——Warburg 阻抗因子;

D_{Li^+}——锂离子的扩散系数;

R——理想气体常数;

T——温度;

A——电极面积;

n——正极反应中得失电子数;

F——法拉第常数;

C_{Li}——固体材料中锂离子的浓度。

高鹏、朱永明等对富锂材料 $0.5Li_2MnO_3 \cdot 0.5LiNi_{1/3}Co_{1/3}Mn_{1/3}O_2$ 在第一次充电的8个电压状态(初始电压3.044 V以及随后的4.0 V、4.4 V、4.5 V、4.53 V、4.55 V、4.65 V和4.8 V)测量EIS曲线,图6.21(a)~(h)是所测Nyquist图及其拟合曲线,图6.21(i)是根据EIS曲线低频区直线段计算 Li^+ 的扩散系数所依据的 $Z'-\omega^{-1/2}$ 关系曲线。为了避免频率过低时金属锂负极浓度极化的影响,选取Nyquist图扩散斜线刚出现时的12个点进行作图以获得正极的Warburg阻抗因子 σ,然后代入公式计算出 D_{Li^+}。据此求得的 Li^+ 的扩散系数见表6.2,可见随着充电的进行,在3.1~4.4 V,Li^+ 的扩散系数没有太大变化,但是充电到4.5 V以上时,扩散系数开始逐渐增大,从 10^{-16} cm^2/s 提高到 10^{-14} cm^2/s 的数量级,这也反映了富锂材料的4.5 V充电平台对材料结构的巨大影响。

表6.2 富锂材料在第一次充电的8个电压状态下的 Li^+ 扩散系数

电压/V	$D_{Li^+}/(cm^2 \cdot s^{-1})$
3.1	4.25×10^{-16}
4.0	3.50×10^{-16}
4.4	5.01×10^{-16}
4.5	9.98×10^{-15}
4.53	2.89×10^{-14}
4.55	3.35×10^{-14}
4.65	2.19×10^{-14}
4.8	1.75×10^{-14}

J. H. Wang等采用 $AlPO_4$ 对 $LiNi_{1/3}Co_{1/3}Mn_{1/3}O_2$ 粒子进行表面包覆改性。图6.22所示为原始材料(Bare)、400 ℃煅烧的包覆材料(400-1)和700 ℃煅烧的包覆材料(700-1)在0.1 C循环2次以后(图6.22(a)以及0.5 C循环50次以后(图6.22(b))所测得的EIS曲线。高频区半圆对应于SEI膜的电阻 R_{SEI},R_{Ω} 代表电解液和电极的欧姆电阻,R_{ct} 代表电荷传递电阻。因为bare和400-1高频区呈现拉长的半圆,说明电极表面多层SEI膜,因此,采用两种等效电路模型来进行拟合(图6.22),图6.22(c)对应于高频区正常半圆,图6.22(d)对应于高频区拉长半圆。拟合数据见表6.3。由拟合数据可知,循环2次以后,相比于原始材料,400-1的 R_{SEI} 增大,而700-1的 R_{SEI} 减小;循环50次以后,700-1的 R_{SEI} 基本保持不变还有所减小,而其余两种均增大。由此可见,700-1形成的SEI膜更稳定,这也是其比容量更高、循环性能更好的原因。

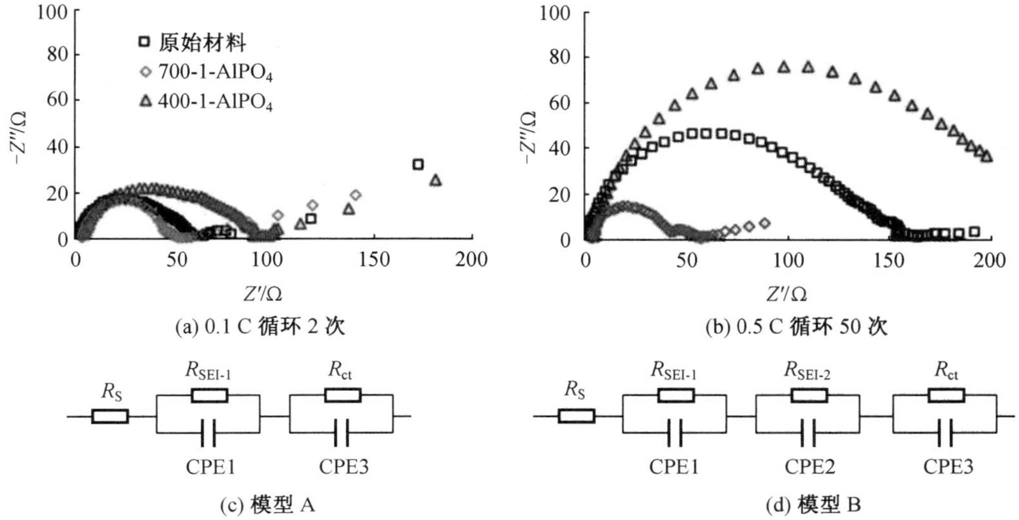

图 6.22　3 种材料在 0.1 C 循环 2 次以后及 0.5 C 循环 50 次以后所测得的 EIS 曲线以及两种等效电路模型

表 6.3　EIS 等效电路拟合数据

循环	材料	R_{SEI-1}/Ω	R_{SEI-2}/Ω	R_{SEI}/Ω	R_{ct}/Ω
0.1 C 循环 2 次	原始材料	34.1	22.7	56.8	80.9
	700-1	40.6	—	40.6	7.0
	400-1	59.2	30.6	89.8	16.0
0.5 C 循环 50 次	原始材料	64.9	50.2	115.1	34.8
	700-1	34.8	—	34.8	18.8
	400-1	64.0	143.8	204.2	80.9

6.5　恒电流间歇滴定法(GITT)

Li^+扩散系数是锂离子电池活性物质重要的一个参数,扩散系数对锂离子电池倍率性能有着重要的意义,而恒电流间歇滴定法是一种重要的扩散系数测定方法。

恒电流间歇滴定法(galvanostatic intermittent titration technique,GITT)是一种恒电流方法,具体试验过程相当于对电极进行脉冲充电或脉冲放电,GITT 测试由一系列“恒电流脉冲—静置”过程组成。因此,GITT 主要设置的参数有 3 个:电流强度、电流持续时间、静置时间。在充放电过程中,每一步阶跃施加一恒定电流脉冲,然后测定由截止电流所引起的开路电压变化。对电极材料施加一个恒定电流后,锂离子会从颗粒中嵌入或脱出,从而引起电极表面和内部的锂离子浓度差。通过测试电压随时间的变化,可以计算出浓度的变化率,从而计算锂离子的扩散系数。图 6.23 所示为恒电流间歇滴定法试验中电流和电压随时间的变化。当电流施加或截止时,电压的急剧升高或降低可解释为由 IR 欧姆压降所引起。中断充电电流,电势迅速下降,下降的值与 IR 降成正比。最后,进入弛豫过程。在弛豫期间,通过锂离子扩散,电极中的组分趋向于均匀,电势缓慢下降,直到再次平衡。也就是说,电压随时间的变化与锂离子扩散有关。使用下列方程式可以得到基于 GITT 的锂离子扩散系数:

$$D_{\mathrm{Li}}=\frac{4}{\pi}\left(I_0\frac{V_{\mathrm{m}}}{FS}\right)^2\left(\frac{\mathrm{d}E/\mathrm{d}x}{\mathrm{d}E/\mathrm{d}t^{\frac{1}{2}}}\right)^2$$

式中 I_0——施加的恒定电流强度,A;

V_{m}——电极材料的摩尔体积,$\mathrm{cm^3/mol}$;

F——法拉第常数,96 485 C/mol;

S——电极-电解液的界面面积,$\mathrm{cm^2}$;

t——电流脉冲时间,s;

$\mathrm{d}E/\mathrm{d}x$——脉冲静置阶段稳态电位随 x 的变化率;

$\mathrm{d}E/\mathrm{d}t^{1/2}$——脉冲阶段电位随 $t^{1/2}$ 的变化率。

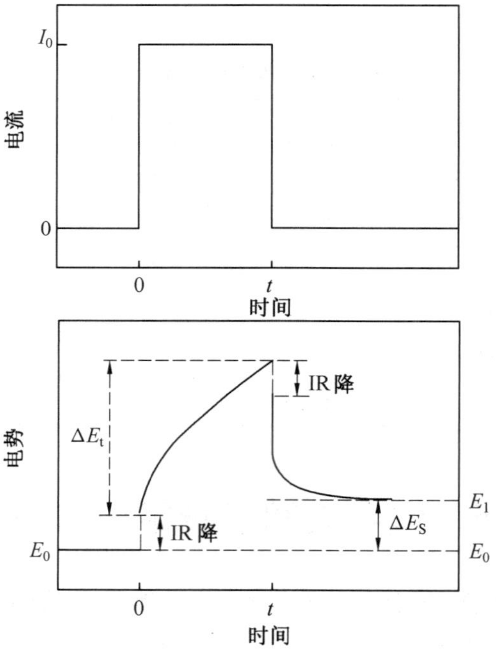

图 6.23 恒电流间歇滴定法试验中电流和电压随时间的变化

为了简化求解,当外加的电流 I_0 很小,且脉冲时间很短时,$\mathrm{d}E/\mathrm{d}t^{1/2}$ 呈线性关系,上面的公式可以简化成:

$$D_{\mathrm{Li^+}}=\frac{4}{\pi t}\left(\frac{m_{\mathrm{B}}V_{\mathrm{M}}}{M_{\mathrm{B}}S}\right)^2\left(\frac{\Delta E_{\mathrm{S}}}{\Delta E_{\mathrm{T}}}\right)^2$$

式中 t——施加恒定脉冲电流的时间;

m_B——电极材料的质量;
V_M——电极材料的摩尔体积;
M_B——电极材料的摩尔质量;
S——电极-电解液的界面面积;
$m_B V_M / M_B$——电极材料的体积;
ΔE_s——每步阶跃的电压变化;
ΔE_t——恒流条件下总电压的变化。

ΔE_s 与 ΔE_t 的具体数值判断如图 6.23 所示。

Bian 等通过液相沉积法,在富锂材料 $Li_{1.18}Ni_{0.15}Co_{0.15}Mn_{0.52}O_2$ 表面成功包覆了一层高锂离子电导率的物质,经恒电流间歇滴定法(GITT)测定,表面包覆层大大降低了锂离子在活性材料颗粒与电解液界面的扩散阻力,提高了锂离子扩散系数。GITT 测定条件为:首次放电过程中,用 30 mA/g 的电流放电 30 min,然后静置 4 h,如此循环,一直放电到截止电压 1.5 V。图 6.24 所示为 GITT 放电过程中电压的变化曲线及计算所得的锂离子扩散系数变化曲线。可以看到包覆后的材料 Li^+ 的扩散系数为 $10^{-16} \sim 10^{-14}$ cm^2/s,比原始材料提高了 1 ~2 个数量级。

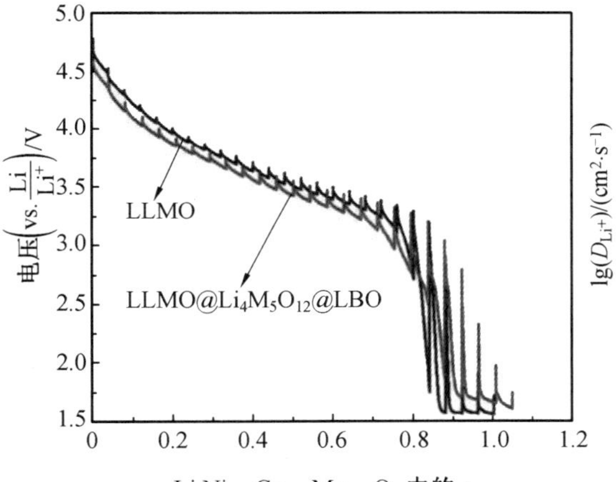

(a) GITT 放电过程中电压的变化曲线

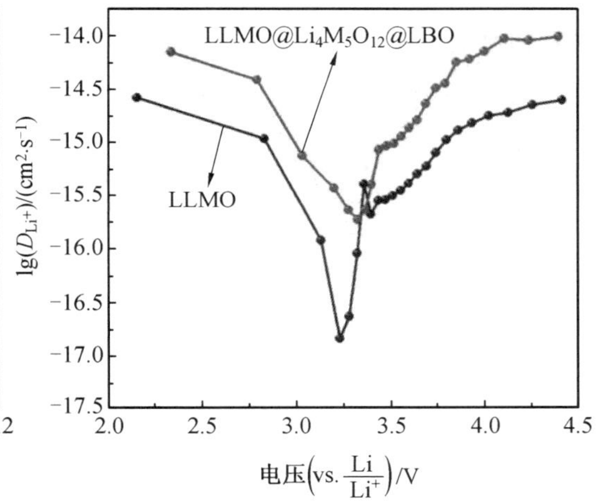

(b) 计算所得的锂离子扩散系数变化曲线

图 6.24　GITT 放电过程中电压的变化曲线及计算所得的锂离子扩散系数变化曲线

本章参考文献

[1] SHIN H C, CHO W I, JANG H. Electrochemical properties of the carbon-coated $LiFePO_4$ as a cathode material for lithium-ion secondary batteries[J]. Journal of Power Sources, 2006, 159(2): 1383-1388.

[2] BENINATI S, DAMEN L, MASTRAGOSTINO M. Fast sol-gel synthesis of $LiFePO_4$/C for high power lithium-ion batteries for hybrid electric vehicle application[J]. Journal of Power Sources, 2009, 194(2): 1094-1098.

[3] YU F, ZHANG J, YANG Y, et al. Preparation and characterization of mesoporous $LiFePO_4/C$ microsphere by spray drying assisted template method[J]. Journal of Power Sources, 2009, 189(1): 794-797.

[4] 高鹏. 锂离子电池富锂三元正极材料 $Li_{1+x}(NiCoMn)_yO_2$ 的合成与性能研究[D]. 哈尔滨:哈尔滨工业大学,2016.

[5] MATTEO B, MARIA R, PASCAL H, et al. There and back again—The journey of $LiNiO_2$ as a cathode active material[J]. Angewandte Chemie-International Edition, 2019, 58, 10434-10458.

[6] 符娟,刘彩云,刘照军,等. 锂离子电池正极材料 $LiCoO_2$ 在电池充放电过程中结构变化的谱学研究[J]. 光散射学报,2009,21(01):52-58.

[7] ZHANG Y Z, LIU Z H, WANG Z, et al. Electrochemical impedance spectroscopy study of lithium-rich material $0.5Li_2MnO_3 \cdot 0.5LiNi_{1/3}Co_{1/3}Mn_{1/3}O_2$ in the first two charge-discharge cycles[J]. Electrochimica Acta, 2019, 310: 136-145.

[8] WANG J H, WANG Y, GUO Y Z, et al. Effect of heat-treatment on the surface structure and electrochemical behavior of $AlPO_4$-coated $LiCo_{1/3}Ni_{1/3}Mn_{1/3}O_2$ cathode materials[J]. Journal of Materials Chemistry A, 2013, 1: 4879-4884.

[9] BIAN X, FU Q, QIU H, et al. High performance $Li(Li_{0.18}Ni_{0.15}Co_{0.15}Mn_{0.52})O_2@Li_4M_5O_{12}$ heterostructured cathode material coated with lithium borate oxides glass layer[J]. Chemistry of Materials, 2015, 27: 5745-5754.

[10] SHEN Z, CAO L, CHRISTOPHER D R, et. al. Least squares galvanostatic intermittent titration technique (LS-GITT) accurate solid phase diffusivity measurement[J]. Journal of the Electrochemical Society, 2013, 160 (10): A1842-A1846.

[11] LIU X, LI D, LI H, et al. Study on the capacity fading of pristine and $FePO_4$ coated $LiNi_{1/3}Co_{1/3}Mn_{1/3}O_2$ by electrochemical and magnetical techniques[J]. Electrochimica Acta, 2014, 148: 26-32.

[12] ZHENG W, SHUI M, SHU J, et al. GITT studies on oxide cathode $LiNi_{1/3}Co_{1/3}Mn_{1/3}O_2$ synthesized by citric acid assisted high-energy ball milling[J]. Bulletin of Materials Science, 2013, 36(3): 495-498.

[13] 高鹏,朱永明,于元春. 电化学基础教程[M]. 2 版. 北京:化学工业出版社,2019.

[14] 贾铮,戴长松,陈玲. 电化学测量方法[M]. 北京:化学工业出版社,2006.

[15] 杨德才. 锂离子电池安全性——原理、设计与测试[M]. 成都:电子科技大学出版社,2012.

第7章　锂离子电池设计与组装

当合成正负极活性材料后，需要全面合理地评价其电化学性能，因此必须将其制作成电池。不管是实验室制作的扣式电池还是商业化的电池，保证制作的电池批次一致性高至关重要。对于电池的分类等参考文献众多，本书不过多赘述，为对初学的科学人员提供一些参考，本章主要介绍扣式电池的实验室制作、18650圆柱电池的标准生产和铝壳方形电池设计。

7.1　扣式电池设计及组装

扣式电池又称纽扣电池，常见于商业化的碱性电池、氧化银电池、锂锰电池等。由于其体积小、结构简单，现在常用于实验室电池评价。根据厚度，常见分类为CR2016、CR2025、CR2032等。其中，CR代表圆形扣式电池，20代表直径为20 mm，16、25和32分别代表厚度为1.6 mm、2.5 mm和3.2 mm。如图7.1所示为典型的锂离子扣式电池结构示意图。

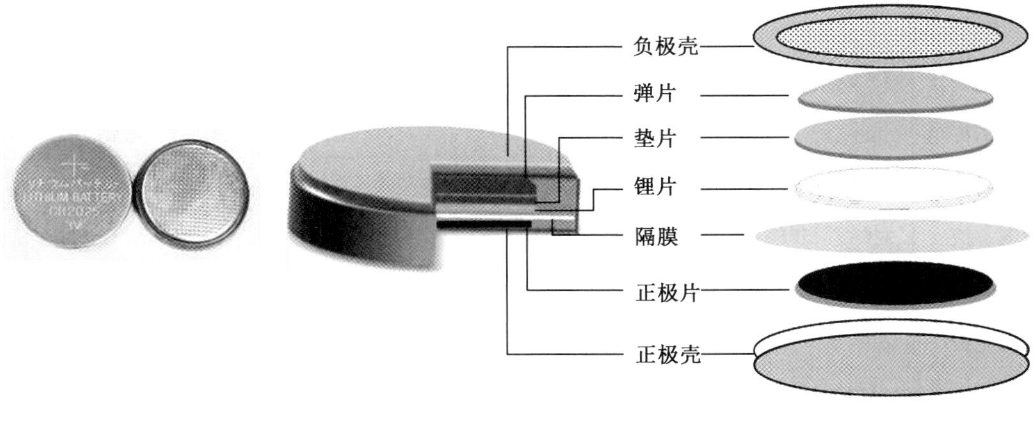

图7.1　典型锂离子扣式电池结构示意图

在实验室中，由于合成的活性材料的量较少，组装扣式电池较为常见，图7.2所示为正极材料扣式电池制作的流程，以下做具体介绍。

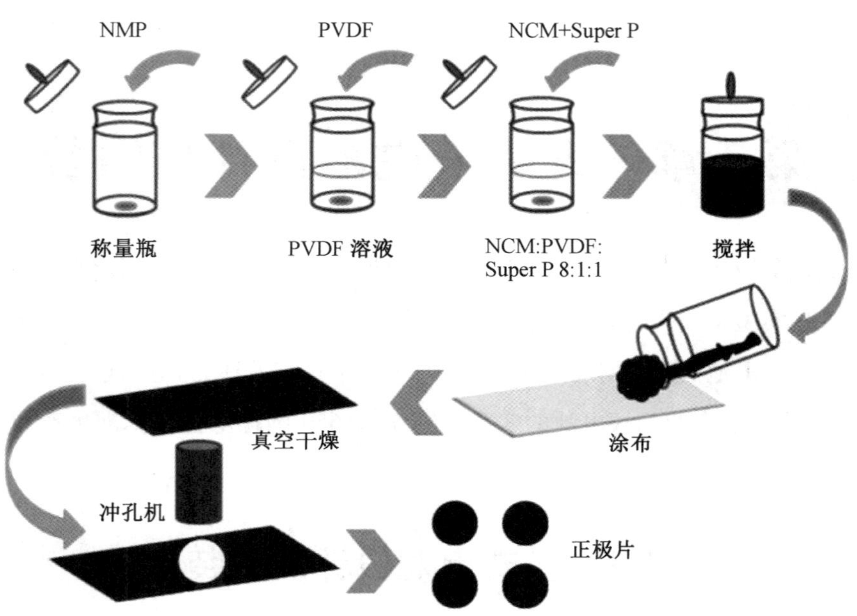

图 7.2 正极材料扣式电池制作的流程

7.1.1 试剂和设备

正负极材料扣式电池的主要制作方法一致,只是原材料和比例的差别,表 7.1 为实验室普遍的试剂和设备参考,以下对一些关键的材料进行简单概述。

表 7.1 正负极材料所用试剂和设备

项目	正极	负极
集流体	铝箔、涂碳铝箔、腐蚀铝箔、泡沫镍	铜箔、涂碳铜箔
黏结剂体系	PVDF/NMP	CMC、丁苯橡胶/水、海藻酸钠/水
导电剂	炭黑类(乙炔黑、科琴碳、Super P)、石墨烯	炭黑类(乙炔黑、科琴碳、Super P)、石墨烯
电解液	主要为 LiPF6/EC+DEC 体系,会有适当添加剂	
隔膜	PP、PP/PE/PP	
对电极	锂片	
电池壳	CR2016/CR2025/CR2032、可拆卸电池模具	
仪器设备	小型真空搅拌机、数显磁力搅拌器、自动涂覆机、鼓风干燥箱、精密对辊机、手动冲孔机、真空干燥箱、分析天平、手套箱、移液枪、小型液压封口机、充放电测试系统、电化学工作站	

1. 集流体

集流体是指汇集电流的结构或零件,在锂离子电池上主要指的是金属箔,如铜箔、铝箔、极耳。其功能主要是将电池活性物质产生的电流汇集起来以便形成较大的电流对外输出,因此集流体应与活性物质充分接触,并且内阻应尽可能小为佳。在锂离子电池中,铜会在高电位下氧化与锂形成合金,铝则因为在低电位下与锂形成合金,所以一般正极选用铝箔,负极选用铜箔。目前也有一些研究采用碳基自支撑柔性电极材料,不需要集流体,但是热集中限制了其进一步发展。

对于铝箔,分为单面光铝箔、双面光铝箔、涂碳铝箔、腐蚀铝箔等。活性物质一般靠黏结剂与集流体连接,如果连接力弱,会造成活性物质脱离集流体,导致内阻突然增大,电池失效。所以,科研工作者采用在铝箔表面涂覆碳层或进行腐蚀来增大黏结附着力,减小极化,提升电池性能。

邓龙征等对比了普通铝箔和涂碳铝箔对 10 Ah 磷酸铁锂软包电池的影响,研究发现使用涂层铝箔不仅可以提高磷酸铁锂材料的黏结性,而且使用导电涂层可以有效降低正极材料和集流体的接触内阻,从而减小电池内阻,提高电池倍率性能。与使用普通铝箔作为集流体相比,使用涂碳铝箔可以使得电池的内阻降低 65% 左右,但是,磷酸铁锂正极材料的克容量却偏低(5 ~ 10 mAh/g),首次效率也偏低 4% 左右;在快速放电 15 C 倍率下,使用涂碳铝箔的电芯比使用普通铝箔容量提高约 15% ,10 C 放电倍率下,平台增加 0.3 ~ 0.4 V;使用涂碳铝箔电芯的常温自放电率较高,但容量恢复率也较高;550 周循环下,使用涂碳铝箔可以使得电池的循环性能提高约 1% 。而在电池低温性能方面,使用涂碳铝箔对低温性能并无改善。

2. 黏结剂

黏结剂作为电池的重要组成部分,影响电池的容量、循环性能和安全性能。应具备高分散性,一定机械强度,有电子导电性、离子润湿性及化学稳定性。由于正极材料富含锂,遇水会发生一定反应,因此,正极一般采用油系黏结剂,如 PVDF(聚偏氟乙烯),负极如石墨体系,一般不怕水,常采用羧甲基纤维素(CMC)、丁苯橡胶(SBR)等,在硅负极中还常用海藻酸钠等。

PVDF 是正极材料中最常使用的黏结剂,是一种非极性链状高分子聚合物,用 NMP(N-甲基吡咯烷酮)来溶解。但是 NMP 的挥发会带来环境污染和生物毒性,所以需要加 NMP 溶剂回收系统专门处理,增加了其使用成本。PVDF 虽然满足了现有正极材料的基本性能要求,但是自身也存在一些问题,如其玻璃化温度为 170 ℃,导致其热稳定性较差;PVDF 是电子绝缘,导致其阻碍电子导通。因此对 PVDF 进行改性和开发新的黏结剂体系也是科研工作者的研究方向之一。

3. 导电剂

锂离子电池正极材料大多是半导体材料,电子导电性比较差,使用的黏结剂也是绝缘的聚合物,因此,在电极的制备过程中通常添加导电剂,以改善电子在电极内的传递性。目前,常用的导电剂多为碳素材料,如炭黑、石墨等,其具有成本低、导电性好、比表面积大、单位质量颗粒多、安全性高、无污染等优势。另外,碳纤维、碳纳米管和石墨烯等也作为导电剂加入到电极膏体中。这些导电剂负责在集流体与活性物质间传递电子,减小电极内的欧姆阻抗,避免了由电子传递不顺导致的电势极化。

作为最经济最常使用的导电剂是炭黑,根据原料不同,分为乙炔炭黑、Super P、科琴碳等。但是,乙炔炭黑等颗粒太小,要想形成完整的导电网络,需要耗费大量的材料,这样带来极片体积增大和黏结剂用量增大问题。因此,科研工作者提出多种导电剂复合的思路,如炭黑与碳纳米管形成点线接触网络,炭黑、碳纳米管和石墨烯形成点线面全方位接触网络等。

4. 电解液

作为电池三大组成之一,电解液是电池的"血液"。锂离子电池中采用的是非水性电解液体系,将合适的电解质锂盐溶解于一些高介电常数的有机非质子性溶剂中,添加少量功能添加剂混合合成,常见的锂盐有 $LiPF_6$、$LiClO_4$、LiBOB 等,电解液常用锂盐见表 7.2。常见的溶剂有 Dimethyl Carbonate(DMC)、Diethyl Carbonate(DEC)、Ethyl Methyl Carbonate(EMC)、Ethylene Carbonate(EC)、Propylene Carbonate(PC)等,锂离子电池电解液常用有机溶剂物性数据见表 7.3。常见的功能添加剂有碳酸亚乙烯酯(VC)、1,3-丙烷磺酸内酯(1,3-PS)、氟代碳酸乙烯酯(FEC)等,锂离子电池电解液添加剂物性数据见表 7.4。

表 7.2 电解液常用锂盐

锂盐	优点	缺点
高氯酸锂($LiClO_4$)	电导率高、稳定性强、溶解度大	强氧化性导致安全性不高
六氟砷酸锂($LiAsF_6$)	溶解度大、电化学性好	毒性大
四氟硼酸锂($LiBF_4$)	低温性能比较好	溶解度低、成膜性能差
六氟磷酸锂($LiPF_6$)	电导率高、电化学综合性好	热稳定性差、易吸水水解
二(三氟甲基磺酰)亚胺锂 $LiN(CF_3SO_2)_2$	热稳定性高、安全性好、高的离子传导性	制备成本高、腐蚀 Al 集流体

续表 7.2

锂盐	优点	缺点
二草酸硼酸锂（LiBOB）	电化学和热稳定性高、成膜性好、合成工艺简单、制备原料廉价易得	溶解度和电导率低、SEI 膜阻抗大、倍率性差
二氟草酸硼酸锂（LiDFOB）	电化学性好、电导率高、成膜性好、SEI 膜阻抗低，能提高电池高低温放电性能和循环性能，对正负极相容性好	初始放电容量低、合成工艺复杂

表 7.3　锂离子电池电解液常用有机溶剂物性数据

化学名称	碳酸二甲酯（DMC）	碳酸二乙酯（DEC）	碳酸乙烯酯（EC）	碳酸丙烯酯（PC）	碳酸甲乙烯酯（EMC）
英文名称	Dimethyl Carbonate	Diethyl Carbonate	Ethylene Carbonate	Propylene Carbonate	Ethyl Methyl Carbonate
CAS 号	616-38-6	105-58-8	96-49-1	108-32-7	623-53-0
分子式	$C_3H_6O_3$	$C_5H_{10}O_3$	$C_3H_4O_3$	$C_4H_6O_3$	$C_4H_8O_3$
分子结构	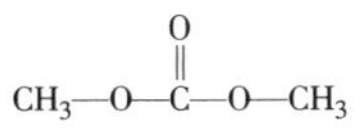	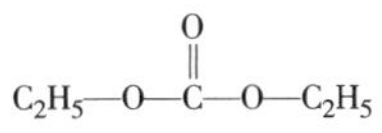	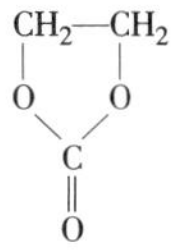	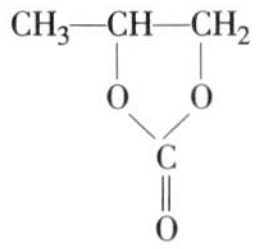	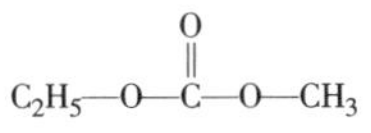
熔点/沸点/闪点	4 ℃/89 ℃/18 ℃	-43 ℃/126 ℃/33 ℃	39 ℃/248 ℃/157 ℃	-48 ℃/242 ℃/132 ℃	-55 ℃/109 ℃/23 ℃
密度（20 ℃）/(g·cm^{-3})	1.06	0.972	1.41	1.21	1.00
黏度（40 ℃）/(MPa·s)	0.59	0.75	1.9	2.5	0.65
介电常数/(C·(V·m)$^{-1}$)	3.1	2.8	85.1	65	2.9
还原/氧化电位	—	—	-3.0 V/+3.2 V	-3.0/+3.2 V	—
外观	无色透明液体	透明液体	无色针状或片状结晶，或白色结晶体	无色透明/微黄色液体	无色透明液体有水果香味
特性	有较强吸湿性，溶于乙醇、乙醚等有机溶剂，不溶于水	具有吸湿性，不溶于水，溶于醇、醚等有机溶剂，易燃，易爆	有较强吸湿性	有较强吸湿性	具有较强吸湿性，不溶于水，溶于醚、醇，化学性质不稳定，易分解成醇和二氧化碳

表 7.4 锂离子电池电解液添加剂物性数据

化学名称	环己基苯（CHB）	亚硫酸亚乙酯（ES、DTO）	氟代碳酸乙烯酯（FEC）	亚硫酸丙烯酯（PS）	碳酸亚乙烯酯（VC）
英文名称	Cyclohexyl Benzene	Ethylene Sulfite	Fluoroethylene Carbonate	Propylene Sulfite	Vinylene Carbonate
CAS 号	827-52-1	3741-38-6	114435-02-8	4176-55-0	872-36-6
分子式	$C_{12}H_{16}$	$C_2H_4O_3S$	$C_3H_3FO_3$	$C_3H_6O_3S$	$C_3H_2O_3$
分子结构	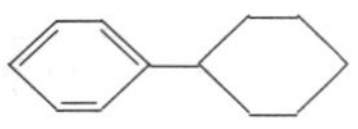	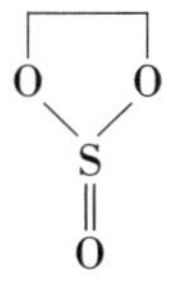	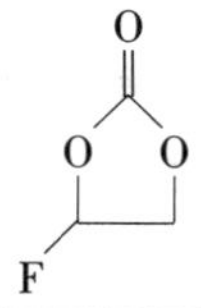	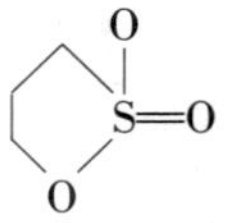	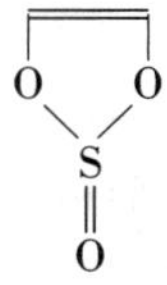
相对分子质量	160.26	108.12	106.05	122.1	86.05
熔点/沸点/闪点	7～8 ℃/239～240 ℃/98.0 ℃	—/172～174 ℃/79 ℃	19～20 ℃/210 ℃/120 ℃	—/76 ℃/—	19～22 ℃/165 ℃/73 ℃
密度(25 ℃)/($g \cdot mL^{-1}$)	0.95	1.426	1.454	1.322 5	1.355
折光率	1.523 0±0.005 0	1.445～1.447	1.453 8	—	1.420～1.422
外观	无色油状液体	无色液体	通常为无色透明液体，冬季为固体	无色液体	无色透明液体或白色固体
特性	易溶于醇、丙酮、苯、四氯化碳、二甲苯、不溶于水和甘油	DTO 的体积分数大于或等于98%	易吸水	—	水溶性 11.5 g/d
用途	具有防过充性能，应用于锂电池高温溶剂	优异的储存稳定性，提高电解液的低温性能，防止 PC 分子嵌入石墨电极	形成 SEI 膜的性能更好，形成紧密结构层但又不增加阻抗，能阻止电解液进一步分解，提高电解液的低温性能和循环寿命	可以提高电解液的低温性能，同时可以形成 SEI 膜防止 PC 分子嵌入石墨电极	有机成膜添加剂与过充电保护添加剂，具有良好的高低温性能及防气胀功能，可以提高电池的容量和循环寿命

5. 隔膜

隔膜在正负极之间起电子绝缘、提供锂离子迁移微孔通道的作用，是保证电池体系安全、影响电池性能的关键材料。尽管隔膜不直接参与电极反应，但它影响电池动力学过程，决定着电池的充放电、循环寿命、倍率等性能。隔膜材料首先必须具备良好的绝缘性，以防止正负极接触短路或是被毛刺、颗粒、枝晶刺穿而出现的短路，因此，隔膜需要具有一定的拉伸、穿刺强度，不易撕裂，并在突发的高温条件下基本保持尺寸稳定，不会熔缩导致电池的大面积短路和热失控。为了给锂离子电池提供实现充放电功能、倍率性能的微孔通道，隔膜必须是具有较高孔隙率而且微孔分布均匀的薄膜，要求其离子电导率较高。

锂电隔膜的性能要求及几种商品膜性能参数见表7.5。

表7.5 锂电隔膜的性能要求及几种商品膜性能参数

性能参数	基本要求	较高要求	商品化PP隔膜 Celgard2400	商品化PP/PE/PP 隔膜 Celgard2340	国内某公司 PE隔膜
厚度/μm	20～40	PE膜更薄(6)	25	38	12
Gurley值/s	200～800	—	620	780	253
孔隙率/%	大于30	40～60	41	45	38
平均孔径/μm	小于1	0.1～1	0.043	0.035	0.038
受热收缩(TD)/(1 h,90 ℃)	小于1%	1 h,180 ℃<2%	0	0	1.8%
受热收缩(MD)/(1 h,90 ℃)	小于5%	1 h,180 ℃<2%	5%	7%	4.7%
穿刺强度/g	大于100	—	450	550	233
横向拉伸强度/(kg·cm^{-2})	大于100	—	140	165	878
纵向拉伸强度/(kg·cm^{-2})	大于1 000	—	1 420	1 630	1 134
电化学稳定窗口/V	0～4.5	0～5.0	—	—	—
离子电导率/(S·cm^{-1})	—	大于1×10^{-3}	(0.6～1.0)×10^{-3}	(0.6～1.0)×10^{-3}	约1.0×10^{-3}

7.1.2 和膏

和膏，即将不同组分的材料与一定黏性物质混合得到膏状或浆状材料。在锂离子电池制作工艺中将颗粒状正负极活性材料与导电剂、黏结剂按照一定的配比配制、混合成浆料。浆料的好坏决定电极片的质量。

在实验室操作中,由于原料和设备限制,以及对单体电池质量比能量考究较少,一般不会过于提高活性物质比例。比如经典常见的比例是 8∶1∶1,即活性材料∶导电剂∶黏结剂质量比为 8∶1∶1,在实际应用中针对各种体系配比会有所改变,如还有:

①磷酸铁锂∶炭黑∶黏结剂=90∶5∶5;

②石墨∶CMC∶SBR∶炭黑=94.5∶1.5∶1.5∶2.5;

③硅∶炭黑∶海藻酸钠=7∶2∶1。

这些比例均是根据实际测试需要得来,主要目的是将活性材料与导电剂充分分散在黏结剂体系中,使其不脱落不掉粉,形成良好的导电网络,同时不导电的黏结剂比例也不能太高,防止电阻增大,因此控制配比和浆料的黏度极其重要。另外,如高镍 NCM 811 等易吸水材料应该使用真空搅拌机或者在湿度低于 5% 的干燥箱内操作。

操作实例:先将正极材料真空烘烤 2 h,取出后立即进行配料。取一个干净且干燥的称量瓶并做好标记,依次称取炭黑 0.100 0 g 和粉料 0.800 0 g 放入称量瓶中,加入 4 mL 质量浓度为 25 mg/mL 的 PVDF/NMP 溶液,开启磁力搅拌器,先低速(500 r/min)搅拌 2 h,再高速(1 000 r/min)搅拌 6 h。

7.1.3 涂膜

在 7.1.2 中,将活性物质和膏后得到一定黏度浆料,为制成极片,需要将其涂覆在集流体上,称为涂膜或涂布,这一步的关键在于涂膜的厚度及集流体的选择。

操作实例:用无水乙醇将自动涂膜机操作平台擦拭干净,取出的铝(铜)箔,用无水乙醇将正反面都擦拭干净。在做好标识的平整的铝(铜)箔上面放涂布器,根据需要调整涂布器厚度(正极用 70 ~ 200 μm,负极用 50 ~ 150 μm,保证正极活性物质负载量为 4 ~ 8 mg/cm^2,负极活性物质负载量为 1 ~ 5 mg/cm^2,将搅拌好的浆料倒在铝(铜)箔上。启动自动涂膜前进,涂布器匀速朝一个方向运动,再将涂膜好的铝(铜)箔放入 80 ~ 120 ℃鼓风干燥箱中烘烤 0.5 ~ 2.5 h。

7.1.4 辊压、裁剪

烘烤结束后,极片表面实际还较为松散,这样极片密度较低,会使电池放电容量少,内阻高,极化大;另外微观表面凹凸不平,有时颗粒较大甚至会刺破隔膜,为增加极片密度,平整表面,因此要对表面进行辊压。先用千分尺测其厚度,然后用对辊机进行辊压,需要注意的是,在使用中不能直接辊压到所需的厚度,而应该逐渐调小厚度,多次辊压。一般正极材料辊压到 80 μm 左右合适。

待辊压完成之后,取压好的极片进行裁剪。在无手动冲孔机情况下,可用剪刀裁剪或打孔器,但这样对之后计算电流密度时存在较大误差,且极片受力不均匀,容易造成粉体脱落。因此选择手动冲孔机进行裁剪冲孔,一般用直径为 14 mm 的模具,每张铝(铜)箔冲 10 个圆膜片(模具外圆压过的地方不能再取膜片)。冲孔结束后放入真空干燥箱,干燥出残留的水分和有机溶剂,一般在 80 ~ 120 ℃真空干燥箱中烘 4 ~ 24 h。

7.1.5 电池组装

将烘好的极片使用十万分位精密天平准确称量，扣除集流体、黏结剂、导电剂的质量，得到每个极片的活性物质质量，然后转移到水、氧质量比小于或等于 1 μg/g 的手套箱中。

在铺好无尘纸的平台上平行摆放好扣式电池外壳的正极壳；将称取好的正极片贴在正极壳正中，注意有粉料的一面朝上；在正极片上（有粉料的一面）滴上 1 ~ 3 滴电解液，再将冲好的隔膜（19 mm）放在上面（放在正中间）；在隔膜上滴 1 ~ 3 滴电解液，将金属锂片放在隔膜上，注意要与极片对齐（放在正中间，使其完全覆盖极片）；在锂片上方放置垫片、弹片，盖上负极壳；转移到纽扣电池封口机上，进行封口，取出，擦干电解液，装回自封袋，转移出手套箱；静置 12 h 以后等待测试。

7.2 18650电池设计及制造

18650是日本SONY公司发明的一种标准性的锂离子电池型号，其中“18”表示直径为18 mm，“65”表示长度为65 mm，“0”表示圆柱形电池，是最早的、工艺最成熟的标准化锂离子电池型号。在过去近20年里，以18650为代表的圆柱电池一直是锂离子电池产业中的排头兵。不管是新能源汽车领域还是3C类消费电池领域，18650都以其固定体积容量和高安全性得到广泛使用，但是其体积较小、单体能量低也限制了其发展。

2013年电动汽车巨头特斯拉旗下的Roadster和Model S两款电动车搭载了7 000多节18650电池。选择的原因在于，在当时使用18650的能量密度更大且稳定性与一致性更好，另外18650可以有效降低电池系统的成本。但实际上，为了管理这么多电池，特斯拉设计了巨大和复杂的BMS管理系统（battery management system）对每一个电池进行管理，并采用水冷系统进行散热，这样无疑降低了整体电池的能量密度。基于此，在Model 3上，特斯拉采用了更加先进的21700圆柱锂离子电池，现在又采用了4680大圆柱电池。

但是，在整个锂离子电池巨大领域中，18650电池仍占据大量的市场份额，其标准化生产也为每种新型号电池的生产制造提供借鉴。因此，本节主要介绍经典的18650电池的生产制作，其生产制备流程图如图7.3所示，电池制作基本分为制片、装配、化成、包装四大车间，根据采用的卷绕工艺、电池形状、设计容量、材料体系等会略有调整。

7.2.1 正负极材料匀浆

匀浆即和膏，正极匀浆流程示意图如图7.4所示。同扣式电池和膏类似，18650电池的正负极材料匀浆过程也是将正负极材料与黏结剂、导电剂、溶剂制成浆料，但容器放大，检验控制更为严格，主要控制物料比、搅拌速度、时间等工艺参数。

在这一步还需要控制：

(1)胶液的黏度、固含量、外观。

①胶液的黏度、固含量：按工艺标准进行检验和控制。

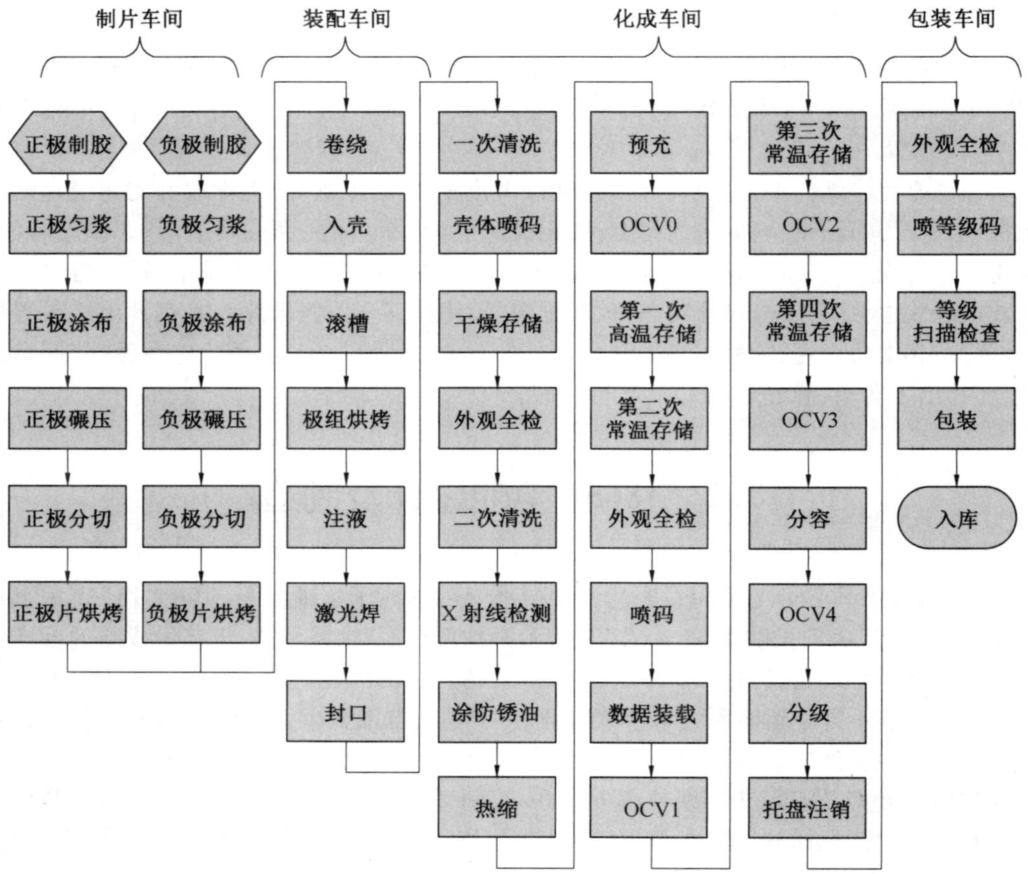

图7.3　18650电池生产制备流程图

②胶液的外观要求:无色透明黏稠状、均匀、无白点、无沉淀、无杂质等。

(2)粉体过筛。

①筛网目数:粉体150目、Super-P 100目。

②筛网外观:筛网无破损、网目无干料及杂质堵塞等现象。

③真空输送管:无堵塞、通气不顺现象,罐体清洁无污物、杂质。

(3)除铁:来料和除铁后铁、铜、镍质量比均要小于100 μg/g。

(4)浆料的黏度、固含量、外观。

①浆料的黏度、固含量:按工艺标准进行检验和控制。

②胶液的外观要求:黑色均匀黏稠状胶体、无气泡、杂质、大颗粒、絮状凝胶、油污、沉淀等现象。

(5)抽真空要求:真空度为0.085~0.1 MPa。

(6)干混罐残留物的清除:罐内清洁,无污物、杂质。

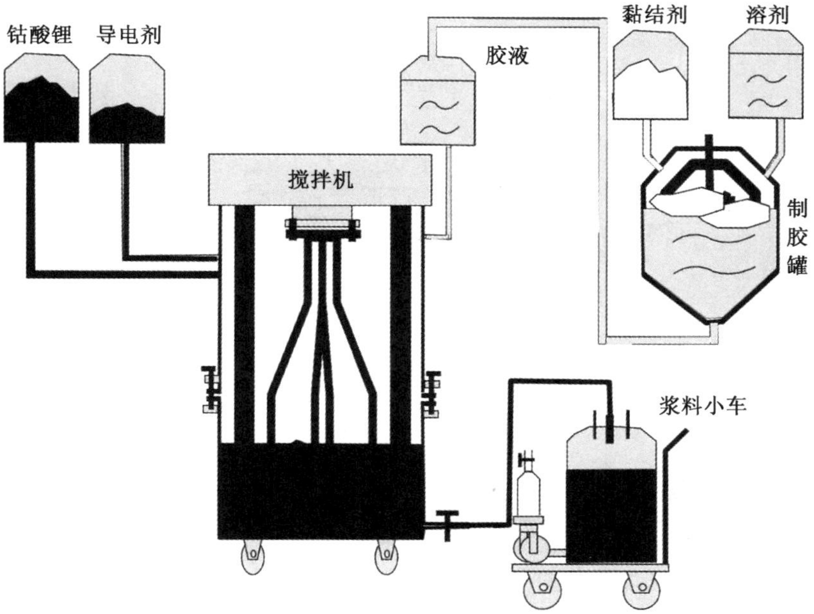

图 7.4 正极匀浆流程示意图

7.2.2 涂布

涂布即涂膜,其示意图如图 7.5 所示。目前涂布技术主要有辊式涂布、喷嘴涂布、刮板涂布等多种形式。涂布的过程包括:放卷→接片→拉片→张力控制→涂布→干燥→自动纠偏→张力控制→自动纠偏→收卷。涂布的一致性受多个因素影响,如涂布机构的制作精度、设备运行的平稳度以及涂布时箔材动态张力的控制、烘干过程中风量大小和温度曲线控制等。

在这一步需要控制:

(1)箔材外观:表面、切面平整,色泽均一,无明显亮线、明显凹凸点、暗痕条纹等,边缘无明显翘边和褶皱,无掉粉,管芯无生锈。

(2)箔材厚度:铜箔(10±2) μm;铝箔(16±2) μm。

箔材面密度:铜箔(8.75±0.4) mg/cm^2;铝箔(4.32±0.4) mg/cm^2。

箔材宽度:铜箔(610±2) mm;铝箔(600±2) mm。

(3)料槽浆料的高度:料槽的 2/3 高度。

(4)浆料涂布前放置时间:小于或等于 8 h。

(5)涂布时的走速:10 m/min。

(6)A 面敷料量:正极为(25.16±0.5) mg/cm^2;负极为(10.94±0.18) mg/cm^2。

B 面敷料量:正极为(21.16±0.48) mg/cm^2;负极为(11.04±0.18) mg/cm^2。

A、B 面涂敷对齐度:正极为首齐(小于或等于 1.0 mm);负极为首齐(小于或等于1.0 mm)。

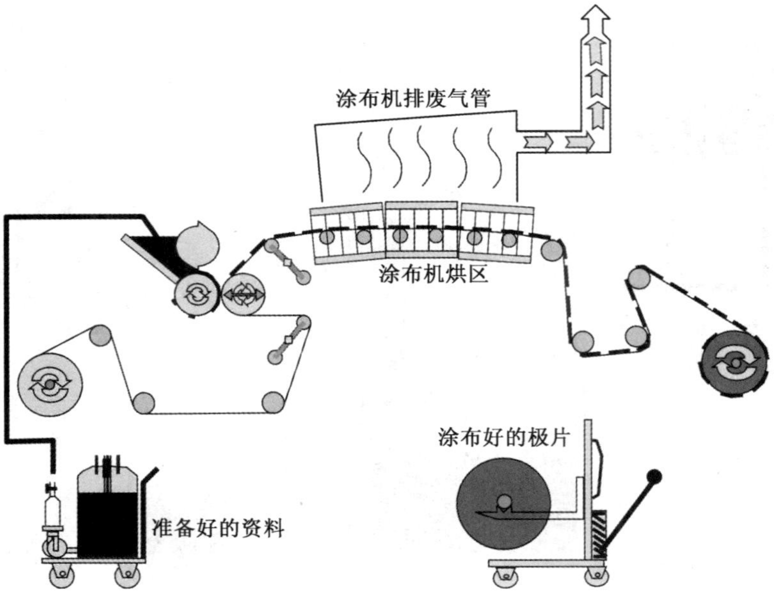

图7.5 涂布示意图

(7)极片压边宽:正极为(5±1) mm;负极为(5±1) mm。

(8)失重比:小于或等于0.2%。

7.2.3 辊压

涂布好的极片在进入裁剪工序前须进行辊压,如图7.6所示。辊压的目的是减小极片体积,提高电池的能量密度,使活性物质、导电颗粒接触更为紧密,提高极片的电子导电率,同时辊压可以提高涂布质量,增加材料与箔材之间的黏附力,使活性物质变得密实且均匀统一,可以有效减少极片在电池循环过程中掉料等情况的发生,提高电池的循环性能和安全性能。辊压的设备是辊压机,分为普通对辊压机和加热辊压机。与普通对辊压机相比,极片压实到特定压实密度时,加热辊压机所需压力更小,所得到的极片质量更好。

在辊压时,需要控制:

(1)辊轮走速:正极小于或等于30 m/min;负极一次碾压,小于或等于30 m/min;负极二次碾压,小于或等于20 m/min。

(2)压力:正极130~170 t;负极100 t。

(3)张力:正极,放卷张力初值设定为(5.0±1) N,收卷张力初值设定为(7.5±2) N;负极,放卷张力初值设定为(5.5±2) N,收卷张力初值设定为(7.5±2) N。

(4)厚度:正极,135~140 μm;负极,一次碾压(180±3) μm,二次碾压(158±3) μm。

(5)极片外观:收卷整齐,极片无结疤、断片、折皱、掉料不良。

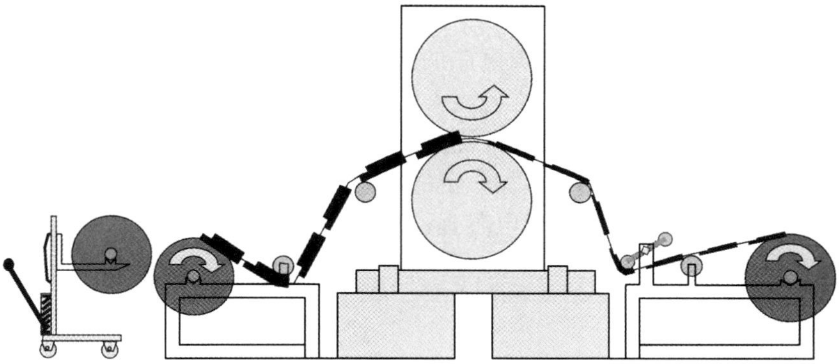

图7.6 辊压示意图

7.2.4 分切

经过涂布后的极片不能直接使用,需要根据实际电池设计需要进行裁剪,得到合适的长度和宽度。

在分切时,需要注意:

(1)辊压后的极片卷须在5～10 min内放入自动间隙式剪片机上开始裁片。

(2)正负极片间隙式剪片机应严格区分开来,不得混用,否则易造成极片毛刺或裁不断现象。

(3)小片宽度:正极,(56±0.1) mm;负极,(58±0.1) mm。

(4)毛刺小于或等于12 μm。

(5)极片弧形度:正极,660 mm长(一片),弧高小于或等于0.66 mm;负极,679 mm长(一片),弧高小于或等于0.68 mm。

7.2.5 极片烘烤

在涂布时因为自带加热系统,会将极片进行初步干燥,但是此时极片中还存在少量的溶剂和水分,如果不去除会影响电池性能,所以必须进行极片烘烤。另一个目的在于释放由辊压产生的应力,减少电芯变形。

在极片烘烤时,需要控制:

(1)烘烤温度和时间:正极主加热设定温度为(75±2) ℃,辅加热设定温度为(45±2) ℃,烘烤时间为8 h。负极主加热设定温度(65±2) ℃,辅加热设定温度(40±2) ℃,烘烤时间为10 h。加热启动压力小于或等于100 Pa,真空泵运作压力大于或等于300 Pa,N_2保护降温,主加热温度降低到50 ℃以下时取出。

(2)极片外观:无掉料、烤黄,无烘烤不干。

(3)烘室清洁:洁净、无尘。

(4)探针:贴牢在极片涂层上、无损坏、露头10 mm。

7.2.6 卷绕

卷绕是将正负极极片和隔膜卷成电芯的过程。如图7.7所示,将长度为负极极片2倍的隔膜对折,在卷绕针上固定好,之后放入负极片,用指针先绕一圈固定好,再放下一层隔膜,固定好之后放入正极片,然后经卷绕机卷绕成电池电芯。为了使极片与隔膜卷绕平整,卷绕时需对正负极极片及隔膜施加一定的压力,使三者有一定紧密程度。因此,需要控制卷绕电芯的松紧度,太松会造成电芯直径过大,无法将电池放入钢壳中,太紧则会造成电芯无法从卷针上拔出。

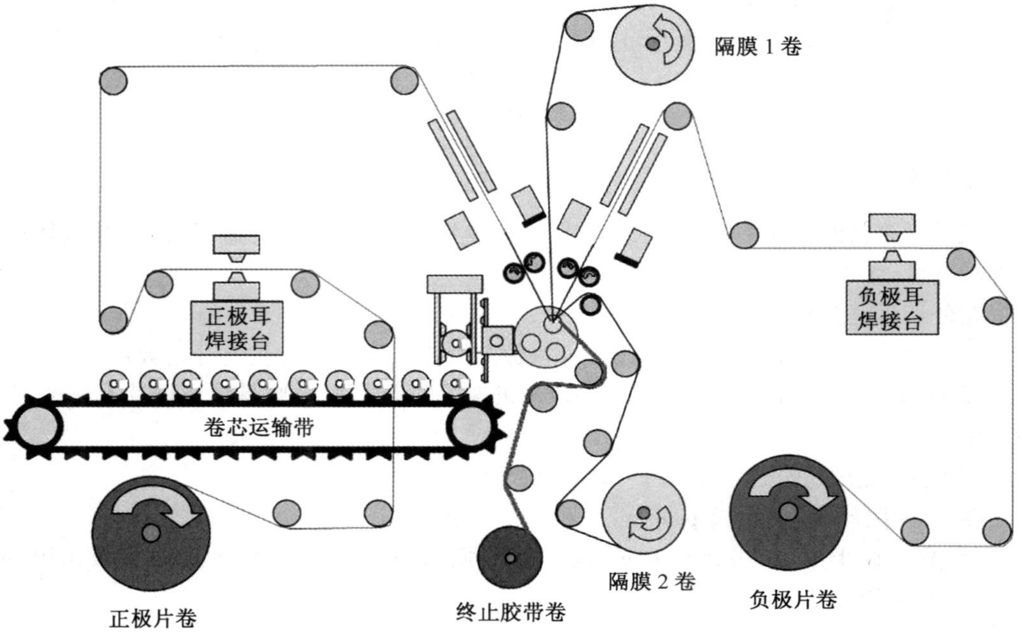

图7.7 卷绕示意图

在卷绕时,需要控制:

(1)卷针外观:表面无损伤及毛刺等不良。

(2)卷绕张力:正极缓冲轮张力,负极缓冲轮张力,隔膜纸张力依工艺标准设定。

(3)对齐度:从卷芯边缘方向,负极完全包住正极,尺寸要求为(1±0.7) mm;宽度方向隔膜完全包住负极,尺寸要求为(1±0.5) mm。

(4)极片裁切毛刺:正负极片裁切后进行毛刺检测,毛刺小于或等于12 μm。

(5)极耳焊接拉力:正负极耳焊接拉力均大于或等于15 N。

(6)烫孔外观:烫孔无变形,隔膜平整、无褶皱破损、依附芯孔壁、无反弹堵孔。

(7)阻抗:检测电压为500 V,内阻小于或等于20 MΩ为短路。

(8)卷芯外观:卷绕整齐,依制程检验标准检验。

7.2.7 注液

在卷绕入壳后，即要进行注液。电池内部需要保证无水，电解液本身也极易吸水和氧化，在注液过程中需要控制注液环境。电解液的用量根据极片的吸液量以及电池设计时的容量计算。电解液不足会造成活性物质无法充分浸润，不能充分发挥电池容量，降低电池的循环寿命；电解液过多则会增大电池的内阻，影响倍率放电性能，同时也造成电池生产成本的上升。

在注液时，需要控制：

(1)电解液的含水量：含水量小于或等于 20 μg/g。

(2)注液量：(5.3±0.2) g。

(3)外观：无端口变形、破损，无高温胶纸脱落、无极耳断裂。

在注液之后，即要进行激光焊接极耳，封口，得到密封电池。

7.2.8 清洗

与软包电池工艺不同的是，圆柱电池需要进行清洗。如图 7.8 所示，清洗前电芯外观符合来料等级，清洗后电芯表面无水珠，无电芯表面发黄，清洗过程无卡料；电芯在转化成后须在 10 min 内清洗完毕。

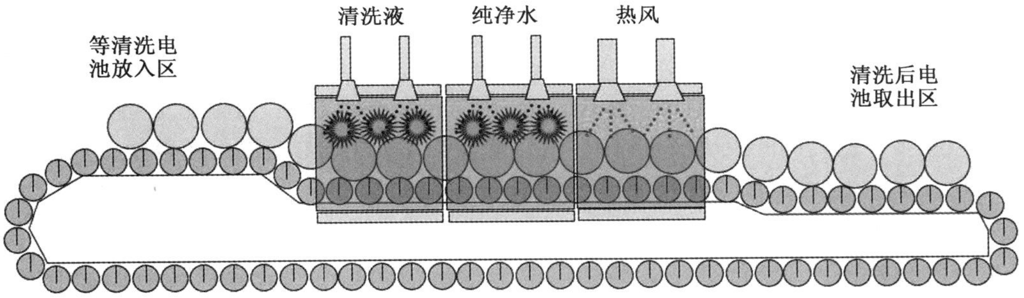

图 7.8 清洗示意图

7.2.9 化成

组装后的电池，被给予一定的电流，使得电池正负极活性物质被激发，最后使电池具有放电能力的电化学过程称为化成。不管哪种电池均要进行化成，可以控制温度压力等外部条件辅助。

以下为一种 18650 电池化成方法操作实例，包括以下步骤。

(1)电池注液后常温搁置 24 h，待极片和隔膜充分浸润后上化成柜。

(2)保护电压设置为 3 850 mV，分 4 个阶段恒流充电至 3 850 mV：0.04 C 电流充电 30 min；0.05 C 电流充电 120 min；0.1 C 电流充电 60 min；0.2 C 电流充电至 3 850 mV。

(3)测开路电压及内阻，将未化成、内阻大于 20 mΩ 或电压小于 3 700 mV 的电池筛选出来，其余为合格品。

(4)将合格电池采用先恒流后恒压模式以0.5 C充电至满电压4 200 mV,截止电流为0.01 C,静置15 min,恒流0.5 C放电至3 750 mV,化成结束。

7.3 铝壳锂离子电池设计

由于钢壳圆柱电池较重,在发生电池失效爆炸时会带来较大破坏,因此,铝壳锂离子电池应运而生。铝壳锂离子电池即是一种用铝合金材料制造外壳的电池,铝壳的材质一般为铝锰合金,它的主要成分为Mn、Cu、Mg、Si、Fe等,这5种金属在锂电池铝壳中发挥着不同的作用,如Cu和Mg能提高强度与硬度,Mn能提高耐腐蚀性,Si能增强含镁铝合金的热处理效果,Fe可以提高高温强度。这种结构膨胀系数较低,安全性能高。因此铝壳锂离子电池是目前液态锂离子电池的主流,几乎应用于锂电池涉及的所有领域。

7.3.1 锂离子电池设计的基本原则

1. 容量过量

电池制程原因引起的敷料损耗、电池前几次充放电引起的容量衰减、电池储存引起的容量衰减、电池检测设备引起的误差等各种原因,可能导致电池实际容量达不到标称容量的要求,因此电池设计时,设计容量必须高出电池标称容量3%~5%(甚至7%)。

2. 负极过量

锂离子电池的基本原理为锂离子电池在正负极材料间的可逆嵌入和脱出,且材料克容量随着电池循环次数的增加而降低。若负极容量低于正极容量,当电池充电时,从正极过来的锂离子不能全部嵌入负极材料中,便会在负极表面堆积形成不可逆容量,造成电池容量的急剧下降,且容易形成锂枝晶引起电池安全隐患,因此电池设计时,单位面积上的负极容量需高出正极容量3%~5%。

3. 负极包住正极

同负极过量原则,电池设计时必须保证有正极敷料的地方对应有负极敷料。

4. 正负极隔离

电池设计时须保证正负极的完全隔离,否则会引起短路爆炸等。这要求隔离膜比负极片宽,卷绕时有重叠;容易引起短路或隔离膜损坏的地方用胶纸等进行保护。

7.3.2 铝壳锂离子电池设计的内容

铝壳锂离子电池设计包括:五金件设计和电芯设计。五金件设计即外壳设计,包括铝壳尺寸设计和盖帽尺寸设计。电芯设计包括:卷针尺寸设计,极片尺寸设计,隔膜尺寸设计,正负极敷料设计,刮粉位、留粉位尺寸确定,极耳尺寸设计,注液量设计等。

1. 五金件设计

(1)电池尺寸参数:厚度H_0、宽度W_0、高度L_0。

(2)铝壳尺寸设计:

①铝壳尺寸参数：外厚 $H_{外}$、外宽 $W_{外}$、外高 $L_{外}$、正壁厚、侧壁厚、底厚、内厚 $H_{内}$、内高 $W_{内}$、内高 $L_{内}$。

②铝壳尺寸参数设计：

$H_{外}=H_0-(0.2\sim0.4)$ mm；$W_{外}=W_0-(0.2\sim0.3)$ mm；$L_{外}=L_0-(1.0\sim1.5)$ mm。

正壁厚为（0.20 ~ 0.40）mm；侧壁厚为（0.30 ~ 0.40）mm；底厚为（0.50 ~ 0.60）mm。

$H_{内}=H_{外}-2\times$正壁厚；$W_{内}=W_{外}-2\times$侧壁厚；$L_{内}=L_{外}-$底厚。

③盖帽尺寸参数：长度、宽度、厚度、铆钉位置、铆钉尺寸、边缘、连接片宽度、连接片长度、密封圈尺寸等。

④盖帽尺寸参数设计（主要由结构工程师根据铝壳尺寸完成）。

2. 电芯参数设计

（1）卷针设计。

①方卷针厚度为 1.5 ~2.0 mm；

②方卷针宽度≈壳内宽-壳内厚-卷针厚度-C（经验系数，$C>0$）；

③壳内厚-0.2（余量）≈卷芯厚度；

④圆卷针与方卷针换算：方卷针宽度=（圆卷针直径×（π-2）×方卷针厚度）/2+C（经验系数）。

（2）隔膜纸尺寸设计。

①隔膜纸宽度=壳内高-（2 ~2.5）mm=电池高度-（3.5 ~4）mm；

②隔膜纸长度=2×负极片长度+（16 ~25）mm（使用圆卷针时此值要大于使用方卷针）。

（3）极片尺寸设计。

①正极片宽度=负极片宽度-（1 ~2）mm（电池高度-6 mm）；

负极片宽度=隔膜纸宽度-2 mm（电池高度-5 mm）。

②正极片长度=正极片折数×正极片平均折长；

负极片长度=负极片折数×负极片平均折长。

③正极片折数≈壳内厚/（0.33 ~0.35）；负极片折数=正极片折数-1。

④正极片厚度=铝箔厚度+附料厚度=铝箔厚度+（面密度/压实密度）；

负极片厚度=铜箔厚度+附料厚度=铜箔厚度+（面密度/压实密度）。

（4）面密度设计。

正极面密度=（正极附料量-（0.05 ~0.1）g）/[正极片长度-1/2×（刮粉位之和）]≈（41 ~46）mg/cm^2；

负极面密度=正极面密度×正极克容量×正极活性物含量×（1.25 ~1.45）/（负极克容量×负极活性物含量）≈（18 ~21）mg/cm^2。

（5）附料量设计。

正极附料量=标称容量×（1.035 ~1.065）/正极克容量/正极活性物含量。

（6）极耳尺寸设计。

①极耳宽度=（3 ~5）mm；

②正极耳长度≈负极片宽度+电池厚度$-C_1$(经验系数,可建公式近似计算);

③负极耳长度≈负极片宽度+电池厚度$-C_2$(经验系数,可建公式近似计算)。

(7)刮粉位、留粉位尺寸确定。

正极:A=正极耳宽度+(0~0.5);B≈方卷针宽度$-A-1/2\times C$;$C=2\times F$(负极)+(6~10)mm;

负极:E=负极耳宽度;$F=E+2$ mm。

(8)注液量设计。

注液量=电池设计容量/(310~320)。

3. 电芯设计需要注意的几个问题

(1)电芯厚度。

①套壳时电芯厚度。

套壳时电芯厚度=(正极厚度+负极厚度+隔膜厚度)×空隙率系数+0.1 mm;

正极厚度=(正极片辊压厚度+烘烤反弹厚度)×(正极片折数-1)+铝箔厚度;

负极厚度=(负极片辊压厚度+烘烤反弹厚度)×负极片折数;

隔膜厚度=隔膜规格厚度×负极片折数×2。

②正面套壳空间。

正面套壳空间=铝壳内厚-套壳时电芯厚度≥0。

③侧面套壳空间。

侧面套壳空间=壳内宽-卷针宽度-卷针厚度-套壳时电芯厚度=(0~1)mm。

(2)电池厚度。

①设计电池厚度。

设计电池厚度=(正极厚度+负极厚度+隔膜厚度)×空隙率系数+2×壳正壁厚;

正极厚度=(正极片辊压厚度+分容后反弹厚度)×(正极片折数-1)+铝箔厚度;

负极厚度=(负极片面密度/分容后压实密度)×负极片折数;

隔膜厚度=隔膜规格厚度×负极片折数×2。

②电池厚度空间。

电池厚度空间=电池厚度规格上限-设计电池厚度=(0.2~0.5)mm。

(3)电池孔隙率。

①电池孔隙率=(铝壳内部空间-正极所占空间-负极所占空间-铜铝箔所占空间-隔膜纸所占空间)/铝壳内部空间。

铝壳内部空间=壳内高×壳内宽×壳内厚;

正极所占空间=正极附料量/正极真实密度;

负极所占空间=负极附料量/负极真实密度;

铜箔所占空间=铜箔长度×铜箔宽度×铜箔厚度;

铝箔所占空间、隔膜纸所占空间计算同上。

②注液系数。

注液系数=注液量/电解液密度/(铝壳内部空间×电池孔隙率)≈(0.7~0.9)。

本章参考文献

[1] 邓龙征，吴锋，高旭光，等. 涂碳铝箔对磷酸铁锂电池性能影响研究[J]. 无机化学学报，2014，30(4)：770-778.

[2] 刘铁峰. 高倍率磷酸铁锂复合材料制备及电极导电粘结剂的研究[D]. 哈尔滨：哈尔滨工业大学，2016.

[3] 阮泽文. $LiNi_{(1-xy)}Co_xAl_yO_2$ 高镍三元正极材料的制备及改性研究[D]. 哈尔滨：哈尔滨工业大学，2016.

[4] 张亮. 锂离子电池高电压电解液的研究[D]. 北京：中国科学院大学（中国科学院过程工程研究所），2017.

[5] 王畅，吴大勇. 锂离子电池隔膜及技术进展[J]. 储能科学与技术，2016，02：120-128.

[6] 纪继坤. 实验室锂离子电池制作测试体系工艺研究[D]. 天津：河北工业大学，2015.

[7] 臧凯玲. 一种锂离子电池化成方法：CN105489943A[P]. 2016-04-13.

第 8 章　锂离子电池生产线及设备

如前文所述，磷酸铁锂、三元材料等正极材料的制备方法已经趋于成熟，且早已经实现商业化。锂离子电池包括正极、负极、隔膜、电解液、外壳，正极材料只是其中一环，如何成功制作一个良好的电池关乎对这个材料的评价，因此，建立完善的实验室，掌握标准的制作方法至关重要。另外，“工欲善其事，必先利其器”，合适的设备及产线也是制备材料的关键。本章主要介绍三元正极材料实验室生产线、扣式电池实验室建设和软包电池生产线，为初学的科研人员提供一些借鉴。

8.1　三元正极材料前驱体实验室生产线

目前，共沉淀法是三元正极材料的主流生产方法。由于锰离子的溶度积常数低于镍钴，所以需要加氨水等络合剂实现共沉淀，加上强碱 NaOH 参与，实际反应较为复杂。尤其是电池对材料的振实密度要求高，这要求三元材料具有一定的球形度和粒径分布。然而根据实践经验，在 2 L 以下的烧瓶或者烧杯中，剪切力和碰撞力较小，较难合成高振实密度和球形度的三元前驱体。实验室一般需要配置 3 ~ 5 L 的反应釜进行前驱体合成，具体需要的设备有 3 ~ 5 L 玻璃(或不锈钢)反应釜、电动搅拌机、恒温循环热水机、蠕动泵、pH 计、氮气气瓶、循环水真空泵、抽滤瓶、布氏漏斗等。后续干燥、煅烧还要配备鼓风干燥箱、球磨机、箱式炉、管式炉等。具体的实验参数需要根据实际体系进行调控，在这里不多做叙述。本节以常州九朝新能源科技有限公司 20 L 中试试验线为例(图 8.1)，分别介绍相关操作流程和仪器设备，便于读者在建设实验室时有所参考。

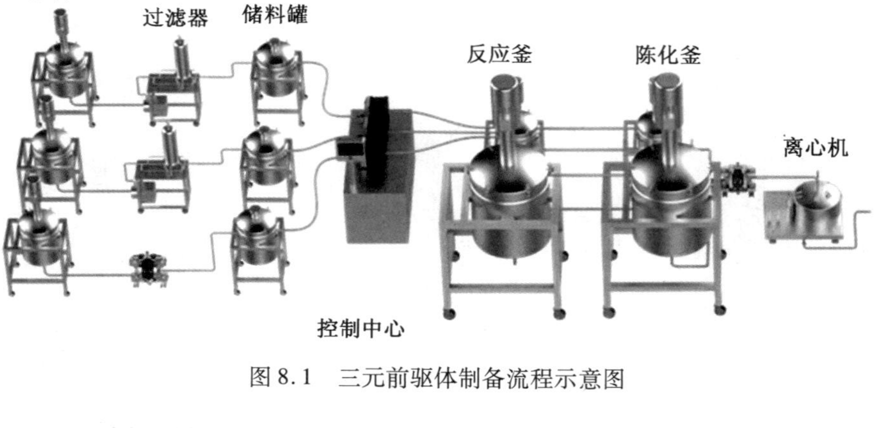

图 8.1　三元前驱体制备流程示意图

8.1.1　配料搅拌釜

根据前文所述，三元材料大致有镍钴锰体系、富锂锰体系、镍钴铝体系，顾名思义，一般由 3 种金属盐参与形成前驱体，这 3 种金属盐可以选用硫酸盐、乙酸盐、硝酸盐等。另外，选用氢氧化钠或碳酸钠作为沉淀剂，选用氨水或 EDTA 等作为络合剂。因此，在进行反应配料时，需要有 3 种配料罐，值得一提的是，有部分工艺会将络合剂和沉淀剂混在一起，在镍钴铝体系里，会将铝盐单独进料，因此根据实际需要调整配料罐个数。

配料即将去离子水和药品配制成一定浓度的溶液。在试验中可以用烧杯盛放，但是一旦放大，不仅容器不够大，且搅拌溶解都较难，尤其是镍、钴、锰的金属盐溶解较慢，氢氧化钠等溶解放热，氨水挥发等都会带来效率和安全问题。因此需要使用合适大小的配料搅拌釜。

如图 8.2 所示，配料搅拌釜采用 316L 材质的不锈钢反应釜体和三叶斜桨，搅拌速度在 0 ~ 300 r/min 可调，釜盖配有视窗，用于投料和观察物料溶解情况，并且配备夹套加热，可实现物料的快速溶解。也可通入循环冷却液，用于氢氧化钠溶解的放热降温，延缓氨水挥发。

图 8.2 配料搅拌釜实物图

8.1.2 精密过滤器

溶液完全溶解后，并不能马上使用，由于工业级原料中含有部分不溶性杂质，需要用精密过滤器对其进行过滤，防止杂质对前驱体干扰，如图 8.3 所示。

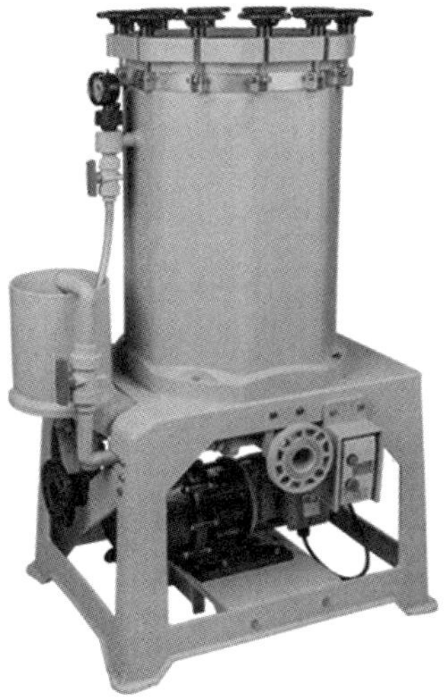

图 8.3 精密过滤器实物图

8.1.3 储料罐

物料按照配方完成溶解、过滤后需要储存在储料罐中以便连续生产。

储料罐又称平衡罐，一般采用 316L 不锈钢，与配料罐一样，配备相应数量的储料罐分别储存不同的物料。对于 20 L 的生产线，20 L 的储料罐即可满足要求，若一条产线中一个反应釜需要搭配多个陈化釜或一套配料系统多条反应线同时使用，也就是当配料釜的一次配料无法满足整条产线生产需要但又要实现连续生产时，只需不断进行配料，将配好的料抽入储液罐中，从而实现连续化生产。

8.1.4 共沉淀反应釜

共沉淀反应釜是三元材料前驱体制备的核心设备。根据合成目标材料的不同，对反应釜应该进行独特设计，一般以高镍三元材料的反应最为苛刻，需要严格控制反应釜内进料速度、气氛、温度、pH、转速等。在实验室中经常采用手动滴加，但是这样带来 pH 的波动往往影响材料的性能。因此全自动三元共沉淀反应釜应运而生,作为人机友好型机器,反应釜会调控进料速度以控制 pH 恒定,大大解放了人力投入,提高了试验精度。

如图 8.4 所示,共沉淀反应釜由主体、控制电柜、电机、器盖、进料口、清洗口、视窗、挡流板、导流筒、搅拌器、夹套、加热系统、支撑及传动轴承、轴封装置、升降系统等组成;同时还有配套的 pH 计、蠕动泵、循环热水泵、自动控制系统等。此款反应釜采用的是机械密封,可保证反应过程中与空气隔绝;挡流板和导流筒的作用是使搅拌过程中液体之间无规则充分接触反应;溢流的物料可通过溢流口流入陈化釜中继续反应;夹套用于实现控制反应温度;釜盖视窗和侧面视窗可实现观察反应过程中物料的变化情况;自动升降可在试验完成后轻易打开釜盖,清洗反应釜;pH 计口,可实现插入 pH 计同时根据需要使 pH 计测量反应釜内某一深度位置的 pH。自动控制系统可以实现控制反应釜转速、pH、进料速度、温度、反应时间、记录数据等,其中 pH 的控制精度要求在±0.03 以内。另外,最近市场还出现黏度指示型反应釜,可观测和控制反应釜。

(a)

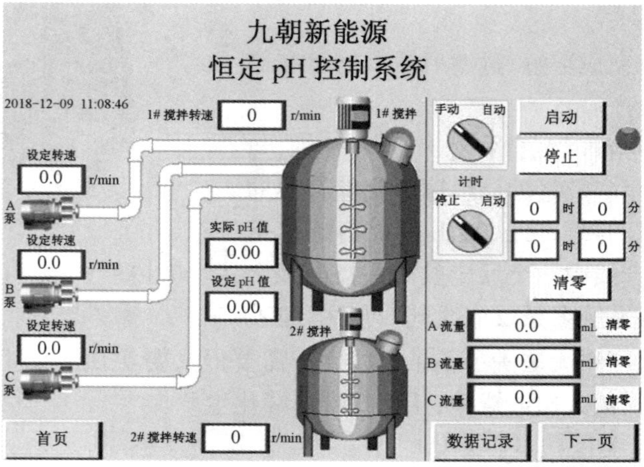

(b)

图 8.4 全自动共沉淀反应釜及 pH 控制系统

8.1.5 离心清洗机

共沉淀反应完成后，所得的浆料较为黏稠，需要进行分离。工业级常用板框压滤机，实验室常用小型循环水泵抽滤，但是对于 20 L 当量的产物来说，离心清洗机较为实用。

如图 8.5 所示，离心机内部材质为 316L 不锈钢，主要构造分别是高速电机、转鼓和滤布。转速快慢决定离心力的大小，转鼓的大小决定一次清洗物料的多少，滤布将直接选择清洗后留下的物料粒径大小。离心分离就是借助离心力的作用，将附着在前驱体表面的水分通过滤布除去，留下无法通过滤布的滤饼。离心机中滤布的选择很重要，需要根据 pH 等选择滤布材料，根据物料粒径大小和黏稠度等选择滤布目数，通常可以选择 2 000 目，转速根据实际需要调整即可。

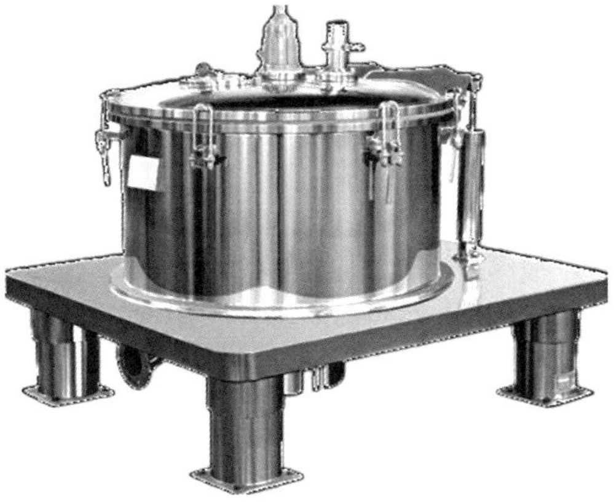

图 8.5 离心清洗机实物图

8.1.6 其他辅助仪器

(1) 去离子水机。由于自来水中含有大量的氯离子、钙离子、镁离子等，若用其配制原始溶液，将会对试验造成很大的不良影响。因此需要制备去离子水，与原料搅拌形成混合溶液。

(2) 天平。配制原始溶液时需要按照不同的比例配方进行配制，因此对原料的质量需要精准把握，按配方进行配比。连续生产中可改为自动称量进料系统。

(3) 抽料泵。用来转移溶解好的原始溶液到储料罐和转移反应好的前驱体浆料到离心机。注意泵管道不能被物料污染和腐蚀，一般可选用气动隔膜泵。

(4) 干燥箱。将离心所得的滤饼进行干燥以得到干燥前驱体。

8.2 扣式电池实验室建设

在 8.1 节中制得的前驱体经过混锂煅烧，球磨过筛后，即得到可用的正极材料粉末。如何制备电池在第 7 章已充分说明，本节以扣式电池的制备过程为例，分别介绍相关的仪器设备，便于读者建设实验室时参考。

8.2.1 小型真空搅拌机

在将活性物质、黏结剂、导电剂、溶剂混合成料浆时，对于材料较少且不怕吸水的情况可先用玛瑙研磨做简单混合，后转移到称量瓶中，使用磁力转子搅拌4～24 h即可。然而对于$LiNi_{0.8}Co_{0.1}Mn_{0.1}O_2$等高镍三元正极材料来说，由于其高pH和高三价镍特性，非常容易吸水，在空气中搅拌会吸水形成果冻状。另外环境温度较高，搅拌过程会有溶剂挥发使浆料变黏稠。由于磁力转子剪切力不够带来分散不均匀等问题，因此对于扣式电池的正负极材料和膏混合过程，可选用小型真空搅拌机。

如图8.6所示，真空搅拌机由搅拌桶、搅拌盖、搅拌动力头、温控装置、升降装置、锁桶装置及控制系统等组成，是集真空混合搅拌、分散功能为一体的高效设备。使用时先抽真空，排除气泡，保证体系水含量低，气泡少，分散均匀，且具有用时较短，处理量可调等特性。

图8.6 小型真空搅拌机实物图

8.2.2 自动流延涂布机

和膏完成，达到理想的黏度后，即开始涂布，实验室水平一般采用小型流延涂布机。首先将集流体（一般正极采用铝箔类，负极采用铜箔类）平铺在涂布面板上，打开真空系统，采用真空吸附住集流体，然后将和膏完成的浆料倒在起点，设定精密刮刀的厚度，使用移动推杆推动刮刀以恒定的速度向终点移动，得到一定厚度的涂有料浆的正负极片。之后可使用机器配有的加热系统，将湿的极片进行干燥，也可以转移到鼓风干燥箱进行干燥。

如图8.7所示，自动流延涂布机一般由真空涂布平台、可控速推杆、加热系统、真空系统、刮刀等组成。根据制作电池大小和料浆多少可选不同尺寸的涂布机和集流体尺寸。在推杆推进过程中速度不能太快，以免涂布不均匀。

图8.7 流延涂覆机及刮刀

8.2.3 电动辊压机

辊压机实物图如图 8.8 所示，又称对辊机、轧机、压片机，它是通过上、下两辊相向运行产生的压力对原料进行挤压加工，满足所需要的工艺要求。两辊采用 9Cr2Mo 钢制作，辊面淬火深度 5 mm，具有可调节、高硬度、高精度、自动化、易操作等优点。极片辊压机主要是由两个相向同步转动的高硬度压辊组成，一个为固定辊，一个为活动辊。通过电机带动固定辊运转，从而活动辊跟随固定辊相向同步运转，根据所需工艺要求，调整两辊的间隙，然后将涂布烘干后的极片从进料托盘送入，在两辊调试好的间隙及压力的作用下，极片受到高压作用后，由原先蓬松状态变成密实状态的极片，致密度得到明显的提高，达到工艺所需要求。

图 8.8 辊压机实物图

8.2.4 手动冲孔机

待大张极片经过辊压后，需要经过切片冲孔成扣式电池所需形状。一般采用手动冲孔机，如图 8.9 所示，主体结构采用不锈钢，模具采用淬火钢。冲孔机可用于正负极片、隔膜的冲孔，但是需要使用不同直径的模具，对于装配 CR2016、CR2025、CR2032 等电池，半电池极片一般采用 12 ~ 15 mm 的模具（锂片一般为 15.6 mm），若制作全电池，则负极片需要略大。隔膜一般采用直径为 19 mm 模具。另外，此冲孔机也可用于泡沫镍、碳布等材料的冲孔。

图 8.9 手动冲孔机

8.2.5 手套箱

在极片经过冲孔、真空干燥、称量之后就会转移至手套箱，进行组装扣式电池，目前尚无自动扣式电池组装机。由于锂片和电解液易氧化吸水，电池组装需要在一个无水、无氧、无尘的环境下进行。

手套箱实物图如图8.10所示,由主箱体(前窗、手套口、过滤器、照明)、净化单元(净化柱、循环系统、再生系统、真空系统)、过渡舱(大小过渡舱)、控制系统、氧分析仪、水分析仪等组成。主箱体提供操作空间,净化单元保证箱内处于无水无氧无尘状态,过渡舱用于材料容器转移。

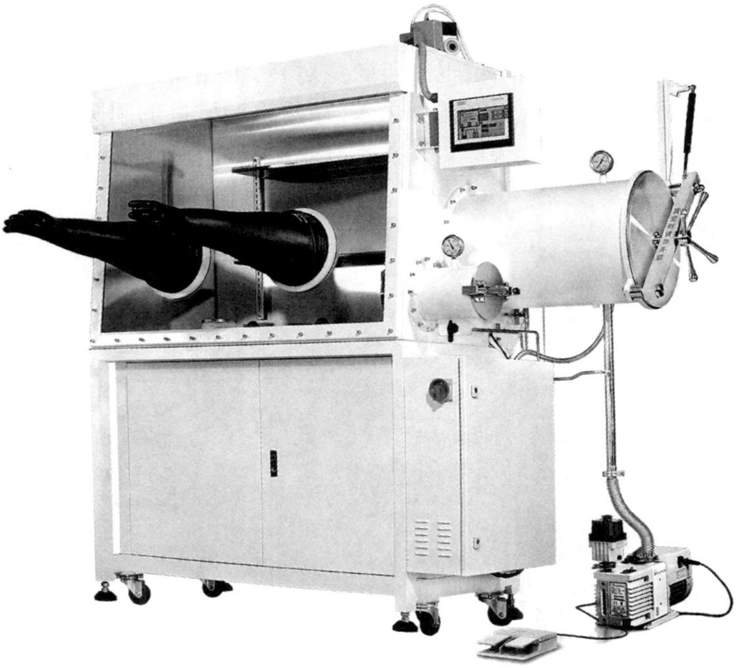

图8.10 手套箱实物图

需要注意的是,在使用大小过渡舱时,务必保证不要将箱体与空气连通,不然连通后大量空气进入会造成手套箱气氛失控和水氧分析仪损坏,另外进出的各种材料和容器需要保证干燥,避免引入不必要的水氧。一旦发生水氧含量上升无法下降的情况,需要使用氢氩混合气进行再生。

待极片放入手套箱后,按照扣式电池顺序进行组装,电解液的滴加可使用移液枪。组装好的电池转移到电池封口机上,进行封口,擦去电解液,得到组装好的电池,转移出手套箱,等待测试。

另外,手套箱用途众多,可在其中加旋涂设备、马弗炉等高温处理设备、机械搅拌设备、焊接设备、3D打印设备等,可在跟厂家沟通后进行改装。

8.2.6 扣式电池充放电测试仪

国内充放电测试仪主要厂家有蓝电和新威等,国外有Arbin等厂家。以蓝电扣式电池测试系统为例,如图8.11所示,蓝电系列电池测试系统支持电池测试领域的绝大部分应用,包括材料研究、电池化成、容量分选、组合电池测试等。

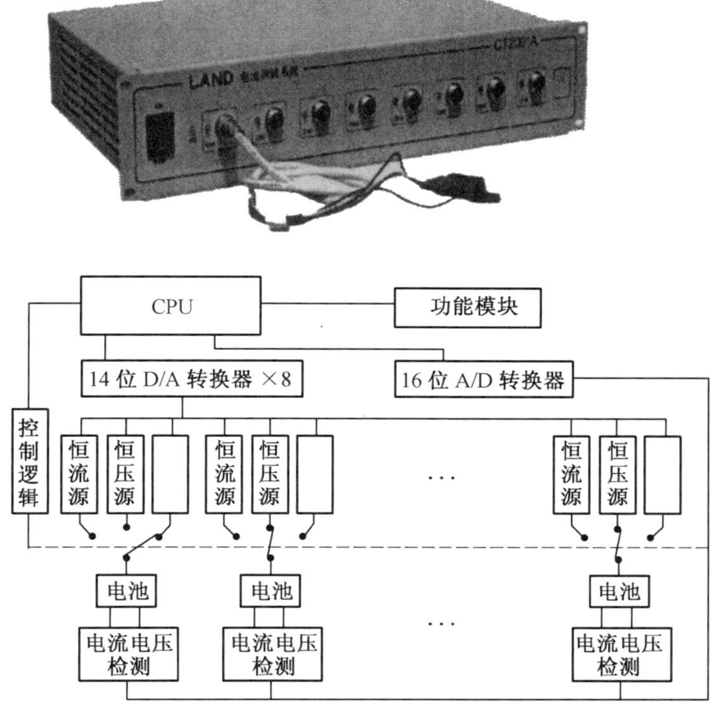

图 8.11　Land 充放电测试仪

具体测试原理和操作读者可借鉴产品说明书。对于扣式电池，一般选用 CT2001A/CT3001A 系列测试仪即可，根据材料体系和所需测试数据可选择不同的电压和电流量程，以实现较精确的测量，如测试高电压 $LiNi_{0.5}Mn_{1.5}O_4$ 材料，可选用电压量程为 7 V、电流量程为 10 mA 的测试仪。

将制作好的电池静置 12 h 以上，让电解液充分浸润内部，然后使用充放电测试仪测试电池性能，一般测试材料的倍率性能（在不同电流密度下材料的容量高低）和循环性能（以恒定的电流密度进行测试），根据需要设置相应次数。在测试结束后，根据需要可导出充放电比容量、比能量、电容、电压、效率恒流充入容量、平台容量等。

8.2.7　电化学工作站

电化学工作站种类众多，外国品牌占主要，但是价格昂贵，目前国产的辰华系列满足实验室基本需求，表 8.1 是常用电化学工作站的特点及功能。

表8.1 常用电化学工作站的特点及功能

品牌	型号	输出电位范围	输出电位精度	输出电流范围	输出电流精度	交流阻抗频率范围	系统功能
Novo control	Beta	±40 V	—	—	—	3 μHz ~ 40 MHz	介电阻抗谱
Autolab	PGSTAT 302N	±30 V	±0.2%	±2 A	±0.2%	10 μHz ~ 1 MHz	电化学阻抗;循环与线性扫描伏安法;计时电流法;伏安方法;电位溶出;阶跃与扫描;等等
Biologic	VMP3	±20 V	小于0.1%全范围	10 μA ~ 400 mA	小于0.1%全范围	10 μHz ~ 1 MHz	16通道,可独立并同时测试,循环伏安;线性扫描伏安;电化学阻抗;脉冲技术;腐蚀技术;等等
Solarton	SI 1260/SI 1287	±14.5 V (联用) ±40.95 (仅1260)	0.2% ± 200 μV	±2 A	±0.1%	10 μHz ~ 1 MHz(联用) 32 MHz (仅1260)	循环伏安;线性扫描伏安;电化学阻抗测试;恒电位/恒电流技术;方波、阶跃技术;电化学噪声;等等
Zahner	Zennium	Pot±4 V U-buffer ±10 V	Pot ±250 μV U-buffer ±1mV	±2.5 A	0.025%	10 μHz ~ 4 MHz	循环伏安;线性扫描伏安;极化曲线;恒电位、恒电流化学试验;电化学阻抗测试;等等
	IM6			±3A		10 μHz ~ 8 MHz	
辰华	CHI660E	±10 V	±1 mV, ±满量程的0.01%	3 nA ~ 250 mA	0.2%(电流大于 3×10^{-7} A),其他范围为1%,±20 pA	10 μHz ~ 1 MHz	循环伏安;线性扫描伏安;各种电流、电位阶跃法;差分脉冲技术;电位溶出分析;等等

8.2.8 其他辅助仪器

(1)鼓风干燥箱。涂布结束后可将湿的极片转移到鼓风干燥箱中,使大部分的有机溶剂挥发,注意的是正极片挥发的有机溶剂为NMP,会损害健康,因此需要将鼓风干燥箱排出的气体进行一定处理。鼓风干燥箱应选不锈钢材质的,防止腐蚀。

(2)真空干燥箱。经过冲孔后的极片应转移到真空干燥箱中进行二次干燥,去除剩余的有机溶剂,加热前抽取真空到 0.1 MPa,干燥时间一般为 4 ~ 24 h,温度为 80 ~ 120 ℃,同样应选不锈钢材料、加热均匀的干燥箱。

(3)分析天平。真空干燥完的极片需要先进行称量,由于铜箔、铝箔等比较薄,负载量也不高,因此单片极片质量很小,一般为 10 ~ 25 mg,因此需选取十万分位天平进行称量,精确到 0.1 mg,以减少误差,主要生产厂家为梅特勒。

(4)小型扣式电池封口机。在手套箱中将极片电池壳按照一定顺序组装好后转移到封口机上,进行液压封口。封口机有手动和电动两种,一般压到一定压力后需要保压 20 s 左右,然后脱模得到。封口机由于体积较大,最好在手套箱安装时就内置,以便使用。

8.3 软包电池生产线建设

锂离子电池试验生产线以软包电池的制备为例,分别介绍相关的仪器设备,便于读者建设实验室时参考。

8.3.1 行星式真空搅拌机

对于软包电池的正负极材料和膏混合过程,一般选用行星式真空搅拌机。如图 8.12 所示,行星式真空搅拌机装有低速搅拌部件和高速分散部件,低速搅拌部件采用行星齿轮传动,搅拌桨在公转时也自转,使物料上下及四周运动,从而在短时间内达到理想的混合效果。

行星式真空搅拌机采用双层 304 不锈钢容器,搅拌电机采用变速箱变频调整,可根据不同工艺、不同黏度选择不同转速及扭矩;双分散桨叶设计,使物料上下及四周翻腾,使浆料混合快速均匀。

图 8.12 行星式真空搅拌机实物图

8.3.2 间歇/连续式涂布机

和膏完成,达到理想的黏度后,即开始涂布,实验室水平一般采用间歇/连续式涂布机,如图 8.13 所示。

将浆料连续、均匀地涂覆在传送集流体的表面,涂辊带动浆料,通过调整刮刀间隙来调节浆料转移量,并利用背辊或涂辊的转动将浆料转移到基材上,按工艺要求,控制涂布层的厚度以达到质量要求,同时,通过干燥加热除去平铺于基材上的浆料中的溶剂,使固体物质很好地黏结于基材上。

间歇型试验涂布机是一款三辊转移式涂布设备,可进行连续和间歇涂布,方便应用于对各种基材进行表面涂布工艺的设备。同时满足涂布精度和一致性无异于生产的要求设计,烘干效果优异,是锂离子电池、超级电容、镍电池以及其他二次电池研发和小试的理想

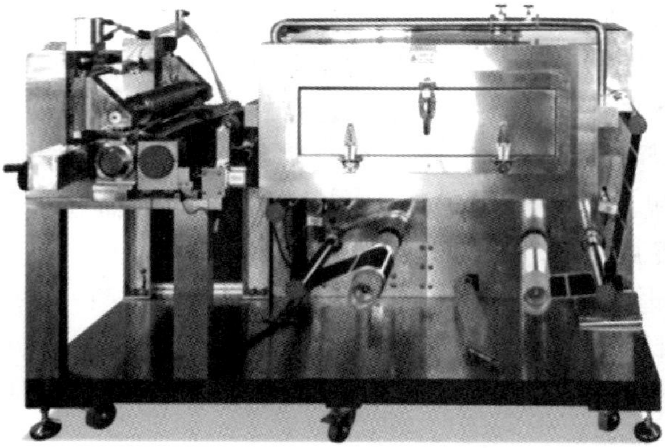

图 8.13 间歇式涂布机实物图

之选。该设备具有以下特点:基材张力控制,走带稳定,配置纠偏装置;热风式烘箱,上、下双面吹风,干燥效果优质;三辊转移式涂布,有较宽的涂布窗口;刮刀计量,配合精密调节机构,获得高涂布精度;PLC 控制,触摸屏操作,方便易用;可选溶剂回收处理装置。

8.3.3 液压平衡对辊机

在涂布结束后,极片表面实际还较为松散,这样极片密度较低,会使电池放电容量少,内阻高,极化大;另外微观表面凹凸不平,有时候颗粒较大甚至会刺破隔膜,为增加极片密度,平整表面,因此要对表面进行辊压,如图 8.14 所示。

图 8.14 液压平衡对辊机实物图

液压平衡电动对辊机由交流变频电机、减速器、分齿箱、精密联轴节、压下装置、辊系、轧机本体、机前展平辊、机后导辊、防护板等组成,是一款高精度轧平片专用设备,广泛应用于电池极片的压实轧制。它采用美国原装 NPAK 液压系统及 PLC 压力控制系统和收放卷系统,在锂电极片轧制中 200 μm 可轧到 80 μm,厚度均匀度±2.5 μm。辊筒采用高强度的铬钼冷轧模具钢,热处理后,从里至表面全硬化 HRC60 ~ 62。使该机具有高强度和高耐磨性能,保证了轧制产品高质量的平稳性和设备使用寿命。

8.3.4 电动分条机

将辊压后的极片卷,先裁成大片,然后采用电动分条机分成所需要的小条正负极极片,如图 8.15 所示。

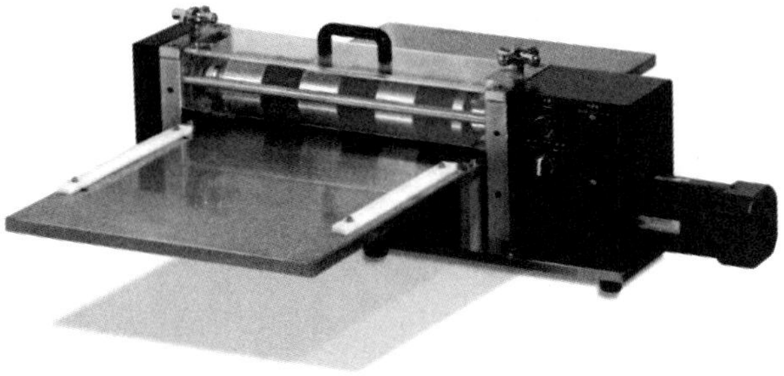

图 8.15 电动分条机实物图

电动分条机由上、下滚刀、滚刀支架、进出料定位板、齿轮、减速器、电机及机架等构成,主要部件为上、下滚刀,它由钢刀与胶刀间隔组成。主要用于锂离子电池涂布后正负极片的滚切分条,采用无间隙刀进行分切,切片边缘整齐,保证尺寸精度。该设备具有以下特点:可调节导向装置进行进料定位采用电动滚切分条方式;啮合量可调节;上、下刀片同速,同步传动;滚刀处配置有机玻璃保护装置,操作安全;开口式滚刀固定方式,便于滚刀拆卸。

8.3.5 真空烘烤箱

由于锂电池内部要严格控制水分含量,水分对锂电池的性能影响很大,包括电压、内阻、自放电等指标。水分含量过高会导致产品报废、品质下降,甚至产品爆炸。因此在锂电的多个生产工序中分别要对正负极片、电芯和电池进行多次真空烘烤,以尽可能去除其中的水分。

真空烘烤箱,如图 8.16 所示,其关键指标真空度可以达到 10 Pa 甚至 1 Pa,真空漏气量每小时不大于 100 Pa 甚至不大于 10 Pa。同时为改善真空环境温度不均匀性问题,可以对真空烤箱进行升级改造,添加氮气循环模块。

图 8.16 真空烘烤箱实物图

8.3.6 超声波点焊机

将正负极的集流体引出形成电路,需要运用极耳。极耳分为 3 种材料,电池的正极使用铝(Al)材料,负极使用镍(Ni)材料,负极也有铜镀镍(Ni-Cu)材料,它们都是由胶片和金属带两部分复合而成。一般需要使用超声波点焊机将极耳与极片进行焊接，如图8.17所示。

图8.17 超声波点焊机

超声波点焊机是利用超声频率(超过16 kHz)的机械振动能量在静压力的共同作用下，将弹性振动能量转变为工件间的摩擦功、形变能及随后有限的温升，从而达到连接异种金属的目的。

以深圳市某厂家的超声波点焊机为例进行介绍。超声波点焊机具有以下特点：

(1)触摸屏界面，直观方便，频率自动跟踪。

(2)无氧化痕迹，超声波有清洗功能，金属表面有玷污物或氧化物，不用表面处理，也可完美焊接。

(3)所有工件不须预先处理，不需焊锡、焊油添加物就能熔接，经济方便。

(4)焊头使用耐磨材料制成，耐用性持久。

(5)焊点内阻小。焊接后导电性良好，其电阻系数极低，接近为零。

(6)焊接时间很短，一般可以在0.01 ~2 s内瞬间熔接完成。

(7)焊点牢固，工作时的温度不超过其退火温度，不改变工件的金相组织，其熔接强度比其他方式熔接更牢固，熔接口整齐清洁。

(8)焊接成本低、速度快、易操作、维护方便。

(9)熔接时不产生火花，操作员安全放心，没有烟味，不会造成空气污染。

8.3.7 卷绕机

将隔膜及焊好极耳的正负极片固定在各自放料轴上，经过放料卷、自动纠偏定位，完成电芯卷绕、贴终止胶、自动下料等动作，完成电芯制作，就需要通过卷绕机来操作。

按照机器运行方式，卷绕机可分为手动卷绕机、半自动卷绕机、全自动卷绕机，如图8.18所示为半自动卷绕机实物图。

以国产某厂家的半自动方形卷绕机为例介绍，该设备为单立板式结构，具有以下特点：隔离膜卷料上料，被动式张力控制，张力大小可调；相对于手动卷绕机，该设备卷绕效率高，卷绕整齐度好，适用电池尺寸范围大，也适用于锂电池实验室的各种圆柱形电池卷绕需求；片式极片上料，导向板导正，人工送入卷针，卷绕过程真空辅助吸片；卷绕电芯尺

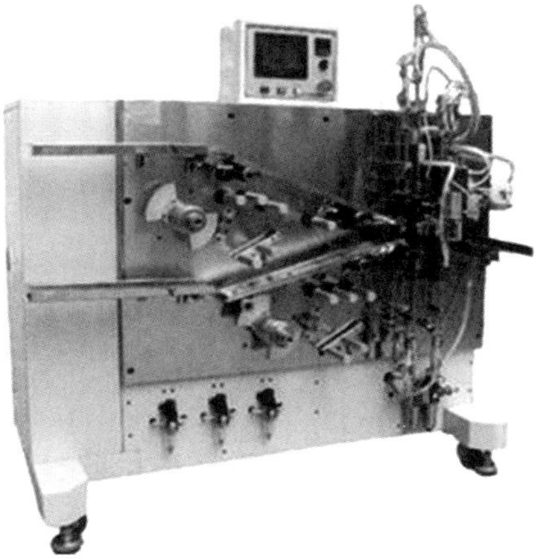

图 8.18 半自动卷绕机实物图

寸兼容性设计，长度 30 ~ 100 mm 内可通过调整夹具实现，宽度变化 100 mm 内可调整卷针，超出需更换卷针；PLC 控制，触摸屏操作，各项参数均可设定，设计全自动循环步进功能，可按步回退；对插式梯形卷针，一侧自动退回，一侧可拔出，卷绕速度可设定；可选配自动胶布机，辅助贴胶布。

8.3.8 铝塑膜成型机

所谓软包电芯，就是使用铝塑包装膜(简称铝塑膜)作为包装材料的电芯，如图 8.19 所示为铝塑膜。

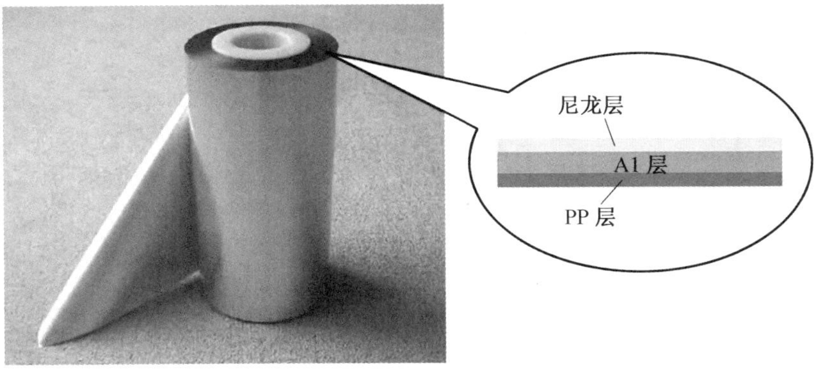

图 8.19 铝塑膜

铝塑包装膜由 3 层构成：尼龙层、Al 层与 PP 层。尼龙层保证了铝塑膜的外形，保证在制造成锂离子电池之前，膜不会发生变形。Al 层的作用是防止水的渗入，尼龙不防水，无法起到保护作用。而金属 Al 在室温下会与空气中的氧反应生成一层致密的氧化膜，导致水汽无法渗入，保护电芯的内部。PP 层在 100 ℃左右下会发生熔化，并且具有黏性。电池的热封装主要靠的就是 PP 层在封头加热的作用下熔化黏合在一起，然后封头撤去，降温后固化黏结。目前日本进口的铝塑膜质量较为优异。

软包电池一般采用口袋状,采用铝塑膜成型机,如图8.20所示。根据设计的尺寸将切好的铝塑膜片放入成型机模具内定位,然后按下起动按钮,动力源驱动模具将铝塑膜自动冲壳成型,取出铝塑膜即完成。

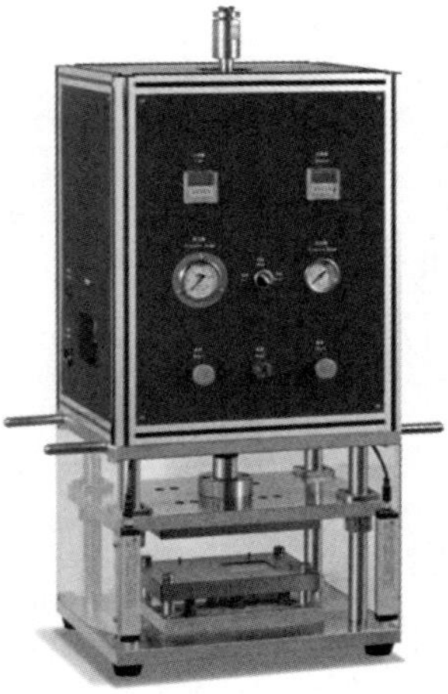

图8.20 铝塑膜成型机

8.3.9 热封机

在将卷好的电芯放入到口袋状铝塑膜包之后,需要采用热封机进行顶封和侧封,如图8.21所示。

顶侧封机通过电阻发热管传递给封头(铜质),利用热传导效应作用于锂电池的包装材料(铝塑膜)上,在一定压力作用下,使其加热变软接近熔融状态而完成压合熔接,并且不须更换模具实现顶封和侧封。

图8.21 热封机实物图

8.3.10 热压化成机

在注液与一封完成后,首先需要将电芯进行静置,根据工艺的不同会分为高温静置与常温静置,静置的目的是让注入的电解液充分浸润极片,然后电芯即可进行化成。

软包电芯的化成柜,即是一个充放电的装置。在化成过程中,会产生一定量的气体,由铝塑膜预留的气袋收集。部分工厂采用夹具化成,即把电芯夹在夹具里,再上柜化成,这样产生的气体会被充分地挤到旁边的气袋中去,同时化成后的电极界面也更佳。

8.3.11 二次真空终封机

8.3.10节中产生的气体在这一步将被抽出排空,由于电解液怕水,需要在真空环境下进行,并且最后将其密封,采用的设备为二次真空终封机,如图8.22所示。

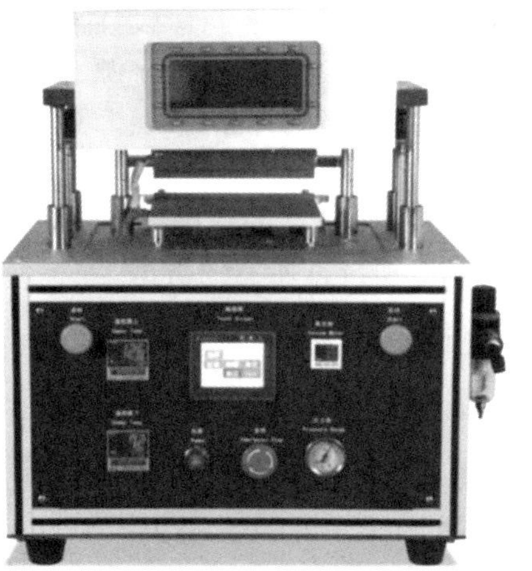

图 8.22 二次真空终封机实物图

二封时，首先由铡刀将气袋刺破，同时抽真空，这样气袋中的气体与一小部分电解液就会被抽出。然后用二封封头在二封区进行封装，保证电芯的气密性。最后把封装完的电芯剪去气袋，一个软包电芯就基本成型了。二封是锂离子电池的最后一个封装工序，其原理和前面的封装工序相同。

8.3.12 分容柜

二封剪完气袋之后需要进行裁边与折边，就是将一封边与二封边裁到合适的宽度，然后折叠起来，保证电芯的宽度不超标。折边后的电芯就可以进行容量测试并筛分，所用设备为分容柜，如图 8.23 所示。

图 8.23 分容柜实物图

电池化成分容检测系统(分容柜)适用于：锂聚合物、锂离子、镍氢、镍镉电池的化成分容与检测,也可做循环寿命测试。根据设备厂家设计不同,有整盘控制也有每个通道单点启动、单点停止。单点控制的每个通道有独立恒流源、恒压源,电流电压实时采样,恒流转恒压真正无扰动连续切换。无须电脑也可独立工作,中位机自带键盘及大屏幕液晶中文显示,操作简单方便、直观。可按平台曲线分容、电池配对。该设备具有以下特点:智能的断电保护功能,来电后断电自动接续,不丢数据;采用网络连接及 SQL 数据库,集中控制相连的多台机柜,并集中管理分析统计所有的数据。

8.3.13 绝热加速量热仪(ARC)

在锂离子电池研究中,绝热加速量热仪(Accelerating Rate Calorimeter,ARC)被广泛用于评估电池的热安全性。通过 ARC 测试,可以定量和定性分析电池在不同温度下的放热速率及累计放热量,从而衡量电池的热稳定性。ARC 还可以提供电池在热失控过程中的详细数据,帮助研究人员理解电池的热行为和潜在的安全隐患。

ARC 测试具有灵敏度高(优于 DSC 1 ~2 个数量级)、热惰性小等优点,而且测量灵活,除了能对电池组件材料进行热特性分析外,还能对不同型号、尺寸大小及用途的锂离子电池进行热特性分析,为电池设计、安全措施和风险评估提供有价值信息。

ARC 主体结构包括绝热炉、控制系统和热电偶,如图 8.24 所示。系统在进行测试运行时,通过软件控制炉膛升温以保证样品处于近似绝热状态。ARC 的测试模式主要是加热-等待-搜寻(H-W-S)模式。在 H-W-S 模式下,样品首先被加热至设定的起始温度,保温一段时间,使试样和绝热炉体间达到热平衡。然后进入搜寻阶段,如果温升速率没有超过设定阈值,仪器则会以设定的幅度升温,开始另一轮的“加热-等待-搜寻”,直到温升速率高于设定阈值。然后,仪器自动进入“热跟踪”模式,保持绝热状态直至过程结束,软件记录过程温度和压力变化。

该仪器能够测定电池自放热绝热温升曲线,并得到电池自放热起始温度、热失控起始温度、最高温度、泄压温度、最大温升速率和最大压升速率等特征参数。

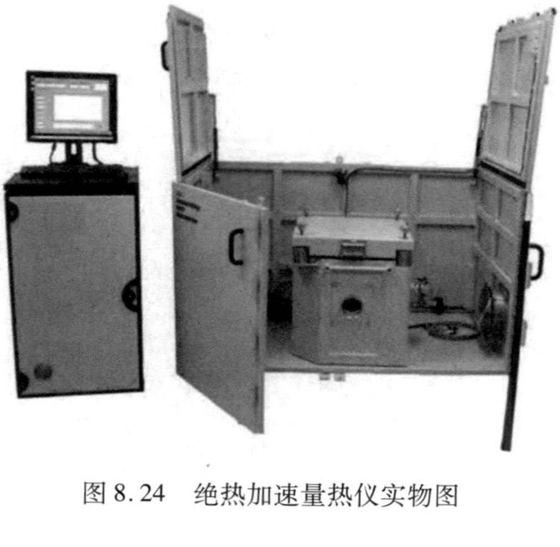

图 8.24 绝热加速量热仪实物图

本章参考文献

[1] 许洁茹,凌仕刚,王少飞,等. 锂电池研究中的电导率测试分析方法[J]. 储能科学与技术,2018,7(5):926-957.

[2] 陶园学,乔昕,王磊. 加速量热仪在锂离子电池热失控测试中的应用[J]. 船电技术,2022,42(10): 65-68.